高等学校成人教育网络教育专用系列教材

高等数学

（上册）

刘丁酉　赵燕芬　编著

WUHAN UNIVERSITY PRESS
武汉大学出版社

图书在版编目(CIP)数据

高等数学.上册/刘丁酉,赵燕芬编著.—武汉:武汉大学出版社,2012.9
高等学校成人教育网络教育专用系列教材
ISBN 978-7-307-10055-8

Ⅰ.高… Ⅱ.①刘… ②赵… Ⅲ.高等数学—成人高等教育—教材
Ⅳ.O13

中国版本图书馆 CIP 数据核字(2012)第 175109 号

责任编辑:李汉保　　责任校对:黄添生　　版式设计:马　佳

出版发行:**武汉大学出版社**　(430072　武昌　珞珈山)
(电子邮件:cbs22@whu.edu.cn 网址:www.wdp.com.cn)
印刷:通山金地印务有限公司
开本:787×1092　1/16　印张:15.25　字数:367 千字　插页:1
版次:2012 年 9 月第 1 版　2012 年 9 月第 1 次印刷
ISBN 978-7-307-10055-8/O·476　定价:25.00 元

版权所有,不得翻印;凡购买我社的图书,如有质量问题,请与当地图书销售部门联系调换。

内容简介

《高等数学》这套教材是根据成人教育、网络教育的相应大纲进行编写的，这套教材将作为成人教育、网络各专业本科生、专科生以及专升本等多个层次的学生“高等数学”课程的学习与辅导教材。

全书分为上、下两册，共分 12 章。上册包括：函数的极限与连续，导数与微分，微分中值定理与导数的应用，不定积分，定积分，定积分的应用，常微分方程等内容。下册包括：向量代数与空间解析几何，多元函数微分学，重积分，曲线积分与曲面积分，无穷级数等内容。每章节后都配有适量的习题和复习题，为方便读者自学，这套教材专门配置了《高等数学学习指导》。

本书注重以学生自学为主的特点和学习基础理论，表述尽量做到由浅入深、思路清新透明，尤其注重引导学生对学习难点的准确把握，基本概念的阐释尽可能详细；例题典型，解题过程详尽，力争做到富有启发性。

本书作者长期从事成人教育、网络教育和自考助学教育高等数学课程的教育工作，具有丰富的教学经验，对这方面的学习与考试要求及学生的实际情况有全面的了解。

本书可以作为成人教育、网络教育各专业本科生、专科生及专升本的“高等数学”课程教材，也可以作为其他本科“高等教学”课程的教材或参考书。

序

武汉大学是国家教育部直属重点综合性大学，是国家“985 工程”和“211 工程”重点建设高校。学校学科门类齐全、综合性强、特色明显，涵盖了哲、经、法、教育、文、史、理、工、农、医、管理等 11 个学科门类。

2002 年武汉大学经国家教育部批准开展现代远程教育试点。10 年来，网络教育已成为武汉大学高等教育教学的重要组成部分，是武汉大学实现社会服务功能的重要形式和途径，已为社会培养专门人才 5 万余人。

与全日制教育不同，网络教育是在网络环境下(网络课堂)实施教学和管理过程，实现教育人、培养人之目的。长期以来，武汉大学网络教育(包括成人学历教育)大部分教材一直沿用传统全日制教材，在面向成人“在职从业人员”实施教学的过程中，特别是在体现应用性、实用性方面尚有一段距离，同时，给老师的教学和学生的自主学习带来一定的困难。

为充分体现以学生为本，突出教学针对性，在反复调研并考察、借鉴兄弟高校经验的基础上，在学校的支持下，武汉大学决定以 5 门公共课教材改版为起点，逐步推出适合现今在职从业人员，特别是网络教育学员为主要使用对象的高等学校成人教育、网络教育专用系列教材。

首批出版的网络高等学历教育的教材，包括《计算机应用基础》、《高等数学》、《大学英语》、《大学语文》、《思想道德修养与法律基础》，将在三年内陆续推出。

针对在职学员的从业实际，结合行业发展现状，特别是参照国家教育部全国高等学校网络教育考试委员会推出的系列统考课程的考试大纲，本系列教材的编写原则是，宜新不宜深，宜粗不宜精，讲授比较新的、比较前沿的实用知识，讲授学员即将和可能接触到的部分操作技能，而将那些为学员所经历所接触过的或所掌握的知识和技能则稍作提示，一笔带过，教材中不追求详细的理论证明，但严格保证知识体系的完整性。这样既保证了教材知识体例的严谨性，又突出了这套系列教材的针对性，应该说这是一套适合在职人员学习的好教材。

感谢各位热心支持网络教育事业并在百忙中拔冗参与编辑本系列教材的各位专家教授！

感谢武汉大学出版社领导和各位编辑的精心策划和编纂！

感谢各位热心参与本系列教材推介和发行工作的朋友们！

杜晓成

2012 年 05 月于武昌珞珈山

（杜晓成：武汉大学网络教育学院院长，研究员、博士）

前　言

“高等数学”是高等院校各学科（尤其是工学、经济学及管理学等学科）的大学生必修的数学课程之一。该课程作为一门重要并且应用广泛的数学基础课，其基本理论与基本方法几乎渗透到自然科学和社会科学的各个领域；同时，“高等数学”也是工学、经济学及管理学等学科的硕士研究生入学考试中必试数学的一个主要科目。因而，“高等数学”也就理所当然地要作为成人教育、网络教育各专业本科生、专科生及专升本等多个层次学生的必修课程之一。

进入21世纪以来，我国的高等教育已开始从“精英型教育”迅速向“大众化教育”转型，其发展速度之迅猛，既改变了我国高等教育的格局，有力地推动了我国高等教育事业的发展，也给我国的大学教育提出了新的问题与挑战。为了适应这种快速变化与需求，我们在参照“高等数学”课程教学基本要求的基础上，结合成人教育、网络教育层次的特点，强调以教育为本，注重应用与实际需要，特别编写了这套《高等数学》实用教材。本书既可以作为成人教育、网络教育各层次的《高等数学》教材，也可以作为各类独立院校及高职高专等多层次教育适用的教材与教学参考书。

全书分为上、下两册，共分12章。上册包括：函数的极限与连续，导数与微分，微分中值定理与导数的应用，不定积分，定积分，定积分的应用，常微分方程等内容。下册包括：向量代数与空间解析几何，多元函数微分学，重积分，曲线积分与曲面积分，无穷级数等内容。每章节后都配有适量的习题和复习题，为方便读者自学，这套教材专门配置了《高等数学学习指导》。

为了解决成人教育、网络教育中数学教材的适应性问题，我们在该教材的编写中特别注意了从取材到写作的各个环节，既体现教学的基本要求，又突出实用。具体表现在以下几个方面：

1. 通俗易懂，深入浅出。

本书在各知识点讲解表述上尽可能利用实际背景，从实例出发引出基本概念，图文并茂，深入浅出，通俗易懂。理论证明上尽可能选用简捷的方法，有利于学生克服理论、概念枯燥难学的情绪。

2. 注重数学课程自身的系统性，循序渐进。

本书基本保持高等数学的传统体系和内容，以函数为研究对象，以极限为主要工具，由易到难地展开。同时也注意力求创新，并注重内容的循序渐进，低起点，高坡度。

3. 内容新颖，突出应用。

本书坚持理论联系实际，取材尽可能新颖，注重科学性、现实性、趣味性，努力使学生从教材中深切地感知高等数学知识在实际工作与日常生活中的广泛应用。同时在例题选择和编排上都体现了高等数学的实际应用，注重了成人教育、网络教育的针对性和层次性。

4. 习题充分。

本书每节后都配有适量的习题。每章后又编排了总习题、给老师提供选择空间，也给成人教育、网络教育各层次的学生提供一个自主学习的空间。同时便于学生通过反复练习，达到理解基本概念和掌握基本解题方法的目的。

本教材由武汉大学数学与统计学院刘丁酉、赵燕芬两位老师共同编写，作者在充分讨论的基础上分工合作，对书稿进行了交叉修改和统稿。在本书的编写过程中，武汉大学出版社李汉保编辑和武汉大学继续教育学院的王宣主任都为本书的编写给予了热心的帮助，并提出了许多宝贵的修改意见和建议。在此表示衷心的感谢!

限于作者的水平，教材中难免存在错误和不妥之处。欢迎读者与同行批评斧正。

作 者

2012 年 6 月于武汉

目　录

第1章　极限与连续

函数是现代数学的基本概念之一，是高等数学的主要研究对象. 极限概念是微积分的理论基础，极限方法是微积分的基本分析方法. 因此，掌握、运用好极限方法是学好微积分的关键. 连续是函数的一个重要性态. 本章将介绍函数、极限与连续的基本知识以及相关的基本方法，为今后的学习打下必要的基础.

1.1　变量与函数

1.1.1　变量及其变化范围的常用表示法

在自然现象或工程技术中，常常会遇到各种各样的量. 有一种量，在考察过程中是不断变化的，可以取得各种不同的数值，我们把这一类量称为变量；另一类量在考察过程中保持不变，取同样的数值，我们把这一类量称为常量. 变量的变化有跳跃性的，如自然数由小到大变化、数列的变化等，而更多的则是在某个范围内变化，即该变量的取值可以是某个范围内的任何一个数. 变量取值范围常用区间来表示.

满足不等式 $a \leqslant x \leqslant b$ 的实数的全体组成的集合称为闭区间，记为 $[a,b]$，即

$$[a,b]=\{x \mid a \leqslant x \leqslant b\} \tag{1-1}$$

满足不等式 $a<x<b$ 的实数的全体组成的集合称为开区间，记为 (a,b)，即

$$(a,b)=\{x \mid a<x<b\} \tag{1-2}$$

满足不等式 $a<x \leqslant b$（或 $a \leqslant x<b$）的实数的全体组成的集合称为左（右）开右（左）闭区间，记为 $(a,b]$（或 $[a,b)$），即

$$(a,b]=\{x \mid a<x \leqslant b\} \tag{1-3}$$

$$([a,b)=\{x \mid a \leqslant x<b\}) \tag{1-4}$$

左开右闭区间与右开左闭区间统称为半开半闭区间，实数 a,b 称为区间的端点. 以上这些区间都称为有限区间. 数 $b-a$ 称为区间的长度. 此外还有无限区间，即

$$(-\infty,+\infty)=\{x \mid -\infty<x<+\infty\}=R \tag{1-5}$$

$$(-\infty,b]=\{x \mid -\infty<x \leqslant b\} \tag{1-6}$$

$$(-\infty,b)=\{x \mid -\infty<x<b\} \tag{1-7}$$

$$[a,+\infty)=\{x \mid a \leqslant x<+\infty\} \tag{1-8}$$

$$(a,+\infty)=\{x \mid a<x<+\infty\} \tag{1-9}$$

这里记号“$-\infty$”与“$+\infty$”分别表示“负无穷大”与“正无穷大”.

邻域也是常用的一类区间. 设 x_0 是一个给定的实数，δ 是某一正数，称数集 $\{x \mid x_0-\delta<x<x_0+\delta\}$ 为点 x_0 的 δ 邻域，记为 $\mathrm{U}(x_0,\delta)$，即 $\mathrm{U}(x_0,\delta)=\{x \mid x_0-\delta<x<x_0+\delta\}$.

称点 x_0 为该邻域的中心，δ 为该邻域的半径，如图 1-1 所示. 称 $U(x_0,\delta)-\{x_0\}$ 为 x_0 的去心 δ 邻域，记为 $\mathring{U}(x_0,\delta)$，即

$$\mathring{U}(x_0,\delta)=\{x \mid 0<|x-x_0|<\delta\} \tag{1-10}$$

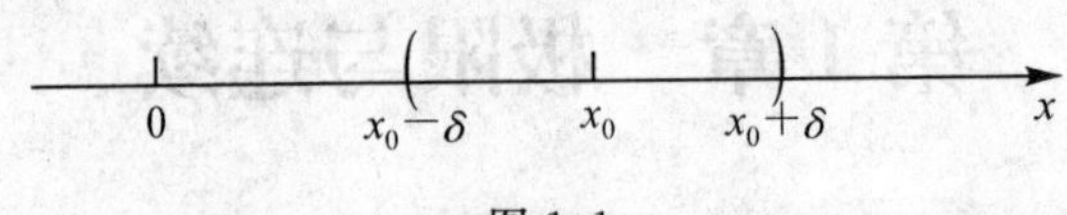

图 1-1

下面两个数集

$$\mathring{U}(x_0^-,\delta)=\{x \mid x_0-\delta<x<x_0\} \tag{1-11}$$

$$\mathring{U}(x_0^+,\delta)=\{x \mid x_0<x<x_0+\delta\} \tag{1-12}$$

分别称为 x_0 的左半 δ 邻域和右半 δ 邻域. 当不需要指出邻域的半径时，我们用 $U(x_0)$，$\mathring{U}(x_0)$ 分别表示 x_0 的某邻域和 x_0 的某去心邻域，$\mathring{U}(x_0^-)$，$\mathring{U}(x_0^+)$ 分别表示 x_0 的某左半邻域和 x_0 的某右半邻域.

1.1.2 函数的概念

函数是描述变量之间相互依赖关系的一种数学模型. 在某一自然现象或社会现象中，往往同时存在多个不断变化的量(变量)，这些变量并不是孤立变化的，而是相互联系并遵循一定的规律，函数就是描述这种联系的一个法则，本节我们先讨论两个变量的情形(多于两变量的情形将在第 9 章再讨论).

例如，在自由落体运动中，设物体下落的时间为 t，落下的距离为 s，假定开始下落的时刻为 $t=0$，则变量 s 与 t 之间的相依关系由数学模型

$$s=\frac{1}{2}gt^2 \tag{1-13}$$

给定，其中 g 是重力加速度.

定义 1.1 设 x 和 y 是两个变量，D 是一个给定的非空数集，如果对于每个数 $x\in D$，变量 y 按照某个对应法则 f 总有确定的实数与 x 对应，则称 y 是 x 的函数，记为

$$y=f(x) \tag{1-14}$$

其中，x 称为自变量，y 称为因变量，数集 D 称为这个函数的定义域，也记为 D_f，即 $D_f=D$.

对 $x_0\in D$，按照对应法则 f，总有确定的值 y_0(记为 $f(x_0)$) 与之对应，称 $f(x_0)$ 为函数在点 x_0 处的函数值，因变量与自变量的这种相依关系通常称为函数关系.

当自变量 x 遍取 D 内的所有数值时，对应的函数值 $f(x)$ 的全体构成的集合称为函数 f 的值域，记为 R_f 或 $f(D)$，即

$$R_f=f(D)=\{y \mid y=f(x),x\in D\} \tag{1-15}$$

注: 函数的定义域和对应法则称为函数的两个要素，两个函数相等的充分必要条件是这两个函数的定义域和对应法则均相同.

关于函数的定义域，在实际问题中应根据问题的实际意义具体确定，如果讨论的是纯数学问题，则往往取使函数的表达式有意义的一切实数所构成的集合作为该函数的定义域，这种定义域又称为函数的自然定义域.

例如，函数 $y=\dfrac{1}{\sqrt{1-x^2}}$ 的(自然)定义域即为开区间 $(-1,1)$.

1. 函数的图形

对函数 $y=f(x),x\in D$，若取自变量 x 为横坐标，因变量 y 为纵坐标，则在平面直角坐标系 xOy 中就确定了一个点 (x,y)，当 x 遍取定义域 D 中的每一个数值时，平面上的点集

$$C=\{(x,y)\mid y=f(x),x\in D\} \tag{1-16}$$

称为函数 $y=f(x)$ 的图形，如图 1-2 所示.

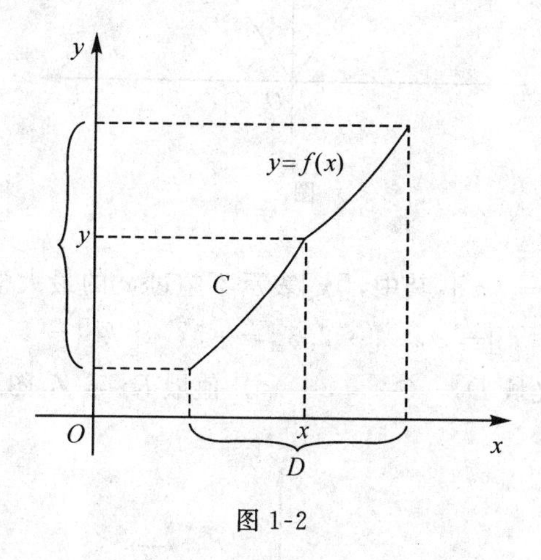

图 1-2

若自变量在定义域 D 内任取一个数值，对应的函数值总是只有一个，这种函数称为单值函数，否则称为多值函数.

例如，方程 $x^2+y^2=a^2$ 在闭区间 $[-a,a]$ 上确定了一个以 x 为自变量，y 为因变量的函数，对每一个 $x\in(-a,a)$，都有两个 y 值 $(\pm\sqrt{a^2-x^2})$ 与之对应，因而 y 是多值函数.

注：今后，若无特别声明，函数均是指单值函数.

2. 函数的常用表示法

(1) 表格法. 自变量的值与对应的函数值列成表格的方法.

(2) 图像法. 在坐标系中用图形来表示函数关系的方法.

(3) 公式法(解析法). 自变量和因变量之间的关系用数学表达式(又称为解析表达式)来表示的方法. 根据函数的解析式表达的形式不同，函数也可以分为显函数、隐函数和分段函数三种.

① 显函数. 函数 y 由 x 的解析表达式直接表示. 例如，$y=x^2+1$.

② 隐函数. 函数的自变量 x 与因变量 y 的对应关系由方程

$$F(x,y)=0$$

来确定，例如，$\ln y=\sin(x+y)$.

③ 分段函数. 函数在其定义域的不同范围内，具有不同的解析表达式，以下是几个分段函数的例子.

例 1.1 绝对值函数

$$y=|x|=\begin{cases}x, & x\geqslant 0\\ -x, & x<0\end{cases}$$

的定义域 $D=(-\infty,+\infty)$,值域 $R_f=[0,+\infty)$.图形如图 1-3 所示.

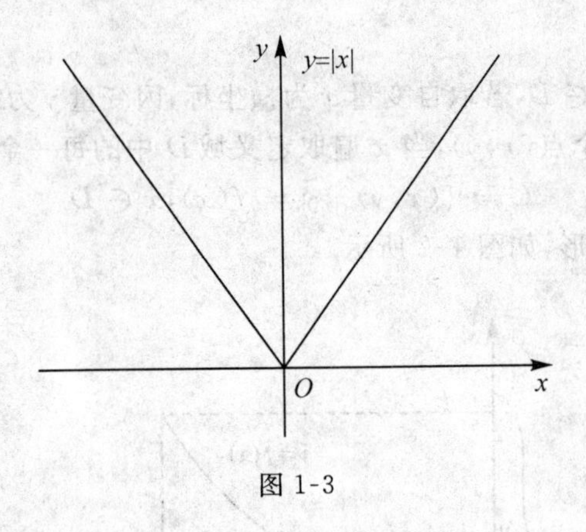

图 1-3

例 1.2 取整函数 $y=[x]$,其中,$[x]$表示不超过 x 的最大整数,例如

$$[\pi]=3,\quad [-2.3]=-3,\quad [\sqrt{3}]=1$$

易见,取整函数的定义域 $D=(-\infty,+\infty)$,值域 $R_f=\mathbf{Z}$,图形如图 1-4 所示.

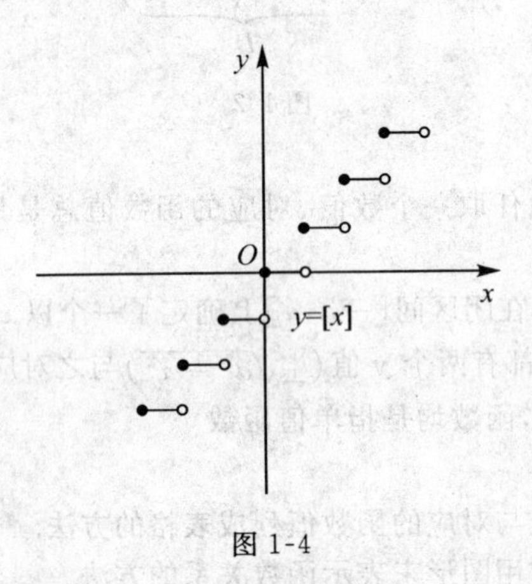

图 1-4

例 1.3 狄利克雷函数

$$y=D(x)=\begin{cases}1, & \text{当 } x \text{ 是有理数时} \\ 0, & \text{当 } x \text{ 是无理数时}\end{cases}$$

这个函数的定义域为$(-\infty,+\infty)$,值域为$\{0,1\}$.由于无法在 Ox 轴上将所有有理数和无理数的准确位置找出来,因此,这个函数的图形无法在坐标系中准确地描绘出来.

1.1.3 函数关系的建立

为解决实际应用问题,首先要将问题量化,从而建立起所论问题的数学模型,即建立函数关系.

要把实际问题中变量之间的函数关系正确抽象出来,首先应分析哪些是常量,哪些是变量,然后确定选取哪个为自变量,哪个为因变量,最后根据题意建立它们之间的函数关系,同时给出函数的定义域.

例 1.4　某运输公司规定货物的吨公里运价为：在 a 千米以内，每千米 k 元，超过部分为每公里 $\frac{4}{5}k$ 元，试求运价 m 和里程 s 之间的函数关系.

解　根据题意，可以列出函数关系如下

$$m=\begin{cases} ks, & 0<s<a \\ ka+\frac{4}{5}k(s-a), & s>a \end{cases}$$

这里运价 m 和里程 s 的函数关系是用分段函数来表示的，其定义域为 $(0,+\infty)$.

1.1.4　函数的特性

1. 函数的有界性

定义 1.2　设函数 $f(x)$ 在实数集 D 内有定义，如果存在正数 M，使得对任意的 $x\in D$，都有

$$|f(x)|\leqslant M \tag{1-17}$$

成立，则称函数 $f(x)$ 在 D 内有界，或称 $f(x)$ 在 D 内为有界函数，否则称 $f(x)$ 在 D 内无界，或称 $f(x)$ 在 D 内为无界函数.

定义 1.3　设函数 $f(x)$ 在实数集 D 内有定义，若存在数 A，使得对任意的 $x\in D$，都有

$$f(x)\leqslant A(\text{或 } f(x)\geqslant A) \tag{1-18}$$

成立，则称 $f(x)$ 在 D 内有上界(或有下界)，也称 $f(x)$ 是 D 内有上界(或有下界)的函数. A 称为 $f(x)$ 在 D 内的一个上界(下界).

显然，有界函数必有上界和下界；反之，既有上界又有下界的函数必是有界函数，即函数在 D 内有界的充分必要条件是该函数在 D 内既有上界又有下界.

若函数 $f(x)$ 在 D 内有一个上界(或下界) A，则对任何 $C>0$，$A+C$(或 $A-C$) 都是 $f(x)$ 在 D 内的上界(或下界)，可见，$f(x)$ 在 D 内的上界(或下界) 有无穷多个.

有界函数的几何意义：设函数 $y=f(x)$ 在区间 (a,b) 内有界，即存在 $M>0$，使得对任意的 $x\in(a,b)$，有 $|f(x)|\leqslant M$，或 $-M\leqslant f(x)\leqslant M$. 注意到 $f(x)$ 表示函数 $y=f(x)$ 的图形上点 $(x,f(x))$ 的纵坐标，因此，$y=f(x)$ 在 (a,b) 内有界在几何上表示 $y=f(x)$ 在区间 (a,b) 内的函数图形必夹在两平行于 Ox 轴的直线 $y=\pm M$ 之间. 反之亦然，如图 1-5 所示.

例如，由于 $|\sin x|\leqslant 1$，故 $y=\sin x$ 在 $(-\infty,+\infty)$ 内有界. 而 $y=\frac{1}{x}$ 在 $(0,+\infty)$ 内无界，这是因为虽然 $y=\frac{1}{x}$ 在 $(0,+\infty)$ 内有一个下界 0，但在 $(0,+\infty)$ 内 $y=\frac{1}{x}$ 无上界，所以 $y=\frac{1}{x}$ 在 $(0,+\infty)$ 内无界. 从几何意义上来看，因为 $y=\frac{1}{x}$ 在 $(0,+\infty)$ 内的函数图形不能夹在任何两条平行于 Ox 轴的直线之间，所以，$y=\frac{1}{x}$ 在 $(0,+\infty)$ 内无界，如图 1-6 所示.

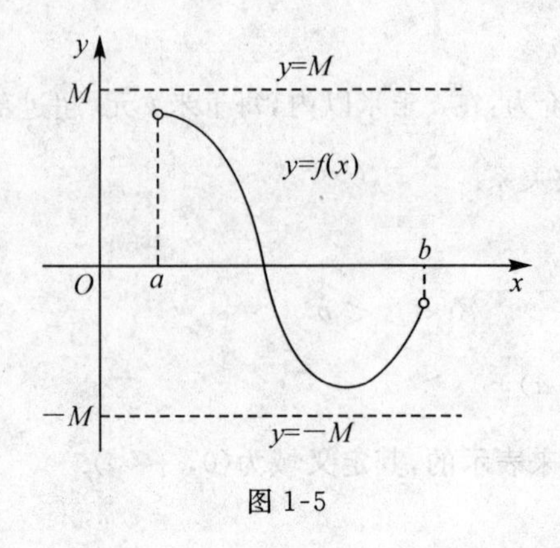

图 1-5

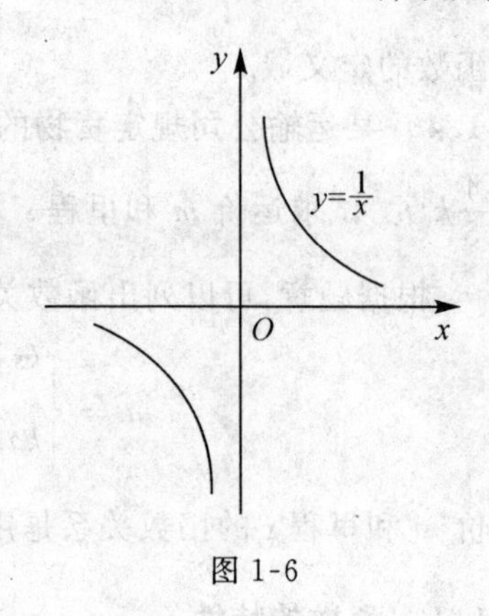

图 1-6

例 1.5 证明函数 $y=\dfrac{x}{x^2+1}$ 在$(-\infty,+\infty)$内是有界的.

证明 因为$(1-x)^2\geqslant 0$,所以$|1+x^2|\geqslant 2|x|$,故对一切$x\in(-\infty,+\infty)$,恒有

$$|f(x)|=\left|\frac{x}{x^2+1}\right|=\frac{2|x|}{2|1+x^2|}\leqslant\frac{1}{2}$$

从而函数 $y=\dfrac{x}{1+x^2}$ 在$(-\infty,+\infty)$内是有界的.

2.函数的单调性

设函数 $f(x)$ 的定义域为 D,区间 $I\subset D$.如果对于区间 I 上任意两点 x_1 及 x_2,当 $x_1<x_2$ 时,恒有

$$f(x_1)<f(x_2) \tag{1-19}$$

则称函数 $f(x)$ 在区间 I 上是单调增加函数;如果对于区间 I 上任何两点 x_1 及 x_2,当 $x_1<x_2$ 时,恒有

$$f(x_1)>f(x_2) \tag{1-20}$$

则称函数 $f(x)$ 在区间 I 上是单调减少函数.

例如,函数 $y=x^2$ 在$[0,+\infty)$内是单调增加的,在$(-\infty,0]$内是单调减少的,在$(-\infty,+\infty)$内不是单调的,如图 1-7 所示.而函数 $y=x^3$ 在$(-\infty,+\infty)$内是单调增加的,如图 1-8 所示.

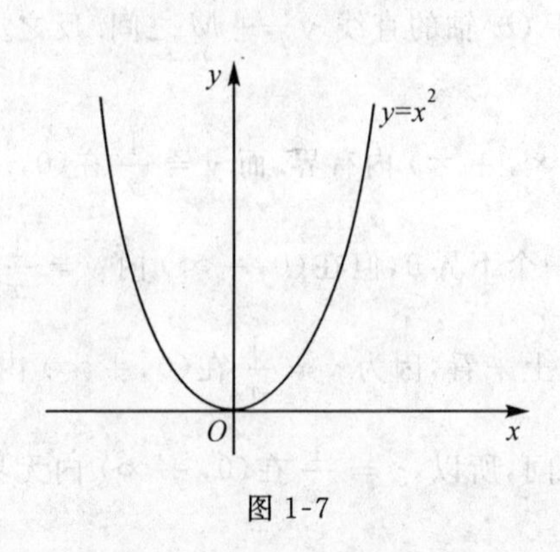

图 1-7

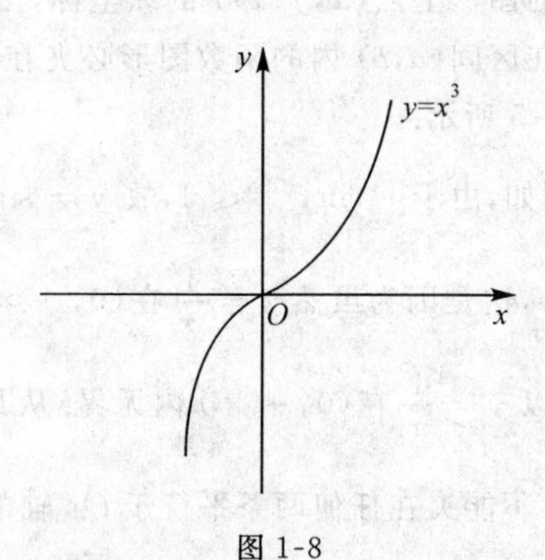

图 1-8

3. 函数的奇偶性

设函数 $f(x)$ 的定义域 D 关于原点对称，若 $\forall x \in D$，恒有

$$f(-x) = f(x) \tag{1-21}$$

则称函数 $f(x)$ 为偶函数；若 $\forall x \in D$，恒有

$$f(-x) = -f(x) \tag{1-22}$$

则称函数 $f(x)$ 为奇函数.

奇函数的图形关于原点是对称的，如图1-9所示. 偶函数的图形关于 Oy 轴是对称的，如图1-10所示.

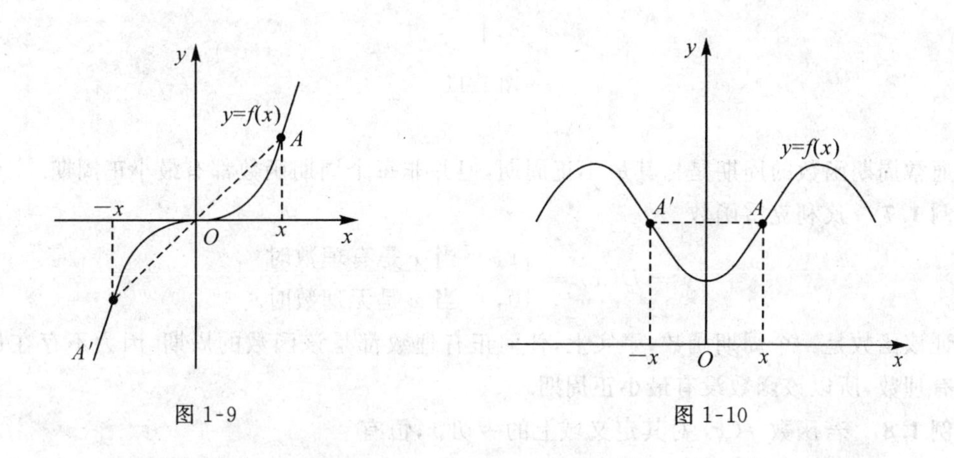

图1-9　　图1-10

例如，函数 $y = \sin x$ 是奇函数；函数 $y = \cos x$ 是偶函数.

例1.6　试判断函数 $y = \ln(x + \sqrt{1+x^2})$ 的奇偶性.

解　因为函数的定义域为 $(-\infty, +\infty)$，且

$$\begin{aligned} f(-x) &= \ln(-x + \sqrt{1+(-x)^2}) = \ln(-x + \sqrt{1+x^2}) \\ &= \ln \frac{(-x+\sqrt{1+x^2})(x+\sqrt{1+x^2})}{x+\sqrt{1+x^2}} = \ln \frac{1}{x+\sqrt{1+x^2}} \\ &= -\ln(x+\sqrt{1+x^2}) = -f(x) \end{aligned}$$

所以函数 $f(x)$ 为奇函数.

4. 函数的周期性

设函数 $f(x)$ 的定义域为 D，如果存在常数 $T > 0$，使得对一切 $x \in D$，有 $(x \pm T) \in D$，且

$$f(x+T) = f(x) \tag{1-23}$$

则称函数 $f(x)$ 为周期函数，T 称为 $f(x)$ 的周期.

例如，$\sin x$，$\cos x$ 都是以 2π 为周期的周期函数；函数 $\tan x$ 是以 π 为周期的周期函数.

周期函数图形的特点是，如果把一个周期为 T 的周期函数在一个周期内的图形向左或向右平移周期的正整数倍距离，则这部分图形将与周期函数的其他部分图形重合，如图1-11所示.

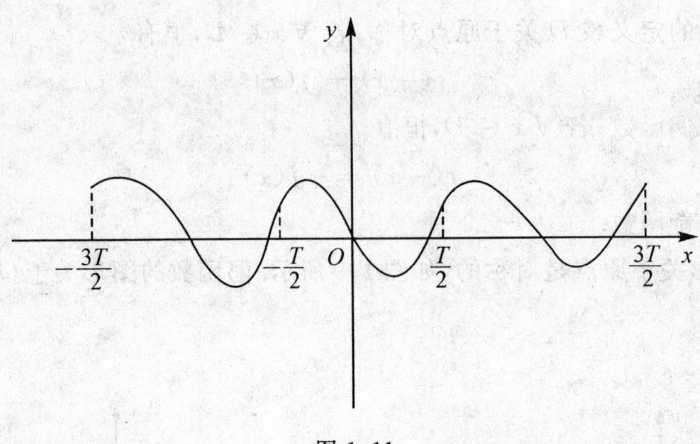

图 1-11

通常周期函数的周期是指其最小正周期,但并非每个周期函数都有最小正周期.

例 1.7 狄利克雷函数

$$y = D(x) = \begin{cases} 1, & \text{当 } x \text{ 是有理数时} \\ 0, & \text{当 } x \text{ 是无理数时} \end{cases}$$

易验证该函数是一个周期函数,事实上,任何正有理数都是该函数的周期,因为不存在最小的正有理数,所以该函数没有最小正周期.

例 1.8 若函数 $f(x)$ 对其定义域上的一切 x,恒有

$$f(x) = f(2a - x)$$

则称函数 $f(x)$ 对称于 $x = a$. 证明:若函数 $f(x)$ 对称于 $x = a$ 及 $x = b(a < b)$,则 $f(x)$ 是以 $T = 2(b - a)$ 为周期的周期函数.

证明 由 $f(x)$ 对称于 $x = a$ 及 $x = b$,则有

$$f(x) = f(2a - x) \tag{1-24}$$

$$f(x) = f(2b - x) \tag{1-25}$$

在式(1-25)中,把 x 换为 $2a - x$,得

$$f(2a - x) = f[2b - (2a - x)] = f[x + 2(b - a)]$$

由式(1-24)有

$$f(x) = f(2a - x) = f[x + 2(b - a)]$$

故函数 $f(x)$ 是以 $T = 2(b - a)$ 为周期的周期函数.

练习题 1.1

1. 求下列函数的定义域.

(1) $y = \frac{1}{x} - \sqrt{1 - x^2}$; (2) $y = \arcsin \frac{x - 1}{2}$;

(3) $y = \sqrt{x + 3} + \frac{1}{\lg(1 - x)}$; (4) $y = \frac{\lg(3 - x)}{\sqrt{|x| - 1}}$;

(5) $y = \arccos(2\sin x)$.

2. 下列各题中，函数是否相同？为什么？

(1) $f(x)=\sqrt{x^2}$ 与 $g(x)=|x|$；　(2) $f(x)=\lg x^2$ 与 $g(x)=2\lg x$；

(3) $y=\sin^2(3x+1)$ 与 $y=\sin^2(3t+1)$；　(4) $y=2x+1$ 与 $x=2y+1$；

(5) $y=\dfrac{x^2-4}{x+2}$ 与 $y=x-2$；　(6) $y=\sqrt[3]{x^4-x^3}$ 与 $y=x\sqrt[3]{x-1}$.

3. 求函数 $f(x)=\begin{cases}\sin\dfrac{1}{x}, & x\neq 0\\ 0, & x=0\end{cases}$ 的定义域与值域.

4. 设 $f(x)=\dfrac{1-x}{1+x}$，求 $f(0)$，$f(-x)$，$f\left(\dfrac{1}{x}\right)$.

5. 判断下列函数在定义域内的有界性及单调性.

(1) $y=\dfrac{x}{1+x^2}$；　(2) $y=x+\ln x$.

6. 判断下列函数的奇偶性.

(1) $y=\sqrt{1-x}+\sqrt{1+x}$；　(2) $y=e^{2x}-e^{-2x}+\sin x$；

(3) $y=\tan x-\sec x+1$；　(4) $y=x(x-2)(x+2)$.

7. 设函数 $f(x)$ 定义在 $(-\infty,+\infty)$ 上，证明：

(1) $f(x)+f(-x)$ 为偶函数；　(2) $f(x)-f(-x)$ 为奇函数.

8. 下列函数中，哪些是周期函数？对于周期函数，求其周期.

(1) $y=1+\sin\pi x$；　(2) $y=\sin^2 x$；　(3) $y=x\tan x$.

9. 火车站行李收费规定如下：当行李不超过 50kg 时，按每千克 0.15 元收费，当超过 50kg 时，超重部分按每千克 0.25 元收费，试建立行李收费 y(元) 与行李重量 x(kg) 之间的函数关系.

10. 某工厂生产某种产品，年销售量为 10^6 件，每批生产需要准备费 10^3 元，而每件的年库存费为 0.05 元，如果销售是均匀的，试求准备费与库存费之和的总费用与年销售批数之间的函数(销售均匀是指商品库存数为批量的一半).

1.2　初等函数

1.2.1　反函数

给定函数 $y=f(x)$，其定义域为 D，值域为 W，如果对于 W 中任一值 y_0，在 D 中存在唯一的 x_0 使 $y_0=f(x_0)$，这样就在 W 上确定了一个以 y 为自变量的函数 $x=\varphi(y)$，称为原来函数 $y=f(x)$ 的反函数. 相对地，把原来函数 $y=f(x)$ 称为直接函数.

例如，函数 $y=3x+6$ 的反函数是 $x=\dfrac{y-6}{3}$，即 $x=\dfrac{1}{3}y-2$；函数 $y=10^x$ 的反函数是 $x=\lg y$，给出直接函数后，只要从直接函数的表达式中解出用 y 表示 x 的式子 $x=\varphi(y)$

就可以得到反函数的表达式. 由于习惯上总是以 x 表示自变量,y 表示因变量,再把 $x=\varphi(y)$ 改写成 $y=\varphi(x)$,有时也记为 $y=f^{-1}(x)$.

注:不是每一个函数都有反函数,例如 $y=x^2$ 的定义域为$(-\infty,+\infty)$,值域为$[0,+\infty)$,对于$[0,+\infty)$内任一值 y_0,在$(-\infty,+\infty)$内总有两个 x 与之对应:$x=\pm\sqrt{y_0}$,不是唯一的,就没有反函数. 可以证明,要使涵数 $y=f(x)$ 在定义域 D 内有反函数,$f(x)$ 必须是一一对应的函数. 例如 $y=x^2$,在$(-\infty,0]$内 x 与 y 是一一对应的,就存在反函数 $x=-\sqrt{y}$,即

$$y=-\sqrt{x},x\in[0,+\infty).$$

原函数 $y=f(x)$ 的图像与反函数 $y=f^{-1}(x)$ 的图像关于直线 $y=x$ 对称,如图 1-12 所示.

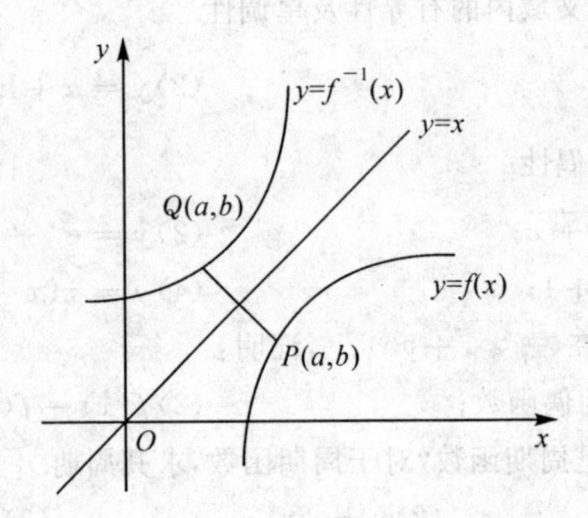

图 1-12

例 1.9 设函数 $f(x+1)=\dfrac{x}{x+1}(x\neq-1)$,试求 $y=f^{-1}(x)$.

解 函数 $f(x+1)$ 可以看成由 $y=f(u)$,$u=x+1$ 复合而成. 所求的反函数为外层函数 $y=f(u)$ 的反函数 $y=f^{-1}(x)$. 因为

$$f(u)=\frac{x}{x+1}=\frac{u-1}{u},\quad u\neq 0$$

由 $y=\dfrac{u-1}{u}$ 解得 $u=\dfrac{1}{1-y}$,即 $y=\dfrac{1}{1-x}$,所以 $f^{-1}(x)=\dfrac{1}{1-x}$.

1.2.2 基本初等函数

幂函数、指数函数、对数函数、三角函数和反三角函数是五类基本初等函数,这五类基本初等函数是研究其他函数的基础. 由于在中学数学中,我们已经深入学习过这些函数,这里只作简要复习.

1. 幂函数

幂函数 $y=x^{\alpha}$(α 是任意实数),其定义域要依 α 具体是什么数而定,当 $\alpha=1,2,3,\dfrac{1}{2},-1$ 时是最常用的幂函数,如图 1-13 所示.

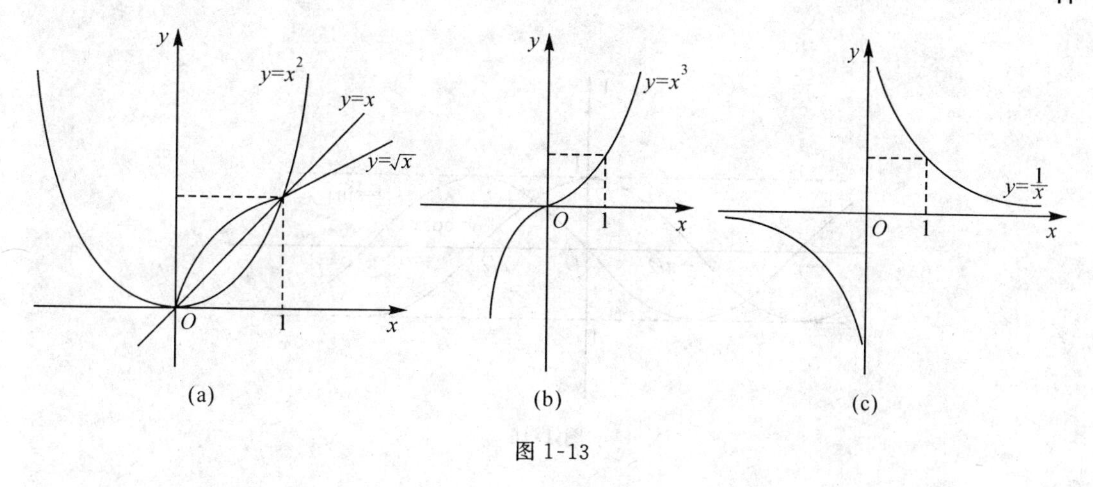

图 1-13

2. 指数函数

指数函数 $y=a^x$(a 为常数,且 $a>0,a\neq 1$),其定义域为$(-\infty,+\infty)$.当 $a>1$ 时,指数函数 $y=a^x$ 单调增加;当 $0<a<1$ 时,指数函数 $y=a^x$ 单调减少,$y=a^{-x}$ 与 $y=a^x$ 的图形关于 Oy 轴对称,如图 1-14 所示.其中最为常用的是以 $e=2.7182818\cdots\cdots$ 为底数的指数函数 $y=e^x$.

3. 对数函数

指数函数 $y=a^x$ 的反函数称为对数函数,记为 $y=\log_a x$(a 为常数,且 $a>0,a\neq 1$).其定义域为$(0,+\infty)$,当 $a>1$ 时,对数函数 $y=\log_a x$ 单调增加;当 $0<a<1$ 时,对数函数 $y=\log_a x$ 单调减少,如图 1-15 所示.

其中以 e 为底的对数函数称为自然对数函数,记为 $y=\ln x$.

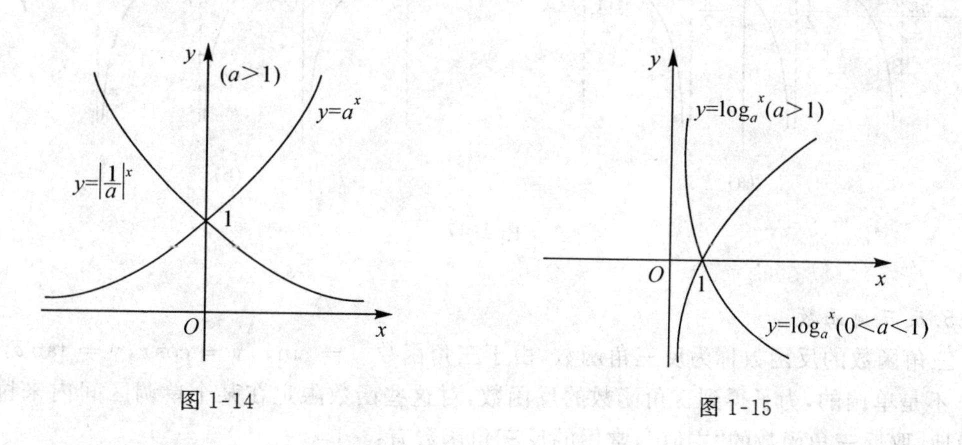

图 1-14

图 1-15

4. 三角函数

常用的三角函数有:

(1) 正弦函数 $y=\sin x$,其定义域为$(-\infty,+\infty)$,值域为$[-1,1]$,是奇函数且是以 2π 为周期的周期函数,如图 1-16 所示.

(2) 余弦函数 $y=\cos x$,其定义域为$(-\infty,+\infty)$,值域为$[-1,1]$,是偶函数且是以 2π 为周期的周期函数,如图 1-16 所示.

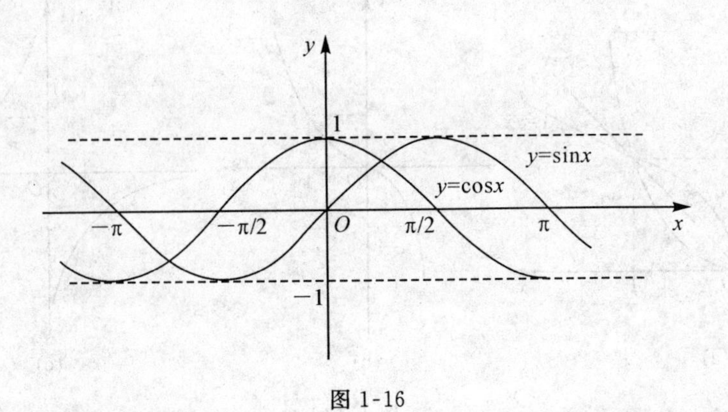

图 1-16

(3) 正切函数 $y=\tan x$,其定义域为 $x\neq k\pi+\frac{\pi}{2},k\in\mathbf{Z}$,值域为$(-\infty,+\infty)$,是奇函数且是以 π 为周期的周期函数,如图 1-17(a) 所示.

(4) 余切函数 $y=\cot x$,其定义域为 $x\neq k\pi,k\in\mathbf{Z}$,值域为$(-\infty,+\infty)$,是奇函数且是以 π 为周期的周期函数,如图 1-17(b) 所示.

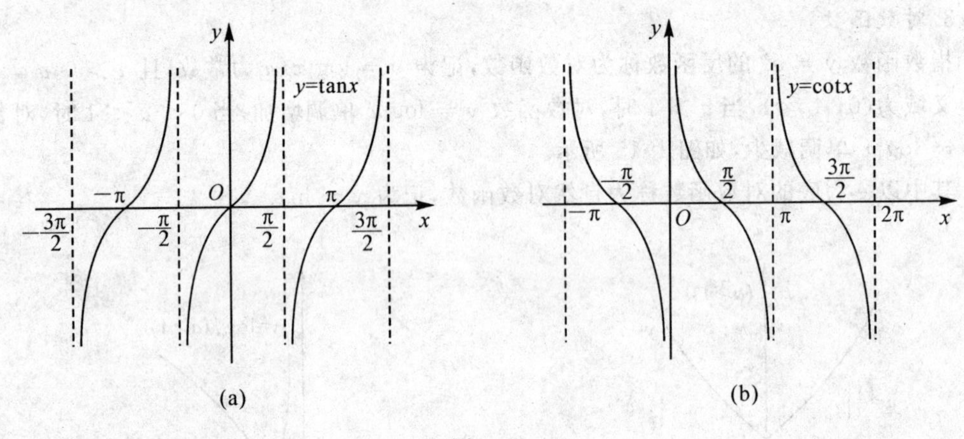

图 1-17

5. 反三角函数

三角函数的反函数称为反三角函数,由于三角函数 $y=\sin x,y=\cos x,y=\tan x,y=\cot x$ 不是单调的,为了得到三角函数的反函数,对这些函数限定在某个单调区间内来讨论,一般地,取反三角函数的"主值",常用的反三角函数有:

(1) 反正弦函数 $y=\arcsin x$,其定义域为$[-1,1]$,值域为 $|\arcsin x|\leqslant\frac{\pi}{2}$,如图 1-18(a) 所示.

(2) 反余弦函数 $y=\arccos x$,其定义域为$[-1,1]$,值域为 $0\leqslant\arccos x\leqslant\pi$,如图 1-18(b) 所示.

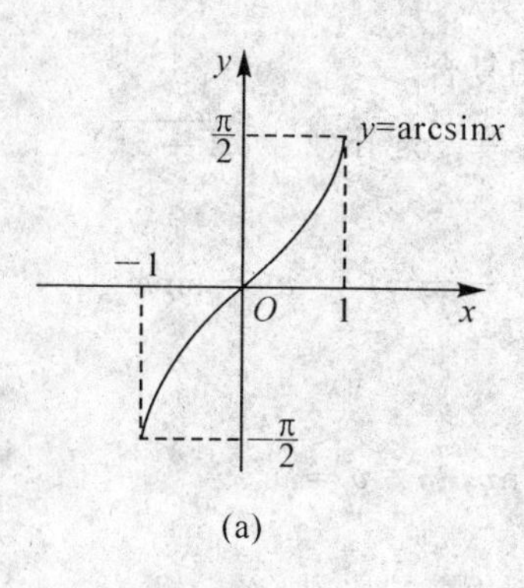

(a)

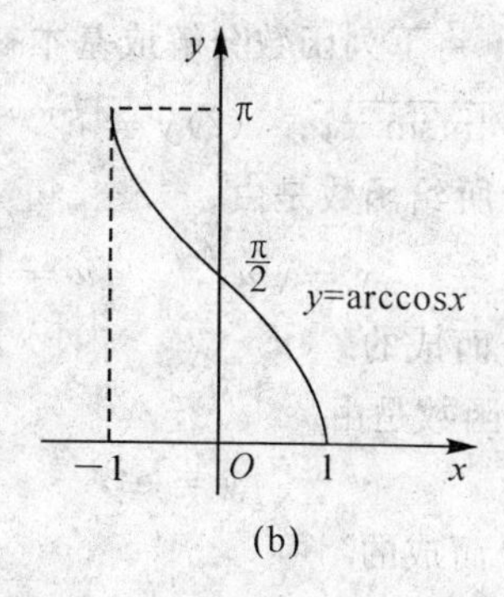

(b)

图 1-18

(3) 反正切函数 $y = \arctan x$，其定义域为 $(-\infty, +\infty)$，值域为 $|\arctan x| < \frac{\pi}{2}$，如图 1-19(a) 所示.

(4) 反余切函数 $y = \operatorname{arccot} x$，其定义域为 $(-\infty, +\infty)$，值域为 $0 < \operatorname{arccot} x < \pi$，如图 1-19(b) 所示.

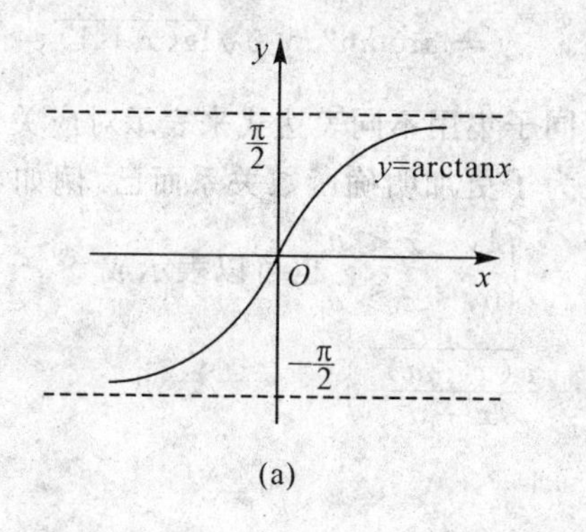

(a)

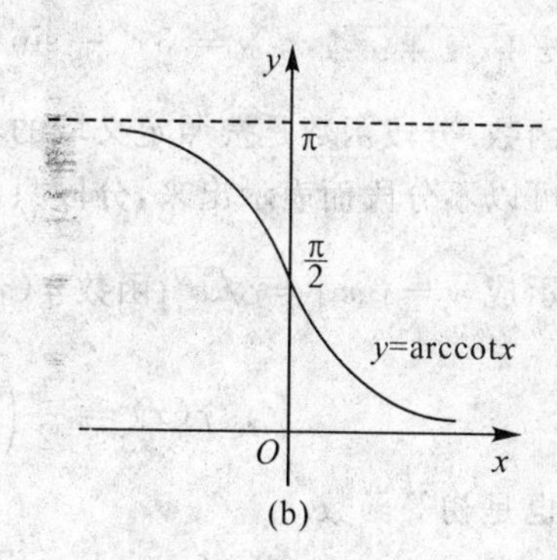

(b)

图 1-19

1.2.3　复合函数

定义 1.4　设函数 $y = f(u)$ 的定义域为 D_f，而函数 $u = \varphi(x)$ 的值域为 $R\varphi$，如果 $D_f \cap R\varphi \neq \varnothing$，则称函数 $y = f[\varphi(x)]$ 为 x 的复合函数. 其中，x 称为自变量，y 称为因变量，u 称为中间变量.

注：1. 不是任何两个函数都可以复合成一个复合函数的.

例如，$y = \arcsin u, u = 2 + x^2$. 因前者定义域为 $[-1,1]$，而后者 $u = 2 + x^2 \geqslant 2$，故这两个函数不能复合成复合函数.

2. 复合函数可以由两个以上的函数经过复合构成.

例 1.10　设 $y = f(u) = \arctan u, u = \varphi(t) = \frac{1}{\sqrt{t}}, t = \psi(x) = x^2 - 1$，试求 $f\{\varphi[\psi(x)]$.

解　$f\{\varphi[\psi(x)] = \arctan u = \arctan \frac{1}{\sqrt{t}} = \arctan \frac{1}{\sqrt{x^2 - 1}}$.

例 1.11 将下列函数分解成基本初等函数的复合.

(1) $y=\sqrt{\ln\sin^2 x}$; (2) $y=e^{\arctan x^2}$; (3) $y=\cos^2\ln(2+\sqrt{1+x^2})$.

解 (1) 所给函数是由

$$y=\sqrt{u},\quad u=\ln v,\quad v=w^2,\quad w=\sin x$$

四个函数复合而成的.

(2) 所给函数是由

$$y=e^u,\quad u=\arctan v,\quad v=x^2$$

三个函数复合而成的.

(3) 所给函数是由

$$y=u^2,\quad u=\cos v,\quad v=\ln w,\quad w=2+t,\quad t=\sqrt{h},\quad h=1+x^2$$

六个函数复合而成的.

1.2.4 初等函数

由基本初等函数经过有限次四则运算和复合运算得到,并且能用一个式子表示的函数,称为初等函数.例如

$$y=\ln(x+\sqrt{1+x^2}),\quad y=3x^2+\sin 4x,\quad y=\arctan 2x^3+\sqrt{\lg(x+1)}+\frac{\sin x}{x^2+1}$$

等都是初等函数.分段函数是按照定义域的不同子集用不同表达式来表示对应关系的,有些分段函数也可以不分段而表示出来,分段只是为了更加明确函数关系而已.例如,绝对值函数也可以表示成 $y=|x|=\sqrt{x^2}$;函数 $f(x)=\begin{cases}1, & x<a\\ 0, & x>a\end{cases}$ 也可以表示成

$$f(x)=\frac{1}{2}\left(1-\frac{\sqrt{(x-a)^2}}{x-a}\right)$$

这两个函数也是初等函数.

1.2.5 双曲函数和反双曲函数

下面介绍在工程技术中常用到的一类函数及其反函数.常用到的双曲函数主要有

双曲正弦函数 $$y=\mathrm{sh}x=\frac{e^x-e^{-x}}{2} \tag{1-26}$$

双曲余弦函数 $$y=\mathrm{ch}x=\frac{e^x+e^{-x}}{2} \tag{1-27}$$

双曲正切函数 $$y=\mathrm{th}x=\frac{\mathrm{sh}x}{\mathrm{ch}x}=\frac{e^x-e^{-x}}{e^x+e^{-x}} \tag{1-28}$$

从定义可见,双曲函数是由指数函数生成的初等函数,这三个双曲函数的简单性态如下:

双曲正弦函数:定义域为$(-\infty,+\infty)$,值域为$(-\infty,+\infty)$,是单调增加的奇函数,其图形通过原点且关于原点对称,当 x 的绝对值很大时,该函数的图形在第一象限内接近曲线 $y=\frac{1}{2}e^x$;在第三象限内接近于曲线 $y=-\frac{1}{2}e^{-x}$,如图 1-20 所示.

双曲余弦函数:定义域为$(-\infty,+\infty)$,值域为$[1,+\infty)$,是偶函数,在$(-\infty,0)$内单调减少,在$(0,+\infty)$内单调增加.当 x 的绝对值很大时,该函数的图形在第一象限内接近于曲

线 $y=\frac{1}{2}e^{x}$；在第三象限内接近于曲线 $y=\frac{1}{2}e^{-x}$，如图1-20所示.

双曲正切函数：定义域为$(-\infty,+\infty)$，值域为$(-1,1)$，是单调增加的奇函数，其图形夹在水平直线 $y=1$ 及 $y=-1$ 之间. 当 x 的绝对值很大时，该函数的图形在第一象限内接近于直线 $y=1$；在第三象限内接近于直线 $y=-1$，如图1-21所示.

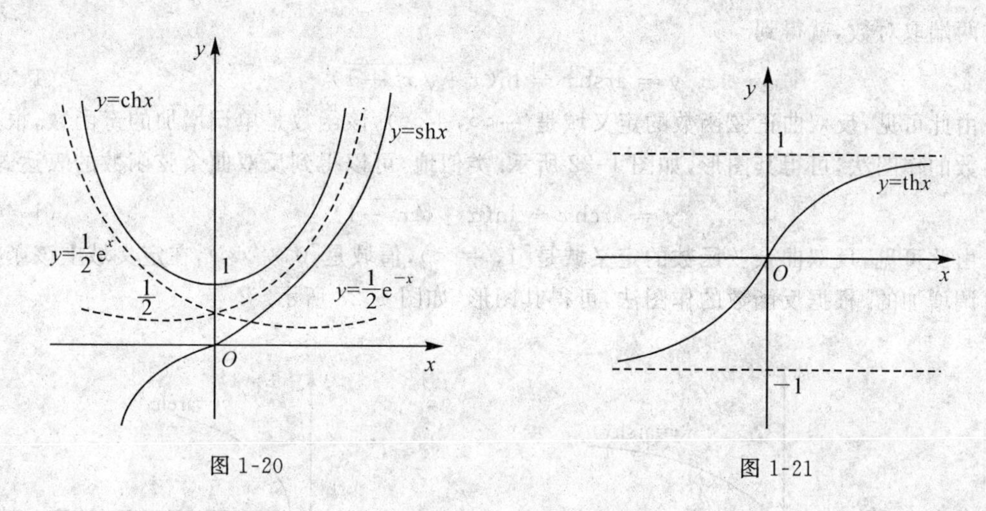

图1-20　图1-21

类似于三角恒等式，由双曲函数的定义，可以证明下列四个恒等式

$$\mathrm{sh}(x+y)=\mathrm{sh}x\mathrm{ch}y+\mathrm{ch}x\mathrm{sh}y \tag{1-29}$$

$$\mathrm{sh}(x-y)=\mathrm{sh}x\mathrm{ch}y-\mathrm{ch}x\mathrm{sh}y \tag{1-30}$$

$$\mathrm{ch}(x+y)=\mathrm{ch}x\mathrm{ch}y+\mathrm{sh}x\mathrm{sh}y \tag{1-31}$$

$$\mathrm{ch}(x-y)=\mathrm{ch}x\mathrm{ch}y-\mathrm{sh}x\mathrm{sh}y \tag{1-32}$$

我们来证明第一个等式，其余三个读者可以自己证明，由定义，得

$$\begin{aligned}\mathrm{sh}x\mathrm{ch}y+\mathrm{ch}x\mathrm{sh}y&=\frac{e^{x}-e^{-x}}{2}\cdot\frac{e^{y}+e^{-y}}{2}+\frac{e^{x}+e^{-x}}{2}\cdot\frac{e^{y}-e^{-y}}{2}\\&=\frac{e^{x+y}-e^{-(x+y)}}{2}=\mathrm{sh}(x+y).\end{aligned}$$

此外，由以上几个恒等式可以导出其他一些恒等式，例如：

在式(1-32)中，令 $x=y$，并注意到 $\mathrm{ch}0=1$，则有

$$\mathrm{ch}^{2}x-\mathrm{sh}^{2}x=1 \tag{1-33}$$

在式(1-29)中，令 $x=y$，则有

$$\mathrm{sh}2x=2\mathrm{sh}x\mathrm{ch}x \tag{1-34}$$

在式(1-31)中，令 $x=y$，则有

$$\mathrm{ch}2x=\mathrm{ch}^{2}x+\mathrm{sh}^{2}x \tag{1-35}$$

上述等式与三角函数的有关恒等式类似，但也要注意它们之间的差异性.

双曲函数的的反函数称为反双曲函数，依次记为

反双曲正弦函数　$y=\mathrm{arsh}x$　(1-36)

反双曲余弦函数　$y=\mathrm{arch}x$　(1-37)

反双曲正切函数　$y=\mathrm{arth}x$　(1-38)

这些反双曲函数都可以通过自然对数函数来表示,例如,对反双曲正弦函数 $y=\mathrm{arsh}x$,该函数是 $x=\mathrm{sh}y$ 的反函数,由双曲函数的定义,有 $x=\dfrac{\mathrm{e}^y-\mathrm{e}^{-y}}{2}$,即 $\mathrm{e}^{2y}-2x\mathrm{e}^y-1=0$,解得 $\mathrm{e}^y=x\pm\sqrt{x^2+1}$,因 $\mathrm{e}^y>0$,上式应取正号,故

$$\mathrm{e}^y=x+\sqrt{x^2+1}$$

等式两端取对数,就得到

$$y=\mathrm{arsh}x=\ln(x+\sqrt{x^2+1}) \tag{1-39}$$

由此可见,反双曲正弦函数的定义域是$(-\infty,+\infty)$,该函数是单调增加的奇函数,根据反函数的作图法,可得其图形,如图 1-22 所示.类似地,可以得到反双曲余弦函数的表达式

$$y=\mathrm{arch}x=\ln(x+\sqrt{x^2-1}) \tag{1-40}$$

由此可见,反双曲余弦函数的定义域是$[1,+\infty)$,值域是$[0,+\infty)$,在定义域上该函数是单调增加的.根据反函数的作图法,可得其图形,如图 1-23 所示.

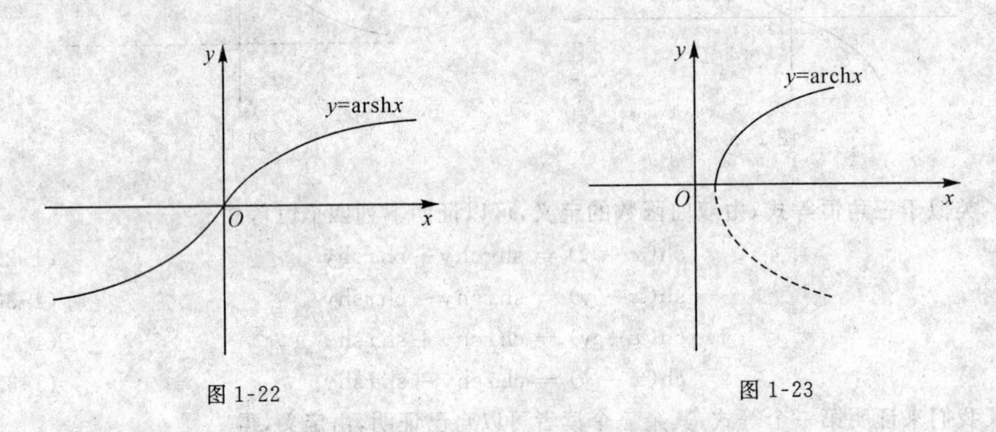

图 1-22　　　　图 1-23

类似地,还可以得到反双曲正切函数的表达式为

$$y=\mathrm{arth}x=\frac{1}{2}\ln\frac{1+x}{1-x} \tag{1-41}$$

反双曲正切函数的定义域是$(-1,1)$,并且该函数是区间$(-1,1)$内单调增加的奇函数,根据反函数的作图法,可得其图形,如图 1-24 所示.

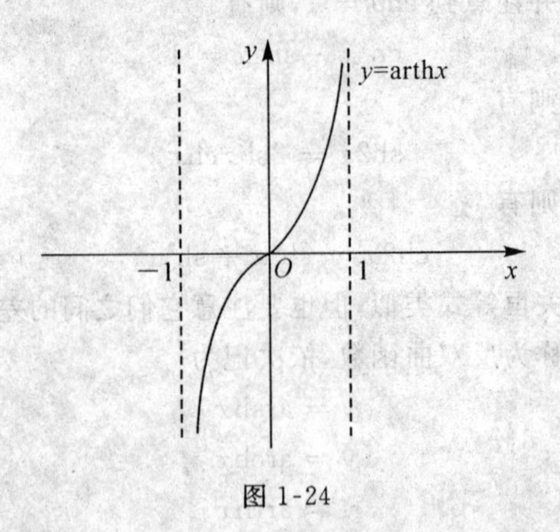

图 1-24

练习题 1.2

1. 求下列函数的反函数及定义域:

(1) $y=\dfrac{1-x}{1+x}$;　　(2) $y=\ln(x+2)+1$;

(3) $y=3^{2x+5}$;　　(4) $y=1+\cos^3 x, x\in[0,\pi]$.

2. 设 $f(x)=\begin{cases}x, & -1\leqslant x<0\\ x+1, & 0\leqslant x<2\end{cases}$, 求 $f(x-1)$.

3. 设 $f(x)=x^3-x, g(x)=\sin 2x$, 求 $f\left[g\left(\dfrac{\pi}{12}\right)\right], g[f(1)]$.

4. 设 $f(x)=\dfrac{x}{1-x}$, 求 $f[f(x)]$ 和 $f\{f[f(x)]\}$.

5. 已知 $f[\varphi(x)]=1+\cos x, \varphi(x)=\sin\dfrac{x}{2}$, 求 $f(x)$.

6. 设 $f(x)$ 的定义域是 $[0,1]$, 求下列函数的定义域.

(1) $f(x^2)$;　　(2) $f(\sin x)$;　　(3) $f(x+a)+f(x-a)$　$(a>0)$.

7. 下列函数是由哪些基本初等函数复合而成的?

(1) $y=(1+x^2)^{\frac{1}{4}}$;　　(2) $y=\sin^2(1+2x)$;

(3) $y=(1+10^{-x^5})^{\frac{1}{2}}$;　　(4) $y=\dfrac{1}{1+\arcsin 2x}$.

8. 证明:

(1) $\operatorname{arsh}x=\ln(x+\sqrt{1+x^2})$;　　(2) $\operatorname{arth}x=\dfrac{1}{2}\ln\dfrac{1+x}{1-x}$.

1.3 数列的极限

1.3.1 极限概念的引入

极限的思想是由于求某些实际问题的精确解而产生的. 例如,我国古代数学家刘徽(公元3世纪)利用圆内接正多边形来推算圆面积的方法——割圆术,就是极限思想在几何学上的应用. 又如,春秋战国时期的哲学家庄子(公元4世纪)在《庄子·天下篇》一书中对"截丈问题"有一段名言:"一尺之棰,日截其半,万世不竭",其中隐含了深刻的极限思想.

极限是研究变量变化趋势的基本工具,高等数学中许多基本概念,例如连续、导数、定积分、无穷级数等都是建立在极限的基础上的. 极限方法又是研究函数的一种最基本的方法. 本节将首先给出数列极限的定义.

1.3.2 数列的定义

定义 1.5　按一定次序排列的无穷多个数 $x_1 x_2,\cdots,x_n,\cdots$, 称为无穷数列,简称数列. 可以简记为 $\{x_n\}$. 其中每个数称为数列的项, x_n 称为通项.

对于一个数列,我们感兴趣的是当 n 无限增大时,x_n 的变化趋势.看下列例子:

数列
$$\frac{1}{2},\frac{2}{3},\cdots,\frac{n}{n+1},\cdots \tag{1-42}$$
的项随 n 增大时,其值越来越接近于 1.

数列
$$2,4,6,\cdots,2n,\cdots \tag{1-43}$$
的项随 n 增大时,其值越来越大,且无限增大.

数列
$$1,0,1,\cdots,\frac{1+(-1)^{n-1}}{2},\cdots \tag{1-44}$$
的各项值交替地取 1 与 0.

数列
$$1,-\frac{1}{2},\frac{1}{3},\cdots,\frac{(-1)^{n-1}}{n},\cdots \tag{1-45}$$
的各项值在数 0 的两边跳动,且越来越接近于 0.

数列
$$2,2,2,\cdots,2,\cdots \tag{1-46}$$
各项的值均相同.

在中学教材中,我们已经知道极限的描述性定义,即如果当项数 n 无限增大时,无穷数列 $\{x_n\}$ 的一般项 x_n 无限地趋近于某一个常数 a(即 $\{x_n-a\}$ 无限地接近于0),那么说 a 是数列 $\{x_n\}$ 的极限.于是我们用观察法可以判断数列 $\left\{\frac{n-1}{n}\right\}$,$\left\{\frac{(-1)^{n-1}}{n}\right\}$,$\{2\}$ 都有极限,其极限分别为 1,0,2.但什么叫做"x_n 无限地接近 a"呢?在中学教材中没有进行理论上的说明.

我们知道,两个数 a 与 b 之间的接近程度可以用这两个数之差的绝对值 $|b-a|$ 来度量,在数轴上 $|b-a|$ 表示点 a 与点 b 之间的距离,$|b-a|$ 越小,则 a 与 b 就越接近,就数列(1-42)来说,因为
$$|x_n-1|=\left|-\frac{1}{n}\right|=\frac{1}{n}$$
我们知道,当 n 越来越大时,$\frac{1}{n}$ 越来越小,从而 x_n 越来越接近于1.因为只要 n 足够大,$|x_n-1|=\frac{1}{n}$ 就可以小于任意给定的正数,如现在给出一个很小的正数 $\frac{1}{100}$,只要 $n>100$ 即可得
$$|x_n-1|<\frac{1}{100},\quad n=101,102,\cdots$$
如果给定 $\frac{1}{10\,000}$,则从 10001 项起,都有下面不等式
$$|x_n-1|<\frac{1}{10\,000}$$
成立.这就是数列 $x_n=\frac{n-1}{n}(n=1,2\cdots)$,当 $n\to\infty$ 时无限接近于 1 的实质.

1.3.3 数列极限的定义

一般地,对数列 $\{x_n\}$ 有以下定义:

定义 1.6 对数列 $\{x_n\}$,若存在常数 a,对任意给定的正数 ε(无论 $\varepsilon>0$ 多么小),总存在正整数 N,当 $n>N$ 时,不等式
$$|x_n-a|<\varepsilon$$

总成立，则称数列$\{x_n\}$收敛，a称为数列$\{x_n\}$当$n\to\infty$时的极限，记为

$$\lim_{n\to\infty}x_n=a \text{ 或 } x_n\to a \quad (n\to\infty) \tag{1-47}$$

若数列$\{x_n\}$不收敛，则称该数列发散.

注：(1) 定义1.6中的正整数N的取值与ε有关，一般地，N将随着ε的减小而增大，这样的N也不是唯一的，显然，如果已经证明了符合要求的N存在，则比这个N大的任何正整数均符合要求. 在以后有关数列极限的叙述中，若无特殊声明，N均表示正整数. 此外，由邻域的定义可知，$|x_n-a|<\varepsilon$等价于$x_n\in U(a,\varepsilon)$.

(2)"数列$\{x_n\}$的极限为a"的几何解释：

将常数a及数列$x_1,x_2,x_3,\cdots,x_n,\cdots$在数轴上用它们的对应点表示出来，再在数轴上作点$a$的$\varepsilon$邻域，即开区间$(a-\varepsilon,a+\varepsilon)$，如图1-25所示.

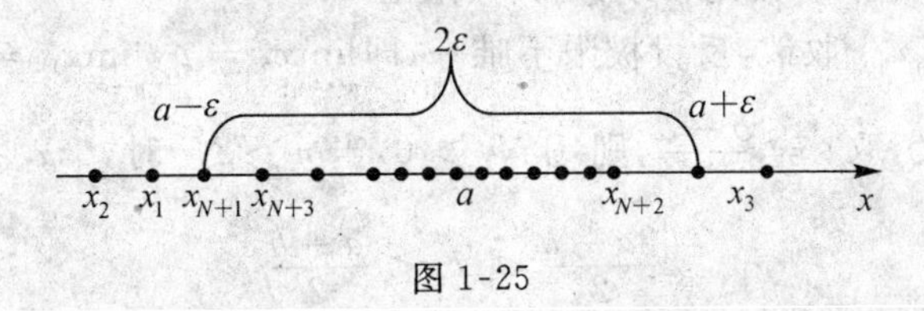

图1-25

因不等式$|x_n-a|<\varepsilon$与$a-\varepsilon<x_n<a+\varepsilon$等价，所以当$n>N$时，所有的点$x_n$都落在开区间$(a-\varepsilon,a+\varepsilon)$内，而只有有限个点(至多只有$N$个点)落在该区间以外.

为了以后叙述的方便，我们这里介绍几个符号：符号"$\forall$"表示"对于任意给定的"或"对于每一个"，符号"$\exists$"表示"存在"，符号"$\max\{X\}$"表示数集X中的最大数，符号"$[\cdot]$"表示取最大整数.

例如，上述数列极限$\lim\limits_{n\to\infty}x_n=a$的定义可以表达为：

$\lim\limits_{n\to\infty}=a\Leftrightarrow\forall\varepsilon>0$，$\exists$ 正整数N，当$n>N$时，有$|x_n-a|<\varepsilon$.

数列极限的定义并未给出求极限的方法，只给出了论证数列$\{x_n\}$的极限为a的方法，常称为$\varepsilon-N$论证法，其论证步骤为：

(1) 任意给定的正数ε；

(2) 由$|x_n-a|<\varepsilon$开始分析倒推，推出$n>N\{\varepsilon\}$；

(3) 取$N>\lfloor N\{\varepsilon\}\rfloor$，再用$\varepsilon-N$语言顺述结论.

例1.12　证明$\lim\limits_{n\to\infty}\dfrac{1}{2^n}=0$.

证明　$\forall\varepsilon>0$(不妨设$\varepsilon<1$)，要使$\left|\dfrac{1}{2^n}-0\right|=\dfrac{1}{2^n}<\varepsilon$，只要$2^n>\dfrac{1}{\varepsilon}$，即

$$n>\left(\ln\frac{1}{\varepsilon}\right)\Big/\ln 2$$

因此，$\forall\varepsilon>0$，取$N=\left[\ln\dfrac{1}{\varepsilon}\Big/\ln 2\right]$，则当$n>N$时，有$\left|\dfrac{1}{2^n}-0\right|<\varepsilon$. 由极限的定义可知

$$\lim_{n\to\infty}\frac{1}{2^n}=0.$$

例1.13　证明$\lim\limits_{n\to\infty}\dfrac{1}{n}\cos\dfrac{n\pi}{4}=0$.

证明 由于$\left|\frac{1}{n}\cos\frac{n\pi}{4}-0\right|=\frac{1}{n}\left|\cos\frac{n\pi}{4}\right|\leqslant\frac{1}{n}$,故对 $\forall\varepsilon>0$,要使$\left|\frac{1}{n}\cos\frac{n\pi}{4}-0\right|<\varepsilon$. 只要$\frac{1}{n}<\varepsilon$,即$n>\frac{1}{\varepsilon}$.因此,$\forall\varepsilon>0$,取$N=\left[\frac{1}{\varepsilon}\right]$,则当$n>N$时,有$\left|\frac{1}{n}\cos\frac{n\pi}{4}-0\right|<\varepsilon$,由极限定义,可知

$$\lim_{n\to\infty}\frac{1}{n}\cos\frac{n\pi}{4}=0.$$

用极限的定义来求极限是不太方便的,在本章的以后篇幅中,将逐步介绍其他求极限的方法.

1.3.4 收敛数列的性质

定理 1.1 (唯一性) 若数列收敛,则其极限唯一.

证明 设数列$\{x_n\}$收敛,反设极限不唯一,即$\lim\limits_{n\to\infty}x_n=a$,$\lim\limits_{n\to\infty}x_n=b$,且$a\neq b$.不妨设$a<b$,由极限的定义,取$\varepsilon=\frac{b-a}{2}$,则$\exists N_1>0$,当$n>N_1$时,$|x_n-a|<\frac{b-a}{2}$,即

$$\frac{3a-b}{2}<x_n<\frac{a+b}{2} \tag{1-48}$$

$\exists N_2>0$,当$n>N_2$时,$|x_n-b|<\frac{b-a}{2}$,即

$$\frac{a+b}{2}<x_n<\frac{3b-a}{2} \tag{1-49}$$

取$N=\max\{N_1,N_2\}$,则当$n>N$时,式(1-48)、式(1-49)应同时成立,显然矛盾.这一矛盾证明了收敛数列$\{x_n\}$的极限必唯一.

定义 1.7 设数列$\{x_n\}$,若存在正数M,使对一切$n=1,2,\cdots$,有$|x_n|\leqslant M$,则称数列$\{x_n\}$是有界的;否则,称该数列是无界的.

对于数列$\{x_n\}$,若存在常数M,使对$n=1,2,\cdots$,有$x_n\leqslant M$,则称数列$\{x_n\}$有上界;若存在的常数M,使对$n=1,2,\cdots$,有$x_n\geqslant M$,则称数列$\{x_n\}$有下界.

显然,数列$\{x_n\}$有界的充分必要条件是$\{x_n\}$既有上界,又有下界.例如,数列$\left\{\frac{1}{n^2+1}\right\}$有界,因为存在正数$M=1$,使对一切$n\in N$有$\left|\frac{1}{n^2+1}\right|\leqslant M=1$;数列$\{-n^2\}$有上界,而无下界;数列$\{(-1)^n n-1\}$既无上界,又无下界.

定理 1.2 (有界性) 若数列$\{x_n\}$收敛,则数列$\{x_n\}$有界.

证明 设$\lim\limits_{n\to\infty}x_n=a$,由极限的定义,$\forall\varepsilon>0$,不妨设$\varepsilon<1$,$\exists N>0$,当$n>N$时,$|x_n-a|<\varepsilon<1$,从而$|x_n|<1+|a|$.

取$M=\max\{1+|a|,|x_1|,|x_2|,\cdots,|x_N|\}$,则有$|x_n|\leqslant M$.对一切$n=1,2,3,\cdots$成立,即$\{x_n\}$有界.

定理 1.2 的逆命题不成立,例如数列$\{(-1)^n\}$有界,但该数列不收敛.

定理 1.3 (保号性) 设$\lim\limits_{n\to\infty}x_n=a$,若$a>0$(或$a<0$),则存在正整数$N>0$,当$n>N$时,$x_n>0$(或$x_n<0$).

证明 由极限的定义,对$\varepsilon=\frac{a}{2}>0$,存在正整数$N>0$,当$n>N$时,$|x_n-a|<\frac{a}{2}$,

即$\frac{a}{2} < x_n < \frac{3}{2}a$. 故当$n > N$时，$x_n > \frac{a}{2} > 0$.

类似可证$a < 0$的情形.

推论 1.1 设数列$\{x_n\}$，若存在正整数$N > 0$，当$n > N$时，$x_n > 0$（或$x_n < 0$）. 且$\lim\limits_{n\to\infty} x_n = a$，则必有$a \geqslant 0$（或$a \leqslant 0$）.

在推论1.1中，我们只能推出$a \geqslant 0$（或$a \leqslant 0$），而不能由$x_n > 0$（或$x_n < 0$）推出其极限（若存在）也大于0（或小于0）. 例如$x_n = \frac{1}{n} > 0$，但$\lim\limits_{n\to\infty} x_n = \lim\limits_{n\to\infty}\frac{1}{n} = 0$.

下面我们给出数列的子列的概念.

定义 1.8 在数列$\{x_n\}$中，保持原有的次序自左向右任意取无穷多个项构成一个新的数列，称这个新的数列为$\{x_n\}$的一个子列.

在选出的子列中，记第1项为x_{n_1}，第2项为x_{n_2}，……，第k项为x_{n_k}，……，则数列$\{x_n\}$的子列可以记为$\{x_{n_k}\}$. k表示x_{n_k}在子列$\{x_{n_k}\}$中的项数，n_k表示x_{n_k}在原数列$\{x_n\}$中第n_k项，显然，对每一个k，有$n_k \geqslant k$；对任意正整数h,k，如果$h \geqslant k$，则$n_h \geqslant n_k$；若$n_h \geqslant n_k$，则$h \geqslant k$.

由于在子列$\{x_{n_k}\}$中的下标是k而不是n_k，因此数列$\{x_{n_k}\}$收敛于a的定义是：$\forall \varepsilon > 0$，$\exists K > 0$，当$k > K$时，有$|x_{n_k} - a| < \varepsilon$. 记为$\lim\limits_{k\to\infty} x_{n_k} = a$.

定理 1.4 （子数列的收敛性）$\lim\limits_{n\to\infty} x_n = a$的充分必要条件是：$\{x_n\}$的任何子列$\{x_{n_k}\}$都收敛，且都以$a$为极限.

证明 先证充分性. 由于$\{x_n\}$本身也可以看成是该数列的一个子例，故由条件得证.

下面证明必要性. 由$\lim\limits_{n\to\infty} x_n = a$，$\forall \varepsilon > 0$，$\exists N > 0$，当$n > N$时，有

$$|x_n - a| < \varepsilon$$

今取$K = N$，则当$k > K$时，有$n_k > n_K = n_N \geqslant N$，于是$|x_{n_k} - a| < \varepsilon$. 故有$\lim\limits_{k\to\infty} x_{n_k} = a$.

由定理1.4的逆否命题知，若数列$\{x_n\}$有两个子数列收敛于不同的极限，则数列$\{x_n\}$是发散的. 例如数列$\{(-1)^n\}$，当n取奇数$n = 2k-1$，子数列$\{x_{2k-1}\}$收敛于-1，当n取偶数$n = 2k$，子数列$\{x_{2k}\}$收敛于1，故数列$\{(-1)^n\}$是发散的. 此例说明，一个发散的数列也可能有收敛的子数列.

练习题 1.3

1. 写出下列数列的通项表达式，并观察其变化趋势.

(1) $0, \frac{1}{3}, \frac{2}{4}, \frac{3}{5}, \frac{4}{6}, \cdots$；　　(2) $1, 0, -3, 0, 5, 0, -7, 0, \cdots$；

(3) $-3, \frac{5}{3}, -\frac{7}{5}, \frac{9}{7}, \cdots$；　　(4) $\frac{1}{2}, -\frac{1}{4}, \frac{1}{6}, -\frac{1}{8}, \cdots$.

2. 已知$\lim\limits_{n\to\infty}\frac{n}{n+3} = 1$，对于给定的$\varepsilon > 0$，试找出相应的自然数$N$，使当$n > N$时，不等式$\left|\frac{n}{n+3} - 1\right| < \varepsilon$成立，又问：若$\varepsilon$依次取0.1，0.01，0.001，相应的$N$应取多少？

3. 观察下列数列有无极限，若有极限，指出其极限值.

(1)$x_n = (-1)^n \frac{1}{n^2}$;　　(2)$x_n = \left(\frac{2}{3}\right)^n$;

(3)$x_n = 2 + (-1)^n \frac{1}{n}$;　　(4)$x_n = \frac{1+(-1)^n}{n}$;

(5)$x_n = 1 + (-1)^n$;　　(6)$x_n = \sqrt{n+2} - \sqrt{n}$.

4. 用数列极限的 $\varepsilon - N$ 定义证明下列极限.

(1) $\lim\limits_{n\to\infty}\left(2+\frac{1}{n^2}\right) = 2$;　　(2) $\lim\limits_{n\to\infty}\frac{\sin n}{n} = 0$;　　(3) $\lim\limits_{n\to\infty}\frac{3n-1}{2n+1} = \frac{3}{2}$.

5. 若$\lim\limits_{n\to\infty} x_n = a$,证明$\lim\limits_{n\to\infty} |x_n| = |a|$,并举反例说明反之不一定成立.

6. 设数列$\{x_n\}$有界,又$\lim\limits_{n\to\infty} y_n = 0$,证明:$\lim\limits_{n\to\infty} x_n y_n = 0$.

7. 对数列$\{x_n\}$,若$\lim\limits_{n\to\infty} x_{2k-1} = a$,$\lim\limits_{n\to\infty} x_{2k} = a$,证明:$\lim\limits_{n\to\infty} x_n = a$.

1.4 函数的极限

数列可以看做自变量为正整数 n 的函数:$x_n = f(n)$,数列$\{x_n\}$的极限为 a,即当自变量 n 取正整数且无限增大($n\to\infty$)时,对应的函数值 $f(n)$ 无限接近数 a. 若将数列极限概念中自变量 n 的取值类型由正整数 N 推广到一般实数 **R**,则数列极限的概念可以推广为函数极限的概念:在自变量 x 的某个变化过程中,如果对应的函数值 $f(x)$ 无限接近于某个确定的数 A,则 A 就称为 x 在该变化过程中函数 $f(x)$ 的极限. 显然,极限 A 是与自变量 x 的变化过程紧密相关的. 自变量的变化过程不同,函数的极限就有不同的表现形式,本节分下列两种情况来讨论:

(1) 自变量趋于无穷大($x\to\infty$)时函数的极限;

(2) 自变量趋于有限值($x\to x_0$)时函数的极限.

1.4.1 $x\to\infty$ 时函数的极限

观察函数 $f(x) = \frac{1}{x}$ 当 $x\to\infty$ 时的变化趋势. 因为

$$|f(x) - 0| = \left|\frac{1}{x}\right| = \frac{1}{|x|}$$

易见,当 $|x|$ 越来越大时,$f(x)$ 就越来越接近于0. 因为只要 $|x|$ 足够大,$\left|\frac{1}{x}\right|$ 就可以小于任意给定的正数,或者说,当 $|x|$ 无限增大时,$f(x) = \frac{1}{x}$ 就无限接近于0.

定义 1.9 设函数 $f(x)$ 在区间$[a, +\infty)$上有定义,如果存在常数 A,对于任意给定的正数 ε(无论 $\varepsilon > 0$ 多么小),总存在正数 X,使得当 x 满足不等式 $x > X$ 时,对应的函数值 $f(x)$ 都满足不等式

$$|f(x) - A| < \varepsilon$$

那么，称函数 $f(x)$ 当 $x\to+\infty$ 时极限存在，并以 A 为极限，记为

$$\lim_{x\to+\infty}f(x)=A \quad 或 \quad f(x)\to A \quad (x\to+\infty) \tag{1-50}$$

在定义 1.9 中正数 X 的作用与数列极限定义中的正整数 N 类似，说明 x 足够大的程度，所不同的是，这里考虑的是比 X 大的所有实数 x，而不仅仅是自然数 n，因此，当 $x\to+\infty$ 时，函数 $f(x)$ 以 A 为极限意味着：A 的任何邻域必含有 $f(x)$ 在某个区间 $[X,+\infty)$ 内的所有函数值. 定义 1.9 的几何意义如图 1-26 所示，作直线 $y=A-\varepsilon$ 和 $y=A+\varepsilon$，则总有一个正数 X 存在，使得当 $x>X$ 时，函数 $y=f(x)$ 图形位于这两条直线之间.

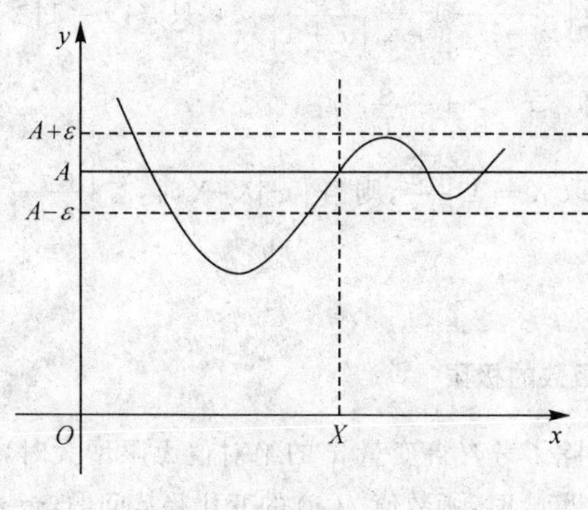

图 1-26

类似定义 1.9，我们定义 x 趋于 $-\infty$ 时函数极限的概念，简述如下：

定义 1.10　设函数 $f(x)$ 在区间 $(-\infty,a]$ 上有定义，如果存在常数 A，$\forall\varepsilon>0$，$\exists X>0$，使得当 $x<-X$ 时，总有

$$|f(x)-A|<\varepsilon$$

则称 $f(x)$ 当 $x\to-\infty$ 时极限存在，并以 A 为极限，记为

$$\lim_{x\to-\infty}f(x)=A \quad 或 \quad f(x)\to A \quad (x\to-\infty) \tag{1-51}$$

例 1.14　证明 $\lim\limits_{x\to+\infty}\dfrac{\cos x}{\sqrt{x}}=0$.

证明　由于 $\left|\dfrac{\cos x}{\sqrt{x}}-0\right|=\left|\dfrac{\cos x}{\sqrt{x}}\right|\leqslant\dfrac{1}{\sqrt{x}}$，故 $\forall\varepsilon>0$，要使 $\left|\dfrac{\cos x}{\sqrt{x}}-0\right|<\varepsilon$，只要 $\dfrac{1}{\sqrt{x}}<\varepsilon$，即 $x>\dfrac{1}{\varepsilon^2}$. 因此，$\forall\varepsilon>0$，可取 $X=\dfrac{1}{\varepsilon^2}$，则当 $x>X$ 时，$\left|\dfrac{\cos x}{\sqrt{x}}-0\right|<\varepsilon$，故 $\lim\limits_{x\to+\infty}\dfrac{\cos x}{\sqrt{x}}=0$.

例 1.15　证明 $\lim\limits_{x\to-\infty}10^x=0$.

证明　$\forall\varepsilon>0$，要使 $|10^x-0|=10^x<\varepsilon$，只要 $x<\lg\varepsilon$，因此可以取 $X=|\lg\varepsilon|+1$，当 $x<-X$ 时，即有 $|10^x-0|<\varepsilon$，故由定义 1.9 得 $\lim\limits_{x\to-\infty}10^x=0$.

定义 1.11　设函数 $f(x)$ 当 $|x|$ 充分大时有定义，如果存在常数 A，对于任意给定的正数 ε（无论 $\varepsilon>0$ 多么小），总存在正数 X，使得当 x 满足不等式 $|x|>X$ 时，对应的函数值 $f(x)$ 都满足不等式

$$|f(x)-A|<\varepsilon$$

那么,常数 A 就称为函数 $f(x)$ 当 $x\to\infty$ 时的极限,记为

$$\lim_{x\to\infty}f(x)=A \quad 或 \quad f(x)\to A \quad (x\to\infty) \tag{1-52}$$

由定义 1.9、定义 1.10 及定义 1.11 及绝对值的性质可得下面的定理.

定理 1.5 $\lim\limits_{x\to\infty}f(x)=A$ 的充分必要条件是:$\lim\limits_{x\to+\infty}f(x)=\lim\limits_{x\to-\infty}f(x)=A$.

例 1.16 证明 $\lim\limits_{x\to\infty}\dfrac{x-2}{x+1}=1$.

证明 $\forall\varepsilon>0$,要使 $\left|\dfrac{x-2}{x+1}-1\right|=\dfrac{3}{|x+1|}<\varepsilon$,只需 $|x+1|>\dfrac{3}{\varepsilon}$,而 $|x+1|\geqslant|x|-1$,故只需 $|x|-1>\dfrac{3}{\varepsilon}$,即 $|x|>1+\dfrac{3}{\varepsilon}$.

因此,$\forall\varepsilon>0$,可以取 $X=1+\dfrac{3}{\varepsilon}$,则当 $|x|>X$ 时,有 $\left|\dfrac{x-2}{x+1}-1\right|<\varepsilon$,故由定义 1.11 得 $\lim\limits_{x\to\infty}\dfrac{x-2}{x+1}=1$.

1.4.2 $x\to x_0$ 时函数的极限

对于一般函数而言,除了考查自变量 x 的绝对值无限增大时,函数值的变化趋势问题外,还可以研究 x 无限接近 x_0 时,函数值 $f(x)$ 的变化趋势问题,$x\to x_0$ 时函数的极限与 $x\to\infty$ 时函数的极限类似,只是 x 的趋向不同,因此只需对 x 无限接近 x_0 时 $f(x)$ 的情形作出确切的描述即可.

定义 1.12 设函数 $f(x)$ 在点 x_0 的某个去心邻域内有定义,A 为常数,若对于任意给定的正数 ε(无论 $\varepsilon>0$ 多少小),总存在正数 δ,使得当 x 满足不等式 $0<|x-x_0|<\delta$ 时,对应的函数值 $f(x)$ 都满足

$$|f(x)-A|<\varepsilon$$

则称函数 $f(x)$ 当 $x\to x_0$ 时的极限存在,并以 A 为极限,记为

$$\lim_{x\to x_0}f(x)=A \quad 或 \quad f(x)\to A \quad (x\to x_0) \tag{1-53}$$

上述定义 1.12 称为 $x\to x_0$ 时函数极限的分析定义,或当 $x\to x_0$ 时函数极限的"$\varepsilon-\delta$"定义.研究函数 $f(x)$ 当 $x\to x_0$ 时的极限,我们关心的是 x 无限趋近 x_0 时 $f(x)$ 的变化趋势,而不关心 $f(x)$ 在 $x=x_0$ 处有无定义、其值的大小如何,因此定义中使用了去心邻域.亦即函数 $f(x)$ 在 $x=x_0$ 处有无极限与函数 $f(x)$ 在点 $x=x_0$ 有没有定义无关.

函数 $f(x)$ 当 $x\to x_0$ 时的极限为 A 的几何解释如下:任意给定一正数 ε,作平行于 Ox 轴的两条直线 $y=A+\varepsilon$ 和 $y=A-\varepsilon$,介于这两条直线之间是一横条区域.根据定义,对于给定的 ε,存在着点 x_0 的一个 δ 邻域 $(x_0-\delta,x_0+\delta)$,当 $y=f(x)$ 的图形上的点的横坐标 x 在邻域 $(x_0-\delta,x_0+\delta)$ 内,但 $x\neq x_0$ 时,这些点的纵坐标 $f(x)$ 满足不等式

$$|f(x)-A|<\varepsilon \quad 或 \quad A-\varepsilon<f(x)<A+\varepsilon$$

亦即这些点落在上面所作的横条区域内,如图 1-27 所示.

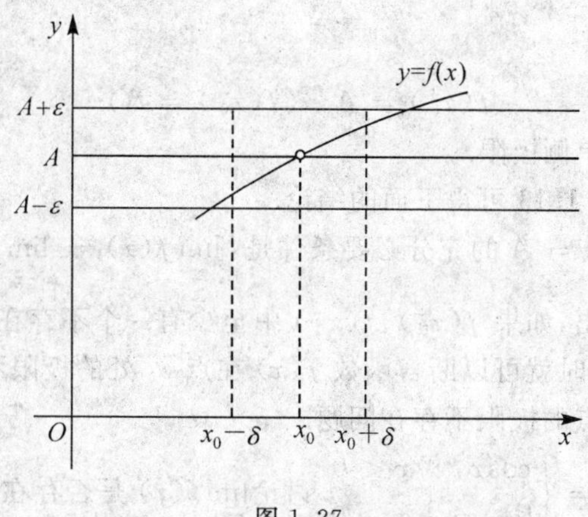

图 1-27

例 1.17 证明 $\lim\limits_{x\to1}\dfrac{x^2-1}{x-1}=2$.

证明 函数 $f(x)=\dfrac{x^2-1}{x-1}$,在 $x=1$ 处无定义. $\forall\,\varepsilon>0$,要找 $\delta>0$,使得 $0<|x-1|<\delta$ 时

$$\left|\frac{x^2-1}{x-1}-2\right|=|x-1|<\varepsilon$$

成立. 因此,$\forall\,\varepsilon>0$,据上述可取 $\delta=\varepsilon$,则当 $0<|x-1|<\delta$ 时,$\left|\dfrac{x^2-1}{x-1}-2\right|<\varepsilon$ 成立,由定义 1.12 得 $\lim\limits_{x\to\infty}\dfrac{x^2-1}{x-1}=2$.

例 1.18 证明 $\lim\limits_{x\to x_0}\sin x=\sin x_0$.

证明 因为当 $x\to0$ 时,$|\sin x|\leqslant|x|$,$|\cos x|\leqslant1$,所以

$$|\sin x-\sin x_0|=2\left|\cos\frac{x+x_0}{2}\sin\frac{x-x_0}{2}\right|\leqslant|x-x_0|$$

因此,$\forall\,\varepsilon>0$,取 $\delta=\varepsilon$,则当 $0<|x-x_0|<\delta$ 时,$|\sin x-\sin x_0|<\varepsilon$ 成立,由定义 1.12 得 $\lim\limits_{x\to x_0}\sin x=\sin x_0$.

在考察函数 $f(x)$ 当 $x\to x_0$ 的极限时,应注意 x 趋于点 x_0 的方式是任意的,动点 x 在 Ox 轴上既可以从 x_0 的左侧趋于 x_0,也可以从 x_0 的右侧趋于 x_0,甚至可以跳跃式的时左时右地从左右两侧趋于 x_0,但在有些实际问题中,有时只能或只需考虑 x 从点 x_0 的一侧($x>x_0$ 或 $x<x_0$)趋于 x_0,这时函数的极限,即是所谓的单侧极限.

定义 1.13 设函数 $y=f(x)$ 在 x_0 的某个右(左)邻域内有定义,如果存在常数 A,对于任意给定的正数 ε(无论 $\varepsilon>0$ 多么小),总存在着正数 δ,使得当 x 满足不等式 $0<x-x_0<\delta$ $(0<x_0-x<\delta)$ 时,对应的函数值 $f(x)$ 都满足不等式

$$|f(x)-A|<\varepsilon$$

则称 A 为 $f(x)$ 当 $x\to x_0$ 时的右(左)极限,记为

$$\lim_{x \to x_0^+} f(x) = A \quad (\lim_{x \to x_0^-} f(x) = A) \tag{1-54}$$

或

$$f(x_0^+) = A \quad (f(x_0^-) = A) \tag{1-55}$$

左极限与右极限统称为单侧极限.

由定义 1.12 和定义 1.13 可得下面的结论.

定理 1.6 $\lim\limits_{x \to x_0} f(x) = A$ 的充分必要条件是:$\lim\limits_{x \to x_0^+} f(x) = \lim\limits_{x \to x_0^-} f(x) = A$.

由定理 1.6 可以看出,如果 $f(x_0^+)$、$f(x_0^-)$ 中至少有一个不存在,或者上述左极限、右极限虽然都存在,但不相等时就可以断言函数 $f(x)$ 在点 x_0 处的极限不存在. 这一方法常常用来讨论分段函数在分界点的极限不存在问题.

例 1.19 设 $f(x) = \begin{cases} \cos x, & x < 0 \\ 1 - x, & x \geqslant 0 \end{cases}$. 讨论$\lim\limits_{x \to 0} f(x)$ 是否存在.

解 $x = 0$ 是该分段函数的分界点,而

$$\lim_{x \to 0^-} f(x) = \lim_{x \to 0^-} \cos x = \cos 0 = 1$$

并且

$$\lim_{x \to 0^+} f(x) = \lim_{x \to 0^+} (1 - x) = 1$$

故由定理 1.6 可得$\lim\limits_{x \to 0} f(x) = 1$.

例 1.20 设 $f(x) = \begin{cases} x, & x \leqslant 0 \\ 1, & x > 0 \end{cases}$,讨论$\lim\limits_{x \to 0} f(x)$ 是否存在.

解 因为

$$\lim_{x \to 0^-} f(x) = \lim_{x \to 0^-} x = 0$$

$$\lim_{x \to 0^+} f(x) = \lim_{x \to 0^+} 1 = 1$$

所以$\lim\limits_{x \to 0^-} f(x) \neq \lim\limits_{x \to 0^+} f(x)$,故$\lim\limits_{x \to 0} f(x)$ 不存在.

例 1.21 设 $f(x) = \begin{cases} e^x + 1, & x > 0 \\ x + b, & x \leqslant 0 \end{cases}$,试问 b 取何值时,可以使极限$\lim\limits_{x \to 0} f(x)$ 存在?

解 由于

$$\lim_{x \to 0^+} f(x) = \lim_{x \to 0^+} (e^x + 1) = 2$$

$$\lim_{x \to 0^-} f(x) = \lim_{x \to 0^-} (x + b) = b$$

由定理 1.6 可知,要使$\lim\limits_{x \to 0} f(x)$ 存在,必须$\lim\limits_{x \to 0^+} f(x) = \lim\limits_{x \to 0^-} f(x)$,因此 $b = 2$.

1.4.3 函数极限的性质

与数列极限性质类似,函数极限也具有下述性质,且其证明过程与数列极限相应定理的证明过程相似,有兴趣的读者可以自行完成各定理的证明. 此外,下面未标明变量变化过程的极限符号"lim" 表示定理对任何一种极限过程均成立.

定理 1.7 (函数极限的唯一性) 若 $\lim f(x)$ 存在,则其极限必唯一.

定理 1.8 (函数的局部有界性) 如果$\lim\limits_{x \to x_0} f(x) = A$,那么存在常数 $M > 0$ 和 $\delta > 0$,使得当 $0 < |x - x_0| < \delta$ 时,有

$$|f(x)| \leqslant M \tag{1-56}$$

证明 因为$\lim\limits_{x\to 0}f(x)=A$,根据函数极限的"$\varepsilon-\delta$"定义,取$\varepsilon=1$,则$\exists\delta>0$,当$0<|x-x_0|<\delta$时,有

$$|f(x)-A|<1$$

而

$$|f(x)|=|f(x)-A+A|\leqslant|f(x)-A|+|A|<|A|+1$$

记$M=|A|+1$,故

$$|f(x)|\leqslant M.$$

类似可证:如果$\lim\limits_{x\to\infty}f(x)=A$,那么存在正常数$M$和$X$,使得当$|x|>X$时有

$$|f(x)|\leqslant M \tag{1-57}$$

对于单侧极限也有类似的结论.另外,我们必须注意,上述定理的逆命题是不成立的.例如$\sin x$为有界函数,但$\lim\limits_{x\to\infty}\sin x$不存在.

定理1.9 (保号性) 若$\lim\limits_{x\to x_0}f(x)=A$,且$A>0$(或$A<0$),则存在$\delta>0$,使得对一切满足不等式$0<|x-x_0|<\delta$的$x$有

$$f(x)>0\quad(\text{或 } f(x)<0) \tag{1-58}$$

若$\lim\limits_{x\to\infty}f(x)=A$,且$A>0$(或$A<0$),则存在$X>0$,使得一切满足不等式$|x|>X$的$x$,有

$$f(x)>0\quad(\text{或 } f(x)<0) \tag{1-59}$$

推论1.2 若$f(x)\geqslant 0$(或$f(x)\leqslant 0$),且$\lim f(x)=A$,则$A\geqslant 0$(或$A\leqslant 0$).

练习题1.4

1.设$f(x)=\dfrac{1-x^2}{1+x}$,应用函数图像求$\lim\limits_{x\to 1}f(x)$与$\lim\limits_{x\to -1}f(x)$,并说明$y=f(x)$的图像与$y=1-x$的图像有何区别.

2.用函数极限的定义证明下列极限.

(1) $\lim\limits_{x\to+\infty}\dfrac{2x+3}{3x}=\dfrac{2}{3}$; (2) $\lim\limits_{x\to+\infty}\dfrac{\sin x}{\sqrt{x}}=0$;

(3) $\lim\limits_{x\to 2}\dfrac{1}{x-1}=1$; (4) $\lim\limits_{x\to 1}\dfrac{x^2-1}{x^2-x}=2$.

3.当$x\to 2$时,$y=x^2\to 4$,试问δ等于多少,使当$|x-2|<\delta$时,$|y-4|<0.001$?

4.设$f(x)=\begin{cases}-1, & x<0\\ x, & 0<x<1\\ 1, & x>1\end{cases}$,试问$f(x)$在$x=0$及$x=1$两点的极限是否存在?为什么?

5.设$f(x)=\begin{cases}2x+1, & x>0\\ x^2+a, & x<0(a\geqslant 1)\end{cases}$,试问$a$取何值时,$\lim\limits_{x\to 0}f(x)$存在?

6.讨论函数$f(x)=\dfrac{|x|}{x}$当$x\to 0$时的极限.

7.在某极限过程中,若$f(x)$有极限,$g(x)$无极限,试判断:$f(x)g(x)$是否必无极限?若是,请说明理由;若不是,请举反例说明之.

1.5 无穷小与无穷大

对无穷小的认识问题,可以追溯到古希腊,那时,阿基米德(Archimedes) 就曾用无限小量方法得到许多重要的数学结果,但他认为无限小量方法存在着不合理的地方,直到1821年,柯西(Cauchy,A.L) 在他的《分析教程》一书中才对无限小(即这里所说的无穷小) 这一概念给出了明确的回答.而有关无穷小的理论就是在柯西的理论基础上发展起来的.

1.5.1 无穷小

定义 1.14 极限为零的变量(函数) 称为无穷小.

例如:

(1) $\lim\limits_{x\to 0}\sin x=0$,所以函数 $\sin x$ 是当 $x\to 0$ 时的无穷小;

(2) $\lim\limits_{x\to\infty}\dfrac{1}{x}=0$,所以函数$\dfrac{1}{x}$ 是当 $x\to\infty$ 时的无穷小;

(3) $\lim\limits_{n\to\infty}\dfrac{(-1)^n}{n}=0$,所以函数$\dfrac{(-1)^n}{n}$ 是当 $n\to\infty$ 时的无穷小.

注:(1) 根据定义,无穷小本质上是这样一个变量(函数):在某过程(如 $x\to x_0$ 或 $x\to\infty$) 中,该变量的绝对值能小于任意给定的正数 ε.无穷小不能与很小的数(如千万分之一) 混淆.但零是可以作为无穷小的唯一常数.

(2) 无穷小是针对于 x 的某个变化过程而言的,例如,当 $x\to\infty$ 时,$\dfrac{1}{x}$ 是无穷小;当 $x\to 2$ 时,$\dfrac{1}{x}$ 不是无穷小.

定理 1.10 $\lim\limits_{x\to x_0}f(x)=A$ 的充分必要条件是

$$f(x)=A+\alpha \tag{1-60}$$

其中 α 是当 $x\to x_0$ 时的无穷小.

证明 必要性 设 $\lim\limits_{x\to x_0}f(x)=A$,则对任意给定的 $\varepsilon>0$,存在 $\delta>0$,使当 $0<|x-x_0|<\delta$ 时,恒有

$$|f(x)-A|<\varepsilon$$

令 $\alpha=f(x)-A$,则 α 是当 $x\to x_0$ 时的无穷小,且

$$f(x)=A+\alpha.$$

充分性 设 $f(x)=A+\alpha$,其中 A 为常数,α 是当 $x\to x_0$ 时的无穷小,于是

$$|f(x)-A|=|\alpha|$$

因为 α 是当 $x\to x_0$ 时的无穷小,故对任意给定的 $\varepsilon>0$,存在 $\delta>0$,使当 $0<|x-x_0|<\delta$ 时,恒有 $|\alpha|<\varepsilon$,即

$$|f(x)-A|<\varepsilon$$

从而 $\lim\limits_{x\to x_0}f(x)=A$.

注:定理 1.10 对 $x\to\infty$ 等其他情形也成立.

定理 1.10 的结论在今后的学习中具有重要的应用,尤其是在理论推导或证明中,该定

理将函数的极限运算问题转化为常数与无穷小的代数运算问题.

1.5.2 无穷小的运算性质

下面讨论无穷小的性质时,我们仅证明 $x \to x_0$ 时函数为无穷小的情形,其他情形的证明类似.

定理 1.11 有限个无穷小的代数和仍是无穷小.

证明 只证两个无穷小的和的情形即可,设 α 及 β 是当 $x \to x_0$ 时的两个无穷小,则对任意给定的 $\varepsilon > 0$,一方面,存在 $\delta_1 > 0$,使当 $0 < |x - x_0| < \delta_1$ 时,恒有

$$|\alpha| < \frac{\varepsilon}{2}$$

另一方面,存在 $\delta_2 > 0$,使当 $0 < |x - x_0| < \delta_2$ 时,恒有

$$|\beta| < \frac{\varepsilon}{2}$$

取 $\delta = \min\{\delta_1, \delta_2\}$,则当 $0 < |x - x_0| < \delta$ 时,恒有

$$|\alpha \pm \beta| < |\alpha| + |\beta| < \frac{\varepsilon}{2} + \frac{\varepsilon}{2} = \varepsilon$$

所以 $\lim\limits_{x \to x_0}(\alpha \pm \beta) = 0$,即 $\alpha \pm \beta$ 是 $x \to x_0$ 时的无穷小.

注:无穷多个无穷小的代数和未必是无穷小.

例如,当 $n \to \infty$ 时,$\frac{1}{n}$ 是无穷小,但

$$\lim_{n \to \infty}\left\{\overbrace{\frac{1}{n} + \frac{1}{n} + \cdots + \frac{1}{n}}^{n\text{个}}\right\} = 1$$

即当 $n \to \infty$ 时,$\overbrace{\frac{1}{n} + \frac{1}{n} + \cdots + \frac{1}{n}}^{n\text{个}}$ 不是无穷小.

定理 1.12 有界函数与无穷小的乘积是无穷小.

证明 设函数 $f(x)$ 在 $0 < |x - x_0| < \delta_1$ 内有界,则存在 $M > 0$,使得当 $0 < |x - x_0| < \delta_1$ 时,恒有 $|f(x)| \leqslant M$.

再设 $\alpha(x)$ 是当 $x \to x_0$ 时的无穷小,即对任意给定的 $\varepsilon > 0$,存在 $\delta_2 > 0$,使得当 $0 < |x - x_0| < \delta_2$ 时,恒有 $|\alpha(x)| < \frac{\varepsilon}{M}$.

取 $\delta = \min\{\delta_1, \delta_2\}$,则当 $0 < |x - x_0| < \delta$ 时,恒有

$$|f(x) \cdot \alpha(x)| = |f(x)| \cdot |\alpha(x)| < M \cdot \frac{\varepsilon}{M} = \varepsilon$$

所以当 $x \to x_0$ 时,$f(x) \cdot \alpha(x)$ 为无穷小.

推论 1.3 常数与无穷小的乘积是无穷小.

推论 1.4 有限个无穷小的乘积也是无穷小.

例 1.22 求 $\lim\limits_{x \to \infty} \frac{\sin x}{x}$.

解 因为

$$\lim_{x\to\infty}\frac{\sin x}{x}=\lim_{x\to\infty}\frac{1}{x}\cdot\sin x$$

当 $x\to\infty$ 时，$\frac{1}{x}$ 是无穷小量，$\sin x$ 是有界量($|\sin x|\leqslant 1$)，故

$$\lim_{x\to\infty}\frac{\sin x}{x}=0.$$

1.5.3 无穷大

如果当 $x\to x_0$(或 $x\to\infty$) 时，函数 $f(x)$ 的绝对值无限增大(即大于预先给定的任意正数)，则称函数 $f(x)$ 为当 $x\to x_0$(或 $x\to\infty$) 时的无穷大.

定义 1.15 如果对于任意给定的正数 M(无论 M 多么大)，总存在正数 δ(或正数 X)，使得满足不等式 $0<|x-x_0|<\delta$(或 $|x|>X$) 的一切 x 所对应的函数值 $f(x)$ 都满足不等式

$$|f(x)|>M$$

则称函数 $f(x)$ 当 $x\to x_0$(或 $x\to\infty$) 时为无穷大，记为

$$\lim_{x\to x_0}f(x)=\infty \quad (\text{或}\lim_{x\to\infty}f(x)=\infty) \tag{1-61}$$

注：当 $x\to x_0$(或 $x\to\infty$) 时为无穷大的函数 $f(x)$，按通常的意义来说，极限是不存在的，但为了叙述函数这一性态的方便，我们也说"函数的极限是无穷大".

如果在无穷大的定义中，把 $|f(x)|>M$ 换为 $f(x)>M$(或 $f(x)<-M$)，则称函数 $f(x)$ 当 $x\to x_0$(或 $x\to\infty$) 时为正无穷大(或负无穷大)，记为

$$\lim_{\substack{x\to x_0\\(x\to\infty)}}f(x)=+\infty \quad (\text{或}\lim_{\substack{x\to x_0\\(x\to\infty)}}f(x)=-\infty) \tag{1-62}$$

例 1.23 证明 $\lim_{x\to 1}\frac{1}{x-1}=\infty$.

证明 对任意给定的 $M>0$，要使

$$\left|\frac{1}{x-1}\right|>M$$

只要 $|x-1|<\frac{1}{M}$ 即可. 所以，取 $\delta=\frac{1}{M}$，则当 $0<|x-1|<\delta=\frac{1}{M}$ 时，就有 $\left|\frac{1}{x-1}\right|>M$. 即

$$\lim_{x\to 1}\frac{1}{x-1}=\infty.$$

注：无穷大一定是无界变量. 反之，无界变量不一定是无穷大.

例 1.24 当 $x\to 0$ 时，$y=\frac{1}{x}\sin\frac{1}{x}$ 是一个无界变量，但不是无穷大.

解 取 $x\to 0$ 的两个子数列：

$$x'_k=\frac{1}{2k\pi+\frac{\pi}{2}},\qquad x''_k=\frac{1}{2k\pi}(k=1,2,\cdots)$$

则 $x'_k\to 0(k\to\infty)$，$x''_k\to 0(k\to\infty)$，且 $y(x'_k)=2k\pi+\frac{\pi}{2}(k=1,2,\cdots)$.

故对任意的 $M>0$，都存在 $K>0$，使 $y(x'_K)>M$，即 y 是无界的；但

$$y(x''_k)=2k\pi\sin 2k\pi=0 \quad (k=0,1,2,\cdots)$$

故 y 不是无穷大.

1.5.4　无穷小与无穷大的关系

定理 1.13　在自变量的同一变化过程中,无穷大的倒数为无穷小;恒不为零的无穷小的倒数为无穷大.

证明　设 $\lim\limits_{x\to x_0}f(x)=\infty$,则对任意给定的 $\varepsilon>0$,存在 $\delta>0$,使得当 $0<|x-x_0|<\delta$ 时,恒有

$$|f(x)|>\frac{1}{\varepsilon},\quad 即\left|\frac{1}{f(x)}\right|<\varepsilon$$

所以当 $x\to x_0$ 时,$\dfrac{1}{f(x)}$ 为无穷小.

反之,设 $\lim\limits_{x\to x_0}f(x)=0$,且 $f(x)\neq 0$,则对于任意给定的 $M>0$,存在 $\delta>0$,当 $0<|x-x_0|<\delta$ 时,恒有

$$|f(x)|<\frac{1}{M},\quad 即\left|\frac{1}{f(x)}\right|>M$$

所以当 $x\to x_0$ 时,$\dfrac{1}{f(x)}$ 为无穷大.

根据定理 1.13,我们可以将无穷大的讨论归结为关于无穷小的讨论.

例 1.25　求 $\lim\limits_{x\to\infty}\dfrac{x^4}{x^3+5}$.

解　因为

$$\lim_{x\to\infty}\frac{x^3+5}{x^4}=\lim_{x\to\infty}\left(\frac{1}{x}+\frac{5}{x^4}\right)=0$$

于是,根据无穷小与无穷大的关系有

$$\lim_{x\to\infty}\frac{x^4}{x^3+5}=\infty.$$

练习题 1.5

1. 判断:

(1) 非常小的数是无穷小(　　);

(2) 零是无穷小(　　);

(3) 无穷小是一个函数(　　);

(4) 两个无穷小的商是无穷小(　　);

(5) 两个无穷大的和一定是无穷大(　　).

2. 指出下列哪些是无穷小量,哪些是无穷大量.

(1) $\dfrac{2+(-1)^n}{n}(n\to\infty)$;　　(2) $\dfrac{\sin x}{1+\cos x}(x\to 0)$;　　(3) $\dfrac{x+1}{x^2-4}(x\to 2)$.

3. 函数 $y=x\cos x$ 在 $(-\infty,+\infty)$ 内是否有界?当 $x\to+\infty$ 时,函数是否为无穷大?为什么?

4. 设 $x \to x_0$ 时，$g(x)$ 是有界量，$f(x)$ 是无穷大量，证明：$f(x) \pm g(x)$ 是无穷大量.

5. 设 $x \to x_0$ 时，$|g(x)| \geqslant M$(M 是一个正的常数)，$f(x)$ 是无穷大量，证明：$f(x)g(x)$ 是无穷大量.

1.6 极限的运算法则

利用无穷小量的性质及无穷小量与函数极限的关系，我们可得极限运算法则. 本节主要介绍极限的四则运算法则，以及如何计算函数的极限.

1.6.1 极限的四则运算法则

定理 1.14 若 $\lim f(x) = A, \lim g(x) = B$，则

(1)
$$\lim[f(x) \pm g(x)] = \lim f(x) \pm \lim g(x) = A \pm B \tag{1-63}$$

(2)
$$\lim[f(x)g(x)] = \lim f(x) \lim g(x) = AB \tag{1-64}$$

(3)
$$\lim \frac{f(x)}{g(x)} = \frac{\lim f(x)}{\lim g(x)} = \frac{A}{B}(B \neq 0) \tag{1-65}$$

证明 仅对定理中的(2)加以证明. 因为 $\lim f(x) = A, \lim g(x) = B$，所以

$$f(x) = A + \alpha(x), \quad g(x) = B + \beta(x),$$

其中 $\lim\alpha(x) = 0, \lim\beta(x) = 0$，于是

$$f(x)g(x) = [A + \alpha(x)][B + \beta(x)] = AB + A\beta(x) + B\alpha(x) + \alpha(x)\beta(x).$$

由 1.5 中推论 1.3 及推论 1.4 可得

$$\lim B\alpha(x) = 0, \quad \lim A\beta(x) = 0, \quad \lim \alpha(x)\beta(x) = 0.$$

故由 1.5 中定理 1.10 及定理 1.11 可知

$$\lim[f(x)g(x)] = AB = \lim f(x) \lim g(x).$$

推论 1.5 若 $\lim f(x)$ 存在，C 为常数，n 为正整数，则

(1)
$$\lim Cf(x) = C\lim f(x) \tag{1-66}$$

(2)
$$\lim[f(x)]^n = [\lim f(x)]^n \tag{1-67}$$

例 1.26 求 $\lim\limits_{x \to -1} \dfrac{4x+1}{2x^2-3}$.

解
$$\lim_{x \to -1} \frac{4x+1}{2x^2-3} = \frac{\lim\limits_{x \to -1}(4x+1)}{\lim\limits_{x \to -1}(2x^2-3)} = \frac{-3}{-1} = 3.$$

例 1.27 求 $\lim\limits_{x \to 1} \dfrac{x^n-1}{x^m-1}$，其中 $m, n \in \mathbf{N}$.

解 分子分母的极限均为零，这种情形称为“$\dfrac{0}{0}$”型，通常应设法去掉分母中的“零因子”.

$$\lim_{x \to 1} \frac{x^n-1}{x^m-1} = \lim_{x \to 1} \frac{(x-1)(x^{n-1}+x^{n-2}+\cdots+x+1)}{(x-1)(x^{m-1}+x^{m-2}+\cdots+x+1)}$$
$$= \lim_{x \to 1} \frac{x^{n-1}+x^{n-2}+\cdots+x+1}{x^{m-1}+x^{m-2}+\cdots+x+1} = \frac{n}{m}.$$

例 1.28 求 $\lim\limits_{x \to 0} \dfrac{x}{1-\sqrt{1-x}}$.

解　所论极限仍属于"$\frac{0}{0}$"型，可以对函数进行变形去掉分母中的"零因子".

$$\lim_{x\to 0}\frac{x}{1-\sqrt{1-x}}=\lim_{x\to 0}\frac{x(1+\sqrt{1-x})}{(1-\sqrt{1-x})(1+\sqrt{1-x})}=\lim_{x\to 0}(1+\sqrt{1-x})=2.$$

例 1.29　求$\lim\limits_{x\to\infty}\frac{x^2+5}{3x^2-2}$.

解　分子分母均为无穷大量，这种情形称为"$\frac{\infty}{\infty}$"型.通常应设法将其进行变形.

$$\lim_{x\to\infty}\frac{x^2+5}{3x^2-2}=\lim_{x\to\infty}\frac{1+\frac{5}{x^2}}{3-\frac{2}{x^2}}=\frac{1}{3}.$$

例 1.30　求$\lim\limits_{x\to 1}\left(\frac{1}{x-1}-\frac{3x}{x^3-1}\right)$.

解　$$\lim_{x\to 1}\left(\frac{1}{x-1}-\frac{3x}{x^3-1}\right)=\lim_{x\to 1}\frac{x^2-2x+1}{(x-1)(x^2+x+1)}=\lim_{x\to 1}\frac{(x-1)^2}{(x-1)(x^2+x+1)}$$
$$=\lim_{x\to 1}\frac{x-1}{x^2+x+1}=0.$$

例 1.31　求$\lim\limits_{x\to+\infty}(\sqrt{x+1}-\sqrt{x})\sqrt{x}$.

解　$$\lim_{x\to+\infty}(\sqrt{x+1}-\sqrt{x})\sqrt{x}=\lim_{x\to+\infty}\frac{\sqrt{x}}{\sqrt{x+1}+\sqrt{x}}=\lim_{x\to+\infty}\frac{1}{\sqrt{1+\frac{1}{x}}+1}=\frac{1}{2}.$$

1.6.2　复合函数的极限

定理 1.15　设函数$y=f(\varphi(x))$是由$y=f(u)$，$u=\varphi(x)$复合而成，如果$\lim\limits_{x\to x_0}\varphi(x)=u_0$，且在$x_0$的一个去心邻域内，$\varphi(x)\neq u_0$，又$\lim\limits_{u\to u_0}f(u)=A$，则
$$\lim_{x\to x_0}f(\varphi(x))=\lim_{u\to u_0}f(u)=A \tag{1-68}$$

证明　按函数极限的定义，要证：$\forall\varepsilon>0$，$\exists\delta>0$，.使得当$0<|x-x_0|<\delta$时
$$|f(\varphi(x))-A|<\varepsilon$$
成立.

由于$\lim\limits_{u\to u_0}f(u)=A$，$\forall\varepsilon>0$，$\exists\eta>0$，当$0<|u-u_0|<\eta$时
$$|f(u)-A|<\varepsilon$$
成立.

又由于$\lim\limits_{x\to x_0}\varphi(x)=u_0$，对于上面得到的$\eta>0$，$\exists\delta_1>0$，当$0<|x-x_0|<\delta_1$时
$$|\varphi(x)-u_0|<\eta$$
成立.

由假设，当$x\in \mathrm{U}(x_0,\delta_0)$时，$\varphi(x)\neq u_0$，取$\delta=\min\{\delta_0,\delta_1\}$，则当$0<|x-x_0|<\delta$时，$|\varphi(x)-u_0|<\eta$及$|\varphi(x)-u_0|\neq 0$同时成立，即$0<|\varphi(x)-u_0|<\eta$成立，从而
$$|f(\varphi(x))-A|=|f(u)-A|<\varepsilon$$

成立.

在定理 1.15 中,把$\lim\limits_{x\to x_0}\varphi(x)=u_0$换成$\lim\limits_{x\to x_0}\varphi(x)=\infty$或$\lim\limits_{x\to\infty}\varphi(x)=\infty$,而把$\lim\limits_{u\to u_0}f(u)=A$换成$\lim\limits_{x\to\infty}f(u)=A$,可得类似的定理.

练习题 1.6

1. 下列运算正确吗?为什么?

(1) $\lim\limits_{x\to 0}\left(\tan x\cos\dfrac{1}{x}\right)=\lim\limits_{x\to 0}\tan x\cdot\lim\limits_{x\to 0}\cos\dfrac{1}{x}=0\cdot\lim\limits_{x\to 0}\cos\dfrac{1}{x}=0$;

(2) $\lim\limits_{x\to 3}\dfrac{x^2}{3-x}=\dfrac{\lim\limits_{x\to 3}x^2}{\lim\limits_{x\to 3}(3-x)}=\infty$.

2. 求下列极限

(1) $\lim\limits_{x\to 0}(3x^2+7x+1)$;

(2) $\lim\limits_{h\to 0}\dfrac{(x+h)^3-x^3}{h}$;

(3) $\lim\limits_{x\to 1}\left(\dfrac{2}{x^2-1}-\dfrac{1}{x-1}\right)$;

(4) $\lim\limits_{n\to\infty}\dfrac{2^{n+1}+3^{n+1}}{2^n+3^n}$;

(5) $\lim\limits_{x\to 0}\dfrac{\sqrt{1+x}-\sqrt{1-x}}{x}$;

(6) $\lim\limits_{x\to\infty}\dfrac{x^3+1}{5x^3+2x^2+1}$;

(7) $\lim\limits_{n\to\infty}\dfrac{n^2-n-2}{3n^2+1}$;

(8) $\lim\limits_{x\to+\infty}(\sqrt{x^2+2x+1}-x)$;

(9) $\lim\limits_{x\to\infty}\dfrac{(x^2+x)\arctan x}{x^3-2x+1}$.

1.7 极限存在准则与两个重要极限

本节主要介绍几个常用的判定函数极限存在的准则,讨论两个重要极限:$\lim\limits_{x\to 0}\dfrac{\sin x}{x}=1$及$\lim\limits_{x\to\infty}\left(1+\dfrac{1}{x}\right)^x=\mathrm{e}$.

1.7.1 夹逼准则

准则 1.1 设在点 x_0 的某去心邻域内有

$$F_1(x)\leqslant f(x)\leqslant F_2(x)$$

且$\lim\limits_{x\to x_0}F_1(x)=\lim\limits_{x\to x_0}F_2(x)=a$,则$\lim\limits_{x\to x_0}f(x)=a$.

证明 由已知条件,$\exists\,\delta_1>0$,当 $x\in\mathring{U}(x_0,\delta_1)$ 时

$$F_1(x)\leqslant f(x)\leqslant F_2(x).$$

又由$\lim\limits_{x\to x_0}F_1(x)=\lim\limits_{x\to x_0}F_2(x)=a$知:$\forall\,\varepsilon>0$,

$\exists\,\delta_2>0$,当 $x\in\mathring{U}(x_0,\delta_2)$ 时,$|F_1(x)-a|<\varepsilon$,

$\exists\,\delta_3>0$,当 $x\in\mathring{U}(x_0,\delta_3)$ 时,$|F_2(x)-a|<\varepsilon$.

取 $\delta=\min\{\delta_1,\delta_2,\delta_3\}$,则当 $x\in\mathring{U}(x_0,\delta)$ 时,有

$$a-\varepsilon < F_1(x) \leqslant f(x) \leqslant F_2(x) < a+\varepsilon.$$

由极限定义可知$\lim\limits_{x \to x_0} f(x) = a$.

夹逼准则只对 $x \to x_0$ 的情形作了叙述和证明，如果将 $x \to x_0$ 换成其他的极限过程，准则仍成立，证明亦相仿. 例如，若 $\exists X > 0$ 使 $x > X$ 时有 $F_1(x) \leqslant f(x) \leqslant F_2(x)$，且 $\lim\limits_{x \to +\infty} F_1(x) = \lim\limits_{x \to +\infty} F_2(x) = a$，则 $\lim\limits_{x \to +\infty} f(x) = a$.

准则 1.2 如果数列$\{x_n\}$，$\{y_n\}$及$\{z_n\}$满足：

(1) $y_n \leqslant x_n \leqslant z_n (n = 1,2,3,\cdots)$；

(2) $\lim\limits_{n \to \infty} y_n = a, \lim\limits_{n \to \infty} z_n = a$.

那么数列$\{x_n\}$的极限存在，且$\lim\limits_{n \to \infty} x_n = a$.

准则 1.1 和准则 1.2 称为夹逼准则.

例 1.32 求$\lim\limits_{n \to \infty}\left(\frac{1}{\sqrt{n^2+1}} + \frac{1}{\sqrt{n^2+2}} + \cdots + \frac{1}{\sqrt{n^2+n}}\right)$

解 因为$\frac{n}{\sqrt{n^2+n}} < \frac{1}{\sqrt{n^2+1}} + \frac{1}{\sqrt{n^2+2}} + \cdots + \frac{1}{\sqrt{n^2+n}} < \frac{n}{\sqrt{n^2+1}}$，且

$$\lim_{n \to \infty} \frac{n}{\sqrt{n^2+n}} = \lim_{n \to \infty} \frac{1}{\sqrt{1+\frac{1}{n}}} = 1, \lim_{n \to \infty} \frac{n}{\sqrt{n^2+1}} = \lim_{n \to \infty} \frac{1}{\sqrt{1+\frac{1}{n^2}}} = 1$$

由夹逼准则可知

$$\lim_{n \to \infty}\left(\frac{1}{\sqrt{n^2+1}} + \frac{1}{\sqrt{n^2+2}} + \cdots + \frac{1}{\sqrt{n^2+n}}\right) = 1.$$

定义 1.16 数列$\{x_n\}$的项若满足 $x_1 \leqslant x_2 \leqslant \cdots \leqslant x_n \leqslant x_{n+1} \leqslant \cdots$，则称数列$\{x_n\}$为单调增加数列；若满足 $x_1 \geqslant x_2 \geqslant \cdots \geqslant x_n \geqslant x_{n+1} \geqslant \cdots$，则称数列$\{x_n\}$为单调减少数列. 当上述不等式中等号都不成立时，则分别称$\{x_n\}$是严格单调增加数列和严格单调减少数列.

准则 1.3 单调增加有上界的数列必有极限；单调减少有下界的数列必有极限.

例 1.33 证明数列$\left\{\left(1+\frac{1}{n}\right)^n\right\}$收敛.

证明 只需证明$\left\{\left(1+\frac{1}{n}\right)^n\right\}$单调增加且有上界. 由二项式定理得

$$x_n = \left(1+\frac{1}{n}\right)^n = 1 + C_n^1 \frac{1}{n} + C_n^2 \frac{1}{n^2} + \cdots + C_n^n \frac{1}{n^n}$$

$$= 1+1+\frac{1}{2!}\left(1-\frac{1}{n}\right)+\frac{1}{3!}\left(1-\frac{1}{n}\right)\left(1-\frac{2}{n}\right)+\cdots+\frac{1}{n!}\left(1-\frac{1}{n}\right)\left(1-\frac{2}{n}\right)\cdot\cdots\cdot\left(1-\frac{n-1}{n}\right)$$

$$x_{n+1} = \left(1+\frac{1}{n+1}\right)^{n+1} = 1 + C_{n+1}^1 \frac{1}{n+1} + C_{n+1}^2 \frac{1}{(n+1)^2} + \cdots + C_{n+1}^{n+1} \frac{1}{(n+1)^{n+1}}$$

$$= 1+1+\frac{1}{2!}\left(1-\frac{1}{n+1}\right)+\frac{1}{3!}\left(1-\frac{1}{n+1}\right)\left(1-\frac{2}{n+1}\right)+\cdots+$$

$$\frac{1}{n!}\left(1-\frac{1}{n+1}\right)\left(1-\frac{2}{n+1}\right)\left(1-\frac{n}{n+1}\right)$$

逐项比较 x_n 与 x_{n+1} 的每一项，有 $x_n < x_{n+1}, n = 1,2,\cdots$，故数列$\{x^n\}$单调增加.

又 $$x_n < 1+1+\frac{1}{2!}+\frac{1}{3!}+\cdots+\frac{1}{n!} < 1+1+\frac{1}{2}+\frac{1}{2^2}+\cdots+\frac{1}{2^{n-1}}$$

$$=1+\frac{1-\left(\frac{1}{2}\right)^n}{1-\frac{1}{2}}=3-\frac{1}{2^{n-1}}<3$$

所以数列$\left\{\left(1+\frac{1}{n}\right)^n\right\}$有界,由准则 1.3 可知数列$\left\{\left(1+\frac{1}{n}\right)^n\right\}$的极限存在,通常用字母 e 来表示,即

$$\lim_{n\to+\infty}\left(1+\frac{1}{n}\right)^n=\mathrm{e} \tag{1-69}$$

***准则 1.4** $\lim\limits_{x\to x_0}f(x)=a$ 的充分必要条件是:$\forall\varepsilon>0$,$\exists\delta>0$,当 $x_1,x_2\in D(f)$ 且 $0<|x_1-x_0|<\delta$,$0<|x_2-x_0|<\delta$ 时,有 $|f(x_1)-f(x_2)|<\varepsilon$.

证明从略.

准则 1.4 中的极限过程改为 $x\to+\infty$,$x\to-\infty$ 或 $x\to\infty$ 时,结论仍成立.

***准则 1.5** $\lim\limits_{x\to\infty}f(x)=a$ 的充分必要条件是:$\forall\varepsilon>0$,$\exists X>0$,当 $x_1,x_2\in D(f)$,且 $|x_1|>X$,$|x_2|>X_2$ 时,有 $|f(x_1)-f(x_2)|<\varepsilon$.

准则 1.4 和准则 1.5 称为柯西收敛准则.

1.7.2 函数极限与数列极限的关系

定理 1.16 $\lim\limits_{x\to x_0}f(x)=a$ 的充分必要条件是对任意的数列$\{x_n\}$,$x_n\in D(f)(x_n\neq x_0)$,当 $x_n\to x_0(n\to+\infty)$ 时,都有 $\lim\limits_{n\to+\infty}f(x_n)=a$,这里 a 可以为有限数或为 ∞.

定理 1.16 经常被用于证明某些极限不存在.

例 1.34 证明极限$\lim\limits_{x\to0}\sin\frac{1}{x}$不存在.

证明 取$\{x_n\}=\frac{1}{2n\pi}$,则$\lim\limits_{n\to\infty}x_n=\lim\limits_{n\to\infty}\frac{1}{2n\pi}=0$,而

$$\lim_{n\to\infty}\sin\frac{1}{x_n}=\lim_{n\to\infty}\sin2n\pi=0$$

又取$\{x'_n\}=\left\{\frac{1}{\left(2n+\frac{1}{2}\right)\pi}\right\}$,则$\lim\limits_{n\to\infty}x'_n=\lim\limits_{n\to\infty}\frac{1}{\left(2n+\frac{1}{2}\right)\pi}=0$,而

$$\lim_{n\to\infty}\sin\frac{1}{x'_n}=\lim_{n\to\infty}\sin\left(2n+\frac{1}{2}\right)\pi=1$$

由于 $$\lim_{n\to\infty}\sin\frac{1}{x_n}\neq\lim_{n\to\infty}\sin\frac{1}{x'_n}$$

故$\lim\limits_{x\to0}\sin\frac{1}{x}$不存在.

1.7.3 两个重要极限

利用本节的夹逼准则,可得两个非常重要的极限.

1. 重要极限$\lim\limits_{x\to 0}\dfrac{\sin x}{x}=1$.

证明　由于$\dfrac{\sin x}{x}$是偶函数,故只需讨论 $x\to 0^+$ 的情况.

如图 1-28 所示,作单位圆,设 $\angle AOB=x$,假定 $0<x<\dfrac{\pi}{2}$,点 A 处的切线与 OB 的延长线相交于 D,因 $BC\perp OA$,故

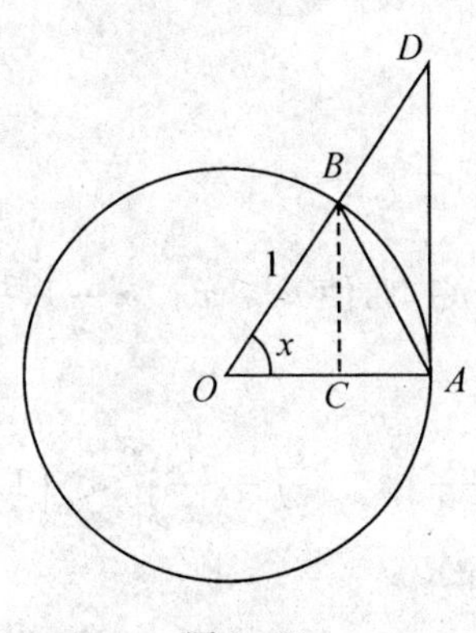

图 1-28

$$BC=\sin x,\quad \overset{\frown}{AB}=x,\quad AD=\tan x$$

显然有

$$S_{\triangle AOB}<S_{\text{扇形}AOB}<S_{\triangle AOD}$$

即

$$\frac{1}{2}\sin x<\frac{1}{2}x<\frac{1}{2}\tan x$$

即

$$\sin x<x<\tan x$$

整理得

$$\cos x<\frac{\sin x}{x}<1 \tag{1-70}$$

又

$$0<1-\cos x=2\sin^2\frac{x}{2}<2\cdot\left(\frac{x^2}{2}\right)=\frac{x^2}{2}$$

故由夹逼准则得,$\lim\limits_{x\to 0}(1-\cos x)=0$,即$\lim\limits_{x\to 0}\cos x=1$.对式(1-70)使用夹逼准则,得$\lim\limits_{x\to 0}\dfrac{\sin x}{x}=1$.

例 1.35　证明$\lim\limits_{x\to 0}\dfrac{\tan x}{x}=1$.

证明　$\lim\limits_{x\to 0}\dfrac{\tan x}{x}=\lim\limits_{x\to 0}\dfrac{\sin x}{x}\cdot\dfrac{1}{\cos x}=\lim\limits_{x\to 0}\dfrac{\sin x}{x}\cdot\lim\limits_{x\to 0}\dfrac{1}{\cos x}=1$.

例 1.36　求$\lim\limits_{x\to 0}\dfrac{\sin 2x}{x}$.

解　设 $2x=t$.则当 $x\to 0$ 时,有 $t\to 0$,于是

$$\lim_{x\to 0}\frac{\sin 2x}{x}=\lim_{x\to 0}2\cdot\frac{\sin 2x}{2x}=2\lim_{t\to 0}\frac{\sin t}{t}=2\cdot 1=2.$$

例 1.37　求$\lim\limits_{x\to 0}\dfrac{1-\cos x}{x^2}$.

解 $$\lim_{x\to 0}\frac{1-\cos x}{x^2}=\lim_{x\to 0}\frac{2\left(\sin\frac{x}{2}\right)^2}{x^2}=\frac{1}{2}\lim_{x\to 0}\left[\frac{\sin\frac{x}{2}}{\frac{x}{2}}\right]^2=\frac{1}{2}.$$

例 1.38 求$\lim\limits_{x\to 0}\dfrac{\tan x-\sin x}{x^3}$.

解 $$\lim_{x\to 0}\frac{\tan x-\sin x}{x^3}=\lim_{x\to 0}\frac{\tan x(1-\cos x)}{x^3}=\lim_{x\to 0}\frac{\sin x}{x}\cdot\frac{1-\cos x}{x^2}\cdot\frac{1}{\cos x}=\frac{1}{2}.$$

2. 重要极限$\lim\limits_{x\to\infty}\left(1+\dfrac{1}{x}\right)^x=\mathrm{e}$.

例 1.31 已经证明了$\lim\limits_{n\to\infty}\left(1+\dfrac{1}{n}\right)^n=\mathrm{e}$.

对于任意正实数 x,总存在 $n\in\mathbf{N}$,使 $n\leqslant x<n-1$,故有$1-\dfrac{1}{n+1}<1-\dfrac{1}{x}\leqslant 1-\dfrac{1}{n}$,及

$$\left(1+\frac{1}{n+1}\right)^n<\left(1+\frac{1}{x}\right)^x<\left(1+\frac{1}{n}\right)^{n+1}$$

由于当 $x\to+\infty$ 时,有 $n\to\infty$,而

$$\lim_{n\to\infty}\left(1+\frac{1}{n+1}\right)^n=\lim_{n\to\infty}\frac{\left(1+\frac{1}{n+1}\right)^{n+1}}{1+\frac{1}{n+1}}=\mathrm{e}$$

$$\lim_{n\to\infty}\left(1+\frac{1}{n}\right)^{n+1}=\lim_{n\to\infty}\left(1+\frac{1}{n}\right)^n\cdot\left(1+\frac{1}{n}\right)=\mathrm{e}$$

由夹逼准则使得$\lim\limits_{x\to+\infty}\left(1+\dfrac{1}{x}\right)^x=\mathrm{e}$.

下面证$\lim\limits_{x\to-\infty}\left(1+\dfrac{1}{x}\right)^x=\mathrm{e}$.

令 $x=-(t+1)$,则当 $x\to-\infty$ 时,$t\to+\infty$,故

$$\lim_{x\to-\infty}\left(1+\frac{1}{x}\right)^x=\lim_{t\to+\infty}\left(1-\frac{1}{t+1}\right)^{-(t+1)}=\lim_{t\to+\infty}\left(\frac{t}{t+1}\right)^{-(t+1)}$$
$$=\lim_{t\to+\infty}\left(\frac{t+1}{t}\right)^{t+1}=\lim_{t\to\infty}\left(1+\frac{1}{t}\right)^t\cdot\left(1+\frac{1}{t}\right)=\mathrm{e}$$

综上所述,即有

$$\lim_{x\to\infty}\left(1+\frac{1}{x}\right)^x=\mathrm{e} \tag{1-71}$$

在式(1-71)中,令$z-\dfrac{1}{x}$,则当 $x\to\infty$ 时,$z\to 0$,这时式(1-71)变为

$$\lim_{z\to 0}(1+z)^{\frac{1}{z}}=\mathrm{e}. \tag{1-72}$$

例 1.39 求$\lim\limits_{x\to\infty}\left(1+\dfrac{4}{x}\right)^x$.

解 $$\lim_{x\to\infty}\left(1+\frac{4}{x}\right)^x=\lim_{x\to\infty}\left[\left(1+\frac{4}{x}\right)^{\frac{x}{4}}\right]^4=\mathrm{e}^4.$$

例 1.40　求$\lim\limits_{x\to 0}(1-3x)^{\frac{1}{x}}$.

解　$\lim\limits_{x\to 0}(1-3x)^{\frac{1}{x}}=\lim\limits_{x\to 0}[(1-3x)^{\frac{1}{-3x}}]^{-3}=\dfrac{1}{[\lim\limits_{x\to 0}(1-3x)^{\frac{1}{-3x}}]^3}=\dfrac{1}{e^3}=e^{-3}$.

例 1.41　求$\lim\limits_{x\to\infty}\left(\dfrac{x+3}{x+2}\right)^x$.

解
$$\lim_{x\to\infty}\left(\frac{x+3}{x+2}\right)^x=\lim_{x\to\infty}\left(1+\frac{1}{x+2}\right)^x=\lim_{x\to\infty}\left(1+\frac{1}{x+2}\right)^{x+2-2}$$
$$=\lim_{x\to\infty}\left(1+\frac{1}{x+2}\right)^{x+2}\cdot\lim_{x\to\infty}\left(1+\frac{1}{x+2}\right)^{-2}=e.$$

例 1.42　求$\lim\limits_{x\to 0}(1-x^2)^{\frac{1}{x}}$.

解
$$\lim_{x\to 0}(1-x^2)^{\frac{1}{x}}=\lim_{x\to 0}[(1+x)^{\frac{1}{x}}(1-x)^{\frac{1}{x}}]$$
$$=\lim_{x\to 0}(1+x)^{\frac{1}{x}}\cdot\lim_{x\to 0}\{[1+(-x)]^{\frac{1}{-x}}\}^{-1}=e\cdot e^{-1}=1.$$

练习题 1.7

1. 求下列函数的极限

(1) $\lim\limits_{x\to 0}\dfrac{\sin 5x}{\sin 2x}$;　(2) $\lim\limits_{x\to 0}\dfrac{\tan 2x}{7x}$;

(3) $\lim\limits_{x\to 0}\dfrac{1-\cos 2x}{x\cdot\sin 3x}$;　(4) $\lim\limits_{x\to\pi}\dfrac{\sin x}{\pi-x}$;

(5) $\lim\limits_{n\to\infty}\dfrac{n}{2}\sin\dfrac{2\pi}{n}$;　(6) $\lim\limits_{x\to 0}x\cot x$;

(7) $\lim\limits_{x\to 0^+}\dfrac{x}{\sqrt{1-\cos x}}$;　(8) $\lim\limits_{x\to 0}\dfrac{\sin x^2}{(\sin x)^2}$.

2. 求下列函数的极限

(1) $\lim\limits_{x\to\infty}\left(1+\dfrac{2}{x}\right)^{3x}$;　(2) $\lim\limits_{x\to\infty}\left(1-\dfrac{2}{x}\right)^{5x}$;

(3) $\lim\limits_{x\to\infty}\left(\dfrac{x}{1+x}\right)^{x+3}$;　(4) $\lim\limits_{x\to\infty}\left(\dfrac{2x-3}{2x+1}\right)^x$;

(5) $\lim\limits_{x\to 0}(1+\tan x)^{\cot x}$;　(6) $\lim\limits_{x\to\frac{\pi}{2}}(1+3\cos x)^{\sec x}$.

3. 利用夹逼定理求下列数列极限

(1) $\lim\limits_{x\to\infty}\left(\dfrac{n}{n^2+1}+\dfrac{n}{n^2+2}+\cdots+\dfrac{n}{n^2+n}\right)$;　(2) $\lim\limits_{n\to\infty}\sqrt{1+\dfrac{1}{n}}$;

(3) $\lim\limits_{n\to\infty}\left(1+\dfrac{1}{n}-\dfrac{1}{n^2}\right)^n$;　(4) $\lim\limits_{n\to\infty}(1+2^n+3^n+4^n)^{\frac{1}{n}}$.

4. 利用收敛准则证明下列数列有极限，并求其极限值

(1) $x_1=\sqrt{2},x_2=\sqrt{2+\sqrt{2}},x_3=\sqrt{2+\sqrt{2+\sqrt{2}}}\cdots$;

(2) $x_1=1,x_{n+1}=1+\dfrac{x_n}{1+x_n},n=1,2,3,\cdots$.

1.8 无穷小量的比较

由无穷小的性质知,两个无穷小的和、差、积仍是无穷小,但是两个无穷小的商会出现不同的情况,例如,当 $x\to 0$ 时,函数 x^2,$5x$,$\sin x$ 都是无穷小,但是

$$\lim_{x\to 0}\frac{x^2}{5x}=\lim_{x\to 0}\frac{x}{5}=0$$

$$\lim_{x\to 0}\frac{5x}{x^2}=\lim_{x\to 0}\frac{5}{x}=\infty$$

$$\lim_{x\to 0}\frac{\sin x}{5x}=\frac{1}{5}\lim_{x\to 0}\frac{\sin x}{x}=\frac{1}{5}.$$

从上述几个例子可以看出,$x^2\to 0$ 比 $5x\to 0$"快些",反过来 $5x\to 0$ 比 $x^2\to 0$"慢些",而 $\sin x\to 0$ 与 $5x\to 0$"快"、"慢"差不多.由此可见,两个无穷小量之比的极限反映了不同的无穷小趋于零的快、慢程度,为了反映无穷小趋向于零的快、慢程度,我们引进无穷小的阶的概念.

定义 1.17 设 $\lim\alpha(x)=0$,$\lim\beta(x)=0$.

如果 $\lim\dfrac{\beta(x)}{\alpha(x)}=0$,则称 $\beta(x)$ 是比 $\alpha(x)$ 高阶的无穷小,记为 $\beta=o(\alpha)$;

如果 $\lim\dfrac{\beta(x)}{\alpha(x)}=C\neq 0$,则称 $\alpha(x)$ 与 $\beta(x)$ 为同阶无穷小,记为 $\beta=O(\alpha)$.

如果 $\lim\dfrac{\beta(x)}{\alpha^k(x)}=C\neq 0,k>0$,则称 $\beta(x)$ 是 $\alpha(x)$ 的 k 阶无穷小量.

如果 $\lim\dfrac{\beta(x)}{\alpha(x)}=1$,则称 $\alpha(x)$ 与 $\beta(x)$ 为等价无穷小,记为 $\alpha(x)\sim\beta(x)$.

例如,因为 $\lim\limits_{x\to 0}\dfrac{x^2}{5x}=0$,所以 $x^2=o(5x)\quad(x\to 0)$;

因为 $\lim\limits_{x\to 0}\dfrac{\sin x}{x}=1$,所以 $\sin x\sim x\quad(x\to 0)$;

因为 $\lim\limits_{x\to 0}\dfrac{1-\cos x}{x^2}=\dfrac{1}{2}$,所以当 $x\to 0$ 时,$1-\cos x$ 是 x^2 的同阶无穷小量,即

$$1-\cos x=O(x^2)(x\to 0).$$

等价无穷小量在极限计算中有重要作用.

设 $\alpha,\alpha',\beta,\beta'$ 为同一极限过程的无穷小量,我们有如下定理:

定理 1.17 设 $\alpha\sim\alpha',\beta\sim\beta'$,若 $\lim\dfrac{\alpha}{\beta}$ 存在,则

$$\lim\frac{\alpha'}{\beta'}=\lim\frac{\alpha}{\beta}\tag{1-73}$$

证明 因为 $\alpha\sim\alpha',\beta\sim\beta'$,则 $\lim\dfrac{\alpha'}{\alpha}=1$,$\lim\dfrac{\beta'}{\beta}=1$,由于 $\dfrac{\alpha'}{\beta'}=\dfrac{\alpha'}{\alpha}\cdot\dfrac{\alpha}{\beta}\cdot\dfrac{\beta'}{\beta}$,又 $\lim\dfrac{\alpha}{\beta}$ 存在,所以

$$\lim\frac{\alpha'}{\beta'}=\lim\frac{\alpha'}{\alpha}\lim\frac{\alpha}{\beta}\lim\frac{\beta}{\beta'}=\lim\frac{\alpha}{\beta}.$$

定理 1.17 表明，在求极限的乘除运算中，无穷小量因子可以用其等价无穷小量替代. 因此，如果用来替代的无穷小选得适当，可以使计算简化.

在极限运算中，常用的等价无穷小量有下列几种：当 $x \to 0$ 时，$\sin x \sim x$，$\tan x \sim x$，$\arcsin x \sim x$，$\arctan x \sim x$，$1-\cos x \sim \frac{1}{2}x^2$，$e^x - 1 \sim x$，$\ln(1+x) \sim x$，$\sqrt{1+x}-1 \sim \frac{x}{2}$，$(1+x)^\alpha - 1 \sim \alpha x(\alpha \in \mathbf{R})$. 请读者自行证明.

例 1.43　求 $\lim\limits_{x\to 0}\frac{\tan 5x}{\sin 3x}$.

解　因为当 $x \to 0$ 时，$\tan 5x \sim 5x$，$\sin 3x \sim 3x$，所以

$$\lim_{x\to 0}\frac{\tan 5x}{\sin 3x} = \lim_{x\to 0}\frac{5x}{3x} = \frac{5}{3}.$$

例 1.44　求 $\lim\limits_{x\to 0}\frac{\tan x - \sin x}{\sin^3 x}$.

解　$$\lim_{x\to 0}\frac{\tan x - \sin x}{\sin^3 x} = \lim_{x\to 0}\frac{1-\cos x}{\sin^2 x\cos x} = \lim_{x\to 0}\frac{\frac{1}{2}x^2}{x^2\cos x} = \lim_{x\to 0}\frac{1}{2\cos x} = \frac{1}{2}.$$

例 1.45　求 $\lim\limits_{x\to\infty}x^2\ln\left(1+\frac{5}{x^3}\right)$.

解　当 $x \to \infty$ 时，$\ln\left(1+\frac{5}{x^3}\right) \sim \frac{5}{x^3}$，故

$$\lim_{x\to\infty}x^2\ln\left(1+\frac{5}{x^3}\right) = \lim_{x\to\infty}x^2\cdot\frac{5}{x^3} = \lim_{x\to\infty}\frac{5}{x} = 0.$$

练习题 1.8

1. 求下列函数的极限

(1) $\lim\limits_{x\to 0}\frac{1-\cos 4x}{x\sin x}$；　(2) $\lim\limits_{x\to 0}\frac{x}{\arctan 5x}$；

(3) $\lim\limits_{x\to 0}\frac{\tan x - \sin x}{\sin x^3}$；　(4) $\lim\limits_{x\to 0}\frac{\cos ax - \cos bx}{x^2}$；

(5) $\lim\limits_{x\to 0}\frac{\arcsin\frac{x}{\sqrt{1-x^2}}}{\ln(1-x)}$；　(6) $\lim\limits_{x\to 0}\frac{\ln(\sin^2 x + e^x) - x}{\ln(x^2 + e^{2x}) - 2x}$；

(7) $\lim\limits_{x\to 0^+}\frac{\sin 3x}{\sqrt{1-\cos x}}$；　(8) $\lim\limits_{x\to 0}\frac{\ln\cos ax}{\ln\cos bx}$.

2. 证明：当 $x \to 0$ 时，$\arcsin x \sim x$，$\arctan x \sim x$.

3. 根据定义证明：当 $x \to 3$ 时，$y = \frac{x^2-9}{x+3}$ 为无穷小.

4. 已知 $f(x) = \frac{px^2-2}{x^2+1} + 3qx + 5$，试问：当 $x \to \infty$ 时，p、q 取何值 $f(x)$ 为无穷小？p、q 取何值，$f(x)$ 为无穷大？

1.9　函数的连续性

自然界中许多变量都是连续变化的，如气温的变化，作物的生长，河水的流动，等等. 其

特点是当时间的变化很微小时,这些量的变化也很微小,反映在数学中就是函数的连续性.下面我们引出函数连续性的定义.

1.9.1 函数的连续性

1. 函数在点 x_0 处的连续性

设函数 $f(x)$ 在领域 $U(x_0)$ 内有定义,若 $x \in U(x_0)$,则 $\Delta x = x - x_0$ 称为自变量 x 在点 x_0 处的增量. 显然,$x = x_0 + \Delta x$,此时,函数值相应地由 $f(x_0)$ 变到 $f(x)$,于是

$$\Delta y = f(x) - f(x_0) = f(x_0 + \Delta x) - f(x_0)$$

称为函数 $f(x)$ 在点 x_0 处相应于自变量增量 Δx 的增量,如图 1-29 所示.

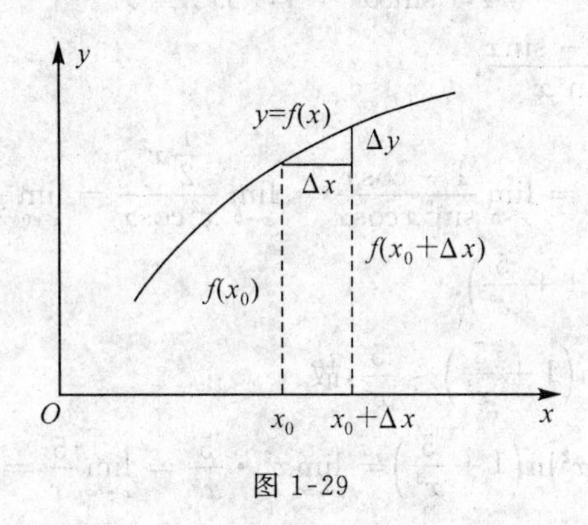

图 1-29

定义 1.18 设函数 $f(x)$ 在领域 $U(x_0)$ 内有定义,如果当自变量的增量 Δx 趋于零时,相应的函数的增量 $\Delta y = f(x_0 + \Delta x) - f(x_0)$ 也趋于零,即 $\lim\limits_{\Delta x \to 0} \Delta y = 0$,则称函数 $f(x)$ 在点 x_0 处连续.

定义 1.19 设函数 $f(x)$ 在点 x_0 的某邻域 $U(x_0)$ 内有定义,且有 $\lim\limits_{x \to x_0} f(x) = f(x_0)$,则称函数 $f(x)$ 在点 x_0 连续,点 x_0 称为函数 $f(x)$ 的连续点.

例 1.46 证明函数 $f(x) = 2x^3 - 1$ 在点 $x = \dfrac{1}{2}$ 处连续.

证明 因为 $f(1) = 2 \times \left(\dfrac{1}{2}\right)^3 - 1 = -\dfrac{3}{4}$,且

$$\lim_{x \to \frac{1}{2}} f(x) = \lim_{x \to \frac{1}{2}} (2x^3 - 1) = -\frac{3}{4}$$

故函数 $f(x) = x^3 - 1$ 在点 $x = \dfrac{1}{2}$ 处连续.

有时需要考虑函数在某点 $x = x_0$ 一侧的连续性,由此引进左连续、右连续的概念.

定义 1.20 设函数 $f(x)$ 在领域 $U(x_0^-)$ [$U(x_0^+)$]内有定义,且有

$$\lim_{x \to x_0^-} f(x) = f(x_0) \quad \left[\lim_{x \to x_0^+} f(x) = f(x_0)\right] \tag{1-74}$$

则称函数 $f(x)$ 在点 x_0 是左(右)连续的.

函数在点 x_0 的左连续性、右连续性统称为函数的单侧连续性.

由函数的极限与其左极限、右极限的关系,容易得到函数的连续性与其左连续性、右连

续性的关系.

定理 1.18　函数 $f(x)$ 在点 x_0 连续的充分必要条件是函数 $f(x)$ 在点 x_0 左连续且右连续.

例 1.47　设函数

$$f(x)=\begin{cases}e^x+1, & x>0\\ x+a, & x\leqslant 0\end{cases}$$

试问 a 为何值时,函数 $y=f(x)$ 在点 $x=0$ 处连续?

解　因为 $f(0)=a$,且

$$\lim_{x\to0^-}f(x)=\lim_{x\to0^-}(x+a)=a$$

$$\lim_{x\to0^+}f(x)=\lim_{x\to0^+}(e^x+1)=2$$

故由定理 1.18 知 $a=2$ 时,函数 $y=f(x)$ 在点 $x=0$ 处连续.

例 1.48　设函数

$$f(x)=\begin{cases}3x-1, & x<0\\ 2, & x\geqslant 0\end{cases}$$

试问在点 $x=0$ 处函数 $f(x)$ 是否连续?

解　由于 $f(0)=2$,而 $\lim\limits_{x\to0^-}f(x)=-1$,于是函数 $f(x)$ 在点 $x=0$ 处不是左连续的,从而函数 $f(x)$ 在点 $x=0$ 处不连续.

2. 函数在区间上的连续性

若函数 $y=f(x)$ 在区间(a,b)内任一点均连续,则称函数 $y=f(x)$ 在区间(a,b)内连续,记为 $f(x)\in C((a,b))$. 若 $f(x)$ 在区间(a,b)内连续,且在 $x=a$ 处右连续,又在 $x=b$ 处左连续,则称函数 $f(x)$ 在闭区间$[a,b]$上连续,记为 $f(x)\in C([a,b])$. 函数 $y=f(x)$ 在其连续区间上的图形是一条连绵不断的曲线.

例 1.49　证明函数 $y=x^2-x+1$ 在$(-\infty,+\infty)$内连续.

证明　设 x_0 为$(-\infty,+\infty)$内任意给定的点,由极限运算法则可知

$$\lim_{x\to x_0}y=\lim_{x\to x_0}f(x)=\lim_{x\to x_0}(x^2-x+1)=x_0^2-x_0+1=f(x_0)$$

故 $y=x^2-x-1$ 在点 x_0 处连续. 由 x_0 的任意性可知,$y=x^2-x-1$ 在$(-\infty,+\infty)$内连续.

3. 初等函数的连续性

由极限运算法则和连续性定义可得下列连续函数的运算法则.

定理 1.19　(连续函数的四则运算)　设函数 $f(x)$,$g(x)$ 均在点 x_0 处连续,则函数 $f(x)\pm g(x)$,$f(x)\cdot g(x)$,$\dfrac{f(x)}{g(x)}(g(x_0)\neq0)$ 都在点 x_0 处连续.

定理 1.20　(复合函数的连续性)　设函数 $y=f(u)$ 在点 u_0 连续,又函数 $u=\varphi(x)$ 在点 x_0 连续,且 $u_0=\varphi(x_0)$,则复合函数 $y=f(\varphi(x))$ 在点 x_0 处连续.

如果 $\lim\limits_{x\to x_0}\varphi(x)=\varphi(x_0)$,$\lim\limits_{u\to u_0}f(u)=f(u_0)$,且 $u_0=\varphi(x_0)$,则

$$\lim_{x\to x_0}f(\varphi(x))=f(\varphi(x_0)) \tag{1-75}$$

即

$$\lim_{x\to x_0}f(\varphi(x))=f(\lim_{x\to x_0}\varphi(x)) \tag{1-76}$$

式(1-75)表示极限符号与复合函数的符号 f 可以交换次序.

定理 1.21 (反函数的连续性) 单调连续函数的反函数在其对应区间上也是连续的.

根据上述定理可知:

定理 1.22 初等函数在其定义区间内是连续的.

例 1.50 求$\lim\limits_{x\to 0}\dfrac{\ln(1+x)}{x}$.

解 $$\lim_{x\to 0}\frac{\ln(1+x)}{x}=\lim_{x\to 0}\ln(1+x)^{\frac{1}{x}}=\ln[\lim_{x\to 0}(1+x)^{\frac{1}{x}}]=\ln e=1.$$

例 1.51 求$\lim\limits_{x\to 1}\dfrac{x^2+2\ln(3-2x)}{\sqrt{1+3x}}$.

解 $$\lim_{x\to 1}\frac{x^2+2\ln(3-2x)}{\sqrt{1+3x}}=\frac{1^2+2\ln(3-2\cdot 1)}{\sqrt{1+3\cdot 1}}=\frac{1}{2}.$$

1.9.2 函数的间断点

定义 1.21 如果函数 $f(x)$ 在点 x_0 处不连续,则称 $x=x_0$ 为函数 $y=f(x)$ 的间断点或不连续点.

由函数 $f(x)$ 在点 x_0 处连续的定义可知,函数 $f(x)$ 在点 x_0 处连续必须同时满足以下三个条件:

(1) 函数 $f(x)$ 在点 x_0 处有定义 $(x_0\in D)$;

(2) $\lim\limits_{x\to x_0}f(x)$ 存在;

(3) $\lim\limits_{x\to x_0}f(x)=f(x_0)$.

如果函数 $f(x)$ 不满足上述三个条件中的任何一个,那么点 $x=x_0$ 就是函数 $f(x)$ 的一个间断点.

函数的间断点可以分为以下几种类型:

定义 1.22 如果函数在点 x_0 的极限存在,但不等于该点处的函数值,即 $\lim\limits_{x\to x_0}f(x)=A\neq f(x_0)$;或者极限存在,但函数在 x_0 处无定义,则称 $x=x_0$ 为函数的可去间断点.

例 1.52 考虑函数 $y=\dfrac{\sin 2x}{x}$ 在 $x_0=0$ 处的连续性.

解 由于$\lim\limits_{x\to 0}\dfrac{\sin 2x}{x}=2$,并且在 $x_0=0$ 处,函数 $y=\dfrac{\sin 2x}{x}$ 无定义,故 $x_0=0$ 为函数 $f(x)$ 的可去间断点.若补充定义函数值 $f(0)=2$,则函数

$$f(x)=\begin{cases}\dfrac{\sin 2x}{x}, & x\neq 0\\ 2, & x=0\end{cases}$$

在点 $x_0=0$ 处连续.

例 1.53 讨论函数

$$f(x)=\begin{cases}2x, & x\neq 0\\ 1, & x=0\end{cases}$$

在点 $x=0$ 处的连续性.

解 由于$\lim\limits_{x\to 0}f(x)=\lim\limits_{x\to 0}2x=0$,而 $f(0)=1$,故点 $x_0=0$ 为函数 $f(x)$ 的可去间断点.

若修改函数 $f(x)$ 在点 $x_0=0$ 处的定义，令 $f(0)=1$，则函数

$$f(x)=\begin{cases}2x, & x\neq 0\\ 1, & x=0\end{cases}$$

在点 $x_0=0$ 处连续，如图 1-30 所示.

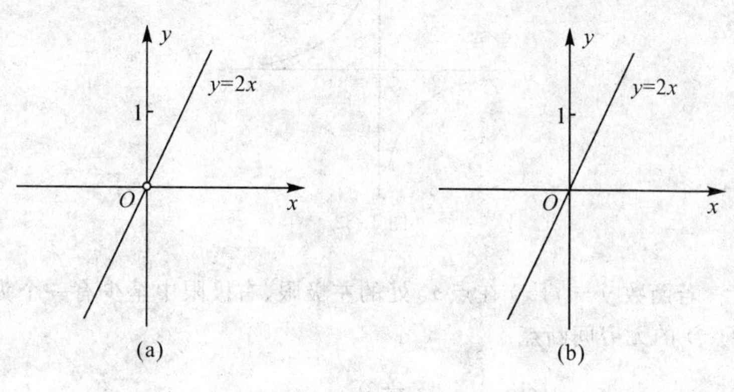

图 1-30

定义 1.23　如果函数 $f(x)$ 在点 x_0 处的左极限、右极限存在但不相等，则称点 $x=x_0$ 为函数 $f(x)$ 的跳跃间断点.

例 1.54　设函数 $f(x)=\begin{cases}x+1, & -1\leqslant x<0\\ 0, & x=0\\ x-1, & 0<x\leqslant 1\end{cases}$，试讨论该函数的间断点.

解　$\lim\limits_{x\to 0^-}f(x)=\lim\limits_{x\to 0^-}(x+1)=1,\quad \lim\limits_{x\to 0^+}f(x)=\lim\limits_{x\to 0^+}(x-1)=-1$

由于函数 $y=f(x)$ 在点 $x_0=0$ 处的左极限右极限存在但不相等，故 $x_0=0$ 为函数 $f(x)$ 的跳跃间断点，如图 1-31 所示.

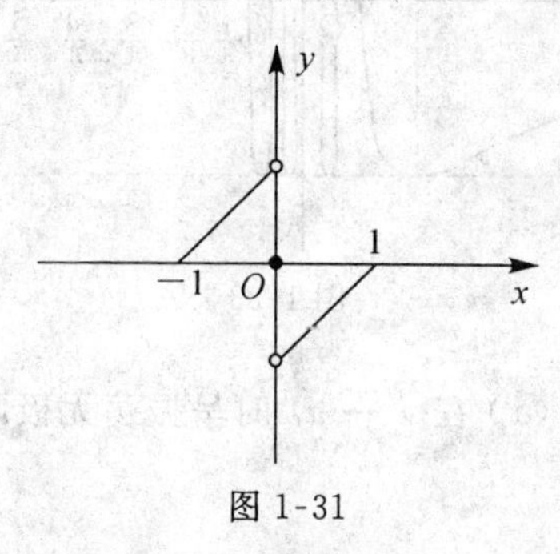

图 1-31

可去间断点与跳跃间断点统称为第一类间断点.

定义 1.24　如果函数 $f(x)$ 在点 x_0 处的左极限 $f(x_0^-)$、右极限 $f(x_0^+)$ 中至少有一个不存在，则称点 $x=x_0$ 为函数 $f(x)$ 的第二类间断点.

例 1.55　讨论函数 $y=\begin{cases}\dfrac{1}{x}, & x\neq 0\\ 0, & x=0\end{cases}$ 在点 $x_0=0$ 处的连续性.

解 由于$\lim\limits_{x\to 0}\dfrac{1}{x}=\infty$,故函数 y 在点 $x_0=0$ 处间断,如图 1-32 所示.

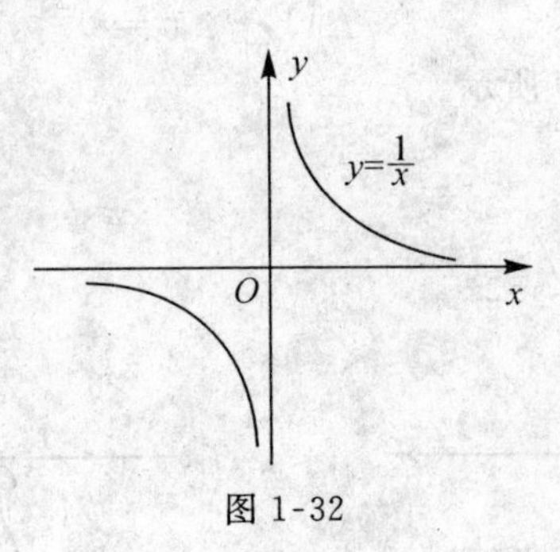

图 1-32

定义 1.25 若函数 $y=f(x)$ 在点 x_0 处的左极限、右极限中至少有一个为无穷大,则称点 x_0 为 $y=f(x)$ 的无穷间断点.

例 1.56 讨论函数 $y=\begin{cases}\sin\dfrac{1}{x}, & x\neq 0\\ 0, & x=0\end{cases}$ 在点 $x_0=0$ 处的连续性.

解 由于$\lim\limits_{x\to 0}\sin\dfrac{1}{x}$不存在,随着 x 趋近于零,函数值在 -1 与 1 之间来回振荡,故函数 y 在点 $x_0=0$ 处间断,如图 1-33 所示.

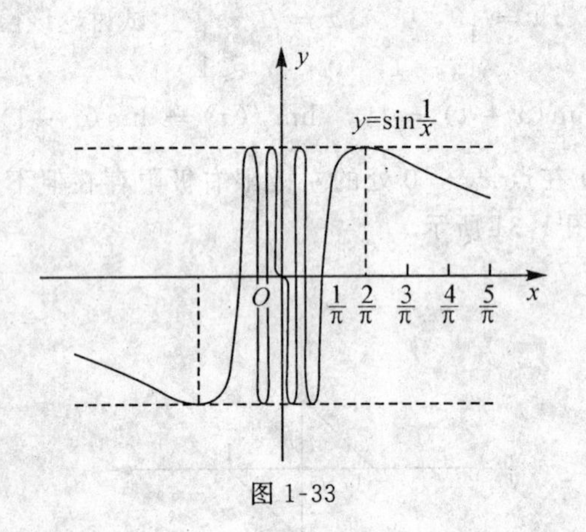

图 1-33

定义 1.26 若函数 $y=f(x)$ 在 $x\to x_0$ 时呈振荡无极限状态,则称点 x_0 为函数 $y=f(x)$ 的振荡间断点.

1.9.3 闭区间上连续函数的性质

闭区间上的连续函数有一些重要的性质,这些性质可以作为分析和论证某些问题时的理论依据,这些性质的几何意义十分明显.

1. 最大值最小值定理

我们首先说明最大值和最小值的概念. 对于区间 I 上有定义的函数 $f(x)$,如果存在点 $x_0\in I$,使 $\forall x\in I$,有

$$f(x_0) \geqslant f(x), \quad 或\ f(x_0) \leqslant f(x),$$

则称 $f(x_0)$ 为函数 $y=f(x)$ 在区间 I 上的最大(小)值,记为

$$f(x_0)=\max_{x\in I} f(x), \quad 或\ f(x_0)=\min_{x\in I} f(x)$$

定理 1.23　若函数 $y=f(x)$ 在闭区间 $[a,b]$ 上连续,则函数 $f(x)$ 在区间 $[a,b]$ 上必取得最大值和最小值.

定理 1.23 表明:若函数 $y=f(x)$ 在闭区间 $[a,b]$ 上连续,则存在 $x_1,x_2\in[a,b]$,使得

$$f(x_1)=\min_{x\in[a,b]} f(x), \quad f(x_2)=\min_{x\in[a,b]} f(x).$$

使得对任意 $x\in[a,b]$,有 $f(x_2)\leqslant f(x)\leqslant f(x_1)$,若取 $M-\max\{|f(x_1)|,|f(x_2)|\}$,则有 $|f(x)|\leqslant M$,从而有下述结论.

推论 1.6　若函数 $y=f(x)\in C([a,b])$,则函数 $f(x)$ 在闭区间 $[a,b]$ 上有界.

对于开区间内的连续函数或在闭区间上有间断点的函数,定理 1.23 的结论不一定成立.例如,函数 $y=x^3$ 在开区间 $(0,2)$ 内连续,但该函数在 $(0,2)$ 内不存在最大值和最小值.又如函数 $y=\tan x$ 在区间 $\left(-\frac{\pi}{2},\frac{\pi}{2}\right)$ 内连续,但 $y=\tan x$ 在 $\left(-\frac{\pi}{2},\frac{\pi}{2}\right)$ 内取不到最大值与最小值.

2.介值定理

定理 1.24　设函数 $f(x)$ 在闭区间 $[a,b]$ 上连续,M 和 m 分别是函数 $f(x)$ 在闭区间 $[a,b]$ 上的最大值和最小值,则对于满足 $m\leqslant\mu\leqslant M$ 的任何实数 μ,至少存在一点 $\xi\in[a,b]$,使得

$$f(\xi)=\mu \tag{1-77}$$

定理 1.24 的几何意义为:若 $f(x)\in C([a,b])$,μ 为介于最大值 M 与最小值 m 之间的数,则直线 $y=\mu$ 与曲线 $y=f(x)$ 至少相交一次,如图 1-34 所示.

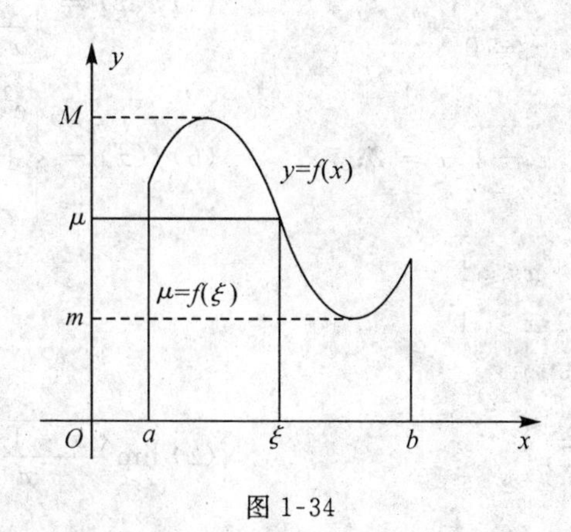

图 1-34

3.根的存在定理(零点存在定理)

定理 1.25　若函数 $y=f(x)\in C([a,b])$,且 $f(a)\cdot f(b)<0$,则在区间 (a,b) 内至少存在一点 $x_0\in(a,b)$,使 $f(x_0)=0$.

定理 1.25 的几何意义十分明显.若函数 $y=f(x)$ 在闭区间 $[a,b]$ 上连续,且 $f(a)$ 与 $f(b)$ 不同号,则函数 $y=f(x)$ 对应的曲线至少穿过 Ox 轴一次,如图 1-35 所示.

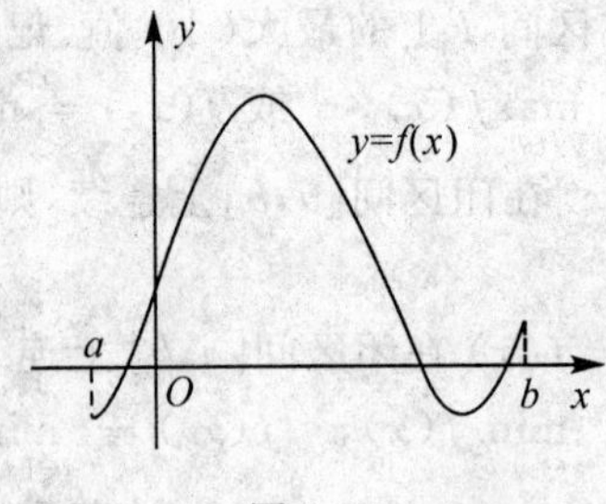

图 1-35

例 1.57 证明方程 $x^5-3x=1$ 至少有一个根介于 1 和 2 之间.

证明 设 $f(x)=x^5-3x-1$,则显然 $f(x)\in C([0,1])$,又

$$f(1)=-3<0,\quad f(2)=25>0$$

由根的存在定理知,至少存在一点 $x_0\in(1,2)$,使 $f(x_0)=0$. 即方程 $x^5-3x=1$ 至少有一个根介于 1 和 2 之间.

练习题 1.9

1. 求下列函数的间断点,并判断其类型. 如果是可去间断点,则补充或改变函数的定义,使其在该点连续.

(1) $y=\arctan\dfrac{1}{x}$;　　(2) $y=\dfrac{\tan 3x}{x}$;

(3) $f(x)=\begin{cases}\dfrac{\sin x}{|x|}, & x\neq 0\\ 0, & x=0\end{cases}$;　　(4) $f(x)=\begin{cases}x+1, & \text{当 } x\leqslant 1 \text{ 时}\\ \dfrac{1}{x-1}, & \text{当 } x>1 \text{ 时}\end{cases}$;

(5) $y=\dfrac{x^2-1}{x^2-3x+2}, x=1, x=2$;　　(6) $f(x)=\begin{cases}e^{\frac{1}{x}}, & x<0\\ 1, & x=0\\ x, & x>0\end{cases}$;

(7) $f(x)=\begin{cases}x-1, & x\leqslant 1\\ 2-x, & x>1\end{cases}$.

2. 求下列函数的极限

(1) $\lim\limits_{x\to 0}\sqrt{x^2-3x+7}$;　　(2) $\lim\limits_{x\to 0}\dfrac{\sqrt{x+1}-1}{x}$;

(3) $\lim\limits_{x\to\infty}\dfrac{x^2-3x-5}{\sqrt{x^4+1}}$;　　(4) $\lim\limits_{x\to\frac{\pi}{6}}\tan 2x$;

(5) $\lim\limits_{x\to 0}(\sqrt{x^2+x}-\sqrt{x^2-x})$;　　(6) $\lim\limits_{x\to\frac{\pi}{12}}\ln(3\sin 2x)$;

(7) $\lim\limits_{x\to\alpha}\dfrac{\sin x-\sin\alpha}{x-\alpha}$.

3. 在下列函数中,当 a 取什么值时函数 $f(x)$ 在其定义域内连续?

(1) $f(x)=\begin{cases}\dfrac{x^2-9}{x-3}, & x\neq 3\\ a, & x=3\end{cases}$；　　(2) $f(x)=\begin{cases}e^x, & x<0\\ a+x, & x\geqslant 0\end{cases}$.

4. 证明方程 $x\cdot 3^x=1$ 至少有一个小于 1 的正根.

5. 证明方程 $a\sin x=x+b(a>0,b<0)$ 至少有一个不超过 $a-b$ 的正根.

6. 若函数 $f(x)$ 在区间 (a,b) 内连续，且 $a_k(k=1,2,\cdots,n)$ 为该区间内任意 n 个不同的点，试证必在某两个点之间存在一点 ξ 使 $f(\xi)=\dfrac{1}{n}[f(a_1)+f(a_2)+\cdots+f(a_n)]$.

7. 若函数 $f(x)$ 在闭区间 $[a,b]$ 上连续，且其值域也是 $[a,b]$，则在闭区间 $[a,b]$ 上存在一点 ξ 使 $f(\xi)=\xi$.

总复习题 1

1. 设函数 $f(x)$ 的定义域是 $[0,1)$，求 $f\left(\dfrac{x}{x+1}\right)$ 的定义域.

2. 设函数 $y=f(x),x\in(-\infty,+\infty)$ 的图形关于 $x=a,x=b$ 均对称 $(a\neq b)$，试证 $y=f(x)$ 是周期函数，并求其周期.

3. 设 $f(x)$ 在 $(0,+\infty)$ 上有意义，$x_1>0,x_2>0$，求证：

(1) 若 $\dfrac{f(x)}{x}$ 单调减少，则 $f(x_1+x_2)<f(x_1)+f(x_2)$；

(2) 若 $\dfrac{f(x)}{x}$ 单调增加，则 $f(x_1+x_2)>f(x_1)+f(x_2)$.

4. 设 $x_n=\dfrac{1}{3}+\dfrac{1}{15}+\cdots+\dfrac{1}{4n^2-1}$，求 $\lim\limits_{n\to\infty}x_n$.

5. 计算下列极限

(1) $\lim\limits_{x\to 1}\dfrac{x^n-1}{x-1}$　(n 为正整数)；　　(2) $\lim\limits_{x\to 4}\dfrac{\sqrt{2x+1}-3}{\sqrt{x-2}-\sqrt{2}}$；

(3) $\lim\limits_{x\to+\infty}(\sqrt{(x+p)(x+q)}-x)$；　　(4) $\lim\limits_{x\to\infty}\dfrac{x^2+1}{x^3+x}(3+\cos x)$；

(5) $\lim\limits_{x\to+\infty}\dfrac{2x\sin x}{\sqrt{1+x^2}}\arctan\dfrac{1}{x}$；　　(6) $\lim\limits_{x\to 1}\dfrac{\sqrt[3]{x^2}-2\sqrt[3]{x}+1}{(x-1)^2}$.

6. 设 $f(x)=\begin{cases}\dfrac{1}{x^2}, & x<0\\ 0, & x=0\\ x^2-2x, & 0<x\leqslant 2\\ 3x-6, & 2<x\end{cases}$，试讨论当 $x\to 0$ 及 $x\to 2$ 时，函数 $f(x)$ 的极限是否存在？并且求 $\lim\limits_{x\to-\infty}f(x)$ 及 $\lim\limits_{x\to+\infty}f(x)$.

7. 试判断：当 $x\to 0$ 时，$\dfrac{x^6}{1-\sqrt{\cos x^2}}$ 是 x 的多少阶无穷小？

8. 设 $P(x)$ 是多项式，且 $\lim\limits_{x\to\infty}\dfrac{P(x)-x^3}{x^2}=2,\lim\limits_{x\to 0}\dfrac{P(x)}{x}=1$，试求 $P(x)$.

9. 已知$\lim\limits_{x\to 1}\dfrac{x^2+ax+b}{x-1}=3$,试求 a、b 的值.

10. 下列函数 $f(x)$ 在 $x=0$ 处是否连续?为什么?

(1) $f(x)=\begin{cases} e-\dfrac{1}{x^2}, & x\neq 0 \\ 0, & x=0 \end{cases}$; (2) $f(x)=\begin{cases} \dfrac{\sin x}{|x|}, & x\neq 0 \\ 1, & x=0 \end{cases}$.

11. 判断下列函数在指定点所属的间断点类型,如果是可去间断点,则补充或改变函数的定义使其连续.

(1) $y=\dfrac{x}{\tan x}$, $x=k\pi$, $x=k\pi+\dfrac{\pi}{2}$ $(k\in \mathbf{Z})$; (2) $y=\dfrac{1}{1-e^{\frac{x}{x-1}}}$, $x=0$, $x=1$.

12. 试确定 a 的值,使函数 $f(x)=\begin{cases} x^2+a, & x\leqslant 0 \\ x\sin\dfrac{1}{x}, & x>0 \end{cases}$ 在$(-\infty,+\infty)$内连续.

13. 求函数 $y=\dfrac{1}{1-\ln^2 x}$ 的连续区间.

14. 设函数 $f(x)$ 与 $g(x)$ 在点 x_0 处连续,证明函数

$$\varphi(x)=\max\{f(x),g(x)\},\quad \psi(x)=\min\{f(x),g(x)\}$$

在点 x_0 处也连续.

15. 设函数 $f(x)$ 在闭区间$[a,b]$上连续,且 $a<b<c<d$,证明:在闭区间$[a,b]$上必存在点 ξ 使

$$mf(c)+nf(d)=(m+n)f(\xi).$$

第 2 章　导数与微分

数学中研究导数、微分及其应用的部分称为微分学，研究不定积分、定积分及其应用的部分称为积分学，微分学与积分学统称为微积分学.

微积分学是高等数学最基本、最重要的组成部分，是现代数学许多分支的基础，是人类认识客观世界、探索宇宙奥秘乃至人类自身奥秘的典型数学模型之一.

2.1　导数的概念

16 世纪初期，资本主义在欧洲开始萌芽，随后生产力快速发展，生产力的发展对自然科学提出了新的课题，迫切要求力学、天文学等基础科学向前发展，而这些学科的发展都是深刻依赖于数学的，因而也推动了数学的发展与进步. 在各类学科对数学提出的种种要求中，下列三类问题导致了微分学的产生：

(1) 求变速运动的瞬时速度；

(2) 求曲线上一点处的切线；

(3) 求最大值和最小值.

上述这三类实际问题的现实原型在数学中都可以归结为函数相对于自变量变化而变化的快慢程度，即所谓函数的变化率问题，牛顿(Newton. I) 从第一个问题出发，莱布尼兹(Leibniz. G. M) 从第二个问题出发，分别给出了导数的概念.

2.1.1　引例

引例 2.1　变速直线运动的瞬时速度.

假设一物体作变速直线运动，在$[0,t]$这段时间所经过的路程为 s，且 s 是时间 t 的函数 $s=s(t)$. 求该物体在时刻 $t_0\in[0,t]$的瞬时速度 $v(t_0)$.

首先考虑物体在时刻 t_0 附近很短一段时间内的运动，设物体从 t_0 到 $t_0+\Delta t$ 这段时间间隔内路程从 $s(t_0)$ 变到 $s(t_0+\Delta t)$，其改变量为

$$\Delta s=s(t_0+\Delta t)-s(t_0)$$

在这段时间间隔内的平均速度为

$$\bar{v}=\frac{\Delta s}{\Delta t}=\frac{s(t_0+\Delta t)-s(t_0)}{\Delta t}$$

当时间间隔很小时，可以认为物体在时间$[t_0,t_0+\Delta t]$内近似地作匀速运动，因此，可以用 $\bar{v}$ 作为 $v(t_0)$ 的近似值，且 Δt 越小，其近似程度越高. 当时间间隔 $\Delta t\to 0$ 时，我们把平均速度 $\bar{v}$ 的极限称为时刻 t_0 的瞬间速度，即

$$v(t_0)=\lim_{\Delta t\to 0}\frac{\Delta s}{\Delta t}=\lim_{\Delta t\to 0}\frac{s(t_0+\Delta t)-s(t_0)}{\Delta t}.$$

引例 2.2 平面曲线的切线.

设曲线 C 是函数 $y=f(x)$ 的图形,求曲线 C 在点 $M(x_0,y_0)$ 处的切线的斜率.

如图 2-1 所示,设点 $N(x_0+\Delta x,y_0+\Delta y)(\Delta x\neq 0)$ 为曲线 C 上的另一点,连接点 M 和点 N 的直线 MN 称为曲线 C 的割线,设割线 MN 的倾角为 φ,其斜率为

$$\tan\varphi=\frac{\Delta y}{\Delta x}=\frac{f(x_0+\Delta x)-f(x_0)}{\Delta x}$$

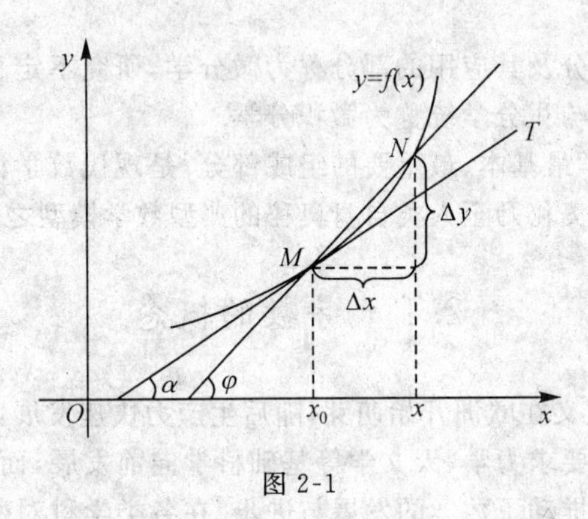

图 2-1

当点 N 沿曲线 C 趋近于点 M 时,割线 MN 的倾角 φ 趋近于切线 MT 的倾角 α,故割线 MN 的斜率 $\tan\varphi$ 趋近于切线 MT 的斜率 $\tan\alpha$. 因此 C 在点 $M(x_0,y_0)$ 处的切线斜率为

$$\tan\alpha=\lim_{\Delta x\to 0}\tan\varphi=\lim_{\Delta x\to 0}\frac{\Delta y}{\Delta x}=\lim_{\Delta x\to 0}\frac{f(x_0+\Delta x)-f(x_0)}{\Delta x}.$$

上述两例的实际意义完全不同,但从抽象的数量关系来看,其实质都是函数的改变量与自变量的改变量之比在自变量改变量趋于零时的极限,我们把这种特定的极限称为函数的导数.

2.1.2 导数的定义

定义 2.1 设函数 $y=f(x)$ 在点 x_0 的某个邻域内有定义,当自变量 x 在 x_0 处取得增量 Δx(点 $x_0+\Delta x$ 仍在该邻域内)时,相应地,函数 y 取得增量

$$\Delta y=f(x_0+\Delta x)-f(x_0)$$

如果当 $\Delta x\to 0$ 时,极限

$$\lim_{\Delta x\to 0}\frac{\Delta y}{\Delta x}=\lim_{\Delta x\to 0}\frac{f(x_0+\Delta x)-f(x_0)}{\Delta x} \tag{2-1}$$

存在,则称该极限值为函数 $y=f(x)$ 在点 x_0 处的导数,并称函数 $y=f(x)$ 在点 x_0 处可导,记为

$$f'(x_0),\quad y'|_{x=x_0},\quad \frac{\mathrm{d}y}{\mathrm{d}x}|_{x=x_0},\quad 或\frac{\mathrm{d}f(x)}{\mathrm{d}x}|_{x=x_0}.$$

函数 $f(x)$ 在点 x_0 处可导有时也称为函数 $y=f(x)$ 在点 x_0 处具有导数或导数存在. 导数的定义也可以采取不同的表达形式. 例如:在式(2-1)中,令 $h=\Delta x$,则

$$f'(x_0)=\lim_{h\to 0}\frac{f(x_0+h)-f(x_0)}{h} \tag{2-2}$$

令 $x = x_0 + \Delta x$,则

$$f'(x_0) = \lim_{x \to x_0} \frac{f(x) - f(x_0)}{x - x_0} \tag{2-3}$$

如果式(2-1)的极限不存在,则称函数 $y = f(x)$ 在点 x_0 处不可导,称 x_0 为 $y = f(x)$ 的不可导点,如果不可导的原因是式(2-1)的极限为 ∞,为方便起见,有时也称函数 $y = f(x)$ 在点 x_0 处的导数为无穷大.

注:导数概念是函数变化率这一概念的精确描述,导数撇开了自变量和因变量所代表的几何或物理等方面的特殊意义,纯粹从数量方面来刻画函数变化率的本质;函数增量与自变量增量的比值 $\frac{\Delta y}{\Delta x}$ 是函数 y 在以 x_0 和 $x_0 + \Delta x$ 为端点的区间上的平均变化率,而导数 $y'|_{x=x_0}$ 则是函数 y 在点 x_0 处的变化率,导数反映了函数随自变量变化而变化的快慢程度.

如果函数 $y = f(x)$ 在开区间 I 内的每一点处都可导,则称函数 $f(x)$ 在开区间 I 内可导.

设函数 $y = f(x)$ 在开区间 I 内可导,则对开区间 I 内每一点 x,都有一个导数值 $f'(x)$ 与之对应,因此,$f'(x)$ 也是 x 的函数,称其为 $f(x)$ 的导函数,记为

$$y', \quad f'(x), \quad \frac{dy}{dx} \quad 或 \frac{df(x)}{dx}.$$

根据导数的定义求导,一般包含以下三个步骤:

(1) 求函数的增量:$\Delta y = f(x + \Delta x) - f(x)$;

(2) 求两增量的比值:$\frac{\Delta y}{\Delta x} = \frac{f(x + \Delta x) - f(x)}{\Delta x}$;

(3) 求极限 $y' = \lim\limits_{\Delta x \to 0} \frac{\Delta y}{\Delta x}$.

例 2.1　求函数 $y = x^3$ 在点 $x = 1$ 处的导数 $f'(1)$.

解　当 x 由 1 变到 $1 + \Delta x$ 时,函数相应的增量为

$$\Delta y = (1 + \Delta x)^3 - 1^3 = 3 \cdot \Delta x + 3 \cdot (\Delta x)^2 + (\Delta x)^3$$

$$\frac{\Delta y}{\Delta x} = 3 + 3\Delta x + (\Delta x)^2$$

所以

$$f'(1) = \lim_{\Delta x \to 0} \frac{\Delta y}{\Delta x} = \lim_{\Delta x \to 0} (3 + 3\Delta x + (\Delta x)^2) = 3.$$

注:函数 $f(x)$ 在点 x_0 处的导数 $f'(x_0)$ 就是其导函数 $f'(x)$ 在点 x_0 处的函数值,即

$$f'(x_0) = f'(x)|_{x=x_0}.$$

例 2.2　试按导数的定义求下列各极限(假设各极限均存在).

(1) $\lim\limits_{x \to a} \frac{f(2x) - f(2a)}{x - a}$;　　(2) $\lim\limits_{x \to 0} \frac{f(x)}{x}$,其中 $f(0) = 0$.

解　(1) 由导数定义式(2-3)和极限的运算法则,有

$$\lim_{x \to a} \frac{f(2x) - f(2a)}{x - a} = \lim_{2x \to 2a} \frac{f(2x) - f(2a)}{\frac{1}{2}(2x - 2a)} = 2 \lim_{2x \to 2a} \frac{f(2x) - f(2a)}{2x - 2a} = 2 \cdot f'(2a).$$

(2) 因为 $f(0) = 0$,于是

$$\lim_{x \to 0} \frac{f(x)}{x} = \lim_{x \to 0} \frac{f(x) - f(0)}{x - 0} = f'(0).$$

2.1.3 左导数、右导数

求函数 $y=f(x)$ 在点 x_0 处的导数时，$x\to x_0$ 的方式是任意的，如果 x 仅从 x_0 的左侧趋于 x_0（记为 $\Delta x\to 0^-$ 或 $x\to x_0^-$）时，极限

$$\lim_{\Delta x\to 0^-}\frac{\Delta y}{\Delta x}=\lim_{\Delta x\to 0^-}\frac{f(x_0+\Delta x)-f(x_0)}{\Delta x} \tag{2-4}$$

存在，则称该极限值为函数 $y=f(x)$ 在点 x_0 处的左导数，记为 $f'_-(x_0)$. 即

$$f'_-(x_0)=\lim_{\Delta x\to 0^-}\frac{\Delta y}{\Delta x}=\lim_{\Delta x\to 0^-}\frac{f(x_0+\Delta x)-f(x_0)}{\Delta x}=\lim_{x\to x_0^-}\frac{f(x)-f(x_0)}{x-x_0} \tag{2-5}$$

类似地，可以定义函数 $y=f(x)$ 在点 x_0 处的右导数，即

$$f'_+(x_0)=\lim_{\Delta x\to 0^+}\frac{\Delta y}{\Delta x}=\lim_{\Delta x\to 0^+}\frac{f(x_0+\Delta x)-f(x_0)}{\Delta x}=\lim_{x\to x_0^+}\frac{f(x)-f(x_0)}{x-x_0} \tag{2-6}$$

函数在一点处的左导数、右导数与函数在该点处的导数之间有如下关系：

定理 2.1 函数 $y=f(x)$ 在点 x_0 处可导的充分必要条件是：函数 $y=f(x)$ 在点 x_0 处的左导数、右导数存在且相等.

注：定理 2.1 常被用于判定分段函数在分段点处是否可导.

例 2.3 求函数 $f(x)=\begin{cases}\sin x, & x<0\\ x, & x\geqslant 0\end{cases}$ 在点 $x=0$ 处的导数.

解 当 $\Delta x<0$ 时

$$\Delta y=f(0+\Delta x)-f(0)=\sin\Delta x-0=\sin\Delta x$$

故
$$f'_-(0)=\lim_{\Delta x\to 0^-}\frac{\Delta y}{\Delta x}=\lim_{\Delta x\to 0^-}\frac{\sin\Delta x}{\Delta x}=1$$

当 $\Delta x>0$ 时

$$f'_+(0)=\lim_{\Delta x\to 0^+}\frac{\Delta y}{\Delta x}=\lim_{\Delta x\to 0^+}\frac{\Delta x}{\Delta x}=1$$

由 $f'_-(0)=f'_+(0)=1$，得

$$f'(0)=\lim_{\Delta x\to 0}\frac{\Delta y}{\Delta x}=1.$$

注：如果函数 $f(x)$ 在开区间 (a,b) 内可导，且 $f'_-(a)$ 及 $f'_+(b)$ 都存在，则称函数 $f(x)$ 在闭区间 $[a,b]$ 上可导.

2.1.4 用导数的定义计算导数

下面我们根据导数的定义来求部分初等函数的导数.

例 2.4 求函数 $f(x)=C$（C 为常数）的导数.

解
$$f'(x)=\lim_{\Delta x\to 0}\frac{f(x+\Delta x)-f(x)}{\Delta x}=\lim_{\Delta x\to 0}\frac{C-C}{\Delta x}=0.$$

即
$$(C)'=0.$$

例 2.5 设函数 $f(x)=\sin x$，求 $(\sin x)'$ 及 $(\sin x)'\big|_{x=\frac{\pi}{4}}$.

解 $$(\sin x)'=\lim_{\Delta x\to 0}\frac{\sin(x+\Delta x)-\sin x}{\Delta x}=\lim_{\Delta x\to 0}\cos\left(x+\frac{\Delta x}{2}\right)\cdot\frac{\sin\dfrac{\Delta x}{2}}{\dfrac{\Delta x}{2}}=\cos x.$$

所以　$(\sin x)'=\cos x.\quad (\sin x)'\big|_{x=\frac{\pi}{4}}=\cos x\big|_{x=\frac{\pi}{4}}=\dfrac{\sqrt{2}}{2}.$

注:同理可得$(\cos x)'=-\sin x$.

例 2.6　求函数 $y=x^n$(n 为正整数)的导数.

解

$$(x^n)'=\lim_{\Delta x\to 0}\frac{(x+\Delta x)^n-x^n}{\Delta x}$$

$$=\lim_{\Delta x\to 0}\left[nx^{n-1}+\frac{n(n-1)}{2!}x^{n-2}\Delta x+\cdots+\Delta x^{n-1}\right]=nx^{n-1}$$

即

$$(x^n)'=nx^{n-1}.$$

更一般地

$$(x^\mu)'=\mu x^{\mu-1}(\mu\in\mathbf{R})$$

例如

$$(\sqrt{x})'=\frac{1}{2}x^{\frac{1}{2}-1}=\frac{1}{2\sqrt{x}},$$

$$\left(\frac{1}{x}\right)'=(x^{-1})'=(-1)x^{-1-1}=-\frac{1}{x^2}.$$

例 2.7　求函数 $f(x)=a^x(a>0,a\neq 1)$ 的导数.

解

$$(a^x)'=\lim_{\Delta x\to 0}\frac{a^{x+\Delta x}-a^x}{\Delta x}=a^x\lim_{\Delta x\to 0}\frac{a^{\Delta x}-1}{\Delta x}=a^x\ln a$$

即

$$(a^x)'=a^x\ln a.$$

特别地,当 $a=\mathrm{e}$ 时,$(\mathrm{e}^x)'=\mathrm{e}^x$.

2.1.5　导数的几何意义

根据引例 2.2 的讨论可知,如果函数 $y=f(x)$ 在点 x_0 处可导,则 $f'(x_0)$ 就是曲线 $y=f(x)$ 在点 $M(x_0,y_0)$ 处的切线的斜率,即

$$k=\tan\alpha=f'(x_0)$$

其中 α 是曲线 $y=f(x)$ 在点 M 处的切线的倾角,如图 2-2 所示.

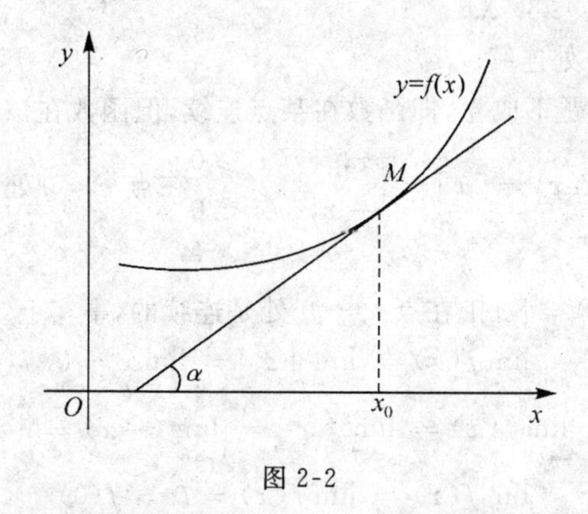

图 2-2

于是,由直线的点斜式方程,曲线 $y=f(x)$ 在点 $M(x_0,y_0)$ 处的切线方程为

$$y-y_0=f'(x_0)(x-x_0) \tag{2-7}$$

法线方程为

$$y - y_0 = -\frac{1}{f'(x_0)}(x - x_0) \tag{2-8}$$

如果 $f'(x_0) = 0$,则切线方程为 $y = y_0$,即切线平行于 Ox 轴.

如果 $f'(x_0) = \infty$ 为无穷大,则切线方程为 $x = x_0$,即切线垂直于 Ox 轴.

例 2.8 求曲线 $y = \sqrt{x}$ 在点(4,2)处的切线方程.

解 因为

$$y' = (\sqrt{x})' = \frac{1}{2\sqrt{x}}, \quad f'(4) = \frac{1}{2\sqrt{4}} = \frac{1}{4}$$

故所求切线方程为

$$y - 2 = \frac{1}{4}(x - 4)$$

即

$$x - 4y + 4 = 0.$$

注:导数在物理学中也具有广泛的应用.

例如,根据引例 2.1 中的讨论可知,作变速直线运动的物体在时刻 t_0 的瞬时速度 $v(t_0)$ 是路程函数 $s = s(t)$ 在时刻 t_0 的导数,即 $v(t_0) = s'(t_0)$.

2.1.6 函数的可导性与连续性的关系

我们知道,初等函数在其有定义的区间上都是连续的,那么函数的连续性与可导性之间具有什么联系呢?下面的定理从一方面回答了这个问题.

定理 2.2 如果函数 $y = f(x)$ 在点 x_0 处可导,则该函数 $f(x)$ 在点 x_0 处连续.

证明 因为函数 $y = f(x)$ 在点 x_0 处可导,故有

$$\lim_{\Delta x \to 0} \frac{\Delta y}{\Delta x} = f'(x_0)$$

$\frac{\Delta y}{\Delta x} = f'(x_0) + \alpha$,其中 $\alpha \to 0$(当 $\Delta x \to 0$ 时),于是 $\Delta y = f'(x_0)\Delta x + \alpha\Delta x$,从而

$$\lim_{\Delta x \to 0} \frac{\Delta y}{\Delta x} = \lim_{\Delta x \to 0}[f'(x_0)\Delta x + \alpha\Delta x] = 0$$

所以,函数 $f(x)$ 在点 x_0 处连续.

注:定理 2.2 的逆命题不成立,即函数在某点连续,但函数在该点不一定可导.

例 2.9 讨论函数 $f(x) = |x| = \begin{cases} x, & x \geqslant 0 \\ -x, & x < 0 \end{cases}$ 在点 $x = 0$ 处的连续性与可导性,如图 2-3 所示.

解 易见函数 $f(x) = |x|$ 在点 $x = 0$ 处是连续的,事实上

$$\lim_{x \to 0^+} f(x) = \lim_{x \to 0^+} |x| = \lim_{x \to 0^+} x = 0$$

$$\lim_{x \to 0^-} f(x) = \lim_{x \to 0^-} |x| = \lim_{\Delta x \to 0^-} (-x) = 0$$

因为

$$\lim_{x \to 0^+} f(x) = \lim_{x \to 0^-} f(x) = 0 = f(0)$$

所以函数 $f(x) = |x|$ 在 $x = 0$ 处是连续的.

给 $x = 0$ 一个增量 Δx,则函数增量与自变量增量的比值为

$$\frac{\Delta y}{\Delta x} = \frac{f(0 + \Delta x) - f(0)}{\Delta x} = \frac{|\Delta x|}{\Delta x}$$

于是
$$f'_+(0)=\lim_{\Delta x\to 0^+}\frac{\Delta y}{\Delta x}=\lim_{\Delta x\to 0^+}\frac{|\Delta x|}{\Delta x}=\lim_{\Delta x\to 0^+}\frac{\Delta x}{\Delta x}=1$$
$$f'_-(0)=\lim_{\Delta x\to 0^-}\frac{\Delta y}{\Delta x}=\lim_{\Delta x\to 0^-}\frac{|\Delta x|}{\Delta x}=\lim_{\Delta x\to 0^-}\frac{-\Delta x}{\Delta x}=-1$$

因为 $f'_+(0)\neq f'_-(0)$，所以函数 $f(x)=|x|$ 在点 $x=0$ 处不可导.

一般地，如果函数曲线 $y=f(x)$ 在点 x_0 处出现"尖点"，如图 2-4 所示，则所论函数在该点不可导，因此，如果函数在一个区间内可导，则其图形不会出现"尖点"，亦即是一条连续的光滑曲线.

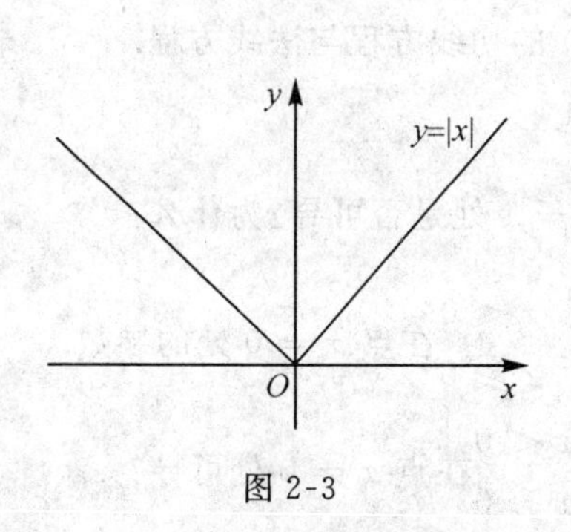

图 2-3

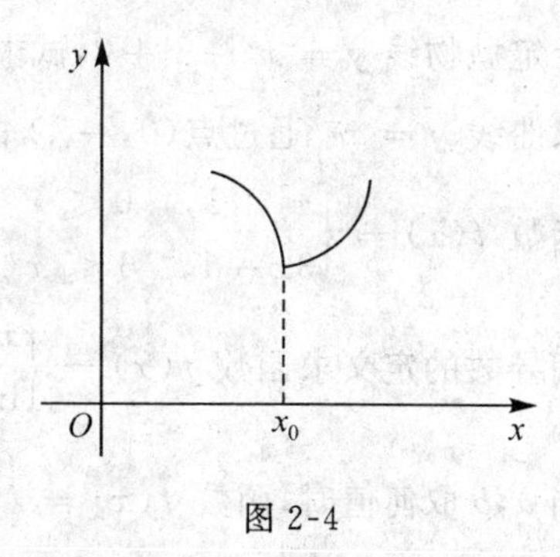

图 2-4

例 2.10　讨论函数 $f(x)=\begin{cases}x\sin\dfrac{1}{x}, & x\neq 0,\\ 0, & x=0\end{cases}$ 在点 $x=0$ 处的连续性与可导性.

解　注意到 $\sin\dfrac{1}{x}$ 是有界函数，则有
$$\lim_{x\to 0}x\sin\frac{1}{x}=0$$
由 $\lim\limits_{x\to 0}f(x)=0=f(0)$ 知，函数 $f(x)$ 在点 $x=0$ 处连续，但在点 $x=0$ 处有
$$\frac{\Delta y}{\Delta x}=\frac{(0+\Delta x)\sin\dfrac{1}{0+\Delta x}-0}{\Delta x}=\sin\frac{1}{\Delta x}$$
因为极限 $\lim\limits_{\Delta x\to 0}\dfrac{\Delta y}{\Delta x}$ 不存在，所以 $f(x)$ 在点 $x=0$ 处不可导.

注：上述两个例子说明，函数在某点处连续是函数在该点处可导的必要条件，但不是充分条件，由定理 2.2 还知道，若函数在某点处不连续，则所论函数在该点处一定不可导.

在微积分理论尚不完善的时候，人们普遍认为连续函数除个别点外都是可导的，1875 年德国数学家魏尔斯特拉斯(Weierstrass, K) 构造出一个处处连续但处处不可导的例子，这与人们基于直观的普遍认识大相径庭，从而震惊了数学界和思想界，这就促使人们在微积分学的研究中从依赖于直观转向理性思维，从而大大促进了微积分逻辑基础的创建工作.

练习题 2.1

1. 用定义求函数 $y=x^2$ 在点 $x=1$ 处的导数.
2. 已知物体的运动规律 $s=t^2$(m)，求该物体在 $t=2$s 时的速度.

3. 设 $f'(x_0)$ 存在,试利用导数的定义求下列极限:

(1) $\lim\limits_{\Delta x\to 0}\dfrac{f(x_0-\Delta x)-f(x_0)}{\Delta x}$;

(2) $\lim\limits_{h\to 0}\dfrac{f(x_0+h)-f(x_0-h)}{h}$;

(3) $\lim\limits_{\Delta x\to 0}\dfrac{f(x_0+\Delta x)-f(x_0-2\Delta x)}{2\Delta x}$.

4. 设函数 $f(x)$ 在点 $x=2$ 处连续,且 $\lim\limits_{x\to 2}\dfrac{f(x)}{x-2}=2$,试求 $f'(2)$.

5. 给定抛物线 $y=x^2-x+2$,试求过点(1,2) 的切线方程与法线方程.

6. 求曲线 $y=x^{\frac{3}{2}}$ 通过点(0,-4) 的切线方程.

7. 函数 $f(x)=\begin{cases}x^2+1, & 0\leqslant x<1\\ 3x-1, & 1\leqslant x\end{cases}$ 在点 $x=1$ 处是否可导?为什么?

8. 用导数的定义求函数 $f(x)=\begin{cases}x, & x<0\\ \ln(1+x), & x\geqslant 0\end{cases}$ 在点 $x=0$ 处的导数.

9. 当 a,b 取何值时,函数 $f(x)=\begin{cases}\mathrm{e}^{2x}+b, & x<0\\ \sin ax, & x\geqslant 0\end{cases}$ 在点 $x=0$ 处可导?

10. 试讨论函数 $y=\begin{cases}x^2\sin\dfrac{1}{x}, & x\neq 0\\ 0, & x=0\end{cases}$ 在点 $x=0$ 处的连续性与可导性.

11. 当物体的温度高于周围介质的温度时,物体就不断冷却,若物体的温度 T 与时间 t 的函数关系为 $T=T(t)$,应怎样确定该物体在时刻 t 的冷却速度?

12. 设函数 $f(x)$ 在其定义域上可导,若 $f(x)$ 是偶函数,证明 $f'(x)$ 是奇函数;若 $f(x)$ 是奇函数,证明 $f'(x)$ 是偶函数(即求导改变函数的奇偶性).

2.2 函数的求导法则

求函数的变化率 —— 导数,是理论研究和实践应用中经常遇到的一个问题.但根据导数的定义求导往往非常繁琐,有时甚至是不可行的.能否找到求导的一般方法,或常用函数的求导公式,使求导的运算变得更为简单易行呢?从微积分学诞生之日起,数学家们就在探求这一途径.牛顿和莱布尼兹都做了大量的工作.特别是博学多才的数学符号大师莱布尼兹对此做出了不朽的贡献.今天我们所学的微积分学中的法则、公式,特别是所采用的符号,大体上是由莱布尼兹完成的.

2.2.1 导数的四则运算法则

定理 2.3 若函数 $u(x),v(x)$ 在点 x 处可导,则这两个函数的和、差、积、商(分母不为零) 在点 x 处也可导,且

(1) $$[u(x)\pm v(x)]'=u'(x)\pm v'(x) \tag{2-9}$$

(2) $$[u(x)\cdot v(x)]'=u'(x)v(x)+u(x)v'(x) \tag{2-10}$$

(3) $$\left[\frac{u(x)}{v(x)}\right]' = \frac{u'(x)v(x) - u(x)v'(x)}{v^2(x)} (v(x) \neq 0) \tag{2-11}$$

证明　在此只证明(3),(1)、(2) 请读者自己证.

设 $f(x) = \dfrac{u(x)}{v(x)}(v(x) \neq 0)$,则

$$f'(x) = \lim_{h \to 0} \frac{f(x+h) - f(x)}{h} = \lim_{h \to 0} \frac{\dfrac{u(x+h)}{v(x+h)} - \dfrac{u(x)}{v(x)}}{h}$$

$$= \lim_{h \to 0} \frac{u(x+h)v(x) - u(x)v(x+h)}{v(x+h)v(x)h}$$

$$= \lim_{h \to 0} \frac{[u(x+h) - u(x)]v(x) - u(x)[v(x+h) - v(x)]}{v(x+h)v(x)h}$$

$$= \lim_{h \to 0} \frac{\dfrac{u(x+h) - u(x)}{h}v(x) - u(x)\dfrac{v(x+h) - v(x)}{h}}{v(x+h)v(x)}$$

$$= \frac{u'(x)v(x) - u(x)v'(x)}{[v(x)]^2}$$

从而所证结论成立.

注:法则(1)、(2) 均可以推广到有限多个函数运算的情形,例如,设 $u = u(x)$、$v = v(x)$、$w = w(x)$ 均可导,则有

$$(u - v + w)' = u' - v' + w' \tag{2-12}$$

$$(uvw)' = [(uv)w]' = (uv)'w + (uv)w' = (u'v + uv')w + uvw' \tag{2-13}$$

即
$$(uvw)' = u'vw + uv'w + uvw' \tag{2-14}$$

若在法则(2) 中,令 $v(x) = C$(C 为常数),则有

$$[Cu(x)]' = Cu'(x) \tag{2-15}$$

若在法则(3) 中,令 $u(x) = C$(C 为常数),则有

$$\left[\frac{C}{v(x)}\right]' = -C\frac{v'(x)}{v^2(x)} \tag{2-16}$$

例 2.11　求 $y = x^3 - 2x^2 + \sin x$ 的导数.

解　$$y' = (x^3)' - (2x^2)' + (\sin x)' = 3x^2 - 4x + \cos x.$$

例 2.12　求 $y = 2\sqrt{x}\sin x$ 的导数.

解　$$y' = (2\sqrt{x}\sin x)' = 2(\sqrt{x}\sin x)' = 2[(\sqrt{x})'\sin x + \sqrt{x}(\sin x)']$$

$$= 2\left(\frac{1}{2\sqrt{x}}\sin x + \sqrt{x}\cos x\right) = \frac{1}{\sqrt{x}}\sin x + 2\sqrt{x}\cos x.$$

例 2.13　求 $y = \tan x$ 的导数.

解　$$y' = \left(\frac{\sin x}{\cos x}\right)' = \frac{(\sin x)'\cos x - \sin x(\cos x)'}{\cos^2 x} = \frac{\cos x\cos x - \sin x(-\sin x)}{\cos^2 x}$$

$$= \frac{\cos^2 x + \sin^2 x}{\cos^2 x} = \frac{1}{\cos^2 x} = \sec^2 x,$$

即
$$(\tan x)' = \sec^2 x.$$

同理可得
$$(\cot x)' = -\csc^2 x.$$

例 2.14 求 $y=\sec x$ 的导数.

解 $$y'=\left(\frac{1}{\cos x}\right)'=\frac{-(\cos x)'}{\cos^2 x}=\frac{\sin x}{\cos^2 x}=\sec x\tan x.$$

即 $$(\sec x)'=\sec x\tan x.$$

同理可得 $$(\csc x)'=-\csc x\cot x.$$

2.2.2 反函数的导数

定理 2.4 设函数 $x=\varphi(y)$ 在某区间 I_y 内单调、可导且 $\varphi'(y)\neq 0$,则其反函数 $y=f(x)$ 在对应区间 I_x 内也可导,且

$$f'(x)=\frac{1}{\varphi'(y)}\quad 或\frac{\mathrm{d}y}{\mathrm{d}x}=\frac{1}{\frac{\mathrm{d}x}{\mathrm{d}y}} \tag{2-17}$$

即:反函数的导数等于直接函数导数的倒数.

证明 因函数 $x=\varphi(y)$ 在区间 I_y 内单调、可导且 $\varphi'(y)\neq 0$(从而连续),则其反函数 $y=f(x)$ 在对应区间 I_x 内也单调、连续.

任取 $x\in I_x$,给 x 以增量 $\Delta x(\Delta x\neq 0,x+\Delta x\in I_x)$,由 $y=f(x)$ 的单调性可知 $\Delta y\neq 0$,于是

$$\frac{\Delta y}{\Delta x}=\frac{1}{\frac{\Delta x}{\Delta y}}$$

因为 $y=f(x)$ 连续,所以 $\lim\limits_{\Delta x\to 0}\Delta y=0$,从而

$$[f(x)]'=\lim_{\Delta x\to 0}\frac{\Delta y}{\Delta x}=\lim_{\Delta y\to 0}\frac{1}{\frac{\Delta x}{\Delta y}}=\frac{1}{\varphi'(y)}.$$

例 2.15 求函数 $y=\arcsin x$ 的导数.

解 因为 $y=\arcsin x$ 的反函数 $x=\sin y$ 在 $I_y=\left(-\frac{\pi}{2},\frac{\pi}{2}\right)$ 内单调、可导,且

$$(\sin y)'=\cos y>0$$

所以在对应区间 $I_x=(-1,1)$ 内,有

$$(\arcsin x)'=\frac{1}{(\sin y)'}=\frac{1}{\cos y}=\frac{1}{\sqrt{1-\sin^2 y}}=\frac{1}{\sqrt{1-x^2}}$$

即 $$(\arcsin x)'=\frac{1}{\sqrt{1-x^2}}.$$

同理可得

$$(\arccos x)'=-\frac{1}{\sqrt{1-x^2}},\quad (\arctan x)'=\frac{1}{1+x^2},\quad (\operatorname{arccot} x)'=-\frac{1}{1+x^2}.$$

例 2.16 求函数 $y=\log_a x$ 的导数.

解 因为 $y=\log_a x$ 的反函数 $x=a^y$ 在 $I_y=(-\infty,+\infty)$ 内单调、可导,且

$$(a^y)'=a^y\ln a\neq 0$$

所以在对应区间 $I_x=(0,+\infty)$ 内,有

$$(\log_a x)' = \frac{1}{(a^y)'} = \frac{1}{a^y \ln a} = \frac{1}{x\ln a}，即 (\log_a x)' = \frac{1}{x\ln a}.$$

特别地，当 $a = \mathrm{e}$ 时，$(\ln x)' = \frac{1}{x}$.

2.2.3　复合函数的求导法则

定理 2.5　若函数 $u = g(x)$ 在 x 处可导，而 $y = f(u)$ 在点 $u = g(x)$ 处可导，则复合函数 $y = f[g(x)]$ 在点 x 处可导，且其导数为

$$\frac{\mathrm{d}y}{\mathrm{d}x} = f'(u) \cdot g'(x) \quad 或 \frac{\mathrm{d}y}{\mathrm{d}x} = \frac{\mathrm{d}y}{\mathrm{d}u} \cdot \frac{\mathrm{d}u}{\mathrm{d}x} \tag{2-18}$$

证明　因为 $y = f(u)$ 在点 u 处可导，所以

$$\lim_{\Delta u \to 0} \frac{\Delta y}{\Delta u} = f'(u)$$

根据极限与无穷小的关系，有

$$\frac{\Delta y}{\Delta u} = f'(u) + \alpha$$

其中 α 是当 $\Delta u \to 0$ 时的无穷小，上式中若 $\Delta u \neq 0$，则有

$$\Delta y = f'(u)\Delta u + \alpha \Delta u \tag{2-19}$$

当 $\Delta u = 0$ 时，规定 $\alpha = 0$，此时 $\Delta y = f(u + \Delta u) - f(u) = 0$，而式(2-19)的右端亦为零，故式(2-19)对 $\Delta u = 0$ 也成立，从而

$$\lim_{\Delta x \to 0} \frac{\Delta y}{\Delta x} = \lim_{\Delta x \to 0}\left[f'(u)\frac{\Delta u}{\Delta x} + \alpha \frac{\Delta u}{\Delta x}\right] = f'(u)\lim_{\Delta x \to 0}\frac{\Delta u}{\Delta x} + \lim_{\Delta x \to 0}\alpha \lim_{\Delta x \to 0}\frac{\Delta u}{\Delta x} = f'(u)g'(x)$$

即

$$\frac{\mathrm{d}y}{\mathrm{d}x} = f'(u) \cdot g'(x).$$

注：复合函数的求导法则可以表述为：复合函数的导数，等于函数对中间变量的导数乘以中间变量对自变量的导数，这一法则又称为链式法则.

复合函数求导法则可以推广到多个中间变量的情形. 例如，设

$$y = f(u), \quad u = \varphi(v), \quad v = \psi(x)$$

则复合函数 $y = f\{\varphi[\psi(x)]\}$ 的导数为

$$\frac{\mathrm{d}y}{\mathrm{d}x} = \frac{\mathrm{d}y}{\mathrm{d}u} \cdot \frac{\mathrm{d}u}{\mathrm{d}v} \cdot \frac{\mathrm{d}v}{\mathrm{d}x} \tag{2-20}$$

例 2.17　求函数 $y = \ln\sin x$ 的导数.

解　设 $y = \ln u, u = \sin x$，则

$$\frac{\mathrm{d}y}{\mathrm{d}x} = \frac{\mathrm{d}y}{\mathrm{d}u} \cdot \frac{\mathrm{d}u}{\mathrm{d}x} = \frac{1}{u} \cdot \cos x = \frac{\cos x}{\sin x} = \cot x.$$

例 2.18　求函数 $y = (x^2 + 1)^{10}$ 的导数.

解　设 $y = u^{10}, u = x^2 + 1$，则

$$\frac{\mathrm{d}y}{\mathrm{d}x} = \frac{\mathrm{d}y}{\mathrm{d}u} \cdot \frac{\mathrm{d}u}{\mathrm{d}x} = 10u^9 \cdot 2x = 10\,(x^2 + 1)^9 \cdot 2x = 20x\,(x^2 + 1)^9.$$

注：在高等数学的学习中，复合函数求导既是重点又是难点，在求复合函数的导数时，首先要分清函数的复合层次，然后从外向里，逐层推进求导，不要遗漏，也不要重复，在求导的

过程中,始终要明确所求的导数是哪个函数对哪个变量(无论是自变量还是中间变量)的导数,在开始时可以先设中间变量,一步一步去做,熟练之后,中间变量可以省略不写,只把中间变量看在眼里,记在心上,直接把表示中间变量的部分写出来,整个过程一气呵成.

比如,例 2.17 可以这样做

$$y' = (\ln \sin x)' = \frac{1}{\sin x} \cdot (\sin x)' = \frac{\cos x}{\sin x} = \cot x.$$

例 2.18 可以这样做

$$y' = [(x^2+1)^{10}]' = 10(x^2+1)^9 \cdot (x^2+1)' = 20x(x^2+1)^9.$$

例 2.19 求函数 $y = \ln\frac{\sqrt{x^2+1}}{\sqrt[3]{x-2}}$ $(x > 2)$ 的导数.

解 因为 $y = \frac{1}{2}\ln(x^2+1) - \frac{1}{3}\ln(x-2)$,所以

$$\begin{aligned} y' &= \frac{1}{2} \cdot \frac{1}{x^2+1} \cdot (x^2+1)' - \frac{1}{3} \cdot \frac{1}{x-2} \cdot (x-2)' \\ &= \frac{1}{2} \cdot \frac{1}{x^2+1} \cdot 2x - \frac{1}{3(x-2)} = \frac{x}{x^2+1} - \frac{1}{3(x-2)}. \end{aligned}$$

例 2.20 求函数 $y = (x + \sin^2 x)^3$ 的导数.

解

$$\begin{aligned} y' &= [(x+\sin^2 x)^3]' = 3(x+\sin^2 x)^2(x+\sin^2 x)' \\ &= 3(x+\sin^2 x)^2[1 + 2\sin x \cdot (\sin x)'] \\ &= 3(x+\sin^2 x)^2(1+\sin 2x). \end{aligned}$$

例 2.21 求函数 $f(x) = \begin{cases} 2x, & 0 < x \leqslant 1 \\ x^2+1, & 1 < x < 2 \end{cases}$ 的导数.

解 求分段函数的导数时,在每一段内的导数可以按一般求导法则求之,但在分段点处的导数要用左导数、右导数的定义求之.

当 $0 < x < 1$ 时 $f'(x) = (2x)' = 2$

当 $1 < x < 2$ 时 $f'(x) = (x^2+1)' = 2x$

当 $x = 1$ 时

$$f'_-(1) = \lim_{x \to 1^-} \frac{f(x) - f(1)}{x-1} = \lim_{x \to 1^-} \frac{2x-2}{x-1} = 2$$

$$f'_+(1) = \lim_{x \to 1^+} \frac{f(x) - f(1)}{x-1} = \lim_{x \to 1^+} \frac{x^2+1-2}{x-1} = \lim_{x \to 1^+} \frac{x^2-1}{x-1} = \lim_{x \to 1^+}(x+1) = 2$$

由 $f'_-(1) = f'_+(1) = 2$ 知 $f'(1) = 2$,所以

$$f'(x) = \begin{cases} 2, & 0 < x \leqslant 1 \\ 2x, & 1 < x < 2 \end{cases}.$$

例 2.22 已知 $f(u)$ 可导,求函数 $y = f(\sec x)$ 的导数.

解 $y' = [f(\sec x)]' = f'(\sec x) \cdot (\sec x)' = f'(\sec x) \cdot \sec x \cdot \tan x.$

注:求这类抽象函数的导数时,应该特别注意记号表示的真实的含义,在例 2.22 中 $f'(\sec x)$ 表示对 $\sec x$ 求导,而 $[f(\sec x)]'$ 表示对 x 求导.

2.2.4　初等函数的求导法则

为方便查阅,我们把导数基本公式和导数运算法则汇集如下:

1. 基本求导公式

(1) $(C)'=0$;　　(2) $(x^{\mu})'=\mu x^{\mu-1}$;

(3) $(\sin x)'=\cos x$;　　(4) $(\cos x)'=-\sin x$;

(5) $(\tan x)'=\sec^2 x$;　　(6) $(\cot x)'=-\csc^2 x$;

(7) $(\sec x)'=\sec x\tan x$;　　(8) $(\csc x)'=-\csc x\cot x$;

(9) $(a^x)'=a^x\ln a$;　　(10) $(e^x)'=e^x$;

(11) $(\log_a x)'=\dfrac{1}{x\ln a}$;　　(12) $(\ln x)'=\dfrac{1}{x}$;

(13) $(\arcsin x)'=\dfrac{1}{\sqrt{1-x^2}}$;　　(14) $(\arccos x)'=-\dfrac{1}{\sqrt{1-x^2}}$;

(15) $(\arctan x)'=\dfrac{1}{x^2+1}$;　　(16) $(\text{arccot}\, x)'=-\dfrac{1}{1+x^2}$.

2. 函数的和、差、积、商的求导法则

设 $u=u(x)$,$v=v(x)$ 可导,则

(1) $(u\pm v)'=u'\pm v'$;　　(2) $(Cu)'=Cu'$(C 是常数);

(3) $(uv)'=u'v+uv'$;　　(4) $\left(\dfrac{u}{v}\right)'=\dfrac{u'v-u'v}{v^2}(v\neq 0)$.

3. 反函数的求导法则

若函数 $x=\varphi(y)$ 在某区间 I_y 内单调、可导且 $\varphi'(y)\neq 0$,则该函数的反函数 $y=f(x)$ 在对应区间 I_x 内可导,且

$$f'(x)=\frac{1}{\varphi'(y)}\quad 或\frac{dy}{dx}=\frac{1}{\dfrac{dx}{dy}}.$$

4. 复合函数的求导法则

设 $y=f(u)$ 而 $u=g(x)$,则 $y=f[g(x)]$ 的导数为

$$\frac{dy}{dx}=\frac{dy}{du}\cdot\frac{du}{dx}\quad 或\ y'(x)=f'(u)\cdot g'(x).$$

2.2.5　双曲函数与反双曲函数的导数

双曲函数与反双曲数都是初等函数,它们的导数都可以用前面的求导公式及法则求出.

例如,对双曲正弦函数 $\text{sh}x=\dfrac{e^x-e^{-x}}{2}$,有

$$(\text{sh}x)'=\left(\frac{e^x-e^{-x}}{2}\right)'=\frac{e^x+e^{-x}}{2}=\text{ch}x$$

即

$$(\text{sh}x)'=\text{ch}x.$$

同理可得

$$(\text{ch}x)'=\text{sh}x,\quad(\text{th}x)'=\frac{1}{\text{ch}^2 x}.$$

对反双曲正弦函数,由 $\text{arcsh}x=\ln(x+\sqrt{1+x^2})$,有

$$(\operatorname{arsh}x)' = [\ln(x+\sqrt{1+x^2})]' = \frac{(x+\sqrt{1+x^2})'}{x+\sqrt{1+x^2}}$$

$$= \frac{1}{x+\sqrt{1+x^2}}\left(1+\frac{x}{\sqrt{1+x^2}}\right) = \frac{1}{\sqrt{1+x^2}}$$

即
$$(\operatorname{arcsh}x)' = \frac{1}{\sqrt{1+x^2}}.$$

同理易得
$$(\operatorname{arch}x)' = [\ln(x+\sqrt{x^2-1})]' = \frac{1}{\sqrt{x^2-1}}.$$

例 2.23 求函数 $y = \arctan(\operatorname{th}x)$ 的导数.

解
$$y' = \frac{1}{1+\operatorname{th}^2 x}(\operatorname{th}x)' = \frac{1}{1+\operatorname{th}^2 x}\cdot\frac{1}{\operatorname{ch}^2 x}$$

$$= \frac{1}{1+\dfrac{\operatorname{sh}^2 x}{\operatorname{ch}^2 x}}\cdot\frac{1}{\operatorname{ch}^2 x} = \frac{1}{\operatorname{ch}^2 x+\operatorname{sh}^2 x} = \frac{1}{1+2\operatorname{sh}^2 x}.$$

练习题 2.2

1. 计算下列函数的导数

(1) $y = 3x + 5\sqrt{x}$；　(2) $y = 5x^2 - 3x + 3e^x$；

(3) $y = 2\tan x + \sec x - 1$；　(4) $y = \sin x \cdot \cos x$；

(5) $y = x^3 \ln x$；　(6) $y = e^x \cos x$；

(7) $y = \dfrac{\ln x}{x}$；　(8) $y = (x-1)(x-2)(x-3)$；

(9) $s = \dfrac{1+\sin t}{1+\cos t}$；　(10) $y = x\sin x - a^x e^x$；

(11) $y = x\log_2 x + \ln 2$；　(12) $y = \dfrac{5x^2+4}{x-1}$.

2. 求曲线 $y = 2\sin x + x^2$ 上横坐标为 $x = 0$ 的点处的切线方程和法线方程.

3. 写出曲线 $y = x - \dfrac{1}{x}$ 与 Ox 轴交点处的切线方程.

4. 求下列函数的导数

(1) $y = \cos(4-3x)$；　(2) $y = e^{-3x^2}$；

(3) $y = \sqrt{a^2 - x^2}$；　(4) $y = \tan(x^2)$；

(5) $y = \arctan(e^x)$；　(6) $y = \arcsin(1-2x)$；

(7) $y = \arccos\dfrac{1}{x}$；　(8) $y = \ln(\sec x + \tan x)$；

(9) $y = \ln(\csc x - \cot x)$.

5. 求下列函数的导数

(1) $y = (2+3x^2)\sqrt{1+5x^2}$；　(2) $y = \ln\sqrt{x} + \sqrt{\ln x}$；

(3) $y = \ln\dfrac{1+\sqrt{x}}{1-\sqrt{x}}$；　(4) $y = \ln\tan\dfrac{x}{2}$；

(5) $y=\ln\ln x$； (6) $y=\sqrt{1-x^2}+\arcsin x$；

(7) $y=\left(\arcsin\dfrac{x}{2}\right)^2$； (8) $y=\sqrt{1+\ln^2 x}$；

(9) $y=e^{\arctan\sqrt{x}}$； (10) $y=10^{x\tan 2x}$；

(11) $y=\ln\sqrt{\dfrac{e^{4x}}{e^{4x}+1}}$； (12) $y=e^{-\sin^2\frac{1}{x}}$.

6. 设 $f(x)$ 为可导函数，求$\dfrac{dy}{dx}$.

(1) $y=f(x^3)$； (2) $y=f(\sin^2 x)+f(\cos^2 x)$； (3) $y=f\left(\arcsin\dfrac{1}{x}\right)$.

7. 设 $f(1-x)=xe^{-x}$，且 $f(x)$ 可导，求 $f'(x)$.

8. 已知 $f\left(\dfrac{1}{x}\right)=\dfrac{x}{1+x}$，求 $f'(x)$.

9. 求下列函数的导数

(1) $y=\mathrm{ch}(\mathrm{sh}x)$； (2) $y=\mathrm{sh}x\cdot e^{\mathrm{ch}x}$；

(3) $y=\mathrm{th}(\ln x)$； (4) $y=\mathrm{sh}^3 x+\mathrm{ch}^2 x$；

(5) $y=\mathrm{arch}(e^{2x})$； (6) $y=\mathrm{arsh}(1+x^2)$.

2.3 函数的高阶导数

根据2.1中的引例2.1知道，物体作变速直线运动，其瞬时速度 $v(t)$ 就是路程函数 $s=s(t)$ 对时间 t 的导数

$$v(t)=s'(t).$$

根据物理学知识，速度函数 $v(t)$ 对于时间 t 的变化率就是加速度 $a(t)$，即 $a(t)$ 是 $v(t)$ 对于时间 t 的导数

$$a(t)=v'(t)=[s'(t)]'.$$

于是，加速度 $a(t)$ 就是路程函数 $s(t)$ 对时间 t 的导数的导数，称为 $s(t)$ 对 t 的二阶导数，记为 $s''(t)$. 因此，变速直线运动的加速度就是路程函数 $s(t)$ 对 t 的二阶导数，即

$$a(t)=s''(t)$$

定义 2.2 如果函数 $f(x)$ 的导数 $f'(x)$ 在点 x 处可导，即

$$[f'(x)]'=\lim_{\Delta x\to 0}\frac{f'(x+\Delta x)-f'(x)}{\Delta x} \tag{2-21}$$

存在，则称$[f'(x)]'$ 为函数 $f(x)$ 在点 x 处的二阶导数，记为

$$f''(x),\quad y'',\quad \frac{d^2y}{dx^2}\quad 或\frac{d^2f(x)}{dx^2} \tag{2-22}$$

类似地，二阶导数的导数称为三阶导数，记为

$$f'''(x),\quad y''',\quad \frac{d^3y}{dx^3}\quad 或\frac{d^3f(x)}{dx^3} \tag{2-23}$$

一般地，$f(x)$ 的 $n-1$ 阶导数的导数称为 $f(x)$ 的 n 阶导数，记为

$$f^{(n)}(x),\quad y^{(n)},\frac{d^ny}{dx^n}\quad 或\frac{d^nf(x)}{dx^n} \tag{2-24}$$

注:二阶和二阶以上的导数统称为函数的高阶导数,相应地,$f(x)$ 称为零阶导数;$f'(x)$ 称为一阶导数.

由此可见,求函数的高阶导数,就是利用基本求导公式及导数的运算法则,对函数逐次地求导.

例 2.24 设 $y = ax + b$,求 y''.

解
$$y' = a, \quad y'' = 0.$$

例 2.25 设 $y = f(x) = \arctan x$,求 $f'''(0)$.

解
$$y' = \frac{1}{1+x^2}, \quad y'' = \left(\frac{1}{1+x^2}\right)' = \frac{-2x}{(1+x^2)^2}$$
$$y''' = \left(\frac{-2x}{(1+x^2)^2}\right)' = \frac{2(3x^2-1)}{(1+x^2)^3}$$

所以
$$f'''(0) = \left.\frac{2(3x^2-1)}{(1+x^2)^3}\right|_{x=0} = -2.$$

例 2.26 求指数函数 $y = a^x (a > 0, a \neq 1)$的 n 阶的导数.

解
$$y' = (a^x)' = a^x \ln a$$
$$y'' = (a^x \ln a)' = a^x \ln^2 a$$
$$y''' = (a^x \ln^2 a)' = a^x \ln^3 a$$

一般地,可得
$$y^{(n)} = (a^x)^{(n)} = a^x \ln^n a, \quad n = 1,2,\cdots$$

特别地,若 $a = \mathrm{e}$,则有
$$y^{(n)} = (\mathrm{e}^x)^{(n)} = \mathrm{e}^x, \quad n = 1,2,\cdots.$$

例 2.27 求幂数 $y = x^\alpha (\alpha \in \mathbf{R})$ 的 n 阶导数.

解
$$y' = \alpha x^{\alpha-1}, \quad y'' = (\alpha x^{\alpha-1})' = \alpha(\alpha-1)x^{\alpha-2},$$
$$y''' = (\alpha(\alpha-1)x^{\alpha-2})' = \alpha(\alpha-1)(\alpha-2)x^{\alpha-3}$$

一般地,可得
$$y^{(n)} = \alpha(\alpha-1)\cdots(\alpha-n+1)x^{\alpha-n}$$

即
$$(x^\alpha)^{(n)} = \alpha(\alpha-1)\cdots(\alpha-n+1)x^{\alpha-n}.$$

特别地,若 $\alpha = -1$,则有
$$\left(\frac{1}{x}\right)^{(n)} = (-1)^n \frac{n!}{x^{n+1}}$$

若 α 为自然数 n 则有
$$(x^n)^{(n)} = n(n-1)(n-2)\cdot\cdots\cdot 3\cdot 2\cdot 1 = n!, \quad (x^n)^{(n+1)} = (n!)' = 0.$$

例 2.28 求 $y = \sin x$ 的 n 阶导数.

解
$$y' = \cos x = \sin\left(x + \frac{\pi}{2}\right)$$
$$y'' = -\sin x = \cos\left(x + \frac{\pi}{2}\right) = \sin\left(x + 2\cdot\frac{\pi}{2}\right)$$
$$y''' = -\cos x = \sin\left(x + 3\cdot\frac{\pi}{2}\right)$$

一般地,可得
$$y^{(n)} = (\sin x)^{(n)} = \sin\left(x + \frac{n}{2}\cdot\pi\right), \quad n = 1,2,\cdots.$$

同理可得

$$(\cos x)^{(n)} = \cos\left(x + \frac{n}{2}\cdot\pi\right),\quad n = 1,2,\cdots.$$

对于高阶导数，有下面的运算法则：

设函数 $u = u(x)$ 和 $v = v(x)$ 在点 x 处都具有直到 n 阶的导数，则 $u(x) \pm v(x)$，$u(x)\cdot v(x)$ 在点 x 处也具有 n 阶导数，且

$$(u \pm v)^{(n)} = u^{(n)} \pm v^{(n)} \tag{2-25}$$

$$\begin{aligned}(u\cdot v)^{(n)} &= u^{(n)}\cdot v + n\cdot u^{(n-1)}v' + \frac{n(n-1)}{2}u^{(n-2)}v'' + \cdots + \\ &\quad \frac{n(n-1)\cdots(n-k+1)}{k!}u^{(n-k)}v^{(k)} + \cdots + uv^{(n)} \\ &= \sum_{i=0}^{n} C_n^i \cdot u^{(n-i)}v^{(i)},\end{aligned} \tag{2-26}$$

其中，$u^{(0)} = u, v^{(0)} = v, C_n^i = \dfrac{n(n-1)\cdots(n-i+1)}{i!}$.

式(2-26)称为莱布尼兹公式，将式(2-26)与二项展开式对比，就很容易记住.

式(2-25)由数学归纳法易证，式(2-26)证明如下：

当 $n = 1$ 时，由 $(u\cdot v)' = u'\cdot v + u\cdot v'$ 知公式成立.

设当 $n = k$ 时公式成立，即

$$y^{(k)} = \sum_{i=0}^{k} C_k^i \cdot u^{(k-i)} \cdot v^{(i)}$$

两边求导，得

$$\begin{aligned}y^{(k+1)} &= u^{(k+1)}\cdot v + \sum_{i=0}^{k-1}(C_k^{i+1} + C_k^i)\cdot u^{(k-i)}\cdot v^{(i+1)} + uv^{(k+1)} \\ &= \sum_{i=0}^{k+1} C_{k+1}^i \cdot u^{(k+1-i)}v^{(i)}\end{aligned}$$

即 $n = k+1$ 时式(2-26)也成立，从而对任意正整数 n，式(2-26)成立.

例 2.29　设 $y = x^2\cdot e^{2x}$，求 $y^{(20)}$.

解　设 $u = e^{2x}, v = x^2$，　则

$$u^{(i)} = 2^i\cdot e^{2x}\quad (i = 1,2,\cdots,20)$$

$$v' = 2x, v'' = 2, v^{(i)} = 0\quad (i = 3,4,\cdots,20)$$

代入莱布尼兹公式，得

$$\begin{aligned}y^{(20)} = (x^2\cdot e^{2x})^{(20)} &= 2^{20}\cdot x^2\cdot e^{2x} + 20\cdot 2^{19}\cdot 2x\cdot e^{2x} + \frac{20\cdot 19}{2!}\cdot 2^{18}\cdot 2\cdot e^{2x} \\ &= 2^{20}\cdot e^{2x}\cdot(x^2 + 20x + 95).\end{aligned}$$

练习题 2.3

1. 求下列函数的二阶导数

(1) $y = x^5 + 4x^3 + 2x$；　　(2) $y = e^{3x-2}$；

(3) $y = x\sin x$；　　(4) $y = \ln(1-x^2)$；

(5) $y = \tan x$；　　(6) $y = \dfrac{1}{x^2+1}$.

2. 设 $f(x)=(3x+1)^{10}$,求 $f'''(0)$.

3. 已知物体的运动规律为 $s=A\sin\omega t$,(A,ω 是常数),求物体运动的加速度,并验证:

$$\frac{\mathrm{d}^2 s}{\mathrm{d}t^2}+\omega^2 s=0.$$

4. 验证函数 $y=C_1\mathrm{e}^{\lambda x}+C_2\mathrm{e}^{-\lambda x}$ (λ,C_1,C_2 是常数)满足关系式:$y''-\lambda^2 y=0$.

5. 若 $f''(x)$ 存在,求下列函数的二阶导数$\frac{\mathrm{d}^2 y}{\mathrm{d}x^2}$:(1) $y=f(x^3)$;(2) $y=\ln[f(x)]$.

2.4 隐函数与参数式函数的导数

2.4.1 隐函数的导数

本章前面几节所讨论的求导法则适用于因变量 y 与自变量 x 之间的函数关系是显函数 $y=y(x)$ 的形式. 但是,有时变量 y 与 x 之间的函数关系是以隐函数 $F(x,y)=0$ 的形式出现的,并且在这类情况下,往往从方程 $F(x,y)=0$ 中是不易显化或无法解出 y 的,即隐函数不易显化或无法显化. 例如,$y-x-\varepsilon\sin y=0$ (ε 为常数,且 $0<\varepsilon<1$),$\mathrm{e}^x-\mathrm{e}^y-xy=0$ 等,都无法从中解出 y 来.

假设由方程 $F(x,y)=0$ 所确定的函数为 $y=y(x)$,则把这个函数式代回方程 $F(x,y)=0$ 中,得到恒等式

$$f(x,y(x))\equiv 0 \tag{2-27}$$

利用复合函数的求导法则,在上式两边同时对自变量 x 求导,再解出所求导数$\frac{\mathrm{d}y}{\mathrm{d}x}$,这就是隐函数求导法.

例 2.30 求由下列方程所确定的函数的导数

$$y\sin x-\cos(x-y)=0.$$

解 在题设方程两边同时对自变量 x 求导,得

$$y\cos x+\sin x\cdot\frac{\mathrm{d}y}{\mathrm{d}x}+\sin(x-y)\cdot\left(1-\frac{\mathrm{d}y}{\mathrm{d}x}\right)=0$$

整理得

$$[\sin(x-y)-\sin x]\frac{\mathrm{d}y}{\mathrm{d}x}=\sin(x-y)+y\cos x$$

解得

$$\frac{\mathrm{d}y}{\mathrm{d}x}=\frac{\sin(x-y)+y\cos x}{\sin(x-y)-\sin x}.$$

注:从例 2.30 可见,求隐函数的导数时,只需将确定隐函数的方程两边对自变量 x 求导,凡遇到含有因变量 y 的项时,把 y 当做中间变量看待,即 y 是 x 的函数,再按复合函数求导法则求之,然后从所得等式中解出$\frac{\mathrm{d}y}{\mathrm{d}x}$.

例 2.31 求由方程 $xy+\ln y=1$ 所确定的函数 $y=f(x)$ 在点 $M(1,1)$ 处的切线方程.

解 在题设方程两边同时对自变量 x 求导,得

$$y+xy'+\frac{1}{y}y'=0$$

解得
$$y'=-\frac{y^2}{xy+1}$$

在点 $M(1,1)$ 处

$$y'\Big|_{\substack{x=1\\y=1}}=-\frac{1^2}{1\times 1+1}=-\frac{1}{2}$$

于是，在点 $M(1,1)$ 处的切线方程为

$$y-1=-\frac{1}{2}(x-1)$$

即
$$x+2y-3=0.$$

例 2.32　求由下列方程所确定的函数的二阶导数

$$y-2x=(x-y)\ln(x-y).$$

解　在题设方程两边同时对自变量 x 求导，得

$$y'-2=(1-y')\ln(x-y)+(x-y)\frac{1-y'}{x-y} \tag{2-28}$$

解得
$$y'=1+\frac{1}{2+\ln(x-y)} \tag{2-29}$$

而
$$y''=(y')'=\left(\frac{1}{2+\ln(x-y)}\right)'=-\frac{[2+\ln(x-y)]'}{[2+\ln(x-y)]^2}$$

$$=-\frac{1-y'}{(x-y)[2+\ln(x-y)]^2} \tag{2-30}$$

$$\xlongequal{\text{代入 } y'}\frac{1}{(x-y)[2+\ln(x-y)]^3}.$$

注：求隐函数的二阶导数时，在得到一阶导数的表达式后，再进一步求二阶导数的表达式，此时，要注意将一阶导数的表达式代入其中，如在例 2.32 中的式(2-30) 一样.

2.4.2　对数求导法

对幂指函数 $y=u(x)^{v(x)}$，直接使用前面介绍的求导法则不能求出其导数，对于这类函数，可以先在函数两边取对数，然后在等式两边同时对自变量 x 求导，最后解出所求导数，我们把这种方法称为对数求导法.

例 2.33　设 $y=x^{\sin x}\ (x>0)$，求 y'.

解　在题设等式两边取对数，得

$$\ln y=\sin x\cdot\ln x$$

等式两边对 x 求导，得

$$\frac{1}{y}y'=\cos x\cdot\ln x+\sin x\cdot\frac{1}{x}$$

所以
$$y'=y\left(\cos x\cdot\ln x+\sin x\cdot\frac{1}{x}\right)=x^{\sin x}\left(\cos x\cdot\ln x+\frac{\sin x}{x}\right)$$

一般地，设 $y=u(x)^{v(x)}\ (u(x)>0)$，在等式两边取对数，得

$$\ln y=v(x)\cdot\ln u(x) \tag{2-31}$$

在等式两边同时对自变量 x 求导,得

$$\frac{y'}{y} = v'(x) \cdot \ln u(x) + \frac{v(x)u'(x)}{u(x)}$$

从而

$$y' = u(x)^{v(x)}\left[v'(x) \cdot \ln u(x) + \frac{v(x)u'(x)}{u(x)}\right] \tag{2-32}$$

例 2.34 设$(\cos y)^x = (\sin x)^y$,求 y'.

解 在题设等式两边取对数,得

$$x\ln\cos y = y\ln\sin x$$

等式两边对 x 求导,得

$$\ln\cos y - x\frac{\sin y}{\cos y} \cdot y' = y'\ln\sin x + y \cdot \frac{\cos x}{\sin x}$$

所以

$$y' = \frac{\ln\cos y - y\cot x}{x\tan y + \ln\sin x}.$$

此外,对数求导法还常用于求多个函数乘积的导数.

例 2.35 设 $y = \dfrac{(x+1)\sqrt[3]{x-1}}{(x+4)^2 e^x}(x > 1)$,求 y'.

解 在题设等式两边取对数,得

$$\ln y = \ln(x+1) + \frac{1}{3}\ln(x-1) - 2\ln(x+4) - x$$

上式两边对 x 求导,得

$$\frac{y'}{y} = \frac{1}{x+1} + \frac{1}{3(x-1)} - \frac{2}{x+4} - 1$$

所以

$$y' = \frac{(x+1)\sqrt[3]{x-1}}{(x+4)^2 e^x}\left[\frac{1}{x+1} + \frac{1}{3(x-1)} - \frac{2}{x+4} - 1\right].$$

2.4.3 参数方程表示的函数的导数

若由参数方程

$$\begin{cases} x = \varphi(t) \\ y = \psi(t) \end{cases} \tag{2-33}$$

确定 y 与 x 之间的函数关系,则称上述函数关系所表示的函数为参数方程表示的函数.

在实际问题中,有时要计算由参数方程(2-33)所表示的函数的导数,但要从方程(2-33)中消去参数 t 有时会很困难,因此,希望有一种能直接由参数方程出发计算出参数方程所表示的函数的导数的方法,下面我们具体讨论之.

一般地,设 $x = \varphi(t)$ 具有单调连续的反函数 $t = \varphi^{-1}(x)$,则变量 y 与 x 构成复合函数关系

$$y = \psi[\varphi^{-1}(x)]$$

现在,要计算这个复合函数的导数. 为此,假定函数 $x = \varphi(t)$,$y = \psi(t)$ 都可导,且 $\varphi'(t) \neq 0$,则由复合函数与反函数的求导法则,就有

$$\frac{dy}{dx} = \frac{dy}{dt}\frac{dt}{dx} = \frac{dy}{dt}\frac{1}{\frac{dx}{dt}} = \frac{\psi'(t)}{\varphi'(t)} \tag{2-34}$$

即
$$\frac{\mathrm{d}y}{\mathrm{d}x}=\frac{\psi'(t)}{\varphi'(t)} \quad 或 \frac{\mathrm{d}y}{\mathrm{d}x}=\frac{\frac{\mathrm{d}y}{\mathrm{d}t}}{\frac{\mathrm{d}x}{\mathrm{d}t}} \tag{2-35}$$

如果函数 $x=\varphi(t)$，$y=\psi(t)$ 二阶可导，则可以进一步求出函数的二阶导数，例如

$$\frac{\mathrm{d}^2y}{\mathrm{d}x^2}=\frac{\mathrm{d}}{\mathrm{d}x}\left(\frac{\mathrm{d}y}{\mathrm{d}x}\right)=\frac{\mathrm{d}}{\mathrm{d}x}\left[\frac{\psi'(t)}{\varphi'(t)}\right]=\frac{\mathrm{d}}{\mathrm{d}t}\left[\frac{\psi'(t)}{\varphi'(t)}\right]\frac{\mathrm{d}t}{\mathrm{d}x}$$
$$=\frac{\psi''(t)\varphi'(t)-\psi'(t)\varphi''(t)}{\varphi'^2(t)}\cdot\frac{1}{\varphi'(t)}$$

即
$$\frac{\mathrm{d}^2y}{\mathrm{d}x^2}=\frac{\psi''(t)\varphi'(t)-\psi'(t)\varphi''(t)}{\varphi'^3(t)} \tag{2-36}$$

例 2.36　求由参数方程 $\begin{cases}x=\arctan t\\ y=\ln(1+t^2)\end{cases}$ 所表示的函数 $y=y(x)$ 的导数.

解
$$\frac{\mathrm{d}y}{\mathrm{d}x}=\frac{\frac{\mathrm{d}y}{\mathrm{d}t}}{\frac{\mathrm{d}x}{\mathrm{d}t}}=\frac{\frac{2t}{1+t^2}}{\frac{1}{1+t^2}}=2t.$$

例 2.37　如图 2-5 所示，求由摆线的参数方程

$$\begin{cases}x=a(t-\sin t)\\ y=a(1-\cos t)\end{cases}$$

所表示的函数 $y=y(x)$ 的二阶导数.

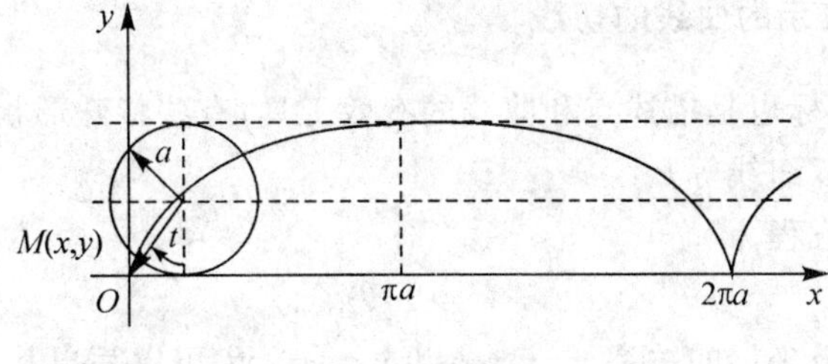

图 2-5

解
$$\frac{\mathrm{d}y}{\mathrm{d}x}=\frac{\frac{\mathrm{d}y}{\mathrm{d}t}}{\frac{\mathrm{d}x}{\mathrm{d}t}}=\frac{a\sin t}{a-a\cos t}=\frac{\sin t}{1-\cos t}(t\neq 2n\pi,n\in\mathbf{Z})$$

$$\frac{\mathrm{d}^2y}{\mathrm{d}x^2}=\frac{\mathrm{d}}{\mathrm{d}x}\left(\frac{\mathrm{d}y}{\mathrm{d}x}\right)=\frac{\mathrm{d}}{\mathrm{d}x}\left(\frac{\sin t}{1-\cos t}\right)=\frac{\mathrm{d}}{\mathrm{d}t}\left(\frac{\sin t}{1-\cos t}\right)\frac{1}{\frac{\mathrm{d}x}{\mathrm{d}t}}$$
$$=-\frac{1}{1-\cos t}\cdot\frac{1}{a(1-\cos t)}=-\frac{1}{a\,(1-\cos t)^2}(t\neq 2n\pi,n\in\mathbf{Z}).$$

例 2.38　如图 2-6 所示，如果不计空气的阻力，则抛射体的运动轨迹的参数方程为

$$\begin{cases}x=v_1t\\ y=v_2t-\frac{1}{2}gt^2\end{cases}$$

其中 v_1, v_2 分别是抛射体初速度的水平分量、铅直分量,g 是重力加速度,t 是飞行时间,试求时刻 t 抛射体的运动速度.

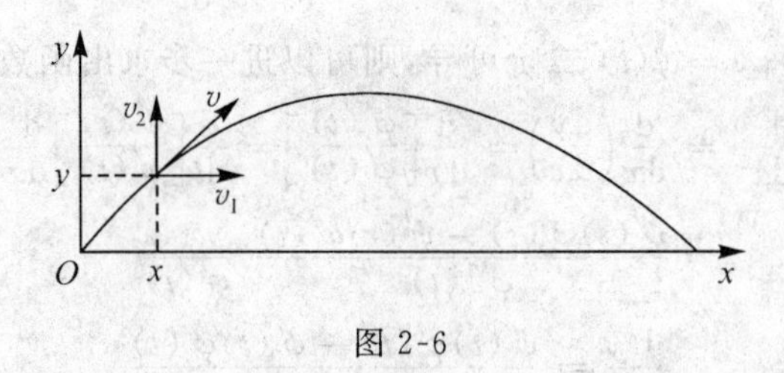

图 2-6

解 因为速度的水平分量和铅直分量分别为

$$\frac{\mathrm{d}x}{\mathrm{d}t} = v_1, \quad \frac{\mathrm{d}y}{\mathrm{d}t} = v_2 - \mathrm{g}t$$

所以抛射体运动速度的大小为

$$v = \sqrt{\left(\frac{\mathrm{d}x}{\mathrm{d}t}\right)^2 + \left(\frac{\mathrm{d}y}{\mathrm{d}t}\right)^2} = \sqrt{v_1^2 + (v_2 - gt)^2}$$

而速度的方向就是轨道的切线方向,若 φ 是切线与 Ox 轴正向的夹角,即根据导数的几何意义,有

$$\tan\varphi = \frac{\mathrm{d}y}{\mathrm{d}x} = \frac{y'_t}{x'_t} = \frac{v_2 - gt}{v_1} \quad \text{或 } \varphi = \arctan\frac{v_2 - gt}{v_1}.$$

2.4.4 极坐标表示的曲线的切线

高等数学中,极坐标也是描述点和曲线的有效工具,有些特殊形状的曲线用极坐标描述更为简便(如星形线、双纽线等).

设曲线的极坐标方程为

$$r = r(\theta) \tag{2-37}$$

利用直角坐标与极坐标的关系 $x = r\cos\theta, y = r\sin\theta$,可以写出其参数方程为

$$\begin{cases} x = r(\theta)\cos\theta \\ y = r(\theta)\sin\theta \end{cases} \tag{2-38}$$

其中参数为极角 θ,按参数方程的求导法则,可以得到曲线 $r = r(\theta)$ 的切线斜率为

$$y' = \frac{\mathrm{d}y}{\mathrm{d}x} = \frac{y'_\theta}{x'_\theta} = \frac{r'(\theta)\sin\theta + r(\theta)\cos\theta}{r'(\theta)\cos\theta - r(\theta)\sin\theta} \tag{2-39}$$

例 2.39 求心形线 $r = a(1-\cos\theta)$ 在 $\theta = \frac{\pi}{2}$ 处的切线方程.

解 将极坐标方程化为参数方程,得

$$\begin{cases} x = r(\theta)\cos\theta = a(1-\cos\theta)\cos\theta \\ y = r(\theta)\sin\theta = a(1-\cos\theta)\sin\theta \end{cases}$$

于是

$$\frac{\mathrm{d}y}{\mathrm{d}x} = \frac{\frac{\mathrm{d}y}{\mathrm{d}\theta}}{\frac{\mathrm{d}x}{\mathrm{d}\theta}} = \frac{\cos\theta - \cos 2\theta}{-\sin\theta + \sin 2\theta}$$

$$\left.\frac{\mathrm{d}y}{\mathrm{d}x}\right|_{\theta=\frac{\pi}{2}}=-1$$

又当 $\theta=\dfrac{\pi}{2}$ 时，$x=0$，$y=a$，所以曲线上对应于参数 $\theta=\dfrac{\pi}{2}$ 点处的切线方程为

$$y-a=-x,\quad \text{即 } x+y=a.$$

2.4.5　相关变化率

在微分学的实际应用中，常会遇到相互关联的两个变化率，通常称为相关变化率，我们总是通过建立它们之间的关系式(通常为建立参数方程)从其中一个已知的变化率求出另一个变化率.

例 2.40　在汽缸内，当理想气体的体积为 $100\mathrm{cm}^3$ 时，压强为 50kPa，如果温度不变，压强以 0.5kPa/h 的速率减小，试问体积增加的速率是多少?

解　由物理学知识知，在温度不变的条件下，理想气体压强 p 与体积 V 之间的关系为

$$pV=k(k\text{ 为常数})$$

由题意，可知 p，V 都是时间 t 的函数，上式对 t 求导，得

$$p\frac{\mathrm{d}V}{\mathrm{d}t}+V\frac{\mathrm{d}p}{\mathrm{d}t}=0$$

代入 $V=100$，$p=50$，$\dfrac{\mathrm{d}p}{\mathrm{d}t}=-0.5$，得

$$\frac{\mathrm{d}V}{\mathrm{d}t}=-\frac{V}{p}\cdot\frac{\mathrm{d}p}{\mathrm{d}t}=-100\times\frac{1}{50}\times(-0.5)=1.$$

亦即体积增加的速率是 $1\mathrm{cm}^3/\mathrm{h}$.

例 2.41　设一个气球充气时，体积以 $12\mathrm{cm}^3/\mathrm{s}$ 的速率增大，始终保持球形不变，试问当半径为 10cm 时，表面积增加的速率是多少?

解　设在 t 时刻，球的半径为 r，由球的体积公式和表面积公式有

$$V=\frac{4}{3}\pi r^3,\quad A=4\pi r^2$$

显然，r，A，V 都是时间 t 的函数，且

$$\frac{\mathrm{d}V}{\mathrm{d}t}=4\pi r^2\frac{\mathrm{d}r}{\mathrm{d}t}=A\frac{\mathrm{d}r}{\mathrm{d}t}$$

由 $V=\dfrac{1}{3}rA$，有

$$\frac{\mathrm{d}V}{\mathrm{d}t}=\frac{1}{3}A\frac{\mathrm{d}r}{\mathrm{d}t}+\frac{1}{3}r\frac{\mathrm{d}A}{\mathrm{d}t}=\frac{1}{3}\frac{\mathrm{d}V}{\mathrm{d}t}+\frac{1}{3}r\frac{\mathrm{d}A}{\mathrm{d}t}$$

即

$$\frac{\mathrm{d}A}{\mathrm{d}t}=\frac{2}{r}\cdot\frac{\mathrm{d}V}{\mathrm{d}t}.$$

代入 $\dfrac{\mathrm{d}V}{\mathrm{d}t}=12$，$r=10$，得 $\dfrac{\mathrm{d}A}{\mathrm{d}t}=2.4$. 亦即，球的表面积以 $2.4\mathrm{cm}^2/\mathrm{s}$ 的速度增长.

例 2.42　液体从深为 18cm、顶直径为 12cm 的正圆锥形漏斗中漏入直径为 10cm 的圆柱形桶中，开始时漏斗盛满液体，已知漏斗中液面深为 12cm 时，液面下落速率为 1cm/min，试求桶中液面上升的速率.

解 设漏斗中液面深为 Hcm 时，桶中液面深为 h，漏斗液面圆半径为 R，如图 2-7 所示，则

$$R=\frac{1}{3}H$$

且有
$$\frac{1}{3}\pi\cdot 6^2\cdot 18-\frac{1}{3}\pi R^2 H=\pi\cdot 5^2\cdot h.$$

整理得
$$6^3-\frac{1}{27}H^3=25h.$$

上式对 t 求导，得

$$-\frac{1}{9}H^2\frac{\mathrm{d}H}{\mathrm{d}t}=25\frac{\mathrm{d}h}{\mathrm{d}t}$$

或
$$\frac{\mathrm{d}h}{\mathrm{d}t}=-\frac{H^2}{225}\cdot\frac{\mathrm{d}H}{\mathrm{d}t}$$

代入
$$H=12,\frac{\mathrm{d}H}{\mathrm{d}t}=-1$$

得
$$\frac{\mathrm{d}H}{\mathrm{d}t}=0.64$$

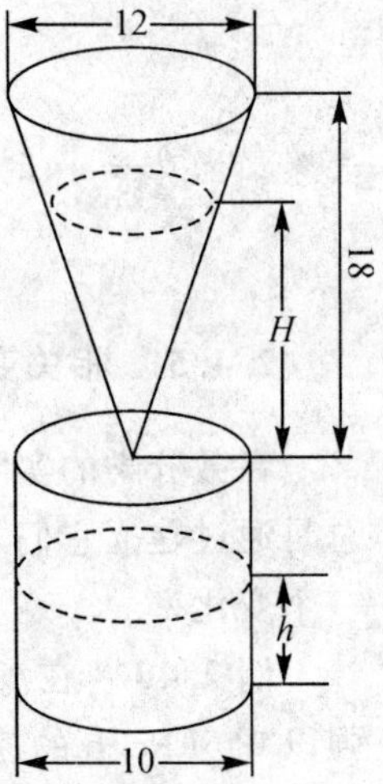

亦即，此时桶中液面上升速率 0.64cm/min.

图 2-7

练习题 2.4

1. 求下列方程所确定的隐函数 y 的导数$\frac{\mathrm{d}y}{\mathrm{d}x}$.

(1)$xy=\mathrm{e}^{x+y}$； (2)$xy-\sin(\pi y^2)=0$；

(3)$\mathrm{e}^{xy}+y^3-5x=0$； (4)$y=1+x\mathrm{e}^y$；

(5)$\arctan\frac{y}{x}=\ln\sqrt{x^2+y^2}$.

2. 求下列方程所确定的隐函数 y 的导数$\frac{\mathrm{d}^2y}{\mathrm{d}x^2}$.

(1)$b^2x^2+a^2y^2=a^2b^2$； (2)$\sin y=\ln(x+y)$； (3)$y=\tan(x+y)$.

3. 用对数求导法则求下列函数的导数.

(1)$y=(1+x^2)^{\tan x}$； (2)$y=\frac{\sqrt[5]{x-3}\sqrt[3]{3x-2}}{\sqrt{x+2}}$； (3)$y=\frac{\sqrt{x+2}(3-x)^4}{(x+1)^5}$.

4. 设函数 $y=y(x)$ 由方程 $y-x\mathrm{e}^y=1$ 确定，求 $y'(0)$，并求曲线上横坐标为 $x=0$ 的点处的切线方程与法线方程.

5. 求曲线$\begin{cases}x=\ln(1+t^2)\\y=\arctan t\end{cases}$在 $t=1$ 对应点处的切线方程和法线方程.

6. 求下列参数方程所确定的函数的导数$\frac{\mathrm{d}y}{\mathrm{d}x}$.

(1)$\begin{cases}x=at^2\\y=bt^3\end{cases}$； (2)$\begin{cases}x=\mathrm{e}^t\sin t\\y=\mathrm{e}^t\cos t\end{cases}$； (3)$\begin{cases}x=\cos^2 t\\y=\sin^2 t\end{cases}$.

7. 求下列参数方程所确定的函数的二阶导数$\frac{\mathrm{d}^2y}{\mathrm{d}x^2}$.

(1) $\begin{cases} x = 3e^{-t} \\ y = 2e^{t} \end{cases}$;　　　(2) $\begin{cases} x = 1 - t^2 \\ y = t - t^3 \end{cases}$.

8. 落在平静水面上的石头，产生同心波纹，若最外一圈波半径的增大率总是 6m/s，试问在 2s 末扰动水面面积的增大率为多少？

9. 在中午 12 点整甲船以 6km/h 的速率向东行驶，乙船在甲船之北 16km 处，以 8km/h 的速率向南行驶，试问下午一点整两船相距的速率为多少？

2.5　函数的微分

在理论研究和实际应用中，常常会遇到这样的问题：当自变量 x 有微小变化时求函数 $y = f(x)$ 的微小改变量

$$\Delta y = f(x + \Delta x) - f(x)$$

这个问题初看起来似乎只要做减法运算就可以了，然而，对于较复杂的函数 $f(x)$，差值 $f(x + \Delta x) - f(x)$ 却是一个更复杂的表达式，不易求出其值. 一个想法是：我们设法将 Δy 表示成 Δx 的线性函数，即线性化，从而把复杂问题化为简单问题，微分就是实现这种线性化的一种数学模型.

2.5.1　微分的定义

先分析一个具体问题，设有一块边长为 x_0 的正方形金属薄片，由于受到温度变化的影响，边长从 x_0 变到 $x_0 + \Delta x$，试问该薄片的面积改变了多少？

如图 2-8 所示，该薄片原面积 $A = x_0^2$，薄片受到温度变化的影响后，面积变为 $(x_0 + \Delta x)^2$，故面积 A 的改变量为

$$\Delta A = (x_0 + \Delta x)^2 - x_0^2 = 2x_0\Delta x + (\Delta x)^2$$

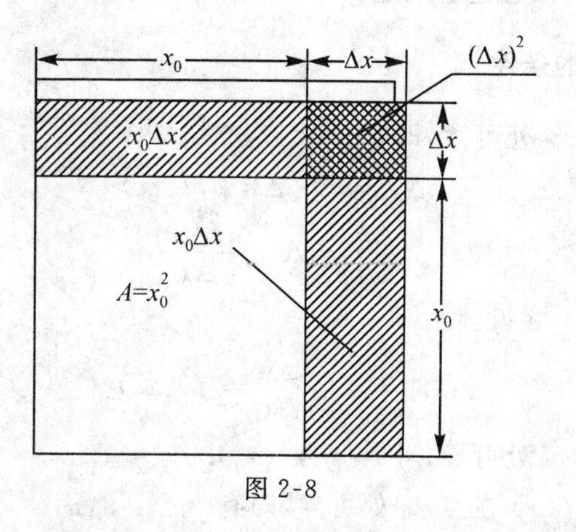

图 2-8

上式包含两部分，第一部分 $2x_0\Delta x$ 是 Δx 的线性函数，即图 2-8 中带有斜线的两个矩形面积之和；第二部分 $(\Delta x)^2$ 是图 2-8 中带有交叉斜线的小正方形的面积，当 $\Delta x \to 0$ 时，$(\Delta x)^2$ 是比 Δx 高阶的无穷小，即 $(\Delta x)^2 = o(\Delta x)(\Delta x \to 0)$，由此可见，如果边长有微小改变时（即 $|\Delta(x)|$ 很小时），我们可以将第二部分 $(\Delta x)^2$ 这个高阶无穷小忽略，而用第一部分 $2x_0\Delta x$ 近

似地表示 ΔA,即 $\Delta A \approx 2x_0\Delta x$,我们把 $2x_0\Delta x$ 称为 $A = x^2$ 在点 x_0 处的微分.

是否所有函数的改变量都能在一定的条件下表示为一个线性函数(改变量的主要部分)与一个高阶无穷小的和呢?这个线性部分是什么?如何求?本节我们将具体来讨论这些问题.

定义 2.3 设函数 $y = f(x)$ 在某区间内有定义,x_0 及 $x_0 + \Delta x$ 在该区间内,如果函数的增量 $\Delta y = f(x_0 + \Delta x) - f(x_0)$ 可以表示为

$$\Delta y = A \cdot \Delta x + o(\Delta x) \tag{2-40}$$

其中 A 是与 Δx 无关的常数,则称函数 $y = f(x)$ 在点 x_0 处可微,并且称 $A \cdot \Delta x$ 为函数 $y = f(x)$ 在点 x_0 处相应于自变量的改变量 Δx 的微分,记为 $\mathrm{d}y$,即

$$\mathrm{d}y = A \cdot \Delta x \tag{2-41}$$

注:由定义 2.3 可见:如果函数 $y = f(x)$ 在点 x_0 处可微,则:

(1) 函数 $y = f(x)$ 在点 x_0 处的微分 $\mathrm{d}y$ 是自变量的改变量 Δx 的线性函数;

(2) 由式(2-40),得

$$\Delta y - \mathrm{d}y = o(\Delta x) \tag{2-42}$$

即 $\Delta y - \mathrm{d}y$ 是比自变量的改变量 Δx 更高阶的无穷小;

(3) 当 $A \neq 0$ 时,$\mathrm{d}y$ 与 Δy 是等价无穷小,事实上

$$\frac{\Delta y}{\mathrm{d}y} = \frac{\mathrm{d}y + o(\Delta x)}{\mathrm{d}y} = 1 + \frac{o(\Delta x)}{A \cdot \Delta x} \to 1(\Delta x \to 0)$$

由此得到

$$\Delta y = \mathrm{d}y + o(\Delta x) \tag{2-43}$$

我们称 $\mathrm{d}y$ 是 Δy 的线性主部,式(2-43) 还表示,以微分 $\mathrm{d}y$ 近似代替函数增量 Δy 时,其误差为 $o(\Delta x)$,因此,当 $|\Delta(x)|$ 很小时,有近似等式

$$\Delta y \approx \mathrm{d}y \tag{2-44}$$

根据定义仅知道微分 $\mathrm{d}y = A \cdot \Delta x$ 中的 A 与 Δx 无关,那么 A 是怎样的量?什么样的函数才可微呢?下面我们将回答这些问题.

2.5.2 函数可微的条件

设 $y = f(x)$ 在点 x_0 处可微,即有

$$\Delta y = A \cdot \Delta x + o(\Delta x)$$

上式两边同除以 Δx,得

$$\frac{\Delta y}{\Delta x} = A + \frac{o(\Delta x)}{\Delta x}$$

于是,当 $\Delta x \to 0$ 时,由上式得到

$$A = \lim_{\Delta x \to 0} \frac{\Delta y}{\Delta x} = f'(x_0)$$

即函数 $y = f(x)$ 在点 x_0 处可导,且 $A = f'(x_0)$.

反之,若函数 $y = f(x)$ 在点 x_0 处可导,即有

$$\lim_{\Delta x \to 0} \frac{\Delta y}{\Delta x} = f'(x_0)$$

根据极限与无穷小的关系,得

$$\frac{\Delta y}{\Delta x} = f'(x_0) + a$$

其中 $\alpha \to 0$(当 $\Delta x \to 0$)，由此得到

$$\Delta y = f'(x_0) \cdot \Delta x + \alpha \Delta x.$$

因 $\alpha \Delta x = o(\Delta x)$，且 $f'(x_0)$ 不依赖于 Δx，由微分的定义知，函数 $y = f(x)$ 在点 x_0 处可微.

综合上述讨论，我们得到以下定理.

定理 2.6　函数 $y = f(x)$ 在点 x_0 处可微的充分必要条件是函数 $y = f(x)$ 在点 x_0 处可导，并且函数的微分等于函数的导数与自变量的改变量的乘积，即

$$\mathrm{d}y = f'(x_0)\Delta x$$

函数 $y = f(x)$ 在任意点 x 上的微分，称为函数的微分，记为 $\mathrm{d}y$ 或 $\mathrm{d}f(x)$，即有

$$\mathrm{d}y = f'(x)\Delta x \tag{2-45}$$

如果 $y = x$，则 $\mathrm{d}x = x'\Delta x = \Delta x$，(即自变量的微分等于自变量的改变量)，所以

$$\mathrm{d}y = f'(x)\mathrm{d}x \tag{2-46}$$

从而有

$$\frac{\mathrm{d}y}{\mathrm{d}x} = f'(x) \tag{2-47}$$

即函数的导数等于函数的微分与自变量的微分的商，因此，导数又称为“微商”. 由于求微分的问题归结为求导数的问题，因此，求导数与求微分的方法统称为微分法.

例 2.43　求函数 $y = x^2$ 当 x 由 1 改变到 1.01 时的微分.

解　因为 $\mathrm{d}y = f'(x)\mathrm{d}x = 2x\mathrm{d}x$，由题设条件知

$$x = 1,\quad \mathrm{d}x = \Delta x = 1.01 - 1 = 0.01$$

所以

$$\mathrm{d}y = 2 \times 1 \times 0.01 = 0.02.$$

例 2.44　求函数 $y = x^3$ 在点 $x = 2$ 处的微分.

解　函数 $y = x^3$ 在点 $x = 2$ 处的微分为

$$\mathrm{d}y = (x^3)'\big|_{x=2}\mathrm{d}x = (3x^2)\big|_{x=2}\mathrm{d}x = 12\mathrm{d}x.$$

2.5.3　微分的几何意义

函数的微分有明显的几何意义，在平面直角坐标系中，函数 $y = f(x)$ 的图形是一条曲线，设 $M(x_0, y_0)$ 是该曲线上的一个定点，当自变量 x 在点 x_0 处取得改变量为 Δx 时，就得到曲线上另一个点 $N(x_0 + \Delta x, y_0 + \Delta y)$. 由图 2-9 可见

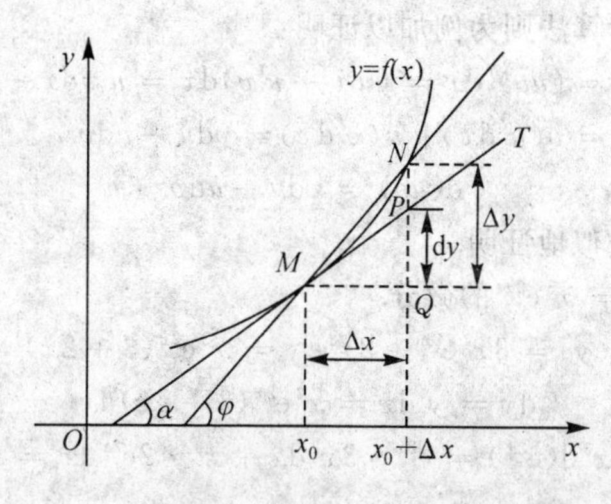

图 2-9

$$MQ=\Delta x,\quad QN=\Delta y$$

过点 M 作曲线的切线 MT,该切线的倾角为 α,则

$$QP=MQ\cdot\tan\alpha=\Delta x\cdot f'(x),$$

即

$$\mathrm{d}y=QP.$$

由此可知,当 Δy 是曲线 $y=f(x)$ 上点纵坐标的增量时,$\mathrm{d}y$ 就是曲线的切线上点的纵坐标的增量.由于当 $|\Delta(x)|$ 很小时,$|\Delta y-\mathrm{d}y|$ 比 $|\Delta(x)|$ 要小得多,因此,在点 M 的邻近处,我们可以用切线段 MP 近似代替曲线段 MN.

2.5.4 基本初等函数的微分公式与微分运算法则

根据函数微分的表达式

$$\mathrm{d}y=f'(x)\mathrm{d}x$$

函数的微分等于函数的导数乘以自变量的微分(改变量),由此可以得到基本初等函数的微分公式和微分运算法则.

1.基本初等函数的微分公式

(1)$\mathrm{d}(C)=0$(C 为常数);　(2)$\mathrm{d}(x^{\alpha})=\alpha x^{\alpha-1}\mathrm{d}x$;

(3)$\mathrm{d}(\sin x)=\cos x\mathrm{d}x$;　(4)$\mathrm{d}(\cos x)=-\sin x\mathrm{d}x$;

(5)$\mathrm{d}(\tan x)=\sec^2 x\mathrm{d}x$;　(6)$\mathrm{d}(\cot x)=-\csc^2 x\mathrm{d}x$;

(7)$\mathrm{d}(\sec x)=\sec x\tan x\mathrm{d}x$;　(8)$\mathrm{d}(\csc x)=-\csc x\cot x\mathrm{d}x$;

(9)$\mathrm{d}(a^x)=a^x\ln a\mathrm{d}x$;　(10)$\mathrm{d}(\mathrm{e}^x)=\mathrm{e}^x\mathrm{d}x$;

(11)$\mathrm{d}(\log_a x)=\dfrac{1}{x\ln a}\mathrm{d}x$;　(12)$\mathrm{d}(\ln x)=\dfrac{1}{x}\mathrm{d}x$;

(13)$\mathrm{d}(\arcsin x)=\dfrac{1}{\sqrt{1-x^2}}\mathrm{d}x$;　(14)$\mathrm{d}(\arccos x)=-\dfrac{1}{\sqrt{1-x^2}}\mathrm{d}x$;

(15)$\mathrm{d}(\arctan x)=\dfrac{1}{1+x^2}\mathrm{d}x$;　(16)$\mathrm{d}(\mathrm{arccot}\, x)=-\dfrac{1}{1+x^2}\mathrm{d}x$.

2.微分的四则运算法则

(1)$\mathrm{d}(Cu)=C\mathrm{d}u$;　(2)$\mathrm{d}(u\pm v)=\mathrm{d}u\pm\mathrm{d}v$;

(3)$\mathrm{d}(uv)=v\mathrm{d}u+u\mathrm{d}v$;　(4)$\mathrm{d}\left(\dfrac{u}{v}\right)=\dfrac{v\mathrm{d}u-u\mathrm{d}v}{v^2}$.

我们以乘积的微分运算法则为例加以证明:

$$\begin{aligned}\mathrm{d}(uv)&=(uv)'\mathrm{d}x=(u'v+u'v)\mathrm{d}x=u'v\mathrm{d}x+uv'\mathrm{d}x\\&=v(u'\mathrm{d}x)+u(v'\mathrm{d}x)=v\mathrm{d}u+u\mathrm{d}v\end{aligned}$$

即有

$$\mathrm{d}(uv)=v\mathrm{d}u+u\mathrm{d}v.$$

其他运算法则可以类似地证明.

例 2.45 求函数 $y=x^3\mathrm{e}^{2x}$ 的微分.

解 因为

$$y'=3x^2\mathrm{e}^{2x}+2x^3\mathrm{e}^{2x}=x^2\mathrm{e}^{2x}(3+2x)$$

所以

$$\mathrm{d}y=y'\mathrm{d}x=x^2\mathrm{e}^{2x}(3+2x)\mathrm{d}x$$

或 $\mathrm{d}y=\mathrm{e}^{2x}\mathrm{d}(x^3)+x^3\mathrm{d}(\mathrm{e}^{2x})=\mathrm{e}^{2x}\cdot 3x^2\mathrm{d}x+x^3\cdot 2\mathrm{e}^{2x}\mathrm{d}x=x^2\mathrm{e}^{2x}(3+2x)\mathrm{d}x$.

例 2.46 求函数 $y=\dfrac{\sin x}{x}$ 的微分.

解　因为
$$y' = \left(\frac{\sin x}{x}\right)' = \frac{x\cos x - \sin x}{x^2}$$
所以
$$dy = y'dx = \frac{x\cos x - \sin x}{x^2}dx.$$

3.微分形式不变性

设 $y = f(u), u = \varphi(x)$，现在我们进一步来推导复合函数 $y = f[\varphi(x)]$ 的微分法则.如果 $y = f(u)$ 及 $u = \varphi(x)$ 都可导，则 $y = f[\varphi(x)]$ 的微分为
$$dy = y_x'dx = f'(u)\varphi'(x)dx$$
由于 $\varphi'(x)dx = du$ 故 $y = f[\varphi(x)]$ 的微分公式也可以写成
$$dy = f'(u)du \quad 或\ dy = y_u'du \tag{2-48}$$
由此可见，无论 u 是自变量还是复合函数的中间变量，函数 $y = f(u)$ 的微分形式总是可以按公式(2-46)的形式来表示，即有
$$dy = f'(u)du$$
这一性质称为微分形式的不变性.利用这一特性，可以简化微分的相关运算.

例 2.47　设 $y = \sin(2x+1)$，求 dy.

解　设 $y = \sin u, u = 2x+1$，则
$$\begin{aligned} dy &= d(\sin u) = \cos u du = \cos(2x+1)d(2x+1) \\ &= \cos(2x+1)\cdot 2dx = 2\cos(2x+1)dx. \end{aligned}$$

注:与复合函数求导类似，求复合函数的微分也可以不写出中间变量，这样更加直接和方便.

例 2.48　设 $y = \ln(x+\sqrt{x^2+1})$，求 dy.

解
$$\begin{aligned} dy &= d\ln(x+\sqrt{x^2+1}) = \frac{1}{x+\sqrt{x^2+1}}d(x+\sqrt{x^2+1}) \\ &= \frac{1}{x+\sqrt{x^2+1}}\left(1+\frac{x}{\sqrt{x^2+1}}\right)dx = \frac{1}{\sqrt{x^2+1}}dx. \end{aligned}$$

例 2.49　已知 $y = \frac{e^{2x}}{x^2}$，求 dy.

解
$$\begin{aligned} dy &= d\left(\frac{e^{2x}}{x^2}\right) = \frac{x^2 d(e^{2x}) - e^{2x}d(x^2)}{(x^2)^2} \\ &= \frac{x^2 e^{2x}\cdot 2dx - e^{2x}\cdot 2xdx}{x^4} = \frac{2e^{2x}(x-1)}{x^3}dx. \end{aligned}$$

例 2.50　求由方程 $e^{xy} = 2x + y^3$ 所确定的隐函数 $y = f(x)$ 的微分 dy.

解　对方程两边求微分，得
$$d(e^{xy}) = d(2x+y^3)$$
$$e^{xy}d(xy) = d(2x) + d(y^3)$$
$$e^{xy}(ydx + xdy) = 2dx + 3y^2dy$$
于是
$$dy = \frac{2 - ye^{xy}}{xe^{xy} - 3y^2}dx.$$

2.5.5　利用微分进行近似计算

从前面的讨论已知，当函数 $y = f(x)$ 在点 x_0 处的导数 $f'(x_0) \neq 0$ 且 $|\Delta x|$ 很小时(在

下面的讨论中我们假定这两个条件均得到满足)，有

$$\Delta y \approx \mathrm{d}y \tag{2-49}$$

因此，用 $\mathrm{d}y$ 作为 Δy 的近似代替是合理的，从这个近似等式出发，我们来讨论利用微分进行近似计算的有关公式.

1. 近似值的计算

根据式(2-49)，我们有

$$\Delta y\big|_{x=x_0} \approx \mathrm{d}y\big|_{x=x_0} = f'(x_0)\cdot\Delta x \tag{2-50}$$

公式(2-50) 可以用来近似计算函数的增量，又由

$$\Delta y = f(x_0+\Delta x) - f(x_0) \approx f'(x_0)\cdot\Delta x$$

得到

$$f(x_0+\Delta x) \approx f(x_0) + f'(x_0)\cdot\Delta x \tag{2-51}$$

特别地，令 $x_0=0$，$\Delta x = x$，得到

$$f(x) \approx f(0) + f'(0)\cdot x \tag{2-52}$$

式(2-51) 和式(2-52) 可以用来近似计算函数 $f(x)$ 在点 x_0 邻近处的函数值.

注：利用公式(2-52)，当 $|x|$ 较小时，易得到下列常用近似计算公式：

(1) $$\sqrt[n]{1+x} \approx 1+\frac{1}{n}x \tag{2-53}$$

(2) $$\sin x \approx x\ (x\text{ 为弧度}) \tag{2-54}$$

(3) $$\tan x \approx x\ (x\text{ 为弧度}) \tag{2-55}$$

(4) $$\mathrm{e}^x \approx 1+x \tag{2-56}$$

(5) $$\ln(1+x) \approx x \tag{2-57}$$

例 2.51 半径 10cm 的金属圆片加热后，半径伸长了 0.05cm，试问：其面积增大了多少？

解 圆面积 $A=\pi r^2$(r 为半径)，令 $r=10$，$\Delta r = 0.05$. 因此 Δr 相对于 r 较小，所以可以用微分 $\mathrm{d}A$ 近似代替 ΔA. 由

$$\Delta A \approx \mathrm{d}A = (\pi r^2)'\mathrm{d}r = 2\pi r\mathrm{d}r$$

当 $\mathrm{d}r = \Delta r = 0.05$ 时，得

$$\Delta A \approx 2\pi\times 10\times 0.05 = \pi\,(\mathrm{cm})^2.$$

例 2.52 计算 $\cos 60°30'$ 的近似值.

解 先把 $60°30'$ 化为弧度，得

$$60°30' = \frac{\pi}{3}+\frac{\pi}{360}$$

由于所求的是余弦函数的值，故设 $f(x)=\cos x$，此时

$$f'(x) = -\sin x$$

取 $x_0=\frac{\pi}{3}$，$\Delta x = \frac{\pi}{360}$，则

$$f\left(\frac{\pi}{3}\right)=\frac{1}{2},\quad f'\left(\frac{\pi}{3}\right)=-\frac{\sqrt{3}}{2}$$

所以

$$\cos 60°30' = \cos\left(\frac{\pi}{3}+\frac{\pi}{360}\right)\approx \cos\frac{\pi}{3} - \sin\frac{\pi}{3}.\frac{\pi}{360}$$

$$= \frac{1}{2}-\frac{\sqrt{3}}{2}.\frac{\pi}{360} \approx 0.4924.$$

例 2.53　计算$\sqrt[3]{998.5}$的近似值.

解　$\sqrt[3]{998.5}=\sqrt[3]{1000-1.5}$,利用公式(2-53)进行计算,取$x=-1.5$,其值相对很小,故有

$$\sqrt[3]{998.5}=\sqrt[3]{1000-1.5}=\sqrt[3]{1000\left(1-\frac{1.5}{1000}\right)}$$

$$=10\sqrt[3]{1-0.0015}\approx 10\left(1-\frac{1}{3}\times 0.0015\right)=9.995.$$

2. 误差计算

设量y是由测量得到的量x由函数$y=f(x)$经过计算得到的. 在测量时,由于存在测量误差,实际测得的只是x的某一近似值x_0,因此,由x_0算得的$y_0=f(x_0)$也只是$y=f(x)$的一个近似值. 记$\Delta y=f(x)-f(x_0)$,称$|\Delta y|$为绝对误差,称$\frac{|\Delta y|}{|y_0|}$为相对误差,若已知测量值x_0的绝对误差限为δ_x(绝对误差与测量工具的精确度有关),即

$$|\Delta x|=|x-x_0|\leqslant\delta_x \tag{2-58}$$

则y所产生的绝对误差为

$$|\Delta y|=|f(x)-f(x_0)|\approx|f'(x_0)\cdot\Delta x|\leqslant|f'(x_0)|\cdot\delta_x \tag{2-59}$$

而相对误差为

$$\frac{|\Delta y|}{|y_0|}\leqslant\left|\frac{f'(x_0)}{f(x_0)}\right|\cdot\delta_x \tag{2-60}$$

例 2.54　设测得的球罐的直径D为10.1m,已知测量的绝对误差不超过0.5cm,利用公式$V=\frac{\pi}{6}D^3$计算球罐的体积,试估计求得的体积的绝对误差和相对误差.

解

$$V=\frac{\pi}{6}D^3=\frac{\pi}{6}\times(10.1)^3\approx 539.46(\mathrm{m}^3)$$

绝对误差为

$$|\Delta V|\approx|\mathrm{d}V|=\frac{\pi}{2}D^2\cdot\delta_D\leqslant\frac{\pi}{2}\times(10.1)^2\times 0.005\approx 0.8012(\mathrm{m}^3)$$

相对误差为

$$\frac{|\Delta V|}{V}=\frac{\frac{\pi}{2}D^2\cdot\delta_D}{\frac{\pi}{6}D^3}\leqslant\frac{3\delta_D}{D}\approx 0.15\%$$

故球罐的体积约为539.46m³,其绝对误差不超过0.8012m³,相对误差不超过0.15%.

练习题 2.5

1. 已知$y=x^3-1$,在点$x=2$处计算当Δx分别为1,0.1,0.01时的Δy及$\mathrm{d}y$之值.

2. 求下列函数的微分

(1)$y=\ln x+2\sqrt{x}$;　　(2)$y=x\sin 2x$;

(3)$y=x^2\mathrm{e}^{2x}$;　　(4)$y=\ln\sqrt{1-x^3}$;

(5)$y=(\mathrm{e}^x+\mathrm{e}^{-x})^2$;　　(6)$y=\arctan\frac{1-x}{1+x}$;

(7)$y=\ln x+\frac{1}{x^2}$;　　(8)$y=\arcsin\sqrt{1-x^2}$.

3.求下列方程所确定的函数的微分

(1)$2y-x=(x-y)\ln(x-y)$；　(2)$y^2+\ln y=x^4$；

(3)$e^{x+y}-xy=0$；　(4)$\cos(xy)=x^2y^2$.

4.计算下列各式的近似值

(1)$\sqrt[3]{1.02}$；　(2)$\cos 29°$；　(3)$\arcsin 0.5002$.

5.当$|x|$较小时,证明下列近似公式:

(1)$\sin x\approx x$；　(2)$e^x\approx 1+x$；　(3)$\sqrt[n]{1+x}\approx 1+\frac{1}{n}x$.

6.有一批半径为1cm的球,为了提高球面的光洁度,要镀上一层铜,厚度定为0.01cm.试估计每只球需用多少克铜($1cm^3$铜的质量为8.9g)?

7.有一个内径为1cm的空心球,球壳厚度为0.01cm,试求球壳体积的近似值.

总复习题 2

1.(1)设$f(x)=\frac{1}{x}$,求$f'(x_0)(x_0\neq 0)$；

(2)设$f(x)=x(x-1)(x-2)\cdots(x-n)$,求$f'(0)$.

2.讨论函数$y=\sqrt[3]{x}$在点$x=0$处的连续性和可导性.

3.设函数

$$f(x)=\begin{cases}x^2, & x\leqslant 1\\ ax+b, & x>1\end{cases}$$

为了使函数$f(x)$在点$x=1$处连续且可导,a,b应取什么值?

4.讨论下列函数在指定点的连续性与可导性:

(1)$y=|\sin x|,\quad x=0$；

(2)$y=\begin{cases}x^2\sin\frac{1}{x}, & x\neq 0\\ 0, & x=0\end{cases},\quad x=0$；

(3)$y=\begin{cases}x, & x\leqslant 1\\ 2-x, & x>1\end{cases},\quad x=1$.

5.设$f(x)=|x-a|\varphi(x)$,其中a为常数.$\varphi(x)$为连续函数,讨论$f(x)$在点$x=a$处的可导性.

6.已知$f(x)=\max\{x^2,3\}$,求$f'(x)$.

7.试求过点(3,8)且与曲线$y=x^2$相切的直线方程.

8.设$y=f(x)$是由方程组

$$\begin{cases}x=3t^2+2t+3,\\ y=e^y\sin t+1\end{cases}$$

所确定的隐函数,求$\left.\frac{d^2y}{dx^2}\right|_{t=0}$.

9.设$f(x)$具有二阶连续导数,且$f(0)=0$.试证:

$$g(x)=\begin{cases}\dfrac{f(x)}{x}, & x\neq 0\\ f'(0), & x=0\end{cases}$$

可导,且导函数连续.

10. 设 $a>0$,且 $|b|$ 与 a^n 相比较是很小的量,证明

$$\sqrt[n]{a^n+b}\approx a+\frac{b}{na^{n-1}}.$$

11. 利用一阶微分形式的不变性,求下列函数的微分,其中 f 和 φ 均为可微函数:

(1) $y=f(x^3+\varphi(x^4))$;　(2) $y=f(1-2x)+3\sin f(x)$.

12. 椭圆 $16x^2+9y^2=400$ 上哪些点的纵坐标减少的速率与其横坐标增加的速率相同?

13. 一个水槽长 12m,横截面是等边三角形,其边长 2m,水以 $3\text{m}^3/\text{min}$ 的速度注入水槽内,当水深为 0.5m 时,水面高度上升多快?

第3章 微分中值定理与导数的应用

我们在第2章中引入了微分学的两个基本概念——导数与微分,并讨论了导数与微分的计算方法.本章先介绍微分中值定理,再进一步介绍利用导数研究函数的性态,例如判断函数的单调性和凹凸性,求函数的极值、最大值与最小值以及函数作图的方法.

3.1 微分中值定理

我们先介绍罗尔(Rolle,m)定理,再根据罗尔定理推导出拉格朗日(lagrange,J. L.)中值定理和柯西(Cauchy,A. L)中值定理.

定理 3.1 (罗尔中值定理)设函数 $f(x)$ 满足条件:

(1) 在闭区间 $[a,b]$ 上连续,

(2) 在开区间 (a,b) 内可导,

(3) $f(a)=f(b)$.

则至少存在一点 $\xi\in(a,b)$,使得 $f'(\xi)=0$.

证明 由 $f(x)\in C([a,b])$ 知,$f(x)$ 在 $[a,b]$ 上必取得最大值 M 与最小值 m.

若 $M>m$,则 M 与 m 中至少有一个不等于 $f(x)$ 在区间端点的值.不妨设 $M\neq f(a)$.由最值定理,$\exists\xi\in(a,b)$,使 $f(\xi)=M$.又 $f(x)$ 在 ξ 处可导,则有

$$f'(\xi)=f'_{+}(\xi)=\lim_{\Delta x\to 0^+}\frac{f(\xi+\Delta x)-f(\xi)}{\Delta x}\leqslant 0$$

$$f'(\xi)=f'_{-}(\xi)=\lim_{\Delta x\to 0^-}\frac{f(\xi+\Delta x)-f(\xi)}{\Delta x}\geqslant 0$$

故

$$f'(\xi)=0.$$

若 $M=m$,则 $f(x)$ 在 $[a,b]$ 上为常数,故 (a,b) 内任一点都可以成为 ξ,使

$$f'(\xi)=0.$$

罗尔定理的几何意义是:若 $y=f(x)$ 满足定理的条件,则其图像在 $[a,b]$ 上对应的曲线弧 AB 上至少存在一点具有水平切线,如图 3-1 所示.

例 3.1 函数 $f(x)=(x-3)(x-1)x(x+1)(x+2)$ 的导函数有几个零点?各位于哪个区间内?

解 因为 $f(3)=f(1)=f(0)=f(-1)=f(-2)=0$,显然,$f(x)$ 在区间 $[-2,-1]$,$[-1,0]$,$[0,1]$ 及 $[1,3]$ 上满足罗尔定理的条件,则至少存在

$$\xi_1\in(-2,-1),\quad \xi_2\in(-1,0),\quad \xi_3\in(0,1),\quad \xi_4\in(1,3)$$

使得

$$f'(\xi_1)=f'(\xi_2)=f'(\xi_3)=f'(\xi_4)=0.$$

因此,$f'(x)$ 至少有4个零点,且分别位于 $(-2,-1)$,$(-1,0)$,$(0,1)$,$(1,3)$ 内.

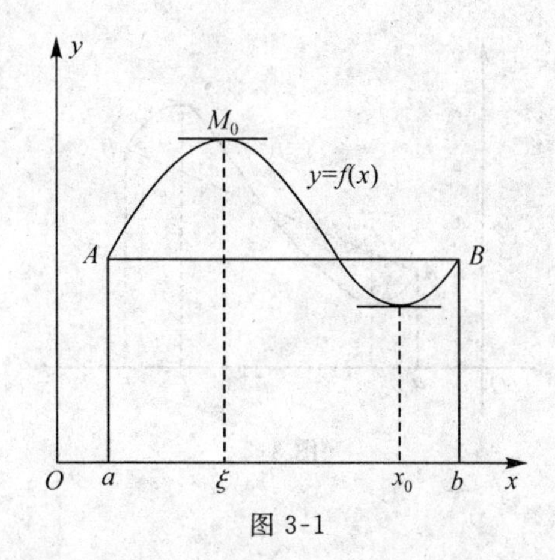

图 3-1

定理 3.2 (拉格朗日中值定理) 设函数 $f(x)$ 满足条件:

(1) 在闭区间$[a,b]$上连续;

(2) 在开区间(a,b)内可导.

则至少存在一点 $\xi\in(a,b)$,使得

$$f(b)-f(a)=f'(\xi)(b-a) \tag{3-1}$$

证明 考虑辅助函数 $F(x)=f(x)-\lambda x$(其中 λ 待定),为了使 $F(x)$ 满足定理 3.1 中的条件,令 $F(a)=F(b)$ 得

$$\lambda=\frac{f(b)-f(a)}{b-a}$$

即
$$F(x)=f(x)-\frac{f(b)-f(a)}{b-a}x$$

于是由定理 3.1,$\exists\xi\in(a,b)$,使 $F'(\xi)=0$,即

$$f(b)-f(a)=f'(\xi)(b-a).$$

公式(3-1)对 $a>b$ 也成立,我们把

$$f(b)-f(a)=f'(\xi)(b-a)\quad(\xi\text{在}a\text{与}b\text{之间}) \tag{3-2}$$

称为拉格朗日中值公式,拉格朗日中值公式具有下面几种不同的变形:

令 $a=x,b=x+\Delta x$,则式(3-2)可以改写为

$$\Delta y=f(x+\Delta x)-f(x)=f'(\xi)\Delta x\quad(\xi\text{在}x\text{与}x+\Delta x\text{之间}) \tag{3-3}$$

若将 ξ 表示为 $\xi=x+\theta\Delta x(0<\theta<1)$,则上式又可以写成

$$\Delta y=f'(x+\theta\Delta x)\Delta x\quad(0<\theta<1).$$

如图 3-2 所示,连接曲线弧$\overset{\frown}{AB}$两端的弦$\overline{AB}$,其斜率为$\frac{f(b)-f(a)}{b-a}$. 因此,拉格朗日中值定理的几何意义是:满足定理条件的曲线弧$\overset{\frown}{AB}$上一定存在一点具有平行于弦$\overline{AB}$的切线.

显然,如果在拉格朗日中值定理中加上条件 $f(a)=f(b)$,那么就成为罗尔定理,故拉格朗日中值定理是罗尔定理的推广.

推论 3.1 若函数 $f(x)$ 在区间 I 上的导数恒为零,则函数 $f(x)$ 在区间 I 上为一常数.

证明 在区间 I 上任取两点 $x_1,x_2(x_1<x_2)$,在区间$[x_1,x_2]$上应用拉格朗日中值定

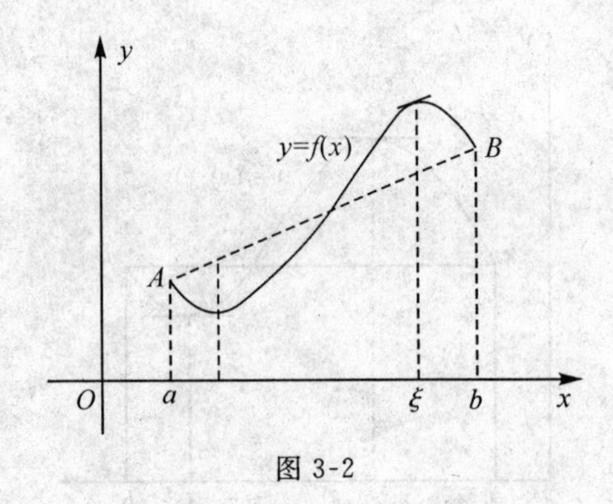

图 3-2

理,由式(3-1)得

$$f(x_2)-f(x_1)=f'(\xi)(x_2-x_1)\quad(\xi\text{在}\,x_1\,\text{与}\,x_2\,\text{之间}).$$

由假设 $f'(\xi)=0$,得 $f(x_1)=f(x_2)$.由 x_1,x_2 的任意性知,$f(x)$ 在(a,b)内为一常数.

推论 3.2 若对区间 I 上的任意点 x,$f'(x)=g'(x)$,则在区间 I 上 $f(x)=g(x)+C$(C 为常数).

例 3.2 证明 $\arcsin x+\arccos x=\dfrac{\pi}{2},x\in[-1,1]$.

证明 设 $f(x)=\arcsin x+\arccos x,x\in[-1,1]$,则

$$f'(x)=(\arcsin x)'+(\arccos x)'=0$$

所以 $f(x)\equiv C,x\in[-1,1]$,又因为

$$f(0)=\arcsin 0+\arccos 0=0+\frac{\pi}{2}=\frac{\pi}{2}$$

故 $C=\dfrac{\pi}{2}$,从而

$$\arcsin x+\arccos x=\frac{\pi}{2}.$$

例 3.3 设 $a>b>0,n>1$.证明:$nb^{n-1}(a-b)<a^n-b^n<na^{n-1}(a-b)$.

证明 令 $f(x)=x^n$,在$[b,a]$上应用拉格朗日中值定理,则 $\exists\xi\in(b,a)$.使得

$$a^n-b^n=n\xi^{n-1}(a-b),\quad \xi\in(b,a)$$

因为 $b<\xi<a$,则

$$nb^{n-1}(a-b)<n\xi^{n-1}(a-b)<na^{n-1}(a-b)$$

即

$$nb^{n-1}(a-b)<a^n-b^n<na^{n-1}(a-b).$$

作为拉格朗日中值定理的推广,有如下定理:

定理 3.3 (柯西中值定理)设函数 $f(x)$ 及 $g(x)$ 满足条件:

(1) 在闭区间$[a,b]$上连续;

(2) 在开区间(a,b)内可导,且 $g'(x)\neq 0$.

则至少存在一点 $\xi\in(a,b)$,使得

$$\frac{f'(\xi)}{g'(\xi)}=\frac{f(b)-f(a)}{g(b)-g(a)}\tag{3-4}$$

证明 由 $g'(x)\neq 0$ 和拉格朗日中值定理得

$$g(b)-g(a)=g'(\eta)(b-a)\neq 0,\quad \eta\in(a,b).$$

由此有 $g(b) \neq g(a)$，考虑辅助函数 $F(x) = f(x) - \lambda g(x)$（$\lambda$ 待定）. 为使 $F(x)$ 满足罗尔中值定理的条件，令 $F(a) = F(b)$，得

$$\lambda = \frac{f(b) - f(a)}{g(b) - g(a)}$$

取 λ 的值如上，由罗尔定理知 $\exists \xi \in (a,b)$，使 $F'(\xi) = 0$，即

$$f'(\xi) - \frac{f(b) - f(a)}{g(b) - g(a)} g'(\xi) = 0$$

即
$$\frac{f(b) - f(a)}{g(b) - g(a)} = \frac{f'(\xi)}{g'(\xi)}.$$

显而易见，若取 $g(x) \equiv x$，则定理 3.3 成为定理 3.2，因此定理 3.3 是定理 3.1 与定理 3.2 的推广，柯西中值定理是这三个中值定理中最一般的形式.

例 3.4　设 $0 < a < b$，函数 $f(x)$ 在 $[a,b]$ 上连续，在 (a,b) 内可导，证明存在一点 $\xi \in (a,b)$，使

$$f(b) - f(a) = \xi f'(\xi) \ln \frac{b}{a}.$$

证明　设 $g(x) = \ln x$，显然，$g(x)$，$f(x)$ 满足柯西中值定理的条件，则在 (a,b) 内至少有一点 ξ，使

$$\frac{f(b) - f(a)}{\ln b - \ln a} = \frac{f'(\xi)}{\frac{1}{\xi}}$$

即存在一点 $\xi \in (a,b)$，使 $f(b) - f(a) = \xi f'(\xi) \ln \frac{b}{a}$.

练习题 3.1

1. 验证下列函数在指定区间上是否满足罗尔定理的条件？若满足，求出定理中的 ξ.

(1) $f(x) = \begin{cases} x^3, & 0 \leqslant x < 1 \\ 0, & x = 1 \end{cases}, x \in [0,1]$；

(2) $f(x) = |x|,\quad x \in [-2,2]$；

(3) $f(x) = x^2 - 5x + 6,\quad x \in [2,3]$.

2. 验证拉格朗日定理对函数 $f(x) = x^2 + 3x$ 在区间 $[0,1]$ 上的正确性，并求出相应的 ξ.

3. 对函数 $f(x) = \sin x$ 及 $g(x) = x + \cos x$ 在 $\left[0, \frac{\pi}{2}\right]$ 上验证柯西中值定理的正确性.

4. 用拉格朗日中值定理证明下列不等式：

(1) $\frac{x}{1+x} < \ln(1+x) < x \quad (x > 0)$；

(2) $|\arctan b - \arctan a| \leqslant |b - a|$；

(3) 当 $x > 1$ 时，$e^x > e \cdot x$.

5. 证明：$\arctan x + \arcsin \frac{1}{\sqrt{1+x^2}} = \frac{\pi}{2} \quad (x > 0)$.

6. 试证方程 $x^3 + x - 1 = 0$ 在开区间 $(0,1)$ 内有且仅有一个实根.

7. 证明:如果方程 $a_0x^n + a_1x^{n-1} + \cdots + a_{n-1}x = 0$ 有正根 x_0,则方程

$$na_0x^{n-1} + (n-1)\cdot a_1x^{n-2} + \cdots + a_{n-1} = 0$$

必存在小于 x_0 的正根.

8. 若函数 $f(x)$ 在 (a,b) 内具有三阶导数,且 $f(x_1) = f(x_2) = f(x_3) = f(x_4)$,其中 $a < x_1 < x_2 < x_3 < x_4 < b$,证明:在 (x_1,x_4) 内至少有一点 ξ,使得 $f'''(\xi) = 0$.

9. 已知函数 $f(x)$ 在 $[a,b]$ 上连续,在 (a,b) 内可导,且 $f(a) = f(b) = 0$,试证:在 (a,b) 内至少有一点 ξ,使得 $f(\xi) + f'(\xi) = 0, \xi \in (a,b)$.

10. 设函数 $f(x)$ 在区间 $[x_1,x_2]$ 上连续,在区间 (x_1,x_2) 内可导,且 $x_1\cdot x_2 > 0$,证明 $\exists\xi \in (x_1,x_2)$,使

$$\frac{x_1f(x_2) - x_2f(x_1)}{x_1 - x_2} = f(\xi) - \xi f'(\xi).$$

3.2 洛必达法则

在某一极限过程中,$f(x)$ 和 $g(x)$ 都是无穷小量或都是无穷大量时,$\dfrac{f(x)}{g(x)}$ 的极限可能存在,也可能不存在.通常称这种极限为不定式,并分别简记为 $\dfrac{0}{0}$ 或 $\dfrac{\infty}{\infty}$.下面介绍求不定式极限的一种有效法则 —— 洛必达(L'Hospital)法则.洛必达法则是处理不定式极限的重要工具,是计算 $\dfrac{0}{0}$ 型、$\dfrac{\infty}{\infty}$ 型极限的简单且有效的法则.

3.2.1 $\dfrac{0}{0}$ 型及 $\dfrac{\infty}{\infty}$ 型不定式的极限

定理 3.4 (洛必达法则)设函数 $f(x)$ 及 $g(x)$ 在点 x_0 的某一去心邻域内有定义,且满足下列条件:

(1) $\lim\limits_{x\to x_0} f(x) = 0, \lim\limits_{x\to x_0} g(x) = 0$;

(2) $f'(x)$ 和 $g'(x)$ 都存在,且 $g'(x) \neq 0$;

(3) $\lim\limits_{x\to x_0}\dfrac{f(x)}{g(x)}$ 存在(或为 ∞).

则
$$\lim_{x\to x_0}\frac{f(x)}{g(x)} = \lim_{x\to x_0}\frac{f'(x)}{g'(x)} \tag{3-5}$$

证明 由于极限 $\lim\limits_{x\to x_0}\dfrac{f(x)}{g(x)}$ 与 $f(x)$ 和 $g(x)$ 在 $x = x_0$ 处有无定义没有关系,不妨设 $f(x_0) = g(x_0) = 0$.于是,由(1)、(2)可知,函数 $f(x)$ 及 $g(x)$ 在点 x_0 的某邻域内是连续的,设 x 是该邻域内任意一点($x \neq x_0$),显然,$f(x)$ 及 $g(x)$ 在以 x 及 x_0 为端点的区间上满足柯西中值定理的条件,则存在 ξ(ξ 介于 x 与 x_0 之间),使得

$$\frac{f(x)}{g(x)} = \frac{f(x) - f(x_0)}{g(x) - g(x_0)} = \frac{f'(\xi)}{g'(\xi)}$$

当 $x \to x_0$ 时,有 $\xi \to x_0$,所以

$$\lim_{x\to x_0}\frac{f(x)}{g(x)}=\lim_{\xi\to x_0}\frac{f'(\xi)}{g'(\xi)}=\lim_{x\to x_0}\frac{f'(x)}{g'(x)}$$

$$\lim_{x\to x_0}\frac{f(x)}{g(x)}=\lim_{x\to x_0}\frac{f'(x)}{g'(x)}.$$

上述法则，对于 $x\to\infty$ 时的 $\frac{0}{0}$ 不定式同样适用.

推论 3.3 $f(x)$，$g(x)$ 满足：

(1) $\lim\limits_{x\to\infty}f(x)=0$，$\lim\limits_{x\to\infty}g(x)=0$；

(2) 当 $|x|>X$ 时可导，且 $g'(x)\neq 0$；

(3) $\lim\limits_{x\to\infty}\frac{f'(x)}{g'(x)}$ 存在(或为 ∞)，

则
$$\lim_{x\to\infty}\frac{f(x)}{g(x)}=\lim_{x\to\infty}\frac{f'(x)}{g'(x)} \tag{3-6}$$

例 3.5 求 $\lim\limits_{x\to 1}\frac{x^3-3x+2}{x^3-x^2-x+1}$.

解
$$\lim_{x\to 1}\frac{x^3-3x+2}{x^3-x^2-x+1}=\lim_{x\to 1}\frac{3x^2-3}{3x^2-2x-1}=\lim_{x\to 1}\frac{6x}{6x-2}=\frac{3}{2}.$$

例 3.6 求 $\lim\limits_{x\to+\infty}\frac{\frac{\pi}{2}-\arctan x}{\frac{1}{x}}$.

解
$$\lim_{x\to+\infty}\frac{\frac{\pi}{2}-\arctan x}{\frac{1}{x}}=\lim_{x\to+\infty}\frac{-\frac{1}{1+x^2}}{-\frac{1}{x^2}}=\lim_{x\to+\infty}\frac{x^2}{1+x^2}=1.$$

例 3.7 求 $\lim\limits_{x\to\pi}\frac{\sin 2x}{\tan 5x}$.

解
$$\lim_{x\to\pi}\frac{\sin 2x}{\tan 5x}=\lim_{x\to\pi}\frac{2\cos 2x}{5\sec^2 5x}=\frac{2}{5}.$$

对于 $x\to x_0$(或 $x\to\infty$) 时的 $\frac{\infty}{\infty}$ 型不定式，也有相应的洛必达法则，例如，当 $x\to x_0$ 时有如下定理.

定理 3.5 设函数 $f(x)$ 及 $g(x)$ 在点 x_0 的某一去心邻域内有定义，且满足下列条件：

(1) $\lim\limits_{x\to x_0}f(x)=\infty$，$\lim\limits_{x\to x_0}g(x)=\infty$；

(2) $f'(x)$ 和 $g'(x)$ 都存在，且 $g'(x)\neq 0$；

(3) $\lim\limits_{x\to x_0}\frac{f'(x)}{g'(x)}$ 存在(或为 ∞).

则
$$\lim_{x\to x_0}\frac{f(x)}{g(x)}=\lim_{x\to x_0}\frac{f'(x)}{g'(x)} \tag{3-7}$$

例 3.8 求 $\lim\limits_{x\to+\infty}\frac{\ln x}{x^\alpha}(\alpha>0)$.

解
$$\lim_{x\to+\infty}\frac{\ln x}{x^\alpha}=\lim_{x\to+\infty}\frac{\frac{1}{x}}{\alpha x^{\alpha-1}}=\lim_{x\to+\infty}\frac{1}{\alpha x^\alpha}=0.$$

例 3.9 求$\lim\limits_{x\to0^+}\dfrac{\ln x}{\cot x}$.

解 $$\lim_{x\to0^+}\frac{\ln x}{\cot x}=\lim_{x\to0^+}\frac{\frac{1}{x}}{-\csc^2 x}=-\lim_{x\to0^+}\frac{\sin^2 x}{x}=0.$$

3.2.2 其他不定式的极限

除$\dfrac{0}{0}$与$\dfrac{\infty}{\infty}$不定式外,还有$0\cdot\infty,\infty-\infty,0^0,1^\infty,\infty^0$等类型的不定式,处理这些不定式的总原则是设法将其转化为$\dfrac{0}{0}$型或$\dfrac{\infty}{\infty}$型不定式,再应用洛必达法则.

例 3.10 求$\lim\limits_{x\to0^+}x^2\ln x$.

解 $$\lim_{x\to0^+}x^2\ln x=\lim_{x\to0^+}\frac{\ln x}{x^{-2}}=\lim_{x\to0^+}\frac{\frac{1}{x}}{-2x^{-3}}=-\frac{1}{2}\lim_{x\to0^+}x^2=0.$$

例 3.11 求$\lim\limits_{x\to1}\left(\dfrac{1}{\ln x}-\dfrac{1}{x-1}\right)$.

解 $$\lim_{x\to1}\left(\frac{1}{\ln x}-\frac{1}{x-1}\right)=\lim_{x\to1}\frac{(x-1)-\ln x}{(x-1)\ln x}=\lim_{x\to1}\frac{1-\frac{1}{x}}{\frac{x-1}{x}+\ln x}=\lim_{x\to1}\frac{\frac{1}{x^2}}{\frac{1}{x^2}+\frac{1}{x}}=\frac{1}{2}.$$

例 3.12 求$\lim\limits_{x\to0^+}x^{\sin x}$.

解 设$y=x^{\sin x}$,则$\ln y=\sin x\ln x$,因为当$x\to0^+$时,$\sin x\sim x$,所以

$$\lim_{x\to0^+}\ln y=\lim_{x\to0^+}(\sin x\cdot\ln x)=\lim_{x\to0^+}x\cdot\ln x=\lim_{x\to0^+}\frac{\ln x}{\frac{1}{x}}$$

$$=\lim_{x\to0^+}\frac{\frac{1}{x}}{-\frac{1}{x^2}}=\lim_{x\to0^+}(-x)=0.$$

由$y=e^{\ln y}$有$\lim\limits_{x\to0^+}y=\lim\limits_{x\to0^+}e^{\ln y}=e^{\lim\limits_{x\to0^+}e^{\ln y}}$,所以

$$\lim_{x\to0^+}x^{\sin x}=e^0=1.$$

在利用洛必达法则求不定式的极限时应注意以下几点:

(1) 只有$\dfrac{0}{0}$型和$\dfrac{\infty}{\infty}$型不定式才能直接使用洛必达法则,在满足洛必达法则条件的前提下,可以多次使用洛必达法则.

(2) 使用洛必达法则时,能化简的地方应先化简,比如应用等价无穷小替换,应用重要极限,及时分离极限存在的因子等,这样可以使运算简便.

(3) 洛必达法则说的是如果$\lim\dfrac{f'(x)}{g'(x)}=A$或为$\infty$,那么$\lim\dfrac{f(x)}{g(x)}=A$或为$\infty$,但是$\lim\dfrac{f'(x)}{g'(x)}$不存在也不是无穷大时,不能断言$\lim\dfrac{f(x)}{g(x)}$是否存在.

例 3.13 计算极限$\lim\limits_{x\to\infty}\dfrac{x+\cos x}{x}$.

解 这是一个$\dfrac{\infty}{\infty}$型不定式,如果利用洛必达法则对分子、分母分别求导得

$$\lim_{x\to\infty}\frac{1-\sin x}{1}=\lim_{x\to\infty}(1-\sin x)$$

因为$\lim\limits_{x\to\infty}\sin x$不存在,所以$\lim\limits_{x\to\infty}\dfrac{1-\sin x}{1}$不存在.但是不能由此断言$\lim\limits_{x\to\infty}\dfrac{x+\cos x}{x}$不存在,事实上

$$\lim_{x\to\infty}\frac{x+\cos x}{x}=\lim_{x\to\infty}\left(1+\frac{\cos x}{x}\right)=1+\lim_{x\to\infty}\frac{\cos x}{x}=1+0=1.$$

这里$\lim\limits_{x\to\infty}\dfrac{\cos x}{x}=0$是因为无穷小量乘以有界量仍然是无穷小量.

练习题 3.2

1. 验证极限$\lim\limits_{x\to\infty}\dfrac{x-\sin x}{x+\sin x}$存在,但不能用洛必达法则得出.

2. 验证极限$\lim\limits_{x\to0}\dfrac{x^3\sin\frac{1}{x}}{\sin x}$存在,但不能用洛必达法则得出.

3. 用洛必达法则求下列极限

(1) $\lim\limits_{x\to\pi}\dfrac{\sin x}{\tan 5x}$;
(2) $\lim\limits_{x\to0}\dfrac{\ln(1+x)}{x}$;
(3) $\lim\limits_{x\to0^+}\dfrac{\ln\sin x}{\ln\sin 3x}$;

(4) $\lim\limits_{x\to a}\dfrac{\sin x-\sin a}{x-a}$;
(5) $\lim\limits_{x\to\frac{\pi}{2}}\dfrac{\ln\sin x}{(\pi-2x)^2}$;
(6) $\lim\limits_{x\to0}\dfrac{1-\cos^2 x}{1-e^x}$;

(7) $\lim\limits_{x\to0^+}\dfrac{\ln\tan 2x}{\ln\tan 3x}$;
(8) $\lim\limits_{x\to+\infty}\dfrac{\ln\left(1+\frac{1}{x}\right)}{\operatorname{arccot}x}$;
(9) $\lim\limits_{x\to\frac{\pi}{2}}\dfrac{\tan x}{\tan 3x}$;

(10) $\lim\limits_{x\to+\infty}\dfrac{\ln x}{\sqrt{x}}$;
(11) $\lim\limits_{x\to0^+}\dfrac{\ln x}{\cot x}$;
(12) $\lim\limits_{x\to0^+}\dfrac{\ln x}{\ln\sin x}$;

(13) $\lim\limits_{x\to0}\left(\dfrac{1}{x}-\dfrac{1}{e^x-1}\right)$;
(14) $\lim\limits_{x\to1}\left(\dfrac{x}{x-1}-\dfrac{1}{\ln x}\right)$;
(15) $\lim\limits_{x\to0}(\arcsin x\cdot\cot x)$;

(16) $\lim\limits_{x\to0}x^2e^{\frac{1}{x^2}}$;
(17) $\lim\limits_{x\to0}x\cot 2x$;
(18) $\lim\limits_{x\to0^+}(\sin x)^x$;

(19) $\lim\limits_{x\to0^+}x^x$;
(20) $\lim\limits_{x\to1}x^{\frac{1}{1-x}}$;
(21) $\lim\limits_{x\to0}(e^x+x)^{\frac{1}{x}}$;

(22) $\lim\limits_{x\to0^+}\left(\dfrac{1}{x}\right)^{\tan x}$;
(23) $\lim\limits_{x\to0^+}\left(\ln\dfrac{1}{x}\right)^x$;
(24) $\lim\limits_{x\to0}\left(\dfrac{1}{x^2}-\dfrac{1}{x\tan x}\right)$.

4. 讨论函数 $f(x)=\begin{cases}\left[\dfrac{(1+x)^{\frac{1}{x}}}{e}\right]^{\frac{1}{x}}, & x>0\\ e^{-\frac{1}{2}}, & x\leqslant 0\end{cases}$ 在 $x=0$ 处的连续性.

3.3 函数的单调性与极值

3.3.1 函数单调性的判别法

先从直观上分析一下,若函数 $f(x)$ 在区间 (a,b) 内单调增加,其图形是一条沿 Ox 轴正向上升的曲线,如图 3-3(a) 所示,这时曲线上各点处的切线对于 Ox 轴的倾角 α 均是锐角,故

$$f'(x) = \tan\alpha > 0.$$

若函数 $g(x)$ 在区间 (a,b) 内单调减少,其图形是一条沿 Ox 轴正向下降的曲线,如图 3-3(b) 所示,这时曲线上各点处的切线对于 Ox 轴的倾角 α 均是钝角,故

$$g'(x) = \tan\alpha < 0.$$

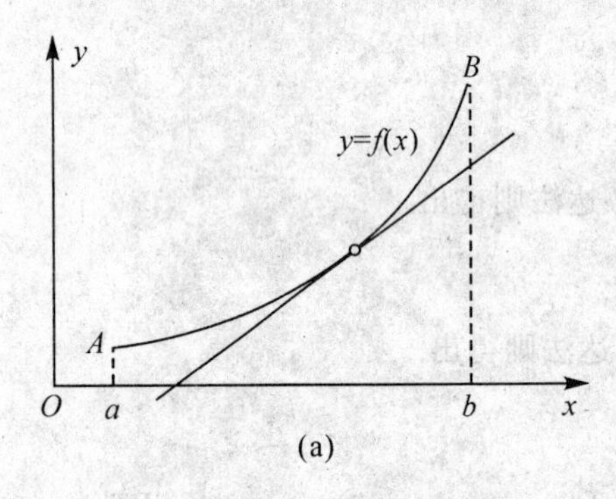

(a)

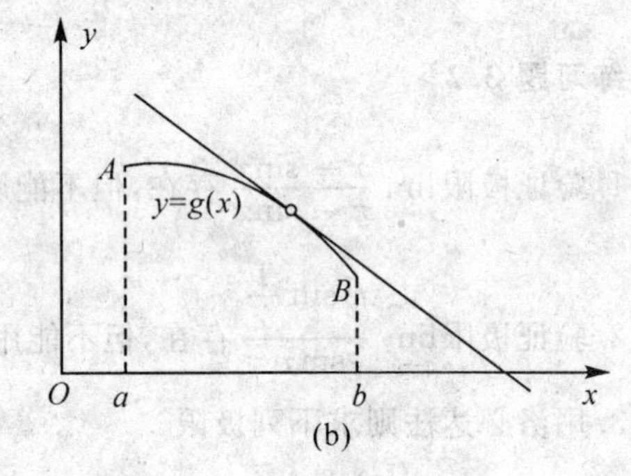

(b)

图 3-3

由上述可见,函数的单调性与导数的符号有着密切的联系,反过来,能否用导数的符号来判定函数的单调性呢?下面我们给出判定可导函数单调性的一个定理.

定理 3.6 设函数 $f(x)$ 在闭区间 $[a,b]$ 上连续,在开区间 (a,b) 内可导,

(1) 如果在 (a,b) 内 $f'(x) > 0$,则函数 $f(x)$ 在 $[a,b]$ 上单调增加.

(2) 如果在 (a,b) 内 $f'(x) < 0$,则函数 $f(x)$ 在 $[a,b]$ 上单调减少.

(3) 如果在 (a,b) 内 $f'(x) = 0$,则函数 $f(x)$ 在 $[a,b]$ 内是常数,即 $f(x) = C$(C 是常数).

证明 $\forall x_1, x_2 \in [a,b]$,不妨设 $x_1 < x_2$,应用拉格朗日中值定理,有

$$f(x_2) - f(x_1) = f'(\xi)(x_2 - x_1), \quad \xi \in (x_1, x_2)$$

由 $f'(x) > 0$($f'(x) < 0$),得 $f'(\xi) > 0$($f'(\xi) < 0$),故 $f(x_2) > f(x_1)$($f(x_2) < f(x_1)$),即 $f(x)$ 在 $[a,b]$ 上严格单调增加(减少). 定理获证.

把定理 3.6 中的闭区间 $[a,b]$ 换成 (a,b) 或 $[a,b)$,$(a,b]$,以及无穷区间,可以得到相应的结论.

例 3.14 讨论函数 $f(x) = x^3 - x$ 的单调性.

解 函数的定义域为 $(-\infty, +\infty)$,$f'(x) = 3x^2 - 1$,令 $f'(x) = 0$ 得 $x = \pm\frac{\sqrt{3}}{3}$. 用点 $x = \frac{\sqrt{3}}{3}$ 及 $x = -\frac{\sqrt{3}}{3}$ 将函数 $f(x)$ 的定义域分成三个部分区间,在每个部分区间内确定 $f'(x)$ 的符号,列表讨论,如表 3-1 所示.

表 3-1

x	$\left(-\infty,-\frac{\sqrt{3}}{3}\right)$	$-\frac{\sqrt{3}}{3}$	$\left(-\frac{\sqrt{3}}{3},\frac{\sqrt{3}}{3}\right)$	$\frac{\sqrt{3}}{3}$	$\left(\frac{\sqrt{3}}{3},+\infty\right)$
$f'(x)$	+	0	−	0	+
$y=f(x)$	↗		↘		↗

因此函数 $f(x)$ 在 $\left(-\infty,-\frac{\sqrt{3}}{3}\right)\cup\left(\frac{\sqrt{3}}{3},+\infty\right)$ 内单调增加，在 $\left[-\frac{\sqrt{3}}{3},\frac{\sqrt{3}}{3}\right]$ 上单调减少.

由于函数 $f(x)$ 在区间 $\left(-\infty,-\frac{\sqrt{3}}{3}\right)$，$\left(\frac{\sqrt{3}}{3},+\infty\right)$，$\left(-\frac{\sqrt{3}}{3},\frac{\sqrt{3}}{3}\right)$ 内保持单调，故称这些区间为 $f(x)$ 的单调区间.

例 3.15　求出函数 $f(x)=(x-2)^2(x+1)^{\frac{2}{3}}$ 的单调区间.

解　函数 $f(x)$ 的定义域为 $(-\infty,+\infty)$，并且

$$f'(x)=2(x-2)(x+1)^{\frac{2}{3}}+\frac{2}{3}(x-2)^2(x+1)^{-\frac{1}{3}}=\frac{8}{3}\cdot\frac{(x-2)\left(x+\frac{1}{4}\right)}{(x+1)^{\frac{1}{3}}}$$

令 $f'(x)=0$ 得：$x_1=-\frac{1}{4}$，$x_2=2$，另外函数在 $x=-1$ 处不可导，这三个点将定义域分成四个部分区间，列表讨论，如表 3-2 所示.

表 3-2

	$(-\infty,-1)$	-1	$\left(-1,-\frac{1}{4}\right)$	$-\frac{1}{4}$	$\left(-\frac{1}{4},2\right)$	2	$(2,+\infty)$
$f'(x)$	−	不存在	+	0	−	0	+
$f(x)$	↘	0	↗	$\left(\frac{9}{4}\right)^2\left(\frac{3}{4}\right)^{\frac{2}{3}}$	↘	0	↗

故函数 $f(x)=(x-2)^2(x+1)^{\frac{2}{3}}$ 的单调递增区间为 $\left(-1,\frac{1}{4}\right)$ 和 $(2,+\infty)$，单调递减区间为 $(-\infty,-1)$ 和 $\left(-\frac{1}{4},2\right)$.

从以上两例可以看到，函数单调性发生变化的点是使得函数的一阶导数为零的点或是函数的一阶导数不存在的点.

单调性也常用来证明不等式.

例 3.16　证明：当 $0<x<\frac{\pi}{2}$ 时，$\sin x+\tan x>2x$.

证明　令 $f(x)=\sin x-\tan x-2x$，显然 $f(x)$ 在 $\left[0,\frac{\pi}{2}\right]$ 上连续，且

$$f'(x)=\frac{(1-\cos x)(\cos^2 x+\cos x+1)}{\cos^2 x}$$

当 $0<x<\frac{\pi}{2}$ 时，$f'(x)>0$，所以 $f(x)$ 为区间 $\left[0,\frac{\pi}{2}\right]$ 上的严格单调增加的函数，故 $f(x)>$

$f(0)=0$,即 $\sin 2x-\tan x>2x$.

3.3.2 函数的极值

1. 函数极值的定义

定义 3.1 设函数 $f(x)$ 在点 x_0 的某邻域 $U(x_0)$ 内有定义,若 $\forall x\in \mathring{U}(x_0)$,恒有 $f(x)<f(x_0)$(或 $f(x)>f(x_0)$),则称 $f(x)$ 在点 x_0 取得极大值(极小值)$f(x_0)$,点 x_0 称为函数 $f(x)$ 的极大(极小)值点.

函数的极大值与极小值统称为函数的极值,使函数取得极值的点称为函数的极值点.

函数的极值是局部性概念,是在一点的邻域内比较函数值的大小而产生的,函数的极值并不意味着是整个定义域内函数的最大值或最小值. 在图 3-4 中,$f(x_2)$,$f(x_5)$ 是函数 $f(x)$ 的极大值,$f(x_1)$、$f(x_4)$、$f(x_6)$ 是函数 $f(x)$ 的极小值. 在整个区间$[a,b]$上,只有极小值 $f(x_1)$ 同时是最小值,而没有一个极大值是最大值.

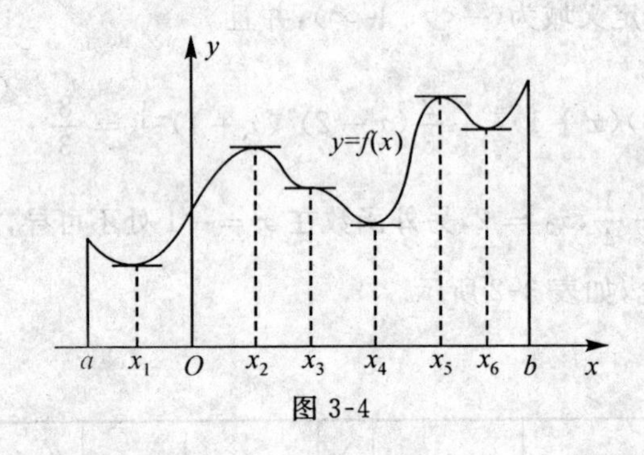

图 3-4

定理 3.7 如果函数 $f(x)$ 在点 x_0 可导,且在点 x_0 处取得极值,则 $f'(x_0)=0$.

证明 不妨设 $f(x_0)$ 为极小值,则由定义,$\forall x\in \mathring{U}(x_0)$,当 $x<x_0$ 时,有

$$\frac{f(x)-f(x_0)}{x-x_0}<0$$

故

$$f'_-(x_0)=\lim_{x\to x_0^-}\frac{f(x)-f(x_0)}{x-x_0}\leqslant 0$$

当 $x>x_0$ 时,有

$$\frac{f(x)-f(x_0)}{x-x_0}>0$$

故

$$f'_+(x_0)=\lim_{x\to x_0^+}\frac{f(x)-f(x_0)}{x-x_0}\geqslant 0$$

从而得到

$$f'(x_0)=0.$$

通常把使得 $f'(x)=0$ 的点 x_0 称为函数 $f(x)$ 的驻点.

定理 3.7 说明,可导函数的极值点必是驻点. 反之,函数的驻点却不一定是函数的极值点. 例如函数 $y=x^3$ 在点 $x=0$ 处有 $y'(0)=0$,但 $x=0$ 不是函数 $y=x^3$ 的极值点.

另外,导数不存在的点也可能是函数的极值点. 例如函数 $y=|x|$ 在 $x=0$ 处不可导,但在 $x=0$ 处有极小值.

函数在定义域中的驻点与不可导点统称为函数的极值可疑点,连续函数仅在极值可疑点上可能取得极值.

2. 函数极值的求法

对连续函数来说，驻点和导数不存在的点都有可能是极值点，那么如何确认呢？

定理 3.8 （极值的第一充分条件） 设函数 $f(x)$ 在极值可疑点 x_0 的 δ 邻域内连续，在 x_0 的去心 δ 邻域内可导.

(1) 如果当 $x\in(x_0-\delta,x_0)$ 时 $f'(x)>0$；当 $x\in(x_0,x_0+\delta)$ 时 $f'(x)<0$，则函数 $f(x)$ 在点 x_0 处取得极大值；

(2) 如果当 $x\in(x_0-\delta,x_0)$ 时 $f'(x)<0$；当 $x\in(x_0,x_0+\delta)$ 时 $f'(x)>0$，则函数 $f(x)$ 在点 x_0 处取得极小值；

(3) 如果在点 x_0 的两侧，函数的导数具有相同的符号，则函数 $f(x)$ 在点 x_0 处没有极值.

证明 仅证(1). 由拉格朗日中值定理，$\forall x\in \mathring{U}(x_0^-)$，有

$$f(x)-f(x_0)=f'(\xi_1)(x-x_0),\quad x<\xi_1<x_0$$

由 $f'(x)>0$，得 $f'(\xi_1)>0$，故 $f(x)<f(x_0)$.

同理，$\forall x\in \mathring{U}(x_0^+)$，有

$$f(x)-f(x_0)=f'(\xi_2)(x-x_0),x_0<\xi_2<x$$

由 $f'(x)<0$，得 $f'(\xi_2)<0$，故 $f(x)<f(x_0)$. 从而 $f(x)$ 在点 x_0 取得极大值.

由定理 3.8 的证明可知，如果 $f'(x)$ 在 $\mathring{U}(x_0)$ 内符号不变，则 $f(x)$ 在点 x_0 就不取得极值.

例 3.17 求函数 $f(x)=2x^3-6x^2-18x-7$ 的极值.

解 函数 $f(x)$ 在定义域 $(-\infty,+\infty)$ 内连续、可导，且

$$f'(x)=6x^2-12x-18=6(x+1)(x-3)$$

令 $f'(x)=0$，得函数的两个驻点：$x_1=-1,x_2=3$.

当 $x\in(-\infty,-1)$ 时，$f'(x)>0$；当 $x\in(-1,3)$ 时，$f'(x)<0$；当 $x\in(3,+\infty)$ 时，$f'(x)>0$. 故得 $f(x)$ 的极大值为 $f(-1)=3$，极小值为 $f(3)=-61$.

例 3.18 求函数 $f(x)=(3x-1)\sqrt[3]{x^2}$ 的极值.

解 函数 $f(x)=(3x-1)\sqrt[3]{x^2}$ 在定义域 $(-\infty,+\infty)$ 内连续，且

$$f'(x)=(3x^{\frac{5}{3}}-x^{\frac{2}{3}})'=5x^{\frac{2}{3}}-\frac{2}{3}x^{-\frac{1}{3}}=\frac{5\left(x-\frac{2}{15}\right)}{\sqrt[3]{x}}$$

令 $f'(x)=0$，得驻点：$x=\frac{2}{15}$，且有不可导点 $x=0$.

当 $x\in(-\infty,0)$ 时，$f'(x)>0$；当 $x\in\left(0,\frac{2}{15}\right)$ 时，$f'(x)<0$；当 $x\in\left(\frac{2}{15},+\infty\right)$ 时，$f'(x)>0$. 故得 $f(x)$ 的极大值为 $f(0)=0$，极小值为 $f\left(\frac{2}{15}\right)=-\frac{3}{5}\sqrt[3]{\frac{4}{225}}$.

当函数 $f(x)$ 在驻点处的二阶导数存在且不为零时，又得到判定极值的第二充分条件：

定理 3.9 （极值的第二充分条件） 设点 x_0 是函数 $f(x)$ 的驻点且 $f''(x_0)$ 存在.

(1) 若 $f''(x_0)>0$，则函数 $f(x)$ 在点 x_0 处取得极小值；

(2) 若 $f''(x_0)<0$，则函数 $f(x)$ 在点 x_0 处取得极大值；

证明 仅证(1). 由于 $f''(x_0)>0$ 和 $f'(x_0)=0$，按二阶导数的定义有

$$f''(x_0)=\lim_{x\to x_0}\frac{f'(x)-f'(x_0)}{x-x_0}=\lim_{x\to x_0}\frac{f'(x)}{x-x_0}>0$$

根据极限的保号性,在点 x_0 的某邻域$(x_0-\delta,x_0+\delta)$ 内必有

$$\frac{f'(x)}{x-x_0}>0\quad(x\neq x_0)$$

可见,当 $x\in(x_0-\delta,x_0)$ 时,$f'(x)<0$;当 $x\in(x_0,x_0+\delta)$ 时,$f'(x)>0$. 由极值的第一充分条件知,$f(x)$ 在点 x_0 处取得极小值.

例 3.19 求函数 $f(x)=x-\ln(1+x)$ 的极值.

解 $f'(x)=1-\dfrac{1}{1+x}=0$,令 $f'(x)=0$,得驻点 $x=0$.

由 $f''(x)=\dfrac{1}{(1+x)^2}$ 得 $f''(0)>0$,故 $f(0)=0$ 为极小值.

练习题 3.3

1. 判定函数 $f(x)=\operatorname{arccot}x+x$ 的单调性.
2. 判定函数 $f(x)=x-\sin x$ 的单调性.
3. 确定下列函数的单调区间

(1)$y=2x^3-9x^2+12x-3$; (2)$y=2x+\dfrac{8}{x}\quad(x>0)$;

(3)$y=\ln(x+\sqrt{1+x^2})$; (4)$y=1-(x-1)^{\frac{2}{3}}$;

(5)$y=x+|\sin 2x|$; (6)$y=xe^{-x}$.

4. 证明下列不等式

(1) 当 $x>0$ 时,$1+\dfrac{1}{2}x>\sqrt{1+x}$;

(2) 当 $0<x<1$ 时,$e^{-x}+\sin x<1+\dfrac{x^2}{2}$;

(3) 当 $x>0$ 时,$x-\dfrac{x^2}{2}<\ln(1+x)<x$;

(4) 当 $x>1$ 时,$2\sqrt{x}>3-\dfrac{1}{x}$;

(5) 当 $0<x<\dfrac{\pi}{2}$ 时,$\tan x>x+\dfrac{1}{3}x^3$.

5. 证明方程 $\sin x=x$ 只有一个实根.
6. 证明:方程 $x^5+x-1=0$ 只有正根.
7. 求下列函数的极值

(1)$y=x^2-2x+3$; (2)$y=\dfrac{x^2-2x+2}{x-1}$;

(3)$y=\dfrac{x}{\ln x}$; (4)$y=x^{\frac{1}{x}}$;

(5)$y=2-(x-1)^{\frac{2}{3}}$; (6)$y=2e^x+e^{-x}$.

8. 设在区间$(-\infty,+\infty)$内,$f''(x)>0$,$f(0)<0$. 试证:函数$\dfrac{f(x)}{x}$在区间$(-\infty,0)$和$(0,+\infty)$内都是单调的.

9. 设函数 $f(x)$，$g(x)$ 二阶可导，当 $x>0$ 时，$f''(x)\geqslant g''(x)$，且 $f(0)=g(0)$，$f'(0)=g'(0)$，试证当 $x>0$ 时，$f(x)>g(x)$.

3.4　函数的最大(小)值及其应用

在工农业生产、工程技术、经济管理等许多实际工作中，常常会遇到这样一类问题，在一定条件下怎样使产量最高、用料最省、效益最大、成本最低等一系列“最优化”问题. 这类问题有时能够归结为求某个函数(通常称为目标函数)的最大值和最小值问题.

3.4.1　闭区间上连续函数的最大值与最小值的求法

如果函数 $f(x)$ 在闭区间 $[a,b]$ 上连续，则由闭区间连续函数的最值定理知，函数 $f(x)$ 在闭区间 $[a,b]$ 上必能取得最大值和最小值. 设函数 $f(x)$ 在点 x_0 处取得最大值(或最小值). 若 $x_0\in(a,b)$，那么 $f(x_0)$ 一定是 $f(x)$ 的极大值(或极小值)；另一方面，点 x_0 可能是区间的端点 a 或 b. 因此，对于闭区间 $[a,b]$ 上的连续函数，只要计算出极值点及端点处的函数值，比较这些值的大小，即可求得函数的最大值和最小值.

例 3.20　求函数 $f(x)=x^4-8x^2+2$ 在区间 $[-1,3]$ 上的最大值与最小值.

解　由 $f'(x)=4x^3-16x=4x(x+2)(x-2)$，得两个驻点 $x=0$ 及 $x=2$，而

$$f(-1)=-5,\quad f(0)=2,\quad f(2)=-14,\quad f(3)=11$$

所以，在区间 $[-1,3]$ 上，函数的最大值为 $f(3)=11$，最小值为 $f(2)=-14$.

应该指出，在实际问题中，往往根据问题的性质，就可以断定目标函数在某个开区间内必有最大值或最小值. 若 $f(x)\in C([a,b])$，且在区间 (a,b) 内只有唯一一个极值点，则当 $f(x_0)$ 为极大(小)值时，该极值就是 $f(x)$ 在区间 $[a,b]$ 上的最大值或最小值.

3.4.2　实际问题的最值

例 3.21　如图 3-5 所示，铁路线上 AB 段的距离为 150km，工厂 C 到铁路线上点 A 处的垂直距离为 20km. 今要在 AB 上选定一点 D 向工厂修筑一条公路，已知铁路与公路每吨公里运费之比为 3∶5，为了使货物从供应站 B 运到工厂 C 的运费最少，试问 D 点应选在何处？

解　先根据题意建立目标函数.

设 $AD=x$，则 $DB=150-x$，$DC=\sqrt{x^2+20^2}$，设铁路每吨公里运费为 $3k(k>0)$，则公路上的每吨公里运费为 $5k$. 并设从 B 点运到 C 点需要的总运费为 $f(x)$，则

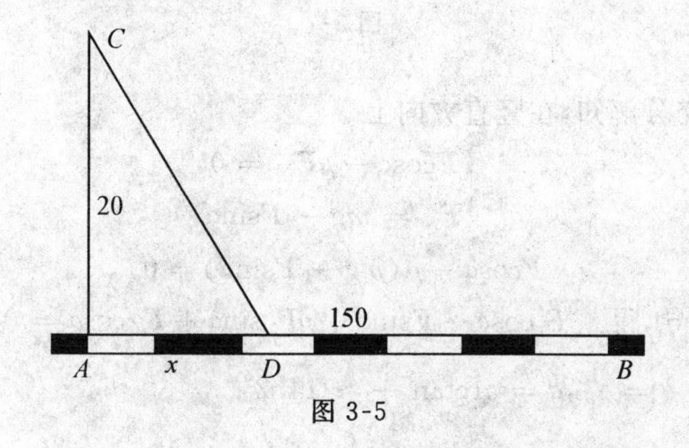

图 3-5

$$f(x)=3k(150-x)+5k\sqrt{x^2+20^2},\quad x\in(0,150)$$

令
$$f'(x)=\left(-3+\frac{5x}{\sqrt{x^2+400}}\right)k=0$$

得 $x=\pm15$. 在区间 $(0,150)$ 内 $f(x)$ 只有唯一的驻点 $x=15$. 又因为 $\forall x\in(0,150)$,有

$$y''=\frac{2000k}{(x^2+400)^{3/2}}>0$$

故在 $x=15$ 处,y 取最小值. 于是 D 点应选在距 A 点 15km 处,此时全程运费最省.

例 3.22 某地区防空洞的截面拟建成矩形加半圆形的形状,如图 3-6 所示,设截面积为 $a\mathrm{m}^2$,试问底宽 x 为多少时,才能使所用建筑材料最省?

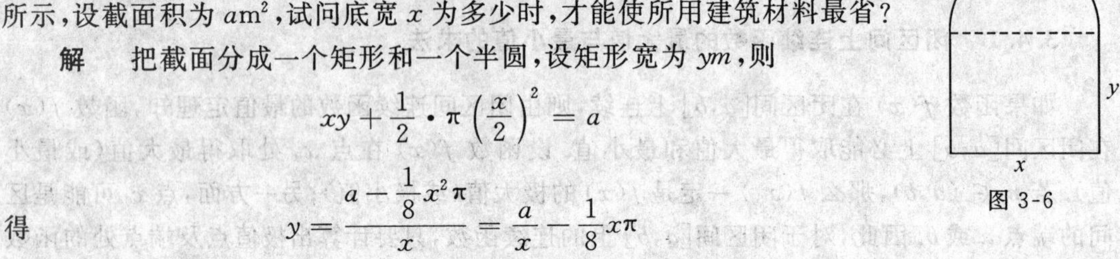

图 3-6

解 把截面分成一个矩形和一个半圆,设矩形宽为 ym,则

$$xy+\frac{1}{2}\cdot\pi\left(\frac{x}{2}\right)^2=a$$

得
$$y=\frac{a-\frac{1}{8}x^2\pi}{x}=\frac{a}{x}-\frac{1}{8}x\pi$$

可以得到目标函数,即截面的周长为

$$l(x)=x+2y+\frac{1}{2}\pi\cdot x=x+\frac{2a}{x}-\frac{1}{4}x\pi+\frac{1}{2}x\pi=x+\frac{2a}{x}+\frac{\pi}{4}x$$

$$l'(x)=1+\frac{\pi}{4}-\frac{2a}{x^2}$$

令 $l'(x)=0$ 得唯一驻点 $x=\sqrt{\frac{8a}{4+\pi}}$,即为最小值点. 即当 $x=\sqrt{\frac{8a}{4+\pi}}$ 时,建筑材料最省.

例 3.23 如图 3-7 所示,设有质量为 5kg 的物体,置于水平面上,受力 $\boldsymbol{F}$ 的作用而开始移动,设摩擦系数 $\mu=0.25$,试问力 $\boldsymbol{F}$ 与水平线的交角 α 为多少时,才能使力 $\boldsymbol{F}$ 为最小?

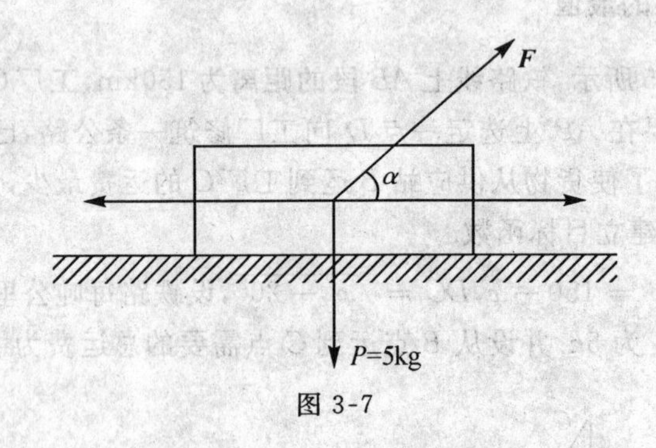

图 3-7

解 由力的正交分解知,在竖直方向上

$$\begin{cases}\boldsymbol{F}\cos\alpha-\mu\boldsymbol{F}_N=0\\ \boldsymbol{F}_N=mg-\boldsymbol{F}\sin\alpha\end{cases}$$

解方程组得
$$\boldsymbol{F}\cos\alpha-\mu(mg-\boldsymbol{F}\sin\alpha)=0$$

方程两边同时对 α 求导,得
$$\boldsymbol{F}'\cos\alpha-\boldsymbol{F}\sin\alpha+\mu\boldsymbol{F}'\sin\alpha+\boldsymbol{F}\mu\cos\alpha=0$$

令 $\boldsymbol{F}'=0$,则 $\tan\alpha=\mu=\frac{1}{4}$,$\alpha=\arctan\frac{1}{4}\approx14.2^\circ$.

练习题 3.4

1. 求下列函数的最大值、最小值

(1) $f(x)=x+\sqrt{1-x},\quad x\in[-5,1]$；　(2) $y=\sqrt{2x-x^2},\quad x\in[0,2]$；

(3) $y=-3x^4+6x^2-1,\quad x\in[-2,2]$；　(4) $y=\sin 2x-2,\quad x\in\left[-\frac{\pi}{2},\frac{\pi}{2}\right]$.

2. 某车间靠墙壁要盖一间长方形小屋，现在存砖只够砌 20m 长的墙壁，试问应围成怎样的长方形才能使这间小屋的面积最大？

3. 要造一圆柱形油罐，体积为 V，试问底半径 r 和高 h 等于多少时，才能使用料最省？这时底直径与高的比是多少？

4. 已知半径为 R 的球，试问内接直圆柱的底半径与高为多大时，才能使直圆柱的体积为最大？

5. 求内接于椭圆 $\frac{x^2}{a^2}+\frac{y^2}{b^2}=1$，边平行于坐标轴的矩形中最大者的面积.

6. 如图 3-8 所示，一半径为 R 的圆铁片中挖去一个扇形做成一个漏斗，试问留下的扇形中心角 φ 取多大时，做成的漏斗容积最大？

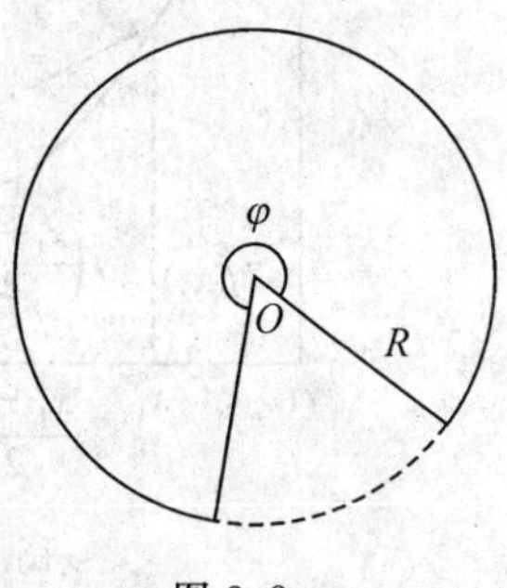

图 3-8

7. 在边长为 a 的一块正方形铁皮的四个角上各截出一个小正方形，将四边上折焊成一个无盖方盒，试问截去的小正方形边长为多大时，方盒的容积最大？

3.5　曲线的凹凸性与拐点

前面我们讨论了函数的单调性，但单调性相同的函数还会存在显著的差异. 例如，当 $x>0$ 时，函数 $y=x^2$ 和 $y=\sqrt{x}$，都是单调增加函数，但是这两个函数的图形是两条弯曲方向不同的沿 Ox 轴正向上升的曲线，如图 3-9 所示. 由此可以看出，要想比较准确地描绘函数的图形，仅仅知道函数的单调性是不够的，还必须讨论曲线的凹凸性.

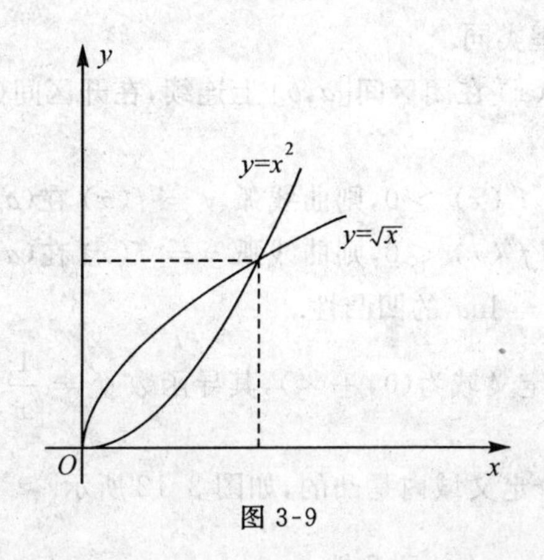

图 3-9

我们从几何方面看到，在有的曲线弧上，如果任取两点，则连接这两点之间的弦总位于这两点之间的弧段的上方，如图 3-10 所示，而有的曲线弧则正好相反，如图 3-11 所示. 曲线的这种性质就是曲线的凹凸性. 因此，曲线的凹凸性可以用连接曲线弧上任意两点的弦的中点与曲线弧上相应点(即具有相同横坐标的点)的位置关系来描述. 下面给出曲线凹凸性的定义.

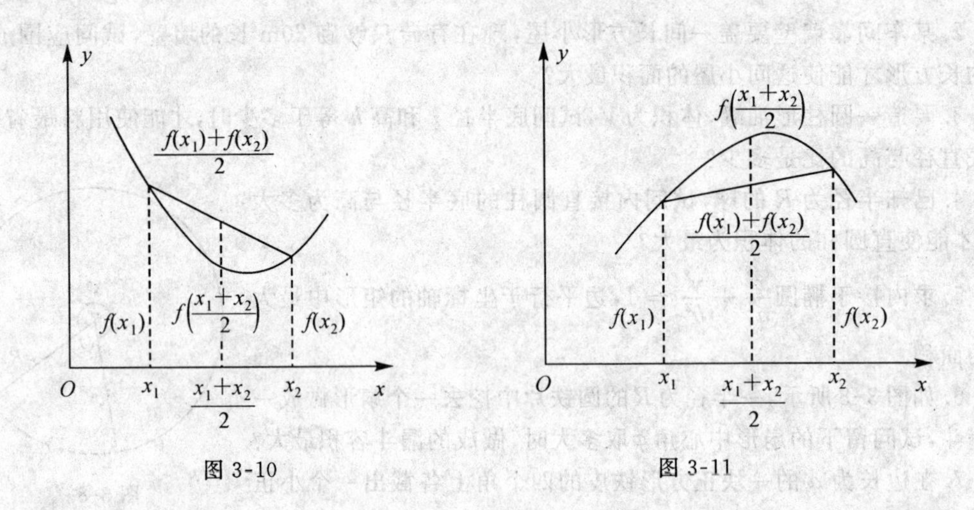

图 3-10　　图 3-11

定义 3.2　设函数 $f(x)$ 在区间 I 上连续，如果对区间 I 上任意两点 x_1, x_2，恒有

$$f\left(\frac{x_1+x_2}{2}\right) < \frac{f(x_1)+f(x_2)}{2} \tag{3-8}$$

则称函数 $f(x)$ 在区间 I 上的图形是(向上)凹的(或凹弧)；如果恒有

$$f\left(\frac{x_1+x_2}{2}\right) > \frac{f(x_1)+f(x_2)}{2} \tag{3-9}$$

则称函数 $f(x)$ 在区间 I 上的图形是(向上)凸的(或凸弧).

如果函数 $f(x)$ 在区间 I 内具有二阶导数，那么可以利用二阶导数的符号来判定曲线的凹凸性，这就是下面的曲线凹凸性的判定定理. 我们仅就 I 为闭区间的情形来叙述这个定理，当 I 不是闭区间时，定理类同.

定理 3.10　设函数 $f(x)$ 在闭区间 $[a,b]$ 上连续，在开区间 (a,b) 内具有一阶导数和二阶导数.

(1) 若在区间 (a,b) 内 $f''(x) > 0$，则曲线弧 $y = f(x)$ 在 (a,b) 内是凹的；

(2) 若在区间 (a,b) 内 $f''(x) < 0$，则曲线弧 $y = f(x)$ 在 (a,b) 内是凸的.

例 3.24　判定曲线 $y = \ln x$ 的凹凸性.

解　函数 $y = \ln x$ 的定义域为 $(0, +\infty)$，其导函数 $y' = \frac{1}{x}$. 当 $x \in (0, +\infty)$ 时，$y'' = -\frac{1}{x^2} < 0$，故该曲线在整个定义域内是凸的，如图 3-12 所示.

例 3.25　判断曲线 $y = x^3$ 的凹凸性.

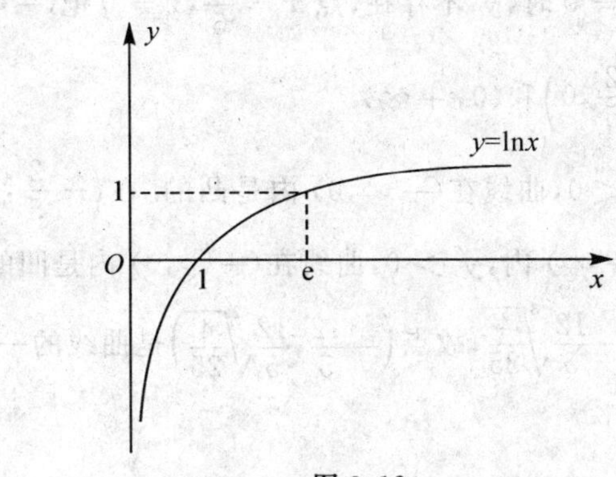

图 3-12

解 $y' = 3x^2, y'' = 6x$.

当 $x < 0$ 时，$y'' = 6x < 0$，曲线是凸的；

当 $x > 0$ 时，$y'' = 6x > 0$，曲线是凹的.

例 3.25 中，点(0,0) 是曲线凸部与凹部的分界点，这种点称为曲线的拐点. 一般地有如下定义：

定义 3.3 设函数 $y = f(x)$ 在所考虑的区间内是连续的，则曲线 $y = f(x)$ 的凹部与凸部的分界点，称为曲线 $y = f(x)$ 的拐点.

例 3.26 求曲线 $y = \sqrt[3]{x}$ 的拐点.

解 函数 $y = \sqrt[3]{x}$ 的定义域是 $(-\infty, +\infty)$，当 $x \neq 0$ 时

$$y' = \frac{1}{3\sqrt[3]{x^2}}, \quad y'' = -\frac{2}{9x\sqrt[3]{x^2}}$$

当 $x = 0$ 时，y', y'' 都不存在. 故二阶导数在 $(-\infty, +\infty)$ 内不连续且不具有零点. 但 $x = 0$ 是 y'' 不存在的点，$x = 0$ 把区间 $(-\infty, +\infty)$ 分成两个部分区间：$(-\infty, 0)$、$(0, +\infty)$.

在区间 $(-\infty, 0)$ 内，$y'' > 0$，曲线在区间 $(-\infty, 0)$ 内是凹的.

在区间 $(0, +\infty)$ 内，$y'' < 0$，曲线在区间 $(0, +\infty)$ 内是凸的.

又当 $x = 0$ 时，$y = 0$，故点(0,0) 是曲线的一个拐点.

由上述两例，我们得到判定曲线 $y = f(x)$ 的凹凸与拐点的步骤如下：

(1) 写出函数 $y = f(x)$ 的定义域，求 $f'(x), f''(x)$；

(2) 求出所有二阶导数 $f''(x)$ 等于零的点及二阶导数不存在的点 x_0；

(3) 用(2) 中求得的点 x_0，检查 $f''(x)$ 在点 x_0 左、右两侧邻近的符号，如果 $f''(x)$ 在点 x_0 的左、右两侧邻近分别保持一定的符号，那么当两侧的符号相反时，点 $(x_0, f(x_0))$ 是拐点，当两侧的符号相同时，点 $(x_0, f(x_0))$ 不是拐点.

例 3.27 求曲线 $y = (x - 2)\sqrt[3]{x^2}$ 的凹凸区间及拐点.

解 函数的定义域为 $(-\infty, +\infty)$.

$$y' = (x^{\frac{5}{3}} - 2x^{\frac{2}{3}})' = \frac{5}{3}x^{\frac{2}{3}} - \frac{4}{3}x^{-\frac{1}{3}}$$

$$y'' = \frac{10}{9}x^{-\frac{1}{3}} + \frac{4}{9}x^{-\frac{4}{3}} = \frac{2(5x + 2)}{9\sqrt[3]{x^4}}$$

当 $x=-\frac{2}{5}$ 时 $y''=0$；当 $x=0$ 时，y'' 不存在，点 $x=\frac{2}{5}$，$x=0$ 把 $(-\infty,+\infty)$ 分成三个部分区间：$\left(-\infty,-\frac{2}{5}\right)$，$\left(-\frac{2}{5},0\right)$ 和 $(0,+\infty)$.

在 $\left(-\infty,-\frac{2}{5}\right)$ 内，$y''<0$，曲线在 $(-\infty,0)$ 内是凸的. 在 $\left(-\frac{2}{5},0\right)$ 内，$y''>0$，曲线在 $(-\infty,0)$ 内是凹的. 在 $(0,+\infty)$ 内，$y''>0$，曲线在 $(-\infty,0)$ 内是凹的.

又当 $x=-\frac{2}{5}$ 时，$y=-\frac{12}{5}\sqrt[3]{\frac{4}{25}}$，故点 $\left(-\frac{12}{5},\frac{12}{5}\sqrt[3]{\frac{4}{25}}\right)$ 是曲线的一个拐点.

练习题 3.5

1. 判定下列曲线的凹凸性

(1) $y=\ln(1+x^2)$； (2) $y=4x-x^2$；

(3) $y=x\arctan x$； (4) $y=x+\frac{1}{x}\quad(x>0)$.

2. 求下列函数图形的拐点及凹或凸的区间

(1) $y=x^3-5x^2+3x+5$； (2) $y=xe^{-x}$；

(3) $y=(x+1)^4+e^x$； (4) $y=\frac{1}{x}$；

(5) $y=\frac{1}{x^2+1}$； (6) $y=\ln(x+2)$.

3. 利用函数图形的凹凸性，证明下列不等式.

(1) $\frac{1}{2}(x^n+y^n)>\left(\frac{x+y}{2}\right)^n\quad(x>0,y>0,x\neq y,n>1)$；

(2) $\frac{e^x+e^y}{2}>e^{\frac{x+y}{2}}\quad(x\neq y)$；

(3) $x\ln x+y\ln y>(x+y)\ln\frac{x+y}{2}\quad(x>0,y>0,x\neq y)$.

4. 已知点 $(1,3)$ 为曲线 $y=ax^3+bx^2$ 的拐点，试求常数 a 与 b 的值和曲线的拐点.

3.6 曲线的渐近线与函数作图

为了比较准确地描绘函数的图形，除了知道函数的单调性与极值、曲线的凹凸性与拐点外，我们还需要了解曲线的走向，下面我们介绍曲线的渐近线.

3.6.1 曲线的渐近线

曲线 C 上的动点 M 沿曲线离坐标原点无限远移时，若能与一直线 l 的距离趋向于零，则称直线 l 为曲线 C 的一条渐近(直)线，如图 3-13 所示.

曲线的渐近线反映了曲线无限延伸时的走向和趋势. 确定曲线 $y=f(x)$ 的渐近线的方法如下：

(1) 若 $\lim\limits_{x\to} f(x)=\infty$，则曲线 $y=f(x)$ 有一铅直渐近线 $x=x_0$；

(2) 若$\lim\limits_{x\to\infty}f(x)=A$,则曲线 $y=f(x)$ 有一水平渐近线 $y=A$;

(3) 若$\lim\limits_{x\to\infty}\dfrac{f(x)}{x}=a$,且$\lim\limits_{x\to\infty}[f(x)-ax]=b$,则曲线 $y=f(x)$ 有一斜的渐近线 $y=ax+b$.

例如,因为$\lim\limits_{x\to0}\dfrac{1}{x}=\infty$,$\lim\limits_{x\to\infty}\dfrac{1}{x}=0$,所以直线 $x=0$ 是曲线 $y=\dfrac{1}{x}$ 的铅直渐近线,直线 $y=0$ 是曲线的一条水平渐近线. 又如,因为 $\lim\limits_{x\to+\infty}\arctan x=\dfrac{\pi}{2}$,$\lim\limits_{x\to-\infty}\arctan x=-\dfrac{\pi}{2}$,所以曲线 $y=\arctan x$ 有两条水平渐近线 $y=\dfrac{\pi}{2}$,$y=-\dfrac{\pi}{2}$,如图 3-14、图 3-15 所示.

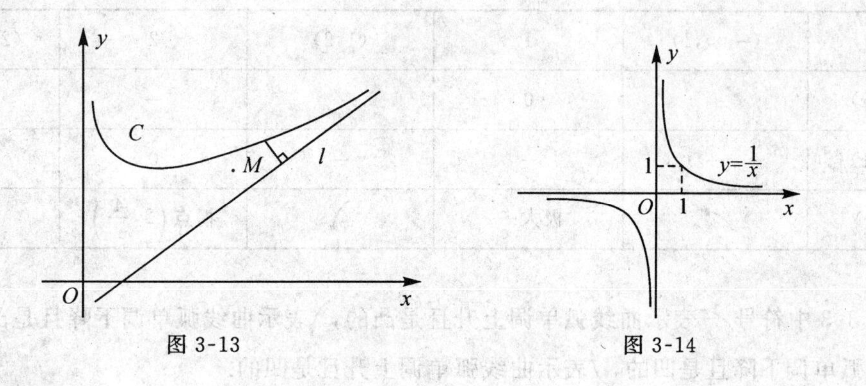

图 3-13　　图 3-14

又如,函数 $f(x)=x-2\arctan x$,因为

$$\lim_{x\to\infty}\frac{f(x)}{x}=\lim_{x\to\infty}\left(1-\frac{2}{x}\arctan x\right)=1$$

且 $\lim\limits_{x\to+\infty}[f(x)-x]=\lim\limits_{x\to+\infty}(-2\arctan x)=-\pi$,所以 $y=x-\pi$ 是斜渐近线,由对称性知 $y=x+\pi$ 亦是渐近线如图 3-16 所示.

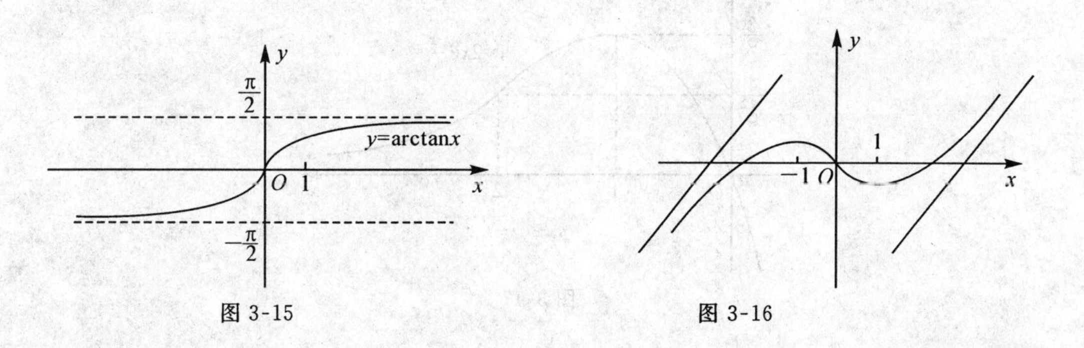

图 3-15　　图 3-16

3.6.2 函数图形的描绘

利用导数描绘函数图形的一般步骤如下:

(1) 确定函数的定义域,考查函数的奇偶性及周期性;

(2) 确定函数的单调区间、极值点及曲线的凹凸区间、拐点;

(3) 考查曲线的渐近线;

(4) 求出曲线上某些特殊点,如曲线与坐标轴的交点、拐点及函数极值对应的点,有时还需补充一些点,然后描绘函数的图形.

例 3.28 描绘函数 $f(x)=2xe^{-x}$ 的图形.

解 (1) 函数 $f(x)$ 的定义域为 $(-\infty,+\infty)$,且 $f(x)\in C((-\infty,+\infty))$.

(2) $f'(x)=2e^{-x}(1-x)$,$f''(x)=2e^{-x}(x-2)$,由 $f'(x)=0$ 得 $x=1$,由 $f''(x)=0$ 得 $x=2$,把定义域分为 3 个区间

$$(-\infty,1),\quad(1,2),\quad(2,+\infty)$$

(3) 列表如表 3-3 所示.

表 3-3

x	$(-\infty,1)$	1	$(1,2)$	2	$(2,+\infty)$
$f'(x)$	$+$	0	$-$	$-$	$-$
$f''(x)$	$-$	$-$	$-$	0	$+$
$f(x)$	↗	极大 $\frac{2}{e}$	↘	拐点 $\left(2,\frac{4}{e^2}\right)$	↘

表 3-3 中符号↗表示曲线弧单调上升且是凸的,↘表示曲线弧单调下降且是凸的,↘表示曲线弧单调下降且是凹的,↗表示曲线弧单调上升且是凹的.

(4) $\lim\limits_{x\to+\infty}f(x)=0$,故曲线 $y=f(x)$ 有渐近线 $y=0$,

$$\lim_{x\to-\infty}f(x)=-\infty.$$

(5) 补充点(0,0)并连点绘图,如图 3-17 所示.

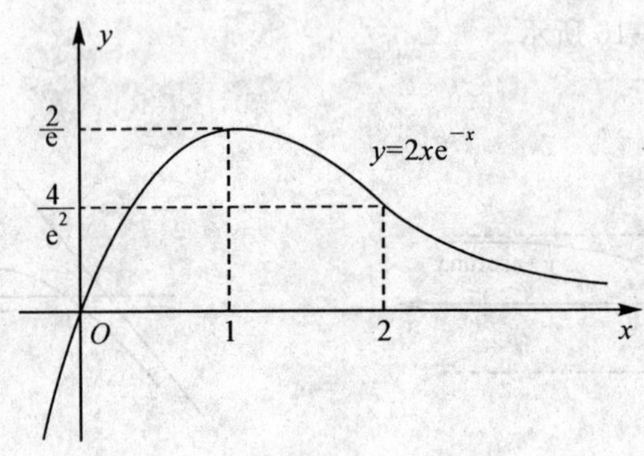

图 3-17

例 3.29 描绘函数 $y=e^{-(x-1)^2}$ 的图形.

解 (1) 所设函数的定义域为 $(-\infty,+\infty)$.

(2) $y'=-2(x-1)e^{-(x-1)^2}$, $y''=e^{-(x-1)^2}\cdot2(2x^2-4x+1)$

令 $y'=0$,得 $x=1$,由 $y''=0$ 得 $x=1\pm\frac{\sqrt{2}}{2}$.把定义域分为 4 个区间

$$\left(-\infty,1-\frac{\sqrt{2}}{2}\right),\quad \left(1-\frac{\sqrt{2}}{2},1\right),\quad \left(1,1+\frac{\sqrt{2}}{2}\right),\quad \left(1+\frac{\sqrt{2}}{2},+\infty\right)$$

(3) 列表如表 3-4 所示.

表 3-4

x	$\left(-\infty,1-\frac{\sqrt{2}}{2}\right)$	$1-\frac{\sqrt{2}}{2}$	$\left(1-\frac{\sqrt{2}}{2},1\right)$	1	$\left(1,1+\frac{\sqrt{2}}{2}\right)$	$1+\frac{\sqrt{2}}{2}$	$\left(1+\frac{\sqrt{2}}{2},+\infty\right)$
$f'(x)$	+	+	+	0	−		−
$f''(x)$	+	0	−		−	0	+
$f(x)$	↗	拐点 $\left(1-\frac{\sqrt{2}}{2},e^{-\frac{1}{2}}\right)$	↗	极大值 $f(1)=1$	↘	拐点 $\left(1+\frac{\sqrt{2}}{2},e^{-\frac{1}{2}}\right)$	↘

(4) $\lim\limits_{x\to\infty}f(x)=0$,故曲线有水平渐近线 $y=0$.

函数图形如图 3-18 所示.

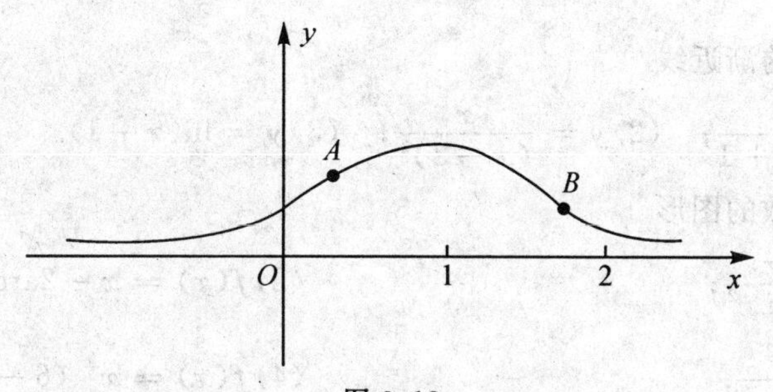

图 3-18

例 3.30　求曲线 $y=(x-1)\sqrt[3]{x^2}$ 的凹凸区间及拐点.

解　函数的定义域为$(-\infty,+\infty)$.

$$y'=(x^{\frac{5}{3}}-x^{\frac{2}{3}})'=\frac{5}{3}x^{\frac{2}{3}}-\frac{2}{3}x^{-\frac{1}{3}}$$

$$y''=\frac{10}{9}x^{-\frac{1}{3}}+\frac{2}{9}x^{-\frac{4}{3}}=\frac{2(5x+1)}{9\sqrt[3]{x^4}}$$

当 $x=-\frac{1}{5}$ 时 $y''=0$;当 $x=0$ 时,y'' 不存在,故以 $x=-\frac{1}{5}$ 和 $x=0$ 将定义域分成 3 个部分区间,并列表讨论如表 3-5 所示.

表 3-5

x	$\left(-\infty,-\frac{1}{5}\right)$	$-\frac{1}{5}$	$\left(-\frac{1}{5},0\right)$	0	$(0,+\infty)$
y''	−	0	+	不存在	+
$y=f(x)$	⌒	有拐点	⌣	无拐点	⌣

函数图形如图 3-19 所示.

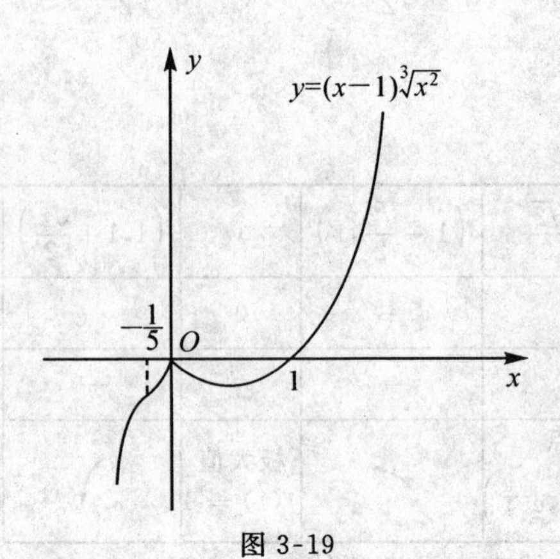

图 3-19

练习题 3.6

1. 求下列曲线的渐近线

(1)$y=\dfrac{1}{x^2+x+1}$；　(2)$y=\dfrac{x}{(x-3)^2}$；　(3)$y=\ln(x+1)$.

2. 描绘下列函数的图形

(1)$f(x)=\dfrac{x}{1+x^2}$；　　(2)$f(x)=x-2\arctan x$；

(3)$f(x)=\dfrac{x^2}{1+x}$；　　(4)$f(x)=x^{\frac{2}{3}}(6-x)^{\frac{1}{3}}$.

3.7 曲　率

3.7.1　弧微分

作为曲率的预备知识,先介绍弧微分的概念.这里我们直观地想象曲线的一段弧为一根柔软且无弹性的细线,拉直后的长度便是其弧长.

设 $f(x)$ 为闭区间$[a,b]$上的连续函数,约定:当 x 增大时,曲线 $y=f(x)$ 上的动点 $M(x,y)$ 沿曲线移动的方向为该曲线的正方向.

在曲线 $y=f(x)$ 上取一定点 M_0 为起点,对曲线上的一点 M,记弧$\widehat{M_0M}$ 的长度为 $\|\widehat{M_0M}\|$. 规定有向弧$\widehat{M_0M}$ 的数值 s(简称弧 s) 为:当$\widehat{M_0M}$ 的方向与曲线的正向一致时,$s=\|\widehat{M_0M}\|$;当$\widehat{M_0M}$ 的方向与曲线的正向相反时,$s=-\|\widehat{M_0M}\|$. 显然,s 是 x 的函数,设为 $s=s(x)$,且是单调增函数,下面来求 $s(x)$ 的导数和微分.

如图 3-20 所示,记曲线上与点 $M(x,y)$ 邻近的点为 $M'(x+\Delta x,y+\Delta y)$,对应于 x 的增量 Δx,弧 s 的增量记为 Δs,则有 $\Delta s=\pm\|\widehat{MM'}\|$(当 $\Delta x>0$ 时取“+”号,当 $\Delta x<0$ 时取“−”号).

若记弦$\overline{MM'}$ 的长度为 $\|\overline{MM'}\|$,则

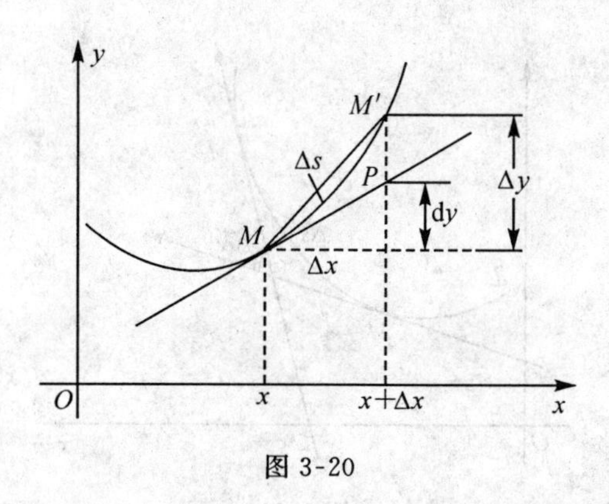

图 3-20

$$\left(\frac{\Delta s}{\Delta x}\right)^2=\left(\frac{\pm\ \|\widehat{MM'}\|}{\Delta x}\right)^2=\left(\frac{\|\widehat{MM'}\|}{\overline{MM'}}\right)^2\cdot\frac{\|\widehat{MM'}\|}{(\Delta x)^2}$$

$$=\left(\frac{\|\widehat{MM'}\|}{\|\overline{MM'}\|}\right)^2\cdot\frac{(\Delta x)^2+(\Delta y)^2}{(\Delta x)^2}=\left(\frac{\|\widehat{MM'}\|}{\|\overline{MM'}\|}\right)^2\left(1+\left(\frac{\Delta y}{\Delta x}\right)^2\right)$$

当 $\Delta x\to 0$ 时,有 $M'\to M$,这时可以证明

$$\lim_{M'\to M}=\frac{\|\widehat{MM'}\|}{\|\overline{MM'}\|}=1$$

又
$$\lim_{\Delta x\to 0}\frac{\Delta y}{\Delta x}=\frac{\mathrm{d}y}{\mathrm{d}x}$$

因此
$$\left(\frac{\mathrm{d}s}{\mathrm{d}x}\right)^2=\lim_{\Delta x\to 0}\left(\frac{\Delta s}{\Delta x}\right)^2=1+\left(\frac{\mathrm{d}y}{\mathrm{d}x}\right)^2$$

或
$$(\mathrm{d}s)^2=(\mathrm{d}x)^2+(\mathrm{d}y)^2$$

由于 $s(x)$ 单调增,故$\frac{\mathrm{d}s}{\mathrm{d}x}>0$,从而

$$\mathrm{d}s=\sqrt{1+y'^2}\,\mathrm{d}x$$

或写成
$$\mathrm{d}s=\sqrt{(\mathrm{d}x)^2+(\mathrm{d}y)^2}.$$

这就是弧微分,显然弧微分的几何意义是:$|\mathrm{d}s|$ 等于$[x,x+\Delta x]$上所对应的切线段长 $\|\overline{MP}\|$,如图 3-20 所示.

若曲线方程为
$$\begin{cases}x=\varphi(t)\\ y=\psi(t)\end{cases}\tag{3-10}$$

则由式(3-10) 及参数方程求导法则,可得

$$\mathrm{d}s=\sqrt{(\varphi'(t))^2+(\psi'(t))^2}\,\mathrm{d}t\tag{3-11}$$

3.7.2 曲率

一条曲线被称为光滑曲线,如果该曲线上每一点都有切线,且切线随切点的移动而连续转动.设 M,M' 是光滑曲线 L 上的两点,当曲线 L 上的动点从 M 移动到 M' 时,切线转过的角度为 $\Delta\alpha$(称为转角),而所对应的弧增量 $\Delta s=\|\widehat{MM'}\|$,如图 3-21 所示.

不难看出,曲线的弯曲程度与两个因素有关,其一是与切线转角有关,转角越大,弯曲越

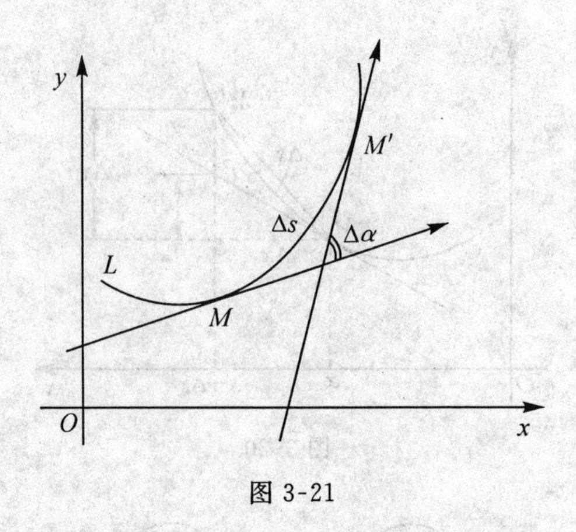

图 3-21

厉害;其二是与弧的长度有关,转角相同时,弧段长度越短,弯曲越厉害,即曲线的弯曲程度与转角成正比,与弧长成反比,于是我们用 $|\Delta\alpha|$ 与 $|\Delta s|$ 的比值来表示弧段 $\widehat{MM'}$ 的弯曲程度,我们将单位弧段上切线转角的大小称为 $\widehat{MM'}$ 的平均曲率,记为 $\bar{k}$,则 $\bar{k}=\left|\dfrac{\Delta\alpha}{\Delta s}\right|$.

我们将上述平均曲率当 $\Delta s\to 0$(即 $M'\to M$) 时的极限,即

$$k=\lim_{x\to 0}\left|\frac{\Delta a}{\Delta s}\right|=\left|\frac{da}{\mathrm{d}s}\right| \tag{3-12}$$

称为曲线 L 在点 M 的曲率.

对于直线,倾角 α 始终不变,故 $\Delta\alpha=0$,从而 $k=0$,即"直线不弯曲".

对于圆,设半径为 R,由图 3-22 知,任意两点 M,M' 处圆之切线所夹的角 Δa 等于中心角 $\angle MDM'$,而 $\angle MDM'=\dfrac{\Delta s}{R}$,于是 $\dfrac{\Delta\alpha}{\Delta s}=\dfrac{\frac{\Delta s}{R}}{\Delta s}=\dfrac{1}{R}$,故

$$k=\lim_{\Delta x\to 0}\left|\frac{\Delta\alpha}{\Delta s}\right|=\frac{1}{R}.$$

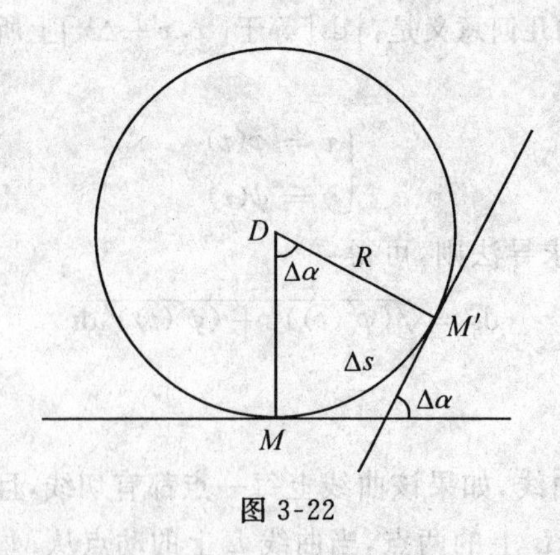

图 3-22

即圆上任意两点处的曲率都相等,且等于其半径的倒数,半径越大,曲率越小,若半径无限增大,则曲率无限趋近于零. 直线是半径为无穷大的圆.

下面给出曲率的计算公式，设曲线方程为 $y=f(x)$，且 $f(x)$ 具有二阶导数，记曲线在点 $(x,f(x))$ 处切线的倾角为 α，则 $y'=\tan\alpha$，从而

$$y''=\sec^2\alpha\frac{\mathrm{d}\alpha}{\mathrm{d}x}$$

即
$$\frac{\mathrm{d}\alpha}{\mathrm{d}x}=\frac{y''}{1+\tan^2\alpha}=\frac{y''}{1+y'^2}$$

故 $\mathrm{d}\alpha=\dfrac{y''}{1+y'^2}\mathrm{d}x$. 又 $\mathrm{d}s=\sqrt{1+y'^2}\mathrm{d}x$ 于是

$$k=\left|\frac{\mathrm{d}\alpha}{\mathrm{d}s}\right|=\frac{|y''|}{(1+y'^2)^{\frac{3}{2}}} \tag{3-13}$$

若曲线方程为 $\begin{cases}x=\varphi(t)\\y=\psi(t)\end{cases}$，则由参数方程求导法则，可得

$$k=\frac{|\varphi'(t)\psi''(t)-\psi'(t)\varphi''(t)|}{[(\varphi'(t))^2+(\psi'(t))^2]^{\frac{3}{2}}} \tag{3-14}$$

在实际工程技术中，有时需研究曲率问题，例如，钢梁在荷载作用下会弯曲变形，在设计时就要对其曲率有一定限制，再如铺设铁路铁轨时，在拐弯处也要考虑曲率，铁轨由直线到圆弧，这中间必须用过渡曲线连接，过渡曲线在其与直轨衔接的一端曲率应为零，而在与圆轨衔接的另一端应具有与圆弧相同的曲率，否则曲率的突然变化，将使高速行驶的列车产生的离心力突变，从而造成列车的剧烈震动，影响车辆、铁轨的使用寿命，甚至有列车脱轨的危险.

例 3.31 铁路拐弯处常用立方抛物线作为过渡曲线，试求曲线 $y=\dfrac{1}{3}x^3$ 在点 $(0,0)$，$\left(1,\dfrac{1}{3}\right)$ 和 $\left(2,\dfrac{8}{3}\right)$ 处的曲率.

解 $y'=x^2, y''=2x$，由式(3-13)，可得

$$k=\frac{|2x|}{(1+(x^2)^2)^{\frac{3}{2}}}=\frac{|2x|}{(1+x^4)^{\frac{3}{2}}}$$

于是，在点 $(0,0)$ 处 $k_0=0$；在点 $\left(1,\dfrac{1}{3}\right)$ 处，$k_1=\dfrac{\sqrt{2}}{2}\approx0.707$；在点 $\left(2,\dfrac{8}{3}\right)$ 处，$k_2=\dfrac{4}{17\sqrt{17}}\approx 0.057$.

例 3.32 椭圆 $x=a\cos\theta, y=b\sin\theta(a>b>0)$ 上哪一点的曲率最大？哪一点的曲率最小？

解
$$\frac{\mathrm{d}x}{\mathrm{d}\theta}=-a\sin\theta,\quad \frac{\mathrm{d}^2x}{\mathrm{d}\theta^2}=-a\cos\theta$$

$$\frac{\mathrm{d}y}{\mathrm{d}\theta}=b\sin\theta,\quad \frac{\mathrm{d}^2y}{\mathrm{d}\theta^2}=-b\sin\theta$$

由式(3-14)，得

$$k=\frac{ab}{(a^2\sin^2\theta+b^2\cos^2\theta)^{\frac{3}{2}}}$$

又

$$\frac{\mathrm{d}k}{\mathrm{d}\theta}=-\frac{3ab(a^2-b^2)\sin\theta\cos\theta}{(a^2\sin^2\theta+b^2\cos^2\theta)^{\frac{5}{2}}}$$

由$\dfrac{dk}{d\theta}=0$,得驻点$\theta=0,\dfrac{\pi}{2},\pi,\dfrac{3}{2}\pi$.

因$a>b$,故$\dfrac{dk}{d\theta}$在区间$\left(0,\dfrac{\pi}{2}\right),\left(\dfrac{\pi}{2},\pi\right),\left(\pi,\dfrac{3}{2}\pi\right),\left(\dfrac{3}{2}\pi,2\pi\right)$中的符号依次为$-,+,-,+$. 因此,易知当$\theta=0,\pi$时,$k$取最大值,当$\theta=\dfrac{\pi}{2},\dfrac{3}{2}\pi$时,$k$取最小值;且

$$k_{\max}=\frac{a}{b^2},\quad k_{\min}=\frac{b}{a^2}.$$

3.7.3 曲率圆与曲率半径

设光滑曲线C上点M处的曲率为$k(k\neq0)$. 在C上点M的邻近任取两点M_1,M_2,过3点M,M_1,M_2作一个$\odot D_1$. 当点M_1,M_2沿C趋向于M时,$\odot D_1$趋向于$\odot D$,我们称$\odot D$为曲线C在点M处的曲率圆. 该圆的圆心D称为C在点M处的曲率中心,该圆的半径R称为C在点M处的曲率半径,如图3-23所示.

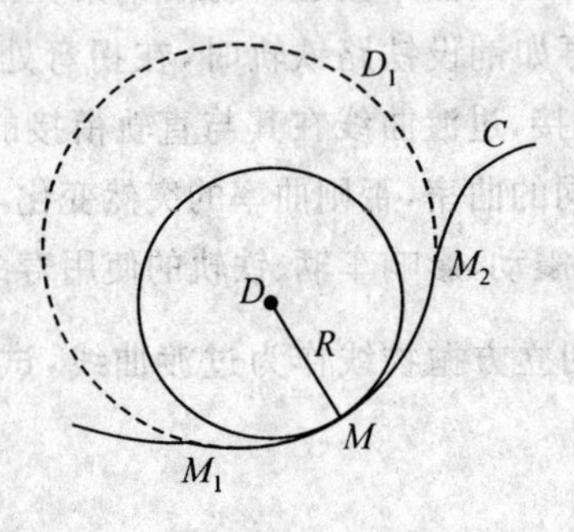

图 3-23

假设曲线方程为$y=f(x)$,函数$f(x)$具有连续二阶导数,即$f''(x)$存在且连续,我们来求曲线$y=f(x)$在点$M(x,y)$处的曲率中心的坐标$D(\xi,\eta)$,和曲率半径R.

按定义,设$\odot D_1$的圆心为$D_1(\xi_1,\eta_1)$,半径为R_1,其方程为

$$(x-\xi_1)^2+(y-\eta_1)^2=R_1^2$$

记

$$F(x)=(x-\xi_1)^2+(f(x)-\eta_1)^2-R_1^2.$$

因为$M,M_1(x_1,y_1),M_2(x_2,y_2)$都在$\odot D_1$上,所以$F(x)=0,F(x_1)=0,F(x_2)=0$. 不妨设$x_1<x<x_2$,则由罗尔定理,$\exists x_3\in(x_1,x),x_4\in(x,x_2)$,使得$F'(x_3)=0$和$F'(x_4)=0$. 再由罗尔定理,$\exists x_5\in(x_3,x_4)$,使得$F''(x_5)=0$.

当M_1,M_2趋近于M时,x_3,x_4,x_5均趋近于x,故有

$$F(x)=0,\quad F'(x)=0,\quad F''(x)=0.$$

同时,$(\xi_1,\eta_1)\to(\xi,\eta)$,$R_1\to R$. 于是曲率圆$\odot D$的圆心$D(\xi,\eta)$及半径$R$满足下列方程组

$$\begin{cases}(x-\xi)^2+(y-\eta)^2-R^2=0\\(x-\xi)+(y-\eta)y'=0\\1+y'^2+(y-\eta)y''=0\end{cases}$$

解这个方程组,便得

$$\begin{cases}\xi=x-\dfrac{y'}{y''}(1+y'^2)\\ \eta=y+\dfrac{1}{y''}(1+y'^2)\end{cases}\tag{3-15}$$

及

$$R=\frac{1}{k}\tag{3-16}$$

由上述不难看出,曲线 $y=f(x)$ 在点 M 的曲率圆有下列性质:

(1) 在点 M 处与曲线有相同的曲率;

(2) 在点 M 处与曲线相切,且在切点附近有相同的凹凸性.

由性质(2) 还可以知道,点 M 处曲率圆的圆心位于曲线在该点的法线上.

我们来看一个应用实例.

例 3.33　某工件内表面的型线为 $y=0.4x^2$,现要用砂轮磨削内表面,试问应选多大直径的砂轮?

解　为使磨削时不会多磨掉不应磨去的部分,砂轮半径应不超过抛物线上各点处曲率半径的最小值,如图 3-24 所示.

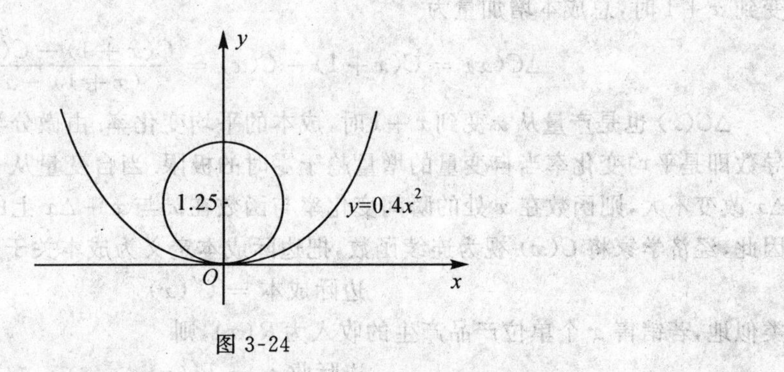

图 3-24

对于 $y=0.4x^2$,有 $y'=0.8x$,$y''=0.8$. 曲率半径最小,应是曲率最大,而

$$k=\frac{0.8}{(1+(0.8x)^2)^{\frac{3}{2}}}$$

当 $x=0$ 时,k 取最大值 0.8,即顶点处曲率最大,因而有

$$R=\frac{1}{k}=1.25$$

答:砂轮直径不得超过 2.50 单位长.

练习题 3.7

1. 计算抛物线 $y=4x-x^2$ 在其顶点处的曲率.
2. 计算曲线 $y=\mathrm{ch}x$ 上点(0,1) 处的曲率.

3. 计算正弦曲线 $y=\sin x$ 上点 $\left(\frac{\pi}{2},1\right)$ 处的曲率.

4. 求曲线 $y=\ln(\sec x)$ 在点 (x,y) 处的曲率及曲率半径.

5. 求曲线 $x=a\cos^3 t, y=a\sin^3 t$ 在 $t=t_0$ 对应的点处的曲率.

6. 一架飞机沿抛物线路径 $y=\frac{x^2}{10\,000}$(Oy 轴铅直向上,单位为 m) 做俯冲飞行,在坐标原点 O 处飞机速度 $v=200\text{m/s}$,飞行员体重 $G=70\text{kg}$,试求飞机俯冲至最低点即原点 O 处时,座椅对飞行员的反作用力.

3.8 导数在经济学中的应用

3.8.1 边际函数

"边际"是经济学中的关键术语. 常常是指"新增"的意思. 例如,边际效应是指消费新增1单位商品时所带来的新增效应,边际成本是指在所考虑的产量水平上再增加生产1单位产品所需成本,边际收入是指在所考虑的销量水平上再增加1个单位产品销量所带来的收入. 在经济学中,这类边际问题还有许多. 下面以边际成本为例,引出经济学中边际函数的数学定义.

设生产数量为 x 的某种产品的总成本为 $C(x)$,一般而言,$C(x)$ 是 x 的增函数,产量从 x 变到 $x+1$ 时,总成本增加量为

$$\Delta C(x)=C(x+1)-C(x)=\frac{C(x+1)-C(x)}{(x+1)-x} \tag{3-17}$$

$\Delta C(x)$ 也是产量从 x 变到 $x+1$ 时,成本的平均变化率. 由微分学中关于导数的定义知,导数即是平均变化率当自变量的增量趋于零时的极限. 当自变量从 x 变到 $x+\Delta x$ 时,只要 Δx 改变不大,则函数在 x 处的瞬间变化率与函数在 x 与 $x+\Delta x$ 上的平均变化率相差不大,因此,经济学家将 $C(x)$ 视为连续函数,把边际成本定义为成本关于产量的瞬时变化率,即

$$\text{边际成本}=C'(x) \tag{3-18}$$

类似地,若销售 x 个单位产品产生的收入为 $R(x)$,则

$$\text{边际收入}=R'(x) \tag{3-19}$$

设利润函数用 $\pi(x)$ 表示,则有

$$\pi(x)=R(x)-C(x) \tag{3-20}$$

因此边际利润为

$$\pi'(x)=R'(x)-C'(x) \tag{3-21}$$

令 $\pi'(x)=0$,得 $R'(x)=C'(x)$. 如果 $\pi(x)$ 有极值,则在 $R'(x)=C'(x)$ 时取得,因此当边成本等于边际收入时,利润取得极大(极小)值.

一般地,经济学中称某函数的导数为其边际函数.

3.8.2 函数的弹性

我们首先来讨论需求的价格弹性,人们对于某些商品的需求量,与该商品的价格有关. 当商品的价格下降时,需求量将增大;当商品的价格上升时,需求量会减少. 为了衡量某种商

品的价格发生变动时，该商品的需求量变动的大小，经济学家把需求量变动的百分比除以价格变动的百分比定义为需求的价格弹性，简称价格弹性.

设商品的需求 Q 为价格 P 的函数，即 $Q=f(P)$，则价格弹性为

$$\frac{\left(\dfrac{\Delta Q}{Q}\right)}{\left(\dfrac{\Delta P}{P}\right)}=\frac{P}{Q}\cdot\frac{\Delta Q}{\Delta P} \tag{3-22}$$

若 Q 是 P 的可微函数，则当 $\Delta P\to 0$ 时，有

$$\lim_{\Delta P\to 0}\left(\frac{\dfrac{\Delta Q}{Q}}{\dfrac{\Delta P}{P}}\right)=\frac{P}{Q}\lim_{\Delta P\to 0}\frac{\Delta Q}{\Delta P}=\frac{P}{Q}\frac{\mathrm{d}Q}{\mathrm{d}P} \tag{3-23}$$

故商品的价格弹性为$\dfrac{P}{Q}\dfrac{\mathrm{d}Q}{\mathrm{d}P}$，记为$\dfrac{EQ}{EP}$，其含义为价格变动 1% 所引起的需求变动的百分比.

例 3.34　设某地区城市人口对服装的需求函数为$Q=aP^{-0.54}$，其中 $a>0$ 为常数，P 为价格，则服装的需求价格弹性为

$$\frac{EQ}{EP}=\frac{P}{Q}\cdot\frac{\mathrm{d}Q}{\mathrm{d}P}=\frac{P}{Q}\cdot aP^{-0.54-1}(-0.54)=-0.54.$$

说明服装价格提高(或降低)1%，则对服装的需求减少(或提高)0.54%.

需求价格弹性为负值时，需求量的变化与价格的变化是反向的，为了方便，记 $E=\left|\dfrac{EQ}{EP}\right|$，称 $E>1$ 的需求为弹性需求，表示该需求对价格变动比较敏感；称 $E<1$ 的需求为非弹性需求，表示该需求对价格变动不太敏感，一般地，生活必需品的需求价格弹性小，而奢侈品的需求价格弹性比较大.

例 3.35　求下列幂函数的弹性：

(1) $y=ax^b$；　(2) $y=ax^2+bx+c\,(a>0,b\neq 0)$.

解　(1)
$$\frac{Ey}{Ex}=\frac{x}{ax^b}\cdot abx^{b-1}=b.$$

(2)
$$\frac{Ey}{Ex}=\frac{x}{ax^2+bx+c}(2ax+b)=\frac{2ax^2+bx}{ax^2+bx+c}.$$

3.8.3　增长率

在许多宏观经济问题的研究中，所考查的对象一般是随时间的推移而不断变化的，如国民收入、人口、对外贸易额、投资总额等.我们希望了解这些量在单位时间内相对于过去的变化率，如人口增长率、国民收入增长率、投资增长率等.

设某经济变量 y 是时间 t 的函数：$y=f(t)$，单位时间内 $f(t)$ 的增长量占基数 $f(t)$ 的百分比

$$\frac{\dfrac{f(t+\Delta t)-f(t)}{\Delta t}}{f(t)}$$

称为 $f(t)$ 从 t 到 $t+\Delta t$ 的平均增长率.

若将 $f(t)$ 视为 t 的可微函数，则有

$$\lim_{\Delta t\to 0}\frac{1}{f(t)}\cdot\frac{f(t+\Delta t)-f(t)}{\Delta t}=\frac{1}{f(t)}\lim_{\Delta t\to 0}\frac{f(t+\Delta t)-f(t)}{\Delta t}=\frac{f'(t)}{f(t)} \tag{3-24}$$

我们称$\dfrac{f'(t)}{f(t)}$为 $f(t)$ 在时刻 t 的瞬时增长率,简称增长率,记为 γ_f.

由导数的运算法则知,函数的增长率有两条重要的运算法则:

(1) 积的增长率等于各因子增长率之和;

(2) 商的增长率等于分子与分母的增长率之差.

事实上,设 $y(t)=u(t)\cdot v(t)$,则由

$$\frac{dy}{dt}=u\cdot\frac{dv}{dt}+v\cdot\frac{dv}{dt}$$

可得

$$\gamma_y=\frac{1}{y}\frac{dy}{dt}=\frac{1}{uv}(u\mathrm{d}v+v\mathrm{d}u)/\mathrm{d}t=\frac{1}{v}\frac{dv}{dt}+\frac{1}{v}\frac{du}{dt}=\gamma_u+\gamma_v \tag{3-25}$$

同理可以推导出,若 $y(t)=\dfrac{u(t)}{v(t)}$,则 $\gamma_y=\gamma_u-\gamma_v$.

例 3.36 设国民收入 Y 的增长率是 γ_Y,人口 H 的增长率是 γ_H,则人均国民收入$\dfrac{Y}{H}$的增长率是 $\gamma_Y-\gamma_H$.

例 3.37 求函数(1) $y=ax+b$; (2) $y=ae^{bx}$ 的增长率.

解 (1)
$$\gamma_y=\frac{y'}{y}=\frac{a}{ax+b}.$$

(2)
$$\gamma_y=\frac{ab\,e^{bx}}{a\,e^{bx}}=b.$$

由(1)知,当 $x\to\infty$ 时,$\gamma_y\to 0$,即线性函数的增长率随自变量的不断增大而不断减小,直至趋于零,由(2)知,指数函数的增长率恒等于常数.

练习题 3.8

1. 设总收入和总成本分别由以下两式给出:
$$R(q)=5q-0.003q^2,\quad C(q)=300+1.1q,$$
其中 q 为产量,$0\leqslant q\leqslant 1000$. 试求:(1) 边际成本;(2) 获得最大利润时的产量.

2. 设生产 q 件产品的成本 $C(q)$ 由下式给出
$$C(q)=0.01q^3-0.6q^2+13q.$$
(1) 设每件产品的价格为 7 元,试问企业的最大利润是多少?

(2) 当固定生产水平为 34 件时,若每件价格每提高 1 元时少卖出 2 件,试问是否应该提高价格?如果是,价格应该提高多少?

3. 求下列初等函数的边际函数、弹性和增长率:

(1) $y=ax+b$; (2) $y=ae^{bx}$; (3) $y=x^a$,其中 $a,b\in\mathbf{R},\alpha\neq 0$.

4. 设某种商品的需求弹性为 0.8,试问当价格分别提高 10%,20% 时,需求量将如何变化?

5. 国民收入的年增长率为 7.1%,若人口的增长率为 1.2%,试问人均收入年增长率为多少?

总复习题3

1. 下列各极限都存在，能用洛必达法则求之的有(　　).

(A) $\lim\limits_{x\to 0}\dfrac{x^2\sin\dfrac{1}{x}}{\sin x}$　　(B) $\lim\limits_{x\to+\infty}\dfrac{x+\cos x}{x+\sin x}$

(C) $\lim\limits_{x\to+\infty}\dfrac{\arctan x-\dfrac{\pi}{2}}{\operatorname{arccot} x}$　　(D) $\lim\limits_{x\to+\infty}\dfrac{e^x-e^{-x}}{e^x+e^{-x}}$

2. 设在区间$[0,1]$上$f''(x)>0$，则$f'(0)$，$f'(1)$，$f(1)-f(0)$或$f(0)-f(1)$的大小顺序是(　　).

(A) $f'(1)>f'(0)>f(1)-f(0)$　　(B) $f'(1)>f(1)-f(0)>f'(0)$

(C) $f(1)-f(0)>f'(1)>f'(0)$　　(D) $f'(1)>f(0)-f(1)>f'(0)$

3. 设$a<x<b$，$f'(x)<0$，$f''(x)<0$，则在区间(a,b)内曲线弧$y=f(x)$的图形(　　).

(A) 沿Ox轴正向下降且为凹的　　(B) 沿Ox轴正向下降且为凸的

(C) 沿Ox轴正向上升且为凹的　　(D) 沿Ox轴正向上升且为凸的

4. 求下列极限

(1) $\lim\limits_{x\to 0}\dfrac{(1+x)^{\frac{1}{x}}-e}{x}$；　　(2) $\lim\limits_{x\to 0}\dfrac{\sqrt{1+\tan x}-\sqrt{1-\tan x}}{\sin x}$；

(3) $\lim\limits_{x\to 0}\dfrac{e^x-e^{\sin x}}{x-\sin x}$；　　(4) $\lim\limits_{x\to+\infty}\left[x-x^2\ln\left(1+\dfrac{1}{x}\right)\right]$；

(5) $\lim\limits_{x\to 0}\left[\dfrac{1}{\ln(1+x)}-\dfrac{1}{x}\right]$；　　(6) $\lim\limits_{x\to 0}(\cos x)^{\frac{1}{\sin^2 x}}$.

5. 设函数$f(x)=nx(1-x)^n(n=1,2,\cdots)$在区间$[0,1]$上的最大值为$M_n$，试计算$\lim\limits_{n\to\infty}M_n$.

6. 设函数$f(x)$在闭区间$[0,+\infty]$上二阶可导，并且$f(0)=0$，$f''(x>0)$. 试证明$g(x)=\dfrac{f(x)}{x}$在$(0,+\infty)$内单调增加.

7. 证明当$x>0$时，$\ln(1+x)>\dfrac{\arctan x}{1+x}$.

8. 试确定常数a和b，使$f(x)=x-(a+b\cos x)\sin x$为当$x\to 0$时关于x的5阶无穷小.

9. 设$a_0+\dfrac{a_1}{2}+\cdots+\dfrac{a_n}{n+1}=0$，证明多项式

$$f(x)=a_0+a_1x+\cdots+a_nx^n$$

在区间$(0,1)$内至少有一个零点.

10. 求$f(x)=c(x^2+1)^2$的极值与极值点.

11. 试确定$y=k(x^2-3)^2$中的k，使曲线在拐点处的法线通过原点.

12. 将一条长为l的铁丝分成两段，分别构成圆形和正方形. 若将它们的面积分别记为S_1和S_2. 试证明：当S_1+S_2最小时，$\dfrac{S_1}{S_2}=\dfrac{\pi}{4}$.

第4章 不定积分

4.1 不定积分的概念与性质

4.1.1 原函数与不定积分的概念

首先,我们给出以下定义:

定义 4.1 如果在区间 I 上,可导函数 $F(x)$ 的导函数为 $f(x)$,即对任一 $x \in I$,都有 $F'(x) = f(x)$ 或 $\mathrm{d}F(x) = f(x)\mathrm{d}x$,那么函数 $F(x)$ 就称为 $f(x)$ 在区间 I 上的原函数.

如:$(\sin x)' = \cos x$,所以 $\sin x$ 是 $\cos x$ 的原函数. 又如:当 $x \in (-1,1)$ 时,$(\arcsin x)' = \dfrac{1}{\sqrt{1-x^2}}$,所以 $\arcsin x$ 是 $\dfrac{1}{\sqrt{1-x^2}}$ 在区间 $(-1,1)$ 内的原函数.

关于原函数,自然会有以下3个问题:

1. 一个函数具备什么条件,能保证其原函数存在?
2. 一个函数如果存在原函数,其原函数有多少?
3. 一个函数如果存在若干个原函数,这些原函数之间有关系吗?

下面将逐一回答这些问题.

1. 对于第一个问题,我们先介绍一个结论:

定理 4.1 (原函数存在定理) 如果函数 $f(x)$ 在区间 I 上连续,那么在区间 I 上一定存在可导函数 $F(x)$,使得对任一 $x \in I$,都有 $F'(x) = f(x)$. 即:连续函数一定存在原函数.

定理 4.1 的证明将在下一章给出,需进一步指出的是,因为初等函数在其定义区间内连续,所以初等函数在其定义区间内都有原函数

2. 设在区间 I 上有 $F'(x) = f(x)$,又设 C 为任意常数,那么在区间 I 上必有 $[F(x)+C]' = F'(x) = f(x)$ 由定义 4.1,函数 $F(x)+C$ 也是 $f(x)$ 在区间 I 上的一个原函数,又由 C 的任意性,所以 $f(x)$ 的原函数有无限多个.

3. 设函数 $F(x)$ 与 $\Phi(x)$ 都是 $f(x)$ 在区间 I 上的原函数,则在区间 I 上有 $F'(x) = f(x)$ 及 $\Phi'(x) = f(x)$,因此,就有 $[F(x) - \Phi(x)]' = f(x) - f(x) = 0, x \in I$,而导数导于零的函数必为常数,所以一定存在一个常数 C,使得 $F(x) - \Phi(x) = C$,即 $F(x)$ 与 $\Phi(x)$ 在 I 上相差一个常数,由此,也就得到了第三个问题的答案:如果一个函数有原函数,那么该函数的任何两个原函数之间只相差一个常数,亦即,如果函数 $F(x)$ 为 $f(x)$ 的一个原函数,则 $f(x)$ 的全体原函数所组成的集合就是 $\{F(x)+C \mid -\infty < C < +\infty\}$.

至此,可以将上面的讨论归纳为以下定理:

定理 4.2 如果函数 $f(x)$ 在区间 I 上有一个原函数 $F(x)$,则 $F(x)+C$ 是 $f(x)$ 在区

间 I 上的全体原函数.

现在我们可以引入下面的概念:

定义 4.2　在区间 I 上,函数 $f(x)$ 的所有原函数称为 $f(x)$ 在区间 I 上的不定积分,记为 $\int f(x)\mathrm{d}x$,其中 $\int$ 为积分号,$f(x)$ 为被积函数,$f(x)\mathrm{d}x$ 为被积表达式,x 为积分变量.

由定义 4.2 及前面的说明可以知道,如果函数 $F(x)$ 是 $f(x)$ 在区间 I 上的一个原函数,那么 $F(x)+C$ 就是 $f(x)$ 的所有原函数,即

$$\int f(x)\mathrm{d}x = F(x)+C \tag{4-1}$$

因而不定积分 $\int f(x)\mathrm{d}x$ 代表了 $f(x)$ 的任意一个原函数

由定义 4.2,我们也就知道,要计算不定积分 $\int f(x)\mathrm{d}x$,只需要寻找到被积函数 $f(x)$ 的一个原函数 $F(x)$,再用 $F(x)$ 加上任意常数 C,就得到 $\int f(x)\mathrm{d}x$.

例 4.1　验证　$\ln(x+\sqrt{x^2+1})$ 是 $\dfrac{1}{\sqrt{x^2+1}}$ 的原函数,并求不定积分 $\int f(x)\mathrm{d}x$

解　利用复合函数的求导方法,得

$$\begin{aligned}[\ln(x+\sqrt{x^2+1})]' &= \frac{1}{x+\sqrt{x^2+1}}(x+\sqrt{x^2+1})' \\ &= \frac{1}{x+\sqrt{x^2+1}}\left(1+\frac{x}{\sqrt{x^2+1}}\right) = \frac{1}{\sqrt{x^2+1}}\end{aligned}$$

所以　$\ln(x+\sqrt{x^2+1})$ 是 $\dfrac{1}{\sqrt{x^2+1}}$ 的一个原函数,由原函数与不定积分的关系,得到不定积分

$$\int \frac{1}{\sqrt{x^2+1}}\mathrm{d}x = \ln(x+\sqrt{x^2+1})+C.$$

例 4.2　求 $\int \dfrac{1}{x}\mathrm{d}x$.

解　当 $x>0$ 时,由于 $(\ln x)'=\dfrac{1}{x}$,所以 $\ln x$ 是 $\dfrac{1}{x}$ 在 $(0,+\infty)$ 内的一个原函数,因此,在 $(0,+\infty)$ 内

$$\int \frac{1}{x}\mathrm{d}x = \ln x + C.$$

当 $x<0$ 时,由于 $[\ln(-x)]' = \dfrac{1}{-x}(-1) = \dfrac{1}{x}$,$\ln(-x)$ 是 $\dfrac{1}{x}$ 在 $(-\infty,0)$ 内的一个原函数,因此在 $(-\infty,0)$ 内,$\int \dfrac{1}{x}\mathrm{d}x = \ln(-x)+C$.

把 $x>0$ 及 $x<0$ 内的结果结合起来,就可以写成

$$\int \frac{1}{x}\mathrm{d}x = \ln|x|+C.$$

例 4.3　设曲线通过点(1,2),且其上任一点处的切线斜率等于该点横坐标的两倍,试

求该曲线的方程.

解 设所求曲线的方程为 $y = f(x)$，按题意，曲线上任一点 (x, y) 处曲线的切线斜率为 $\frac{dy}{dx} = 2x$，即 $f(x)$ 是 $2x$ 的一个原函数，而 $2x$ 的任意一个原函数为

$$\int 2x dx = x^2 + C.$$

故必有某个常数 C，使得 $f(x) = x^2 + C$ 即曲线方程为

$$y = x^2 + C$$

由于所求曲线通过点 $(1, 2)$ 故得 $C = 1$，于是所求曲线的方程为 $y = x^2 + 1$.

不定积分的几何意义：由于不定积分 $\int f(x) dx$ 是被积函数 $f(x)$ 的所有原函数 $F(x) + C$ 的集合，所以对任意给定的常数 C，都对应唯一确定的原函数 $F(x) + C$，我们称之为 $f(x)$ 的积分曲线，因为常数 C 可以取任意的实数，所以不定积分 $\int f(x) dx$ 表示 $f(x)$ 的一族积分曲线，如图 4-1 所示，任意给定自变量 x 的一个值 x_o，积分曲线族 $F(x) + C$ 中所有曲线在相应点的切线彼此平行，切线的斜率都等于 $f(x_o)$，因此 $f(x)$ 的积分曲线族中每一条曲线均可以由 $F(x)$ 沿 Oy 轴向上或向下平移 $|C|$ 个单位而得到.

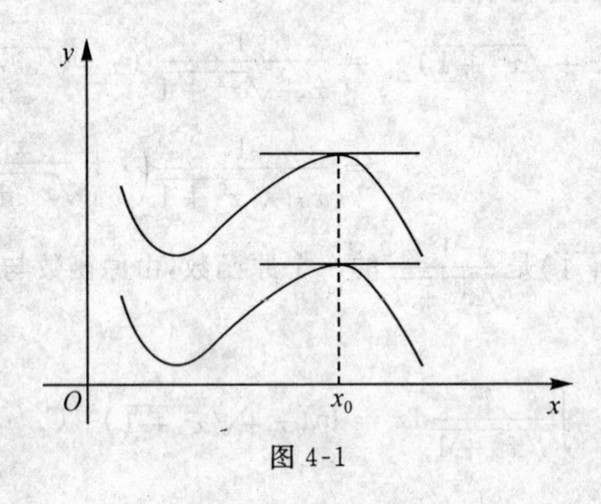

图 4-1

4.1.2 基本积分公式

为了有效地计算不定积分，必须掌握一些基本积分公式，与在求函数的导数时必须掌握基本初等函数的求导公式一样，由于积分法与微分法互为逆运算，故由导数的基本公式可以得到下面的基本积分公式.

1. $\int 0 dx = C$，　　2. $\int x^\alpha dx = \frac{x^{\alpha+1}}{\alpha + 1} + C \quad (\alpha \neq -1)$.

3. $\int \frac{1}{x} dx = \ln |x| + C$.　　4. $\int a^x dx = \frac{a^x}{\ln a} + C \quad (a > 0, a \neq 1)$.

5. $\int e^x dx = e^x + C$.　　6. $\int \sin x dx = -\cos x + C$.

7. $\int \cos x dx = -\sin x + C$.　　8. $\int \sec\tan x dx = \sec x + C$.

9. $\int \cos x \mathrm{d}x = \sin x + C$. 10. $\int \sec^2 x \mathrm{d}x = \tan x + C$.

11. $\int \csc^2 x \mathrm{d}x = -\cot x + C$. 12. $\int \frac{1}{\sqrt{1-x^2}} \mathrm{d}x = \arcsin x + C = -\arccos x + C$.

13. $\int \frac{1}{1+x^2} \mathrm{d}x = \arctan x + C = -\operatorname{arccot} x + C$.

要验证上述这些公式,只需验证公式右端的导数等于左端不定积分的被积函数,这种方法是我们验证不定积分的计算是否正确常用的方法.

下面我们通过一些具体例子来学习如何利用基本积分公式求不定积分.

例 4.4 求$\int \frac{1}{x^3} \mathrm{d}x$.

解 $\int \frac{1}{x^3} \mathrm{d}x = \int x^{-3} \mathrm{d}x = \frac{1}{-3+1} x^{-3+1} + C = -\frac{1}{2} x^{-2} + C = -\frac{1}{2x^2} + C$.

例 4.5 求$\int \frac{1}{x^3 \sqrt[4]{x}} \mathrm{d}x$.

解 由于$\frac{1}{x^3 \sqrt[4]{x}} = x^{-\frac{13}{4}}$,由公式得

$$\int \frac{1}{x^3 \sqrt[4]{x}} \mathrm{d}x = \int x^{-\frac{13}{4}} \mathrm{d}x = \frac{1}{-\frac{13}{4}+1} x^{-\frac{13}{4}+1} + C = -\frac{4}{9x^2 \sqrt[4]{x}} + C.$$

上述两例表明,有时被积函数实际是幂函数,需用分式或根式表示,遇此情形,应先把函数化为 x^{-u} 的形式,然后用幂函数的积分公式来求不定积分.

例 4.6 求$\int 2^x \mathrm{e}^x \mathrm{d}x$.

解
$$\int 2^x \mathrm{e}^x \mathrm{d}x = \int (2\mathrm{e})^x \mathrm{d}x = \frac{1}{\ln(2\mathrm{e})} (2\mathrm{e})^x + C.$$

例 4.7 求$\int \frac{2^x}{3^x} \mathrm{d}x$.

解
$$\int \frac{2^x}{3^x} \mathrm{d}x = \int \left(\frac{2}{3}\right)^x \mathrm{d}x = \frac{\left(\frac{2}{3}\right)^x}{\ln\left(\frac{2}{3}\right)} + C.$$

与前面幂函数情况类似,上述两例中被积函数分别是两个指数函数的乘积与商,由指数函数运算的性质知道,它们可以化成 a^x 形式的指数函数,因此可以用公式计算.

4.1.3 不定积分的性质

在讨论不定积分的性质时,总是假设被积函数在所讨论的某区间上是连续的.

性质 4.1 若函数 $F(x)$ 是函数 $f(x)$ 的一个原函数,则:

(1) $\left(\int f(x) \mathrm{d}x\right)' = f(x)$ 或 $\mathrm{d}\left(\int f(x) \mathrm{d}x\right) = f(x) \mathrm{d}x$;

(2) $\int F'(x) \mathrm{d}x = F(x) + C$ 或 $\int \mathrm{d}F(x) = F(x) + C$ $\left(这里\left(\int f(x) \mathrm{d}x\right)' = \frac{\mathrm{d}}{\mathrm{d}x}\left(\int f(x) \mathrm{d}x\right)\right)$.

性质 4.1 说明:不定积分运算与微分运算之间的互逆关系,从(1) 中可以看到:函数

$f(x)$ 先求不定积分,再求导数,其结果等于 $f(x)$,从(2)中可以看到:对 $F(x)$ 先求导数,再求不定积分,其结果不再是 $F(x)$,而是 $F(x)+C$.

性质 4.2 若 $k\neq 0$ 为常数,则 $\int kf(x)\mathrm{d}x=k\int f(x)\mathrm{d}x$.

性质 4.2 说明:不定积分中不为零的常数因子可以提到积分号外面来.

性质 4.3 若 $f_1(x)$、$f_2(x)$ 为可积函数,则

$$\int[f_1(x)\pm f_2(x)]\mathrm{d}x=\int f_1(x)\mathrm{d}x\pm\int f_2(x)\mathrm{d}x \tag{4-2}$$

对于有限个函数的情形,结论也是成立的,即

$$\int[f_1(x)\pm f_2(x)\pm\cdots\pm f_n(x)]\mathrm{d}x=\int f_1(x)\mathrm{d}x\pm\int f_2(x)\mathrm{d}x\pm\cdots\pm\int f_n(x)\mathrm{d}x \tag{4-3}$$

例 4.8 求 $\int\left(3\cos x-\dfrac{4}{x}+x\sqrt{x}\right)\mathrm{d}x$.

解
$$\begin{aligned}\int\left(3\cos x-\frac{4}{x}+x\sqrt{x}\right)\mathrm{d}x&=\int 3\cos x\mathrm{d}x+\int\left(-\frac{4}{x}\right)\mathrm{d}x+\int x\sqrt{x}\mathrm{d}x\\&=3\int\cos x\mathrm{d}x-4\int\frac{1}{x}\mathrm{d}x+\int x^{\frac{3}{2}}\mathrm{d}x\\&=3\sin x-4\ln x+\frac{2}{5}x^{\frac{5}{2}}+C.\end{aligned}$$

例 4.9 求 $\int\dfrac{(1-x)^3}{x\cdot\sqrt[3]{x}}\mathrm{d}x$

解
$$\begin{aligned}\int\frac{(1-x)^3}{x\cdot\sqrt[3]{x}}\mathrm{d}x&=\int\frac{1-3x+3x^2-x^3}{x^{\frac{4}{3}}}\mathrm{d}x=\int x^{-\frac{4}{3}}\mathrm{d}x-3\int x^{-\frac{1}{3}}\mathrm{d}x+3\int x^{\frac{2}{3}}\mathrm{d}x-\int x^{\frac{5}{3}}\mathrm{d}x\\&=-3x^{-\frac{1}{3}}-3\cdot\frac{3}{2}x^{\frac{2}{3}}+3\cdot\frac{3}{5}x^{\frac{5}{3}}-\frac{3}{8}x^{\frac{8}{3}}+C.\\&=-\frac{3}{\sqrt[3]{x}}\left(1+\frac{3}{2}x-\frac{3}{5}x^2+\frac{1}{8}x^3\right)+C.\end{aligned}$$

例 4.10 求 $\int\dfrac{(x^2-1)\sqrt{1-x^2}-2x}{x\sqrt{1-x^2}}\mathrm{d}x$.

解
$$\begin{aligned}\int\frac{(x^2-1)\sqrt{1-x^2}-2x}{x\sqrt{1-x^2}}\mathrm{d}x&=\int\frac{x^2-1}{x}\mathrm{d}x-2\int\frac{\mathrm{d}x}{\sqrt{1-x^2}}=\int x\mathrm{d}x-\int\frac{\mathrm{d}x}{x}-2\arcsin x\\&=\frac{1}{2}x^2-\ln|x|-2\arcsin x+C.\end{aligned}$$

例 4.11 求 $\int\dfrac{x^4}{1+x^2}\mathrm{d}x$.

解
$$\begin{aligned}\int\frac{x^4}{1+x^2}\mathrm{d}x&=\int\frac{x^4-1+1}{x^2+1}\mathrm{d}x=\int\frac{(x^2-1)(x^2+1)}{x^2+1}\mathrm{d}x+\int\frac{1}{x^2+1}\mathrm{d}x\\&=\int(x^2-1)\mathrm{d}x+\arctan x=\frac{1}{3}x^3-x+\arctan x+C.\end{aligned}$$

例 4.12 求 $\int\cos^2\dfrac{x}{2}\mathrm{d}x$.

解　由半角公式$\cos^2\dfrac{x}{2}=\dfrac{\cos x+1}{2}$得

$$\int\cos^2\frac{x}{2}\mathrm{d}x=\int\left(\frac{1}{2}\cos x+\frac{1}{2}\right)\mathrm{d}x=\frac{1}{2}\int\cos x\mathrm{d}x+\frac{1}{2}x=\frac{1}{2}\sin x+\frac{1}{2}x+C.$$

例 4.13　求$\int\tan^2x\mathrm{d}x$.

解　$\int\tan^2x\mathrm{d}x=\int(\sec^2x-1)\mathrm{d}x=\int\sec^2x\mathrm{d}x-\int\mathrm{d}x=\tan x-x+C$.

例 4.14　求$\int\dfrac{\cos 2x}{\sin^2\cos^2x}\mathrm{d}x$.

解

$$\begin{aligned}\int\frac{\cos 2x}{\cos^2x\sin^2x}\mathrm{d}x&=\int\frac{\cos^2x-\sin^2x}{\cos^2x\cdot\sin^2x}\mathrm{d}x=\int\frac{1}{\sin^2x}\mathrm{d}x-\int\frac{1}{\cos^2x}\mathrm{d}x\\&=\int\csc^2x\mathrm{d}x-\int\sec^2x\mathrm{d}x=-\cot x-\tan x+C\\&=-\frac{1}{\sin x\cos x}+C.\end{aligned}$$

例 4.15　已知一物体由静止开始作直线运动，在时间段 $0\leqslant t\leqslant 4$(单位：s) 内，物体的运动速度为$V(t)=16t-t^3$(m/s)，试求：

(1) 经过 4s 后，物体运动的路程；

(2) 在运动期间，物体运动 28m 所需的时间.

解　假设物体的运动规律为 $s(t)$，则由导数的概念知道，有

$$s'(t)=v(t)=16t-t^3,0\leqslant t\leqslant 4$$

即 $s(t)$ 是 $v(t)$ 的一个原函数，因此

$$s(t)=\int(16t-t^3)\mathrm{d}t=8t^2-\frac{1}{4}t^4+C$$

由于 $s(0)=0$，代入上式中得到 $C=0$，于是得到该物体的运动规律为

$$s(t)=8t^2-\frac{1}{4}t^4.$$

现在可以利用上式解答所提的两个问题：

(1) 经过 4s 后物体运动的路程为

$$s(4)=8\cdot 4^2-\frac{1}{4}\times 4^4=64(\mathrm{m}).$$

(2) 物体运动了 28m，即

$$s(t)=8t^2-\frac{1}{4}t^4=28\quad(0\leqslant t\leqslant 4)$$

解得 $t=2$，即当 $t=2$s 时，物体运动了 28m.

练习题 4.1

1. 求下列不定积分

(1)$\int\dfrac{\mathrm{d}x}{x^2}$；　(2)$\int x\sqrt{x}\mathrm{d}x$；　(3)$\int\dfrac{\mathrm{d}x}{\sqrt{x}}$；

(4)$\int x^2\sqrt[3]{x}\mathrm{d}x$；　(5)$\int\dfrac{\mathrm{d}x}{x^2\sqrt{x}}$；　(6)$\int\sqrt[m]{x^n}\mathrm{d}x$；

(7)$5x^3\mathrm{d}x$；　(8)$\int(x^2-3x+2)\mathrm{d}x$；　(9)$\int\frac{dh}{\sqrt{2gh}}$；

(10)$\int(x-2)^2\mathrm{d}x$；　(11)$\int(x^2+1)^2\mathrm{d}x$；　(12)$\int(\sqrt{x}+1)(\sqrt{x^3}-1)\mathrm{d}x$；

(13)$\int\frac{(1-x)^2}{\sqrt{x}}\mathrm{d}x$；　(14)$\int\frac{3x^4+3x^2+1}{x^2+1}\mathrm{d}x$；　(15)$\int\frac{x^2}{1+x^2}\mathrm{d}x$；

(16)$\int\left(2\mathrm{e}^x+\frac{3}{x}\right)\mathrm{d}x$；　(17)$\int\left(\frac{3}{1+x^2}-\frac{2}{\sqrt{1-x^2}}\right)\mathrm{d}x$；　(18)$\int\mathrm{e}^x\left(1-\frac{\mathrm{e}^{-x}}{\sqrt{x}}\right)\mathrm{d}x$；

(19)$\int3^x\mathrm{e}^x\mathrm{d}x$；　(20)$\int\frac{2\cdot3^x-5\cdot2^x}{3^x}\mathrm{d}x$；　(21)$\int\sec x(\sec x-\tan x)\mathrm{d}x$；

(22)$\int\sin^2\frac{x}{2}\mathrm{d}x$；　(23)$\int\frac{\mathrm{d}x}{1+\cos2x}$；　(24)$\int\frac{\cos2x}{\cos x-\sin x}\mathrm{d}x$；

(25)$\int\left(1-\frac{1}{x^2}\right)\sqrt{x\sqrt{x}}\,\mathrm{d}x$.

2. 一曲线通过点$(\mathrm{e}^2,3)$，且在任一点处的切线的斜率导于该点横坐标的倒数，试求该曲线的方程.

3. 一物体由静止正常运动，经 7s 后的速度是 $3t^2$(m/s)，试问：

(1) 在 3s 后物体离开出发点的距离是多少？

(2) 物体走完 360m 需要多少时间？

4.2 换元积分法

利用基本积分公式与不定积分的性质，虽然可以计算出一些不定积分，但是所能计算的不定积分非常有限，一些看上去很简单的函数，例如 $\tan x$、$\sin2x$、$x\mathrm{e}^{x^2}$ 等，我们还不能计算这些函数的不定积分，因此，有必要进一步研究不定积分的计算方法，联想到在前面的章节中，对于大量遇到的复合函数，有复合函数的求导法则 —— 链式法则来用于这类函数的求导计算，我们现在把复合函数的求导法则反过来用于求不定积分，利用中间变量的代换，得到复合函数的积分，这种方法称为换元积分法，简称换元法. 换元法通常分为两类，我们先讨论第一类换元法.

4.2.1 第一类换元法

设函数 $f(u)$ 有原函数 $F(u)$，即 $F'(u)=f(u)$，又设 $u=\varphi(x)$ 可导，则根据复合函数的求导法则

$$\{F[\varphi(x)]\}'=F'[\varphi(x)]\varphi'(x)=f[\varphi(x)]\varphi'(x).$$

从而根据不定积分的意义，就得到

$$\int f[\varphi(x)]\varphi'(x)\mathrm{d}x=F[\varphi(x)]+C=F(u)+C\Big|_{u=\varphi(x)}=\int f(u)\mathrm{d}u\Big|_{u=\varphi(x)}\tag{4-4}$$

于是我们就有下面的定理.

定理 4.3 设 $f(u)$ 具有原函数 $F(u)$，$u=\varphi(x)$ 是可导函数，则有换元公式

$$\int f[\varphi(x)]\varphi'(x)\mathrm{d}x=\left[\int f(u)\mathrm{d}u\right]_{u=\varphi(x)}\tag{4-5}$$

如何利用公式(4-5)来计算不定积分呢?设$\int g(x)\mathrm{d}x$是所要计算的不定积分,如果我们可以将被积表达式配成$f[\varphi(x)]\varphi'(x)$的形式,其中的函数$f(u)$与$u=\varphi(x)$满足定理4.3中的条件,并且$\int f(u)\mathrm{d}u$比较容易求出,那么就可以利用公式(4-5)来计算给出的不定积分$\int g(x)\mathrm{d}x$了,这种通过中间变量的代换:$u=\varphi(x)$,将原来的不定积分$\int g(x)\mathrm{d}x$转化为以中间是u为积分变量的不定积分$\int f(u)\mathrm{d}u$,通过计算$\int f(u)\mathrm{d}u$来求解$\int g(x)\mathrm{d}x$的计算方法,称为第一类换元法,也称为凑微分法.

例 4.16　求$\int (2x+1)^8\mathrm{d}x$.

解

$$\begin{aligned}\int (2x+1)^8\mathrm{d}x &= \frac{1}{2}\int (2x+1)^8\mathrm{d}(2x)\\ &= \frac{1}{2}\int (2x+1)^8\mathrm{d}(2x+1) \xlongequal{\text{设 } u=2x+1} \frac{1}{2}\int u^8\mathrm{d}u\\ &= \frac{1}{2}\cdot\frac{1}{9}u^9+C=\frac{1}{18}(2x+1)^9+C.\end{aligned}$$

例 4.17　求$\int \frac{1}{x^2}\cos\frac{1}{x}\mathrm{d}x$.

解

$$\int \frac{1}{x^2}\cos\frac{1}{x}\mathrm{d}x=-\int\cos\frac{1}{x}\cdot\left(\frac{1}{x}\right)'\mathrm{d}x \xlongequal{u=\frac{1}{x}} -\int\cos u\mathrm{d}u=-\sin u+C=-\sin\frac{1}{x}+C.$$

例 4.18　求$\int \frac{1}{x(1+2\ln x)}\mathrm{d}x$.

解

$$\begin{aligned}\int \frac{1}{x(1+2\ln x)}\mathrm{d}x &= \int\frac{1}{1+2\ln x}d(\ln x)=\frac{1}{2}\int\frac{1}{1+2\ln x}\mathrm{d}(1+2\ln x)\\ &= \frac{1}{2}\ln|1+2\ln x|+C.\end{aligned}$$

例 4.19　求$\int \sin^2 x\cos^5 x\mathrm{d}x$.

解

$$\begin{aligned}\int \sin^2 x\cos^5 x\mathrm{d}x &= \int\sin^2 x\cos^4 x\cos x\mathrm{d}x=\int\sin^2 x(1-\sin^2 x)^2\mathrm{d}(\sin x)\\ &= \int(\sin^2 x-2\sin^4 x+\sin^6 x)\mathrm{d}\sin x\\ &= \frac{1}{3}\sin^3 x-\frac{2}{5}\sin^5 x+\frac{1}{7}\sin^7+C.\end{aligned}$$

注:被积函数是三角函数的乘积时,拆开奇次项凑微分.

例 4.20　求$\int \sin^2 x\cos^4 x\mathrm{d}x$.

解

$$\begin{aligned}\int \sin^2 x\cos^4 x\mathrm{d}x &= \int\left(\frac{1}{2}\sin^2 2x\right)^2\cos^2 x\mathrm{d}x=\frac{1}{8}\int\sin^2 2x(1+\cos 2x)\mathrm{d}x\\ &= \frac{1}{8}\int\left(\frac{1-\cos 4x}{2}+\sin^2 2x\cos 2x\right)\mathrm{d}x\\ &= \frac{1}{16}\int\mathrm{d}x-\frac{1}{16}\int\cos 4x\mathrm{d}x+\frac{1}{8}\int\sin^2 2x\cos 2x\mathrm{d}x\end{aligned}$$

$$=\frac{x}{16}-\frac{1}{64}\int\cos4x\mathrm{d}(4x)+\frac{1}{16}\int\sin^2 2x\mathrm{d}(\sin2x)$$

$$=\frac{1}{16}x-\frac{1}{64}\sin4x+\frac{1}{48}\sin^3 2x+C.$$

注:被积函数为三角函数的偶数次幂时,常用半角公式通过降低幂次的方法来计算.

例 4.21 求$\int\tan^5 x\sec^3 x\mathrm{d}x$.

解 $\int\tan^5 x\sec^3 x\mathrm{d}x=\int\tan^4 x\sec^2 x\tan x\cdot\sec x\mathrm{d}x=\int(\sec^2 x-1)^2\sec^2 x\mathrm{d}(\sec x)$

$$=\int(\sec^6 x-2\sec^4 x+\sec^2 x)\mathrm{d}(\sec x)$$

$$=\frac{1}{7}\sec^7 x-\frac{2}{5}\sec^5 x+\frac{1}{3}\sec^3 x+C.$$

例 4.22 求不定积分$\int\frac{1}{1+\mathrm{e}^x}\mathrm{d}x$.

解 $\int\frac{1}{1+\mathrm{e}^x}\mathrm{d}x=\int\frac{1+\mathrm{e}^x-\mathrm{e}^x}{1+\mathrm{e}^x}\mathrm{d}x=\int\left(1-\frac{\mathrm{e}^x}{1+\mathrm{e}^x}\right)\mathrm{d}x=\int\mathrm{d}x-\int\frac{1}{1+\mathrm{e}^x}\mathrm{d}(\mathrm{e}^x)$

$$=x-\ln(1+\mathrm{e}^x)+C.$$

例 4.23 求$\int\frac{\arctan\frac{1}{x}}{1+x^2}\mathrm{d}x$.

解 $\int\frac{\arctan\frac{1}{x}}{1+x^2}\mathrm{d}x=-\int\arctan\frac{1}{x}\mathrm{d}\left(\arctan\frac{1}{x}\right)=-\frac{1}{2}\left(\arctan\frac{1}{x}\right)^2+C.$

注:凑微分法是一种非常重要的积分方法,应用这种方法求不定积分的关键在于凑微分,找出相应凑微分公式,面对所求的积分$\int g(x)\mathrm{d}x$,如何想到用凑微分法呢?要通过观察被积函数的特征来确定,从上面的例子可以总结出以下几条规律:

(1) 若被积函数中有明显可以放入微分号内的因式时,如例 4.17.

(2) 若被积函数中复合函数的内层函数的层数为被积函数某因式的常数倍时,如例 4.16.

(3) 若被积函数是乘积形式(商式),且一个因式的导数是另一个因式的常数倍时,如例 4.23.

(4) 若被积函数是三角函数的乘积时,拆开奇次项凑微分.

(5) 若被积函数为三角函数的偶数次幂时,常用半角公式通过降低幂次的方法来计算.

应用凑微分法求不定积分,有如下一些常用的凑微分公式:

(1) $\mathrm{d}x=\mathrm{d}(x+c)$; (2) $\mathrm{d}x=\frac{1}{k}\mathrm{d}(kx)$; (3) $x\mathrm{d}x=\frac{1}{2}\mathrm{d}x^2$; (4) $x^k\mathrm{d}x=\frac{1}{k+1}\mathrm{d}x^{k+1}$;

(5) $\frac{1}{x^2}\mathrm{d}x=-\mathrm{d}\left(\frac{1}{x}\right)$; (6) $\frac{1}{\sqrt{x}}\mathrm{d}x=2\mathrm{d}(\sqrt{x})$; (7) $\sin x\mathrm{d}x=-\mathrm{d}\cos x$; (8) $\cos x\mathrm{d}x=\mathrm{d}\sin x$;

(9) $\sec^2 x\mathrm{d}x=\mathrm{d}\tan x$; (10) $\csc^2 x\mathrm{d}x=-\mathrm{d}\cot x$; (11) $\frac{1}{\sqrt{1-x^2}}\mathrm{d}x=\mathrm{d}\arcsin x$;

(12) $\frac{1}{1+x^2}dx = d\arctan x$； (13) $\frac{1}{x}dx = d(\ln x)$； (14) $e^x dx = d(e^x)$；

(15) $a^x dx = \frac{1}{\ln a}d(a^x)$； (16) $\sec x \tan x dx = d\sec x$； (17) $\csc x \cot x dx = -d(\csc x)$；

(18) $\frac{x}{\sqrt{1+x^2}}dx = d(\sqrt{1+x^2})$； (19) $\int \sin mx \cos x dx$， $\int \sin mx \sin nx dx$， $\int \cos mx \cos nx dx$

利用三角函数的积化和差公式变换再凑微分；

(20) $\int \sin^m x dx, \int \cos^m x dx$（$m$ 为奇数），用 $\sin^2 x + \cos^2 x = 1$；

(21) $\int \sin^m x dx, \int \cos^m x dx$（$m$ 为偶数），用降幂公式化简再积分.

4.2.2 第二类换元法

有时不定积分 $\int f(x)dx$ 并不容易计算，但是适当选择变量代换 $x = \varphi(t)$，把不定积分 $\int f(x)dx$ 化为 $\int f[\varphi(t)]\varphi'(t)dt$，后者却是容易计算的，这时我们就可以考虑通过这种途径来计算出 $\int f(x)dx$，这种方法实际上是第一类换元法的公式(4-5)反方向使用，称之为第二类换元法，因为不定积分 $\int f(x)dx$ 是一族以 x 为自变量的函数，因此必须要求变量代换 $x = \varphi(t)$ 有反函数 $t = \varphi^{-1}(x)$，这样，在不定积分 $\int f[\varphi(t)]\varphi'(t)dt$ 被求出之后，再代入 $t = \varphi^{-1}(x)$，才会回到以前以 x 为自变量的函数族，为此，假设函数 $x = \varphi(t)$ 有连续的导函数，且导函数不等于 0，这足以保证其反函数存在.

现在，除了假设函数 $x = \varphi(t)$ 满足上述条件之外，还假设 $f(x)$ 连续，那么 $f[\varphi(t)]\varphi'(t)$ 必然连续，从而存在原函数，设 $\Phi(t)$ 是 $f(x)$ 的原函数，则根据复合函数的求导法则与反函数求导法，有

$$\frac{d}{dx}\Phi[\varphi^{-1}(x)] = \frac{d\Phi}{dt}\frac{dt}{dx} = f[\varphi(t)]\varphi'(t)\frac{1}{\varphi'(t)} = f[\varphi(t)] = f(x) \tag{4-6}$$

这就证明了 $\Phi[\varphi^{-1}(x)]$ 是 $f(x)$ 的原函数，从而有

$$\int f(x)dx = \Phi[\varphi^{-1}(x)] + c = \int [f(\varphi(t))]\varphi'(t)dt\Big|_{t=\varphi^{-1}(x)} \tag{4-7}$$

因此有以下的定理

定理 4.4 设 $f(x)$ 连续，$x = \varphi(t)$ 有连续的导函数，且导函数 $\varphi'(t) \neq 0$，则有换元公式

$$\int f(x)dx \xlongequal{x=\varphi(t)} \int f[\varphi(t)]\varphi'(t)dt = \Phi(t) + C = \Phi[\varphi^{-1}(x)] + C \tag{4-8}$$

例 4.24 求 $\int \frac{x+1}{\sqrt[3]{3x+1}}dx$.

解 为了去掉根式，可以令 $\sqrt[3]{3x+1} = t$，于是 $x = \frac{1}{3}(t^3 - 1)$，$dx = t^2 dt$，从而所求积分为

$$\int \frac{x+1}{\sqrt[3]{3x+1}}\mathrm{d}x = \int \frac{\frac{1}{3}(t^3-1)+1}{t}t^2\mathrm{d}t = \frac{1}{3}\int (t^4+2t)\mathrm{d}t$$

$$= \frac{1}{3}\left(\frac{1}{5}t^5+t^2\right)+C = \frac{1}{5}(x+2)(3x+1)^{\frac{2}{3}}+C.$$

例 4.25 求$\int \frac{1}{\sqrt{x}(1+\sqrt[3]{x})}\mathrm{d}x$.

解 为同时消去被积函数中的根式$\sqrt{x}$和$\sqrt[3]{x}$,可以令 $x=t^6$,则 $\mathrm{d}x=6t^5\mathrm{d}t$,从而

$$\int \frac{1}{\sqrt{x}(1+\sqrt[3]{x})}\mathrm{d}x = \int \frac{6t^5}{t^3(1+t^2)}\mathrm{d}t = \int \frac{6t^2}{1+t^2}\mathrm{d}t = 6\int \frac{t^2+1-1}{1+t^2}\mathrm{d}t$$

$$= 6\int \left(1-\frac{1}{1+t^2}\right)\mathrm{d}t = 6[t-\arctan t]+C$$

$$= 6[\sqrt[6]{x}-\arctan\sqrt[6]{x}]+C.$$

例 4.26 求$\int \sqrt{a^2-x^2}\mathrm{d}x \quad (a>0)$.

解 令 $x=a\sin t$ 则 $\mathrm{d}x=a\cos t\mathrm{d}t, t\in\left(-\frac{\pi}{2},\frac{\pi}{2}\right)$,所以

$$\int \sqrt{a^2-x^2}\mathrm{d}x = \int a\cos t\cdot a\cos t\mathrm{d}t = \frac{a^2}{2}\int (1+\cos 2t)\mathrm{d}t$$

$$= \frac{a^2}{2}\left(t+\frac{1}{2}\sin 2t\right)+C = \frac{a^2}{2}(t+\sin t\cos t)+C.$$

为将变量 t 还原回原来的积分变量 x,由 $x=a\sin t$ 可知 $\cos t=\frac{\sqrt{a^2-x^2}}{a}$,代入上式,得

$$\int \sqrt{a^2-x^2}\mathrm{d}x = \frac{a^2}{2}\left(\arcsin\frac{x}{a}+\frac{x}{a}\cdot\frac{\sqrt{a^2-x^2}}{a}\right)+C = \frac{a^2}{2}\arcsin\frac{x}{a}+\frac{x}{2}\cdot\sqrt{a^2-x^2}+C.$$

例 4.27 求$\int \frac{1}{\sqrt{x^2+a^2}}\mathrm{d}x \quad (a>0)$.

解 令 $x=a\tan t$,则 $\mathrm{d}x=a\sec^2 t\mathrm{d}t, t\in\left(-\frac{\pi}{2},\frac{2}{\pi}\right)$,于是

$$\int \frac{1}{\sqrt{x^2+a^2}}\mathrm{d}x = \int \frac{1}{a\sec t}\cdot a\sec^2 t\mathrm{d}t = \int \sec t\mathrm{d}t = \ln|\sec t+\tan t|+C$$

$$= \ln\left|\frac{x}{a}+\frac{\sqrt{x^2+a^2}}{a}\right|+C.$$

例 4.28 求$\int \frac{1}{\sqrt{x^2-a^2}}\mathrm{d}x \quad (a>0)$.

解 令 $x=a\sec t$,则 $\mathrm{d}x=a\sec t\cdot\tan t\mathrm{d}t, t\in\left(0,\frac{\pi}{2}\right)$,于是

$$\int \frac{1}{\sqrt{x^2-a^2}}\mathrm{d}x = \int \frac{a\sec t\cdot\tan t}{a\tan t}\mathrm{d}t = \int \sec t\mathrm{d}t = \ln|\sec t+\tan t|+C$$

$$= \ln\left|\frac{x}{a}+\frac{\sqrt{x^2-a^2}}{a}\right|+C.$$

例 4.29 求$\int \frac{\mathrm{d}x}{x(1+x^8)}$.

解 为了降低分母的次数,令 $x=\frac{1}{t}$,则

$$\int \frac{\mathrm{d}x}{x(1+x^8)}=\int \frac{\left(-\frac{1}{t^2}\right)\mathrm{d}t}{\frac{1}{t}\left(1+\frac{1}{t^8}\right)}=-\int \frac{t^7}{1+t^8}\mathrm{d}t=-\frac{1}{8}\ln(1+t^8)+C=-\frac{1}{8}\ln\left(1+\frac{1}{x^8}\right)+C.$$

注:第二类换元法是一种非常有效的积分方法,运用这种方法的关键在于选择恰当的变换公式 $x=\varphi(t)$,否则可能使变换后的积分更加复杂,难以计算,那么面对所求的积分 $\int f(x)\mathrm{d}x$,如何选择变换公式呢?没有一般原则,只能依据被积函数的特点来确定,从上述例子可以总结出如下一些规律,

(1) 被积函数中含有根式$\sqrt[n]{ax+b}(n\in \mathbf{N})$,或同时含有两个根式$\sqrt[n]{x}$ 与$\sqrt[m]{x}(m,n\in \mathbf{N})$时,为了去掉根号相应地作变换 $t=\sqrt[n]{ax+b}$,即 $x=\frac{t^n-b}{a}$,或 $t=\sqrt[p]{x}$ 即 $x=t^p$,p 为 m 与 n 的最小公倍数,我们称这类代换为有理化法,如例 4.24、例 4.25.

(2) 被积函数分别含有根式$\sqrt{a^2-x^2}$,$\sqrt{a^2+x^2}$,$\sqrt{x^2-a^2}$ $(a>0)$时,为了去掉根号,相应地分别实施弦换法($x=a\sin t,x=a\cos t$)、切换法($x=a\tan t,x=a\cot t$)、割换法($x=a\sec t,x=a\csc t$),统称三角变换法,如例 4.26 ~ 例 4.28.

(3) 被积函数中分母次数与分子次数之差大于 1 时,为降低分母次数而提高分子次数,可以运用倒代换法$\left(x=\frac{1}{t}\right)$,如例 4.29.

上述换元积分法的例子中,有些积分结果是今后常会遇到的,这些积分结果通常可以当做公式来使用,继基本积分公式外,下面还有 10 个公式:

(1)$\int \tan x\mathrm{d}x=-\ln|\cos x|+C$; (2)$\int \cot x\mathrm{d}x=\ln|\sin x|+C$;

(3)$\int \sec x\mathrm{d}x=\ln|\sec x+\tan x|+C$; (4)$\int \csc x\mathrm{d}x=\ln|\csc x-\cot x|+C$;

(5)$\int \frac{1}{a^2+x^2}\mathrm{d}x=\frac{1}{a}\arctan\left(\frac{x}{a}\right)+C$; (6)$\int \frac{1}{a^2-x^2}\mathrm{d}x=\frac{1}{2a}\ln\left|\frac{a+x}{a-x}\right|+C$;

(7)$\int \frac{1}{x^2-a^2}\mathrm{d}x=\frac{1}{2a}\ln\left|\frac{x-a}{x+a}\right|+C$; (8)$\int \frac{1}{\sqrt{a^2-x^2}}\mathrm{d}x=\arcsin\frac{x}{a}+C$;

(9)$\int \frac{1}{\sqrt{x^2\pm a^2}}\mathrm{d}x=\ln\left|x+\sqrt{x^2\pm a^2}\right|+C$;

(10)$\int \sqrt{a^2-x^2}\mathrm{d}x=\frac{a^2}{2}\arcsin\frac{x}{a}+\frac{x}{2}\sqrt{a^2-x^2}+C$.

练习题 4.2

1. 在下列各式等号右端的空白处填入适当的系数,使等式成立$\left(\text{例如}:\mathrm{d}x=\frac{1}{4}\mathrm{d}(4x+7)\right)$.

(1)$\mathrm{d}x=$ ____ $\mathrm{d}(ax)$; (2)$\mathrm{d}x=$ ____ $\mathrm{d}(7x-3)$; (3)$x\mathrm{d}x=$ ____ $\mathrm{d}(x^2)$;

(4) $x\mathrm{d}x=$ ____ $\mathrm{d}(5x^2)$；(5) $x\mathrm{d}x=$ ____ $\mathrm{d}(1-x^2)$； (6) $x^3\mathrm{d}x=$ ____ $\mathrm{d}(3x^4-2)$；

(7) $\mathrm{e}^{2x}\mathrm{d}x=$ ____ $\mathrm{d}(\mathrm{e}^{2x})$； (8) $\mathrm{e}^{-\frac{x}{2}}\mathrm{d}x=$ ____ $\mathrm{d}(1+\mathrm{e}^{-\frac{x}{2}})$；(9) $\sin\frac{3}{2}x\mathrm{d}x=$ ____ $\mathrm{d}\left(\cos\frac{3}{2}x\right)$；

(10) $\frac{\mathrm{d}x}{x}=$ ____ $\mathrm{d}(5\ln|x|)$； (11) $\frac{\mathrm{d}x}{x}=$ ____ $\mathrm{d}(3-5\ln|x|)$；

(12) $\frac{\mathrm{d}x}{1+9x^2}=$ ____ $\mathrm{d}\arctan 3x$； (13) $\frac{\mathrm{d}x}{\sqrt{1-x^2}}=$ ____ $\mathrm{d}(1-\arcsin x)$；

(14) $\frac{x\mathrm{d}x}{\sqrt{1-x^2}}=$ ____ $\mathrm{d}(\sqrt{1-x^2})$.

2. 求下列不定积分(其中 a、b、ω、φ 均为常数)

(1) $\int \mathrm{e}^{5t}\mathrm{d}t$； (2) $\int(3-2x)^3\mathrm{d}x$； (3) $\int\frac{\mathrm{d}x}{1-2x}$；

(4) $\int\frac{\mathrm{d}x}{\sqrt[3]{2-3x}}$； (5) $\int(\sin ax-\mathrm{e}^{\frac{x}{b}})\mathrm{d}x$； (6) $\int\frac{\sin\sqrt{t}}{\sqrt{t}}\mathrm{d}t$；

(7) $\int\tan^{10}x\cdot\sec^2x\mathrm{d}x$； (8) $\int\frac{\mathrm{d}x}{x\ln x\ln(\ln x)}$； (9) $\int\tan\sqrt{1+x^2}\cdot\frac{x\mathrm{d}x}{\sqrt{1+x^2}}$；

(10) $\int\frac{\mathrm{d}x}{\sin x\cdot\cos x}$； (11) $\int\frac{\mathrm{d}x}{\mathrm{e}^x+\mathrm{e}^{-x}}$； (12) $\int x\mathrm{e}^{-x^2}\mathrm{d}x$；

(13) $\int x\cos(x^2)\mathrm{d}x$； (14) $\int\frac{x}{\sqrt{2-3x^2}}\mathrm{d}x$； (15) $\int\frac{3x^3}{1-x^4}\mathrm{d}x$；

(16) $\int\cos^2(\omega t+\varphi)\sin(\omega t+\varphi)\mathrm{d}t$； (17) $\int\frac{\sin x}{\cos^3x}\mathrm{d}x$； (18) $\int\frac{\sin x+\cos x}{\sqrt{\sin x-\cos x}}\mathrm{d}x$；

(19) $\int\frac{1-x}{\sqrt{9-4x^2}}\mathrm{d}x$； (20) $\int\frac{x^3}{9+x^2}\mathrm{d}x$； (21) $\int\frac{\mathrm{d}x}{2x^2-1}$；

(22) $\int\frac{\mathrm{d}x}{(x+1)(x-2)}$； (23) $\int\cos^3x\mathrm{d}x$； (24) $\int\cos^2(\omega t+\varphi)\mathrm{d}t$；

(25) $\int\sin^2x\cos^3x\mathrm{d}x$； (26) $\int\cos x\cos\frac{x}{2}\mathrm{d}x$； (27) $\int\sin 5x\sin 7x\mathrm{d}x$；

(28) $\int\tan^3x\sec x\mathrm{d}x$； (29) $\int\frac{10^{2\arccos x}}{\sqrt{1-x^2}}\mathrm{d}x$； (30) $\int\frac{\arctan\sqrt{x}}{\sqrt{x}(1+x)}\mathrm{d}x$；

(31) $\int\frac{\mathrm{d}x}{(\arcsin x)^2\sqrt{1-x^2}}$； (32) $\int\frac{1+\ln x}{(x\ln x)^2}\mathrm{d}x$； (33) $\int\frac{\ln\tan x}{\cos x\sin x}\mathrm{d}x$；

(34) $\int\frac{x^2\mathrm{d}x}{\sqrt{a^2-x^2}}\ (a>0)$； (35) $\int\frac{\mathrm{d}x}{x\sqrt{x^2-1}}$； (36) $\int\frac{\mathrm{d}x}{\sqrt{(x^2+1)^3}}$；

(37) $\int\frac{\sqrt{x^2-9}}{x}\mathrm{d}x$； (38) $\int\frac{\mathrm{d}x}{1+\sqrt{2x}}$； (39) $\int\frac{\mathrm{d}x}{1+\sqrt{1-x^2}}$；

(40) $\int\frac{\mathrm{d}x}{x+\sqrt{1-x^2}}$； (41) $\int\frac{\arcsin(1-x)}{\sqrt{2x-x^2}}\mathrm{d}x$； (42) $\int x^2\sqrt{1-x}\mathrm{d}x$；

(43) $\int\frac{1}{\sqrt{1-2x}+3}\mathrm{d}x$； (44) $\int\frac{1}{(x+1)\sqrt{1-x}}\mathrm{d}x$； (45) $\int\frac{\mathrm{d}x}{\sqrt{x}+\sqrt[3]{x}}$；

(46) $\int\frac{x+1}{x\sqrt{x-2}}\mathrm{d}x$； (47) $\int\frac{1}{\sqrt{8x^2-9}}\mathrm{d}x$； (48) $\int\frac{x}{\sqrt{4x^4+9}}\mathrm{d}x$；

(49) $\int \frac{6x}{1+\sqrt[3]{1+x}}\mathrm{d}x$；　(50) $\int \sqrt{1+\mathrm{e}^x}\mathrm{d}x$；　(51) $\int \frac{x+2}{\sqrt{x^2-2x+4}}\mathrm{d}x$；

(52) $\int \frac{x^3}{(1-x^2)^3}\mathrm{d}x$.

3. 用三角代换求下列不定积分

(1) $\int \frac{x^3\mathrm{d}x}{(\sqrt{a^2+x^2})^3}$；　(2) $\int \frac{\sqrt{x^2-9}}{x^2}\mathrm{d}x$；　(3) $\int \frac{x^2}{\sqrt{(a^2+x^2)^3}}\mathrm{d}x$；

(4) $\int \frac{\mathrm{d}x}{x^2(1-x^2)^{\frac{3}{2}}}$；　(5) $\int \frac{\sqrt{x^2-1}}{x^3}\mathrm{d}x$；　(6) $\int \frac{x}{\sqrt{1+x^2}(1-x^2)}\mathrm{d}x$；

(7) $\int \frac{1}{\sqrt{(x^2-1)^5}}\mathrm{d}x$；　(8) $\int \frac{x^{98}}{(1-x^2)^{\frac{101}{2}}}\mathrm{d}x$；　(9) $\int \frac{\sqrt{x}}{(1-x)^{\frac{5}{2}}}\mathrm{d}x$.

4.3　分部积分法

前面我们利用复合函数的求导法则，得到了换元积分法，现在利用两个函数乘积的求导法则推导另一种求积分的方法 —— 分部积分法.

设 $u(x)$、$v(x)$ 是可导函数，由两个函数乘积的求导法则 $(uv)'=u'v+uv'$，经过移项得到 $uv'=(uv)'-u'v$，对上式两边求不定积分，则得

$$\int uv'\mathrm{d}x = uv - \int u'v\mathrm{d}x \tag{4-9}$$

我们称这一公式为分部积分公式，由于 $v'\mathrm{d}x=\mathrm{d}v$，$u'\mathrm{d}x=\mathrm{d}u$，所以公式(4-6)也可以更为简洁地写成

$$\int u\mathrm{d}v = uv - \int v\mathrm{d}u \tag{4-10}$$

利用分部积分公式求不定积分的关键在于如何将所给积分 $\int f(x)\mathrm{d}x$ 化为 $\int u\mathrm{d}v$ 的形式，使积分更容易计算，所用的主要方法就是凑微分法，例如

$$\int x\mathrm{e}^x\mathrm{d}x = \int x\mathrm{d}\mathrm{e}^x = x\mathrm{e}^x - \int \mathrm{e}^x\mathrm{d}x = x\mathrm{e}^x - \mathrm{e}^x + C = (x-1)\mathrm{e}^x + C.$$

利用分部积分法计算不定积分，选择好 u，v 非常关键，选择不当将会使积分的计算变得更加复杂，例如

$$\int x\mathrm{e}^x\mathrm{d}x = \int \mathrm{e}^x\mathrm{d}\left(\frac{x^2}{2}\right) = \frac{x^2}{2}\cdot\mathrm{e}^x - \int \frac{x^2}{2}\mathrm{d}\mathrm{e}^x = \frac{x^2}{2}\mathrm{e}^x - \int \frac{x^2}{2}\mathrm{e}^x\mathrm{d}x.$$

分部积分法实质上就是求两个函数乘积的导数的逆运算，一般地，下列类型的被积函数常考虑应用分部积分法(其中 m、n 都是正整数) $x^n\sin mx$，$x^n\cos mx$，$\mathrm{e}^{nx}\sin mx$，$\mathrm{e}^{nx}\cos mx$，$x^n\mathrm{e}^{mx}$，$x^n\ln x$，$x^n\arcsin mx$，$x^n\arccos mx$，$x^n\arctan mx$ 等.

下面通过例子来说明如何运用分部积分公式.

例 4.30　求 $\int x\cos x\mathrm{d}x$.

分析：这个积分用换元积分法无法求得结果，现在试用分部积分法来求解，如何选择公

式中的 u 与 dv 呢?让我们在解题过程中进行分析

如果设 $u=x, dv=\cos x dx$,那么 $du=dx, v=\sin x$,代入分部积分公式得

$$\int x\cos x dx = x\sin x - \int \sin x dx$$

而 $\int v du = \int \sin x dx$ 经原积分容易积出,所以

$$\int x\cos x dx = x\sin x + \cos x + C$$

反之,如果设 $u=\cos x, dv=x dx$,那么 $du=-\sin x dx, v=\frac{1}{2}x^2$ 代入分部积分公式,得

$$\int x\cos x dx = \frac{1}{2}x^2\cos x + \int \frac{1}{2}x^2\sin x dx$$

上式右端的不定积分比原来的不定积分更不容易求出.综合以上的分析,可见本例的解法应该如下:

解 设 $u=x, dv=\cos x dx$,则

$$\int x\cos x dx = \int x d\sin x = x\sin x - \int \sin x dx = x\sin x + \cos x + C.$$

从对例 4.30 的分析来看,如果 u 与 dv 选取不当,就求不出结果,所以应用分部积分法时,恰当地选取 u 与 dv 是关键,选取 u 与 dv 一般要注意以下两点:

(1)v 要容易求得;

(2)$\int v du$ 要比 $\int u dv$ 容易求出.

例 4.31 求 $\int x^2 e^x dx$.

解 设 $u=x^2, dv=e^x dx$,则

$$\begin{aligned}\int x^2 e^x dx &= \int x^2 d(e^x) = x^2 e^x - \int e^x d(x^2) = x^2 e^x - 2\int x e^x dx \\ &= x^2 e^x - 2\int x de^x = x^2 e^x - 2\left[x e^x - \int e^x dx\right] \\ &= x^2 e^x - 2x e^x + 2e^x + C = (x^2 - 2x + 2)e^x + C.\end{aligned}$$

总结以上两例可知,如果被积函数是幂函数与正弦函数、余弦函数的乘积,或是幂函数与指数函数的乘积,那么就可以考虑用分部积分法,并且设幂函数为 u,这样,用一次分部积分法就可以使幂函数的幂次降低一次,这里假定幂指数是正整数.

例 4.32 求 $\int x\ln x dx$.

解 设 $u=\ln x, dv=x dx$,则

$$\int x\ln x dx = \int \ln x d\left(\frac{x^2}{2}\right) = \frac{x^2}{2}\ln x - \int \frac{x^2}{2} d(\ln x) = \frac{1}{2}x^2\ln x - \frac{1}{2}\int x dx = \frac{1}{2}x^2\ln x - \frac{1}{4}x^2 + C.$$

例 4.33 求 $\int x\arctan x dx$.

解 设 $u=\arctan x, dv=x dx$,则

$$\int x\arctan x dx = \int \arctan x d\left(\frac{x^2}{2}\right) = \frac{x^2}{2}\arctan x - \int \frac{x^2}{2} d(\arctan x) = \frac{1}{2}x^2\arctan x - \frac{1}{2}\int \frac{x^2}{1+x^2} dx$$

$$= \frac{1}{2}x^2\arctan x - \frac{1}{2}\int\left(1 - \frac{1}{1+x^2}\right)dx = \frac{1}{2}x^2\arctan x - \frac{1}{2}(x - \arctan x) + C$$

$$= \frac{1}{2}(x^2+1)\arctan x - \frac{1}{2}x + C.$$

例 4.34　求$\int \arcsin x dx$.

解　设 $u = \arcsin x, dv = dx$,则

$$\int \arcsin x dx = x\arcsin x - \int x d(\arcsin x) = x\arcsin x - \int \frac{x}{\sqrt{1-x^2}}dx$$

$$= x\arcsin x + \frac{1}{2}\int \frac{1}{\sqrt{1-x^2}}d(1-x^2)$$

$$= x\arcsin x + \sqrt{1-x^2} + C.$$

总结以上 3 例可知:若被积函数是幂函数与对数函数的乘积,或幂函数与反三角函数的乘积,就可以考虑用分部积分法,并且设对数函数或反三角函数为 u,有时需要交替使用换元积分法与分部积分法这两种方法,如例 4.34.

例 4.35　求$\int e^x \sin x dx$.

解　$\int e^x \sin x dx = \int \sin x d(e^x) = e^x \sin x - \int e^x d(\sin x) = e^x \sin x - \int e^x \cos x dx$

等式右端的不定积分与左端是同一类型的,在右端的不定积分中再设 $u = \cos x$,并再用一次分部积分法,得

$$\int e^x \sin x dx = e^x \sin x - \int \cos x d(e^x) = e^x \sin x - e^x \cos x + \int e^x d(\cos x)$$

$$= e^x(\sin x - \cos x) - \int e^x \sin x dx$$

由于上式右端的第三项就是原来所求的积分$\int e^x \sin x dx$,把它移至等式左端,再把两端同除以 2,便得$\int e^x \sin x dx = \frac{1}{2}e^x(\sin x - \cos x) + C$.

这里应注意的是,因为上式右端已不含有积分项,所以作为不定积分的计算结果,必须加上任意常数 C.

例 4.36　求$\int \sec^3 x dx$.

解　$\int \sec^3 x dx = \int \sec x \cdot \sec^2 x dx = \int \sec x d(\tan x) = \sec x \cdot \tan x - \int \tan x d(\sec x)$

$$= \sec x \cdot \tan x - \int \sec x \cdot \tan^2 x dx = \sec x \cdot \tan x - \int \sec x(\sec^2 x - 1)dx$$

$$= \sec x \tan x - \int \sec^3 x dx + \int \sec x dx$$

$$= \sec x \tan x + \ln|\sec x + \tan x| - \int \sec^3 x dx$$

于是有　$\int \sec^3 x dx = \frac{1}{2}[\sec x \tan x + \ln|\sec x + \tan x|] + C.$

一次或多次应用分部积分公式,对某些积分来说是十分有效的,在实际演算过程中,函数 $u(x)$、$v(x)$ 的选择较为重要,选择适当,计算起来较为简便;选择不当,往往使积分更加难以计算,经过反复练习,不难总结下面的规律,对积分 $\int x^n e^{ax} dx$, $\int x^n \sin bx dx$, $\int x^n \cos bx dx$,均可设 $u(x) = x^n$,其余的为 $dv(x)$,而对于积分

$$\int x^n \ln x dx,\quad \int x^n \arctan x dx,\quad \int x^n \arcsin x dx$$

其中 $n \in \mathbf{N}$,则应设 $dv = x^n dx$,余下的为 n;对于形如 $\int e^{ax} \sin bx dx$, $\int e^{ax} \cos bx dx$ 的不定积分,可以任意选择 u 和 dv. 但应注意,因为要使用两次分部积分法,两次对 u 和 dv 的选取应保持一致.

在求不定积分时,换元积分法与分部积分法两种基本积分方法的交替使用,是会经常遇到的,不要因为用了换元积分法,就忘了分部积分法,这种情况应当引起注意,即在解题的过程中千万不要只拘泥于一种方法.

例 4.37 求 $\int \sqrt{x^2 - a^2} dx \quad (a > 0)$.

解

$$\int \sqrt{x^2 - a^2} dx \xlongequal{x = a\sec t} \int a\tan t \cdot a\sec t \cdot \tan t dt = a^2 \int \tan^2 t \sec t dt$$

$$= a^2 \int \tan t d(\sec t) = a^2 (\tan t \cdot \sec t - \int \sec^3 t dt)$$

$$= \frac{a^2}{2} (\tan t \cdot \sec t - \ln|\sec t + \tan t|) + C_1$$

$$= \frac{x}{2} \sqrt{x^2 - a^2} - \frac{a^2}{2} \ln\left|x + \sqrt{x^2 - a^2}\right| + C.$$

类似地,有下面的结果:

$$\int \sqrt{x^2 + a^2} dx = \frac{x}{2} \sqrt{x^2 + a^2} + \frac{a^2}{2} \ln(x + \sqrt{x^2 + a^2}) + C.$$

练习题 4.3

1. 求下列不定积分

(1) $\int x \sin x dx$;　(2) $\int \ln x dx$;　(3) $\int \arcsin x dx$;

(4) $\int x e^{-x} dx$;　(5) $\int x^2 \ln x dx$;　(6) $e^{-x} \cos x dx$;

(7) $\int e^{-2x} \sin \frac{x}{2} dx$;　(8) $\int x \cos \frac{x}{2} dx$;　(9) $\int x^2 \arctan x dx$;

(10) $\int x \tan^2 x dx$;　(11) $\int x^2 \cos x dx$;　(12) $\int t e^{-2t} dt$;

(13) $\int \ln^2 x dx$;　(14) $\int x \sin x \cos x dx$;　(15) $\int x^2 \cos^2 \frac{x}{2} dx$;

(16) $\int x \ln(x - 1) dx$;　(17) $\int (x^2 - 1) \sin^2 x dx$;　(18) $\int \frac{\ln^3 x}{x^2} dx$;

(19) $\int e^{\sqrt[3]{x}} dx$;　(20) $\int \cos(\ln x) dx$;　(21) $\int (\arcsin x)^2 dx$;

(22) $\int e^x \sin^2 x dx$.

2. 用分部积分法计算下列不定积分

(1) $\int (1+3x+x^2)e^x dx$； (2) $\int e^x(\cos x-\sin x)dx$； (3) $\int \sin(\ln x)dx$；

(4) $\int \left(\frac{\ln x}{x}\right)^2 dx$； (5) $\int \frac{\sin x}{e^x}dx$； (6) $\int \ln(1+x^2)dx$；

(7) $\int x\sec^2 x dx$； (8) $\int \ln(x+\sqrt{1+x^2})dx$； (9) $\int (\arcsin x)^2 dx$；

(10) $\int x\ln\frac{x-1}{x+1}dx$； (11) $\int \frac{\ln\sin x}{\sin^2 x}dx$； (12) $\int \frac{\ln\sin x}{\cos^2 x}dx$；

(13) $\int \frac{\ln x}{(x^2-2x+1)}dx$； (14) $\int \sin x\ln(\tan x)dx$； (15) $\int 2x(x^2+1)\arctan x dx$；

(16) $\int \frac{\ln(\ln x)}{x}dx$； (17) $\int \frac{x+\ln(1-x)}{x^2}dx$； (18) $\int x(\arctan x)^2 dx$；

(19) $\int \arctan\sqrt{x^2-1}dx$； (20) $\int \frac{\ln\tan x}{\sin^2 x}dx$；

(21) $\int \ln[(x+1)^{x+1}(x+2)^{x+2}]\frac{1}{(x+1)(x+2)}dx$； (22) $\int \frac{x^2}{1+x^2}\arctan x dx$；

(23) $\int x\sin x\cos x dx$； (24) $\int \frac{x}{\sin^2 x\cos^2 x}dx$； (25) $\int x\tan^2 x dx$；

(26) $\int \frac{\arctan x}{x^2}dx$； (27) $\int \frac{x}{\sqrt{1-x^2}}\arcsin x dx$； (28) $\int \sin^2 x\ln\sin x dx$；

(29) $\int x^2(1+x^3)e^{x^3}dx$； (30) $\int \frac{x\sin x}{\cos^3 x}dx$.

4.4 几类函数的积分法

4.4.1 有理函数的积分

1. 有理函数的分解

有理函数是指由两个多项式的商所表示的函数，即

$$R(x)=\frac{P(x)}{Q(x)}=\frac{a_0x^m+a_1x^{m-1}+\cdots+a_{m-1}x+a_m}{b_0x^n+b_1x^{n-1}+\cdots+b_{n-1}x+b_n} \tag{4-11}$$

其中，m、n为非负整数，$a_0,a_1,\cdots,a_m$及$b_0,b_1,\cdots b_n$为常数，且$P(x)$与$Q(x)$之间无公因式，并假定$a_0\neq0$、$b_0\neq0$，当$m\geqslant n$时，称$R(x)=\frac{P(x)}{Q(x)}$为有理假分式，当$m<n$时，称$R(x)=\frac{P(x)}{Q(x)}$为有理真分式，由初等代数知识知道，利用多项式的除法，有理假分式可以化为一个整式与一个真分式之和的形式，如

$$\frac{x^4+x^3}{x^2-1}=x^2+x+1+\frac{x+1}{x^2-1}.$$

下面讨论有理真分式的分解问题，通常把形如

$$\frac{A}{x-a},\quad \frac{A}{(x-a)^n}\quad (n\geqslant 2),\quad \frac{Ax+B}{x^2+px+q}\quad (p^2-4q<0),\quad \frac{Ax+B}{(x^2+px+q)^n}$$

$(n\geqslant 2$ 且 $p^2-4q<0)$ 的真分式称为部分分式,也称为简单分式.

求有理函数积分的重点就放在如何求真分式的积分这一问题上,根据代数学理论,任意一个真分式总可以分解成上面四种简单分式的和的形式,因此求真分式的积分有下列两个主要步骤:其一是将真分式分解为上述四种部分分式的和;其二是求相应上述部分分式的积分.针对

$$R(x)=\frac{P(x)}{Q(x)}$$

(1) 若 $Q(x)=0$ 有一个 k 重实根 a,则 $R(x)$ 的分解式中必有项

$$\frac{A_1}{x-a}+\frac{A_2}{(x-a)^2}+\cdots+\frac{A_k}{(x-a)^k}$$

其中 $A_1,A_2,\cdots,A_k$ 为待定常数.

(2) 若 $Q(x)=0$ 有一对 k 重共轭复根 α 和 β,即 $Q(x)$ 有因式 $(x^2+px+q)^k$ $(p^2-4q<0)$,且

$$x^2+px+q=(x-\alpha)(x-\beta)$$

则 $R(x)$ 的分解式中必有项

$$\frac{B_1x+C_1}{x^2+px+q}+\frac{B_2x+C_2}{(x^2+px+q)^2}+\cdots+\frac{B_kx+C_k}{(x^2+px+q)^k}$$

其中 $B_1,B_2,\cdots,B_k,C_1,C_2,\cdots,C_k$ 为待定常数.

将真分式分解为简单分式之和,一般采用待定系数法,即根据其分母所含的因式,确定出有理式应由哪几种部分分式构成,设出待定系数,然后再将部分分式相加,最后通过比较两边的系数,求出待定系数,即

$$\frac{P(x)}{(x-a)^k(x^2+px+q)^l}=\frac{A_1}{x-a}+\frac{A_2}{(x-a)^2}+\cdots+\frac{A_k}{(x-a)^k}+\frac{B_1x+C_1}{(x^2+px+q)}+\frac{B_2x+C_2}{(x^2+px+q)^2}+\cdots+\frac{B_lx+C_l}{(x^2+px+q)^l}$$

例 4.38 把 $\dfrac{2x+3}{x^3+x^2-2x}$ 分解为部分分式之和.

解

$$\frac{2x+3}{x^3+x^2-2x}=\frac{2x+3}{x(x-1)(x+2)}=\frac{A}{x}+\frac{B}{x-1}+\frac{C}{x+2}$$

$$=\frac{A(x-1)(x+2)+Bx(x+2)+Cx(x-1)}{x(x-1)(x+2)}$$

$$2x+3=(A+B+C)x^2+(A+2B-C)x-2A$$

由

$$\begin{cases}A+B+C=0\\A+2B-C=2\\-2A=3\end{cases}$$

有

$$A=-\frac{3}{2},\quad B=\frac{5}{3},\quad C=-\frac{1}{6}$$

于是

$$\frac{2x+3}{x^3+x^2-2x}=-\frac{3}{2x}+\frac{5}{3(x-1)}-\frac{1}{6(x+2)}.$$

例 4.39　把$\dfrac{1}{(x-1)^2(x+2)(x+3)}$分解为部分分式之和.

解　$$\frac{1}{(x-1)^2(x+2)(x+3)}=\frac{A}{x-1}+\frac{B}{(x-1)^2}+\frac{C}{x+2}+\frac{D}{x+3}$$

为了确定常数 A,B,C,D,有

$$1=A(x-1)(x+2)(x+3)+B(x+2)(x+3)+C(x-1)^2(x+3)+D(x-1)^2(x+2)$$

令 $x=1$,代入得 $B=\dfrac{1}{12}$,令 $x=-2$ 代入得 $C=\dfrac{1}{9}$,令 $x=-3$ 代入得 $D=-\dfrac{1}{16}$,最后可以确定

$$A=-\frac{7}{144}$$

故 $$\frac{1}{(x-1)^2(x+2)(x+3)}=\frac{-7}{144(x-1)}+\frac{1}{12(x-1)^2}+\frac{1}{9(x+2)}-\frac{1}{16(x+3)}.$$

例 4.40　把$\dfrac{2x}{x^3-x^2+x-1}$分解为部分分式之和.

解　由上述待定系数法,有

$$\frac{2x}{x^3-x^2+x-1}=\frac{2x}{(x-1)(x^2+1)}=\frac{A}{x-1}+\frac{Bx+C}{x^2+1}$$

可知 $$2x=(A+B)x^2+(C-B)x+A-C$$

故 $$A=1,\quad B=-1,\quad C=1$$

于是 $$\frac{2x}{x^3-x^2+x-1}=\frac{1}{x-1}+\frac{-x+1}{x^2+1}.$$

2. 有理函数的积分

有理真分式可以分解为部分分式之和,最终就把有理真分式的积分归结为求下面 4 种类型的部分分式的积分:

(1)$\displaystyle\int\frac{A}{x-a}\mathrm{d}x$;　　(2)$\displaystyle\int\frac{A}{(x-a)^n}\mathrm{d}x\quad(n>1)$;

(3)$\displaystyle\int\frac{Bx+C}{x^2+px+q}\mathrm{d}x\quad(p^2-4q<0)$;(4)$\displaystyle\int\frac{Bx+C}{(x^2+px+q)^n}\mathrm{d}x\quad(p^2-4q<0,n>1)$.

这 4 种类型的积分,均可用基本积分法求出.

(1)$\displaystyle\int\frac{A}{x-a}\mathrm{d}x=A\ln|x-a|+C$.

(2) 当 $n>1$ 时,$\displaystyle\int\frac{A}{(x-a)^n}\mathrm{d}x=A\int\frac{\mathrm{d}(x-a)}{(x-a)^n}=\frac{A}{1-n}(x-a)^{1-n}+C$.

(3) 当 $p^2-4q<0$ 时

$$\int\frac{Bx+C}{x^2+px+q}\mathrm{d}x=\frac{B}{2}\ln(x^2+px+q)+\frac{2C-Bp}{\sqrt{4g-p^2}}\arctan\frac{2x+p}{\sqrt{4g-p^2}}+C.$$

(4) 当 $p^2-4q<0$,且 $n>1$ 时

$$\int\frac{Bx+C}{(x^2+px+q)^n}\mathrm{d}x=\frac{B}{2(1-n)}(x^2+px+q)^{1-n}+\frac{2C-Bp}{2}\int\frac{1}{(u^2+a^2)^n}\mathrm{d}u$$

这里 $$u=x+\frac{p}{2},\quad a=\frac{\sqrt{4g-p^2}}{2}.$$

只要再求出积分$\int\frac{1}{(u^2+a^2)^n}\mathrm{d}u$,有理真分式的积分问题就全部解决了.

例 4.41 求$\int\frac{2x}{x^3-x^2+x-1}\mathrm{d}x$.

解
$$\int\frac{2x}{x^3-x^2+x-1}\mathrm{d}x=\int\left(\frac{1}{x-1}+\frac{-x+1}{x^2+1}\right)\mathrm{d}x$$
$$=\ln|x-1|-\frac{1}{2}m(x^2+1)+\arctan x+C.$$

例 4.42 求$\int\frac{3x^4+x^3+4x^2+1}{x^5+2x^3+x}\mathrm{d}x$.

解
$$\int\frac{3x^4+x^3+4x^2+1}{x^5+2x^3+x}\mathrm{d}x=\int\left[\frac{1}{x}+\frac{2x+1}{x^2+1}-\frac{1}{(x^2+1)^2}\right]\mathrm{d}x$$
$$=\ln|x|+\ln(x^2+1)+\arctan x-\frac{1}{2}\left[\frac{x}{x^2+1}+\arctan x\right]+C$$
$$=\ln|x(x^2+1)|+\frac{1}{2}\arctan x-\frac{x}{2(x^2+1)}+C.$$

例 4.43 求$\int\frac{2x^4-x^3-x+1}{x^3-1}\mathrm{d}x$.

解
$$\frac{2x^4-x^3-x+1}{x^3-1}=2x-1+\frac{x}{x^3-1}=2x-1+\frac{1}{3(x-1)}-\frac{x-1}{3(x^2+x+1)}$$
$$\int\frac{2x^4-x^3-x+1}{x^3-1}\mathrm{d}x=x^2-x+\frac{1}{3}\ln|x-1|-$$
$$\frac{1}{3}\left[\frac{1}{2}\ln(x^2+x+1)-\sqrt{3}\arctan\frac{2x+1}{\sqrt{3}}\right]+C$$
$$=x^2-x+\frac{1}{6}\ln\left[\frac{(x-1)^2}{x^2+x+1}\right]+\frac{\sqrt{3}}{3}\arctan\frac{2x+1}{\sqrt{3}}+C.$$

以上所述只是计算有理函数积分的一般办法,但对于某些特殊类型的有理真分式的积分,则不一定要采用这种一般的方法,例如,对积分$\int\frac{x^2}{x^3-1}\mathrm{d}x$,直接用凑微分法计算要简捷得多.
$$\int\frac{x^2}{x^3-1}\mathrm{d}x=\frac{1}{3}\int\frac{\mathrm{d}(x^3-1)}{x^3-1}=\frac{1}{3}\ln|x^3-1|+C.$$

4.4.2 三角函数有理式的积分

三角函数有理是指由三角函数及常数经过有限次的四则运算所构成的函数,由于$\tan x,\cot x,\sec x,\csc x$可以用$\sin x$和$\cos x$的有理式表示,因此,三角函数的有理式都可以化为只含$\sin x$和$\cos x$的有理式,记为$R(\sin x,\cos x)$,$R(\sin x,\cos x)$表示只对$\sin x,\cos x$及常数进行四则运算所得的有理式,例如下面的式子
$$\frac{1}{2\sin x-\cos x+3},\quad\frac{\tan x+\tan^3x}{3+\tan^2x},\quad\frac{1}{5+4\cos 2x}$$
都可以看做是三角函数的有理式$R(\sin x,\cos x)$.

1. $\int R(\sin x.\cos x)\mathrm{d}x$

三角函数有理式的积分$\int R(\sin x.\cos x)\mathrm{d}x$,总可以用代换$u=\tan\frac{x}{2}$,化为有理函数的积

分因为当 $u=\tan\frac{x}{2}$ 时，$x=2\arctan u$，$\mathrm{d}x=\frac{2}{1+u^2}\mathrm{d}u$，所以

$$\sin x=2\sin\frac{x}{2}=\frac{2\tan\frac{x}{2}}{\sec^2\frac{x}{2}}=\frac{2u}{1+u^2},\quad \cos x=\cos^2\frac{x}{2}-\sin^2\frac{x}{2}=\frac{1-\tan^2\frac{x}{2}}{\sec^2\frac{x}{2}}=\frac{1-u^2}{1+u^2}$$

于是

$$\int R(\sin x.\cos x)\mathrm{d}x=\int R\left(\frac{2u}{1+u^2},\frac{1-u^2}{1+u^2}\right)\cdot\frac{2}{1+u^2}\mathrm{d}u \tag{4-12}$$

上式的右边已经是关于变量 u 的有理函数的积分，从理论上讲，总是可以积出来的，最后只需把变量 u 换回 $\tan\frac{x}{2}$，就得到所求的结果.

例 4.44　求 $\int\frac{1}{2\sin x-\cos x+3}\mathrm{d}x$.

解　作变量代换 $u=\tan\frac{x}{2}$，则 $\sin x=\frac{2u}{1+u^2}$，$\cos x=\frac{1-u^2}{1+u^2}$，$\mathrm{d}x=\frac{2}{1+u^2}\mathrm{d}u$，于是

$$\int\frac{1}{2\sin x-\cos x+3}\mathrm{d}x=\int\frac{1}{\frac{4u}{1+u^2}-\frac{1-u^2}{1+u^2}+3}\cdot\frac{2}{1+u^2}\mathrm{d}u=\int\frac{2}{4u^2+4u+2}\mathrm{d}u$$

$$=\frac{1}{2}\int\frac{1}{\left(u+\frac{1}{2}\right)^2+\left(\frac{1}{2}\right)^2}d\left(u+\frac{1}{2}\right)=\arctan\frac{u+\frac{1}{2}}{\frac{1}{2}}+C$$

$$=\arctan(2u+1)+C=\arctan\left(2\tan\frac{x}{2}+1\right)+C.$$

对三角函数有理式的积分，作代换 $u=\tan\frac{x}{2}$ 总可以化为有理函数的积分. 因此，把这种代换称为三角有理式积分的“万能代换”，对某些三角有理式的积分，“万能代换”却不是最简捷的方法，例如，对积分 $\int R(\tan x)\mathrm{d}x$ 就宜于用代换 $u=\tan x$ 来处理.

2. $\int R(\tan x)\mathrm{d}x$

若作代换 $u=\tan x$. 则 $x=\arctan u$，$\mathrm{d}x=\frac{\mathrm{d}u}{1+u^2}$，于是

$$\int R(\tan x)\mathrm{d}x=\int R(u)\frac{1}{1+u^2}\mathrm{d}u \tag{4-13}$$

上式右边的被积函数，已是 u 的有理函数，积分出来之后，把变量 u 换回成 $\tan x$ 就得到所求结果.

例 4.45　求 $\int\frac{\tan x+\tan^3x}{3+\tan^2x}\mathrm{d}x$.

解　令 $u=\tan x$，则 $x=\arctan u$，$\mathrm{d}x=\frac{1}{1+u^2}\mathrm{d}u$，于是

$$\int\frac{\tan x+\tan^3x}{3+\tan^2x}\mathrm{d}x=\int\frac{u(1+u^2)}{3+u^2}\cdot\frac{1}{1+u^2}\mathrm{d}u=\int\frac{u}{u^2+3}\mathrm{d}u$$

$$=\frac{1}{2}\ln(u^2+3)+C=\frac{1}{2}\ln(\tan^2x+3)+C.$$

除了$\int R(\tan x)\mathrm{d}x$这种类型的积分之外，当被积函数中仅含$\sin^2 x,\cos^2 x(\sin 2x,\cos 2x)$的有理式时，代换$u=\tan x$也可以使用，这时

$$R(\sin^2 x,\cos^2 x)=R\left(\frac{u^2}{1+u^2},\frac{1}{1+u^2}\right),\quad R(\sin 2x,\cos 2x)=R\left(\frac{2u}{1+u^2},\frac{1-u^2}{1+u^2}\right).$$

例 4.46 求$\int\frac{1}{5+4\cos 2x}\mathrm{d}x$.

解 作变量代换$u=\tan x$，则$\cos 2x=\frac{1-u^2}{1+u^2}$，$\mathrm{d}x=\frac{\mathrm{d}u}{1+u^2}$，于是

$$\int\frac{1}{5+4\cos 2x}\mathrm{d}x=\int\frac{1}{5+4\,\frac{1-u^2}{1+u^2}}\cdot\frac{\mathrm{d}u}{1+u^2}=\int\frac{1}{u^2+3^2}\mathrm{d}u$$

$$=\frac{1}{3}\arctan\left(\frac{u}{3}\right)+C=\frac{1}{3}\arctan\left(\frac{1}{3}\tan x\right)+C.$$

3. 两种无理函数的积分

有的无理函数的积分经过适当的代换之后，可以化为有理函数的积分，这里介绍两种无理函数的积分.

(1) $\int R\left(x\cdot\sqrt[n]{\frac{ax+b}{cx+h}}\right)\mathrm{d}x$，其中$n\geqslant 2$为自然数，$a,b,c,h$为常数且$ac\neq 0$.

作代换$t=\sqrt[n]{\frac{ax+b}{Cx+h}}$. 则$x=\frac{t^n-b}{a-ct^n}$，$\mathrm{d}x=\frac{n(ah-bc)t^{n-1}}{(a-ct^n)^2}\mathrm{d}t$，于是

$$\int R\left(x\cdot\sqrt[n]{\frac{ax+b}{cx+n}}\right)\mathrm{d}x=\int R\left(\frac{ht^n-b}{a-ct^n},t\right)\frac{n(ah-bc)t^{n-1}}{(a-ct^n)}\mathrm{d}t \tag{4-14}$$

上式右边积分中的被积函数，已是变量t的有理函数，积分后，再把变量t代换回$\sqrt[n]{\frac{ax+b}{cx+h}}$，就得到所求结果，在以上讨论中，当然包括$c=0,h=1$的情形，即

$$\int R(x,\sqrt[n]{ax+b})\mathrm{d}x.$$

例 4.47 求$\int\frac{1}{x}\sqrt{\frac{x+1}{x}}\mathrm{d}x$.

解 令$t=\sqrt{\frac{x+1}{x}}$，则$x=\frac{1}{t^2-1}$，$\mathrm{d}x=\frac{2t}{(t^2-1)^2}\mathrm{d}t$，于是

$$\int\frac{1}{x}\sqrt{\frac{x+1}{x}}\mathrm{d}x=\int(t^2-1)t\left[-\frac{2t}{(t^2-1)^2}\right]\mathrm{d}t=-2\int\frac{t^2}{t^2-1}\mathrm{d}t$$

$$=-2\int\left(1+\frac{1}{t^2-1}\right)\mathrm{d}t=-2t-\ln\left|\frac{t-1}{t+1}\right|+C$$

$$=-2\sqrt{\frac{x+1}{x}}-\ln\left|x\left(\sqrt{\frac{x+1}{x}}-1\right)^2\right|+C.$$

例 4.48 求$\int\frac{x+1}{(3x+1)^{\frac{2}{3}}}=\mathrm{d}x$.

解 令$t=\sqrt[3]{3x+1}$，则$x=\frac{1}{3}(t^3-1)$，$\mathrm{d}x=t^2\mathrm{d}t$，于是

$$\int \frac{x+1}{(3x+1)^{\frac{2}{3}}}\mathrm{d}x = \int \frac{1}{t^2}\left(\frac{t^3-1}{3}+1\right)t^2\,\mathrm{d}t = \frac{1}{3}\int (t^3+2)\mathrm{d}t$$

$$= \frac{1}{3}\left(\frac{1}{4}t^4+2t\right)+C = \frac{1}{12}(3x+1)^{\frac{4}{3}} + \frac{2}{3}(3x+1)^{\frac{1}{3}} + C.$$

(2)　$\int R(x,\sqrt{ax^2+bx+c})\mathrm{d}x$. 这类积分的计算，通常都是对根号内的二次三项式进行配方，再通过变量代换化为三角函数有理式的积分.

例 4.49　求$\int \frac{x}{\sqrt{12x-4x^2}}\mathrm{d}x$.

解　先对根号内的二次式配方，再作变量代换，有

$$\int \frac{x}{\sqrt{12x-4x^2}}\mathrm{d}x = \int \frac{x}{\sqrt{4\left[\left(\frac{3}{2}\right)^2-\left(x-\frac{3}{2}\right)^2\right]}}\mathrm{d}\left(x-\frac{3}{2}\right) \xlongequal{t=x-\frac{3}{2}} \frac{1}{2}\int \frac{t+\frac{3}{2}}{\sqrt{\left(\frac{3}{2}\right)^2-t^2}}\mathrm{d}t$$

$$= \frac{1}{2}\int \frac{t}{\sqrt{\left(\frac{3}{2}\right)^2+t^2}}\mathrm{d}t + \frac{3}{4}\int \frac{\mathrm{d}t}{\sqrt{\left(\frac{3}{2}\right)^2-t^2}}$$

$$= -\frac{1}{2}\sqrt{\frac{9}{4}-t^2} + \frac{3}{4}\arcsin\frac{2t}{3} + C = -\frac{1}{2}\sqrt{3x-x^2} + \frac{3}{4}\arcsin\frac{2x-3}{3} + C.$$

例 4.50　求$\int \frac{1}{\sqrt{1-2x-x^2}}\mathrm{d}x$.

解　$\int \frac{1}{\sqrt{1-2x-x^2}}\mathrm{d}x = \int \frac{\mathrm{d}x}{\sqrt{2-(x+1)^2}} = \int \frac{\mathrm{d}(x+1)}{\sqrt{(\sqrt{2})^2-(x+1)^2}} = \arcsin\frac{x+1}{\sqrt{2}} + C.$

对于某些含二次根式的不定积分，还可以用“倒代换”来求积分.

例 4.51　求$\int \frac{1}{x\sqrt{3x^2-2x-1}}\mathrm{d}x \quad (x>1)$.

解　作倒代换 $x=\frac{1}{t}$，则 $\mathrm{d}x = -\frac{1}{t^2}\mathrm{d}t$，于是

$$\int \frac{1}{x\sqrt{3x^2-2x-1}}\mathrm{d}x \xlongequal{=\frac{1}{t}} \int \frac{1}{\frac{1}{t}\sqrt{\frac{3}{t^2}-\frac{2}{t}-1}}\left(-\frac{1}{t^2}\right)\mathrm{d}t = -\int \frac{1}{\sqrt{3-2t-t^2}}\mathrm{d}t$$

$$= -\int \frac{1}{\sqrt{2^2-(t+1)^2}}d(t+1) = -\arcsin\frac{t+1}{2} + C$$

$$= -\arcsin\frac{x+1}{2x} + C.$$

例 4.52　求$\int \frac{\sqrt{a^2-x^2}}{x^4}\mathrm{d}x \quad (0 \leqslant x \leqslant a)$.

解　作倒代换 $x=\frac{1}{t}$，则 $\mathrm{d}x = -\frac{1}{t^2}\mathrm{d}t$，于是

$$\int \frac{\sqrt{a^2-x^2}}{x^4}\mathrm{d}x = \int \frac{\sqrt{a^2-\left(\frac{1}{t}\right)^2}}{\left(\frac{1}{t}\right)^4}\cdot\left(-\frac{1}{t^2}\right)\mathrm{d}t = -\int (a^2t^2-1)t\mathrm{d}t$$

$$=-\frac{1}{2a^2}\int(a^2t^2-1)^{\frac{1}{2}}\mathrm{d}(a^2t^2-1)=-\frac{(a^2t^2-1)^{\frac{3}{2}}}{3a^2}+C=\frac{(a^2-x^2)^{\frac{3}{2}}}{3a^2x^3}+C.$$

一般地,"倒代换"适用于下面两种类型的积分：

$$\int\frac{1}{x\sqrt{ax^2+bx+c}}\mathrm{d}x,\quad \int\frac{1}{x^2\sqrt{ax^2+bx+c}}\mathrm{d}x.$$

练习题 4.4

1. 求下列不定积分

(1) $\int\frac{x^3}{x+3}\mathrm{d}x$； (2) $\int\frac{2x+3}{x^2+3x-10}\mathrm{d}x$； (3) $\int\frac{x^5+x^4-8}{x^3-x}\mathrm{d}x$；

(4) $\int\frac{3}{x^3+1}\mathrm{d}x$； (5) $\int\frac{x\mathrm{d}x}{(x+1)(x+2)(x+3)}$； (6) $\int\frac{x^2+1}{(x+1)^2(x-1)}\mathrm{d}x$；

(7) $\int\frac{\mathrm{d}x}{x(x^2+1)}$； (8) $\int\frac{\mathrm{d}x}{(x^2+1)(x^2+x)}$； (9) $\int\frac{\mathrm{d}x}{(x^2+1)(x^2+x+1)}$；

(10) $\int\frac{1}{x^4+1}\mathrm{d}x$； (11) $\int\frac{-x^2-2}{(x^2+x+1)^2}\mathrm{d}x$； (12) $\int\frac{\mathrm{d}x}{3+\sin^2 x}$；

(13) $\int\frac{\mathrm{d}x}{3+\cos x}$； (14) $\int\frac{\mathrm{d}x}{2+\sin x}$； (15) $\int\frac{\mathrm{d}x}{1+\sin x+\cos x}$；

(16) $\int\frac{\mathrm{d}x}{2\sin x-\cos x+5}$； (17) $\int\frac{\mathrm{d}x}{1+\sqrt[3]{x+1}}$； (18) $\int\frac{(\sqrt{x})^3+1}{\sqrt{x}+1}\mathrm{d}x$；

(19) $\int\frac{\sqrt{x+1}-1}{\sqrt{x+1}+1}\mathrm{d}x$； (20) $\int\frac{\mathrm{d}x}{\sqrt{x}+\sqrt[4]{x}}$； (21) $\int\frac{\sqrt{1-x}\cdot\mathrm{d}x}{\sqrt{1+x}\cdot x}$；

(22) $\int\frac{\mathrm{d}x}{\sqrt[3]{(x+1)^2\ (x-1)^4}}$.

2. 计算下列有理函数的不定积分

(1) $\int\frac{x^2}{(x-1)^3}\mathrm{d}x$； (2) $\int\frac{\mathrm{d}x}{x^2(1+2x)}$； (3) $\int\frac{\mathrm{d}x}{x\ (2x+3)^2}$；

(4) $\int\frac{\mathrm{d}x}{(x-1)(x-2)(x-3)}$； (5) $\int\frac{x^2-x-1}{(x-1)^2(x-2)}\mathrm{d}x$； (6) $\int\frac{x}{x^3-x^2+x-1}\mathrm{d}x$；

(7) $\int\frac{x^2}{x^3+x^2+x+1}\mathrm{d}x$； (8) $\int\frac{\mathrm{d}x}{(x+1)^2(x^2-1)}$； (9) $\int\frac{2x+3}{x^2+2x-3}\mathrm{d}x$；

(10) $\int\frac{3x^2-8x-1}{(x-1)^3(x+2)}\mathrm{d}x$； (11) $\int\frac{x^2+2x-1}{(x-1)(x^2-x+1)}\mathrm{d}x$； (12) $\int\frac{x^2}{(x^2+2x+2)^2}\mathrm{d}x$.

3. 设 $F(x)=\int\frac{\sin x}{a\sin x+b\cos x}\mathrm{d}x$, $G(x)=\int\frac{\cos x}{a\sin x+b\cos x}\mathrm{d}x$, 试求 $aF(x)+bG(x)$；$aG(x)-bF(x)$；$F(x)$；$G(x)$.

4. 设 $F(x)=\int\frac{\sin x\cos x}{\sin x+\cos x}\mathrm{d}x$, $G(x)=\int\frac{\mathrm{d}x}{\sin x+\cos x}$, 试求 $G(x)$；$G(x)+2F(x)$；$F(x)$.

5. 设 $F(x)=\int\frac{\sin^2}{\sin x+\cos}\mathrm{d}x$, $G(x)=\int\frac{\cos^2 x}{\sin x+\cos x}\mathrm{d}x$, 试求 $F(x)+G(x)$；$G(x)-F(x)$；$F(x)$；$G(x)$.

4.5　积分表的使用

通过前面的讨论可以看出，积分的计算要比导数的计算来得灵活、复杂，为了实际应用的方便，往往把常用的积分公式汇集成表，这种表称为积分表。积分表是按照被积函数的类型来排列的，求积分时，可以根据被积函数的类型直接地或经过简单的变形后，在表内查得所需的结果. 本书末附录配置了一个简单的积分表，以供查阅.

我们先举几个可以直接从积分表中查得结果的积分例子.

例 4.53　求$\int \frac{x}{(3x+4)^2}\mathrm{d}x$.

解　被积函数含有 $ax+b$，在积分表(一) 中查得公式(4)

$$\int \frac{x}{(ax+b)^2}\mathrm{d}x = \frac{1}{a^2}\left(2n|ax+b| + \frac{b}{ax+b}\right) + C$$

现在 $a=3$ ，$b=4$，于是

$$\int \frac{x}{(3x+4)^2}\mathrm{d}x = \frac{1}{9}\left(2n|3x+4| + \frac{4}{3x+4}\right) + C.$$

例 4.54　求$\int \frac{\mathrm{d}x}{5-4\cos}x$；

解　被积函数含有三角函数，在积分表(九) 中查得关于积分$\int \frac{\mathrm{d}x}{a+b\cos x}$的公式，但是公式有两个，要看 $a^2>b^2$ 或 $a^2<b^2$ 而决定采用哪一个. 现在 $a=5, b=-4, a^2>b^2$，所以用公式(108)，得

$$\int \frac{\mathrm{d}x}{a+b\cos x} = \frac{2}{a+b}\sqrt{\frac{a+b}{a-b}}\arctan\left(\sqrt{\frac{a-b}{a+b}}\tan\frac{x}{2}\right) + C \quad (a^2>b^2)$$

于是

$$\begin{aligned}\int \frac{\mathrm{d}x}{5-4\cos x} &= \frac{2}{5+(-4)}\sqrt{\frac{5+(-4)}{5-(-4)}}\arctan\left(\sqrt{\frac{5-(-4)}{5+(-4)}}\tan\frac{x}{2}\right) + C \\ &= \frac{2}{3}\arctan\left(3\tan\frac{x}{2}\right) + C.\end{aligned}$$

例 4.55　求$\int \frac{\mathrm{d}x}{x\sqrt{4x^2+9}}$.

解　这个积分不能在积分表中直接查到，需要先进行变量代换. 令 $2x=u$，则$\sqrt{4x^2+9} = \sqrt{u^2+3^2}$，$x=\frac{u}{2}$，$\mathrm{d}x=\frac{1}{2}\mathrm{d}u$，于是

$$\int \frac{\mathrm{d}x}{x\sqrt{4x^2+9}} = \int \frac{\frac{1}{2}\mathrm{d}u}{\frac{u}{2}\sqrt{u^2+3^2}} = \int \frac{\mathrm{d}u}{u\sqrt{u^2+3^2}}$$

被积函数中含有$\sqrt{u^2+3^2}$，在积分表(六) 中查到公式(43)

$$\int \frac{\mathrm{d}x}{x\sqrt{x^2+a^2}} = \frac{1}{a}2n\frac{\sqrt{x^2+a^2}-a}{|x|} + C$$

现在 $a=3$，x 相当于 u，于是

$$\int \frac{\mathrm{d}u}{u\sqrt{u^2+3^2}}=\frac{1}{3}2n\frac{\sqrt{u^2+3^2-3}}{|u|}+C$$

再把 $u=2x$ 代入，最后得到

$$\int \frac{\mathrm{d}x}{x\sqrt{4x^2+9}}=\int \pm \frac{\mathrm{d}u}{u\sqrt{u^2+3^2}}=\frac{1}{3}2n\frac{\sqrt{u^2+3^2}-3}{|u|}+C=\frac{1}{3}2n\frac{\sqrt{4x^2+9}-3}{2\,|\,x\,|}+C.$$

例 4.56 求 $\int \sin^4 x\mathrm{d}x$.

解 在积分表(九) 中查到公式(85)

$$\int \sin^n x\mathrm{d}x=-\frac{\sin^{n-1}x\cos x}{n}+\frac{n-1}{n}\int \sin^{n-2}x\mathrm{d}x$$

利用这个公式可以使被积函数中正弦函数的指数减少两次，只要重复使用这个公式，可以使正弦函数的指数继续减少，直到求出最后结果为止，这种公式称为递推公式.

现在 $n=4$，于是 $\int \sin^2 x\mathrm{d}x=-\frac{\sin^2\cos x}{4}+\frac{3}{4}\int \sin^2 x\mathrm{d}x$

对积分 $\int \sin^2 x\mathrm{d}x$ 用公式(77)

$$\int \sin^2 x\mathrm{d}x=\frac{x}{2}-\frac{1}{4}\sin 2x+C$$

从而所求积分为 $\int \sin^4 x\mathrm{d}x=-\frac{\sin^3\cos x}{4}+\frac{3}{4}\left(\frac{x}{2}-\frac{1}{4}\sin 2x\right)+C.$

一般地，查积分表可以节省计算积分的时间，但是，只有掌握了前面学过的基本积分方法才能灵活地使用积分表，而且对一些比较简单的积分，应用基本积分方法来计算比查积分表更快些，例如，对 $\int \sin^2 x\cos^3 x\mathrm{d}x$，作变换 $u=\sin x$ 很快就可以得到结果，所以，求积分时究竟是直接计算，还是查积分表，或是两者结合使用，应该作具体分析，不能一概而论.

对初等函数来说，在其定义区间上其原函数一定存在，但原函数不一定是初等函数，如 $\int e^{-x^2}\mathrm{d}x$，$\int \frac{\sin x}{x}\mathrm{d}x$，$\int \frac{\mathrm{d}x}{\ln x}$，$\int \frac{\mathrm{d}x}{\sqrt{1+x^4}}$ 等，就都不是初等函数.

练习题 4.5

利用积分表计算下列不定积分：

(1) $\int \frac{\mathrm{d}x}{\sqrt{4x^2-9}}$；(2) $\int \frac{1}{x^2+2x+5}\mathrm{d}x$；(3) $\int \frac{\mathrm{d}x}{\sqrt{5-4x+x^2}}$；

(4) $\int \sqrt{2x^2+9}\mathrm{d}x$；(5) $\int \sqrt{3x^2-2}\mathrm{d}x$；(6) $e^{2x}\cos x\mathrm{d}x$；

(7) $\int x\arcsin\frac{x}{2}\mathrm{d}x$；(8) $\int \frac{\mathrm{d}x}{(x^2+9)^2}$；(9) $\int \frac{\mathrm{d}x}{\sin^3 x}$；

(10) $\int e^{-2x}\sin 3x\mathrm{d}x$；(11) $\int \sin 3x\cdot\sin 5x\mathrm{d}x$；(12) $\int \ln^3 x\mathrm{d}x$；

(13) $\int \frac{1}{x^2(1-x)}\mathrm{d}x$；(14) $\int \frac{\sqrt{x-1}}{x}\mathrm{d}x$；(15) $\int \frac{1}{(1+x^2)^2}\mathrm{d}x$；

(16) $\int \frac{1}{x\sqrt{x^2-1}}dx$；　(17) $\int \frac{x}{(2+3x)^2}dx$；　(18) $\int \cos^6 x dx$；

(19) $\int x^2\sqrt{x^2-2}dx$；　(20) $\int \frac{1}{2+5\cos x}dx$；　(21) $\int \frac{dx}{x^2\sqrt{2x-1}}$；

(22) $\int \sqrt{\frac{1-x}{1+x}}dx$；　(23) $\int \frac{x+5}{x^2-2x-1}dx$；　(24) $\int \frac{xdx}{\sqrt{1+x-x^2}}$；

(25) $\int \frac{x^4}{25+4x^2}dx$.

总复习题 4

1. 求函数 $f(x)$，使得 $f(x)=(3x-4)(2-x)$，$f(1)=1$.

2. 已知一曲线经过点(2,1)，且在其上任一点(x,y)处的切线斜率等于 $3x$，试求该曲线的方程.

3. 一曲线 $y=f(x)$ 过点(0,2)，且其上任意点的斜率为 $x+e^x$，试求 $f(x)$.

4. 一质点作直线运动，已知其加速度$\frac{d^2s}{dt^2}=3t^2-\sin t$，如果初速度 $V_0=3$，初始位移 $s_0=2$，试求：(1) V 和 t 之间的函数关系；(2) s 和 t 之间的函数关系.

5. 求下列不定积分

(1) $\int x^2\sqrt[3]{x}dx$；　(2) $\int \sqrt[n]{x^m}dx$；　(3) $\int \frac{1}{\sqrt{2gt}}dt$；

(4) $\int \frac{(x+1)^2}{\sqrt{x}}dx$；　(5) $\int \sqrt{x\sqrt{x\sqrt{x}}}dx$；　(6) $\int \frac{x^3-27}{x-3}dx$；

(7) $\int \frac{x^2-1}{x^2+1}dx$；　(8) $\int \frac{1+2x^2}{x^2(1+x^2)}dx$；　(9) $\int \frac{\cos x}{\cos x-\sin x}dx$；

(10) $\int \frac{1+\cos^2 x}{1+\cos 2x}dx$；　(11) $\int \frac{\cos 2x}{\sin^2 x\cos^2 x}dx$；　(12) $\int \frac{1+\sin 2x}{\sin x+\cos x}dx$；

(13) $\int \frac{e^x(x-e^{-x})}{x}dx$；　(14) $\int \frac{2^{x+1}-5^{x-1}}{10^x}dx$；　(15) $\int (e^x+3^x)(1+2^x)dx$；

(16) $\int \left(\sqrt{\frac{1+x}{1-x}}+\sqrt{\frac{1-x}{1+x}}\right)dx$.

6. 用换元积分法计算下列各不定积分

(1) $\int \sqrt[3]{1-7x}dx$；　(2) $\int \frac{x+2}{\sqrt{x+1}}dx$；　(3) $\int (3x-2)^{32}dx$；

(4) $\int \frac{x^3+2}{1+x^2}dx$；　(5) $\int \frac{dx}{\cos^2\left(x+\frac{\pi}{4}\right)}$；　(6) $\int \frac{x^2}{\sqrt{2-x^3}}dx$；

(7) $\int \frac{1}{x^2-2x+5}dx$；　(8) $\int \frac{1}{e^x+e^{-x}}dx$；　(9) $\int \frac{x}{\sqrt{1-2x^2}}dx$；

(10) $\int \frac{\arctan\frac{1}{x}}{1+x^2}dx$；　(11) $\int \frac{\sqrt{x}}{1+x^3}dx$；　(12) $\int \frac{1}{(2-x)\sqrt{1-x}}dx$；

(13) $\int \frac{1}{\cos^2 x\sqrt{\tan x-1}}dx$; (14) $\int \frac{1}{x\sqrt{1-\ln^2 x}}dx$; (15) $\int \frac{1}{\sqrt{x-x^2}}dx$;

(16) $\int \frac{e^{\frac{x}{2}}}{\sqrt{16-e^x}}dx$; (17) $\int \frac{x}{x^4-1}dx$; (18) $\int \sqrt{\frac{x}{1-x^3}}dx$;

(19) $\int \frac{\ln\tan x}{\sin x\cos x}dx$; (20) $\int \frac{1}{\sqrt{2x+1}+\sqrt{2x-1}}dx$; (21) $\int \frac{\sin x\cos x}{2+\sin^2 x}dx$;

(22) $\int e^x \tan e^x dx$; (23) $\int \frac{dx}{\sqrt{1+x}+(\sqrt{1+x})^3}$; (24) $\int \frac{\sin x}{\sqrt{1+\sin^2 x}}dx$;

(25) $\int \frac{dx}{(\sin x+2\cos x)^2}$; (26) $\int \frac{\sin x-\cos x}{1+\sin 2x}dx$; (27) $\int x^x(1+\ln x)dx$;

(28) $\int \frac{x dx}{x^4+2x^2+5}$; (29) $\int \sqrt{\frac{\arcsin\sqrt{x}}{x(1-x)}}dx$; (30) $\int \frac{x}{x+\sqrt{x^2-1}}dx$;

(31) $\int \frac{1}{\sqrt{x}\sin\sqrt{x}\cos\sqrt{x}}dx$; (32) $\int \sin\left(x+\frac{3\pi}{4}\right)\sin\left(3x+\frac{\pi}{4}\right)dx$;

(33) $\int \frac{\cos x}{1+\cos^2 x}dx$; (34) $\int \sin 2x\cos^3 x dx$; (35) $\int \frac{\cos^2 x}{1+\cos x}dx$;

(36) $\int (\cos x-\sin x)\cos 2x dx$; (37) $\int \frac{1}{1+\cos^2 x}dx$; (38) $\int \frac{1}{\sin^4 x}dx$;

(39) $\int \frac{\sin x\cos x}{1+\sin^4 x}dx$; (40) $\int \tan^3 x dx$; (41) $\int \frac{1}{x(1+x^5)}dx$;

(42) $\int \frac{\ln(x+\sqrt{1+x^2})}{\sqrt{1+x^2}}dx$; (43) $\int \frac{1}{x(x^3+8)}dx$; (44) $\int \frac{\cos^2 x}{\sin^4 x+\cos^4 x}dx$;

(45) $\int \frac{\sin x\cos x}{\sin^4 x+\cos^4 x}dx$; (46) $\int \sqrt{\frac{1+x}{1-x}}dx$; (47) $\int \frac{\sqrt{x+1}-\sqrt{x-1}}{\sqrt{x+1}+\sqrt{x-1}}dx$;

(48) $\int \frac{x dx}{\sqrt{x^2-x+2}}$; (49) $\int \frac{dx}{\sqrt[3]{(x+1)^2(x-1)^4}}$; (50) $\int \sqrt{\frac{1+x}{x}}dx$;

(51) $\int \frac{dx}{(1+e^x)^2}$; (52) $\int (\arctan\sqrt{x^2-1})\cdot\frac{x}{\sqrt{x^2-1}}dx$;

(53) $\int \frac{\ln(e^x+2)}{e^x}dx$.

第5章 定 积 分

积分学的另一个基本概念是定积分,定积分是几何、力学、工程中解决实际问题的一个常用工具.本章,首先以一些典型问题为背景阐述定积分的概念,然后给出定积分的基本性质及计算方法.最后将定积分的概念加以推广,简单地讨论两类广义积分.

5.1 定积分的概念与基本性质

5.1.1 定积分问题举例

曲边梯形的面积.在中学阶段,我们已经能计算规则的平面图形的面积,如矩形、梯形等图形的面积,但如果平面图形不太规则,比如将直角梯形 $ABCD$ 的斜边 AB 换成曲线,这样形成的四边形为曲边梯形,如图 5-1 所示,用初等数学的方法计算曲边梯形的面积就显得无能为力了,如何计算曲边梯形的面积呢?

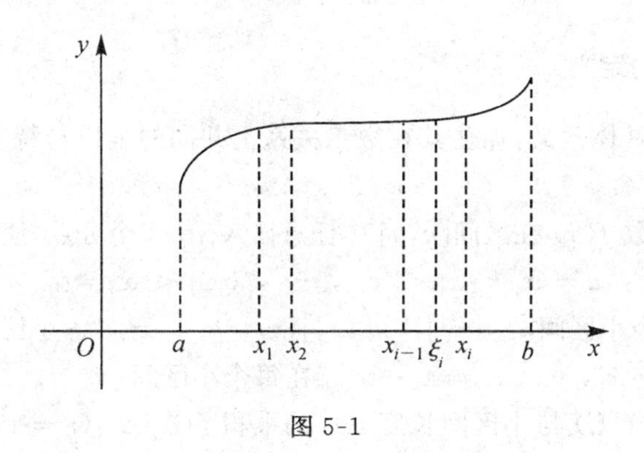

图 5-1

如图 5-1 所示,由连续曲线 $y=f(x)(f(x)\geqslant 0)$,Ox 轴及直线 $x=a$,$x=b$ 围成一曲边梯形,下面我们来计算曲边梯形的面积.

人们解决任何新问题,总是将新问题和已解决的相关问题联系起来,运用一定的技术和方法,使未知问题转化为已知问题加以研究,我们熟知矩形的面积等于底乘以高,而与曲边梯形相近且最易计算面积的平面图形就是矩形,因曲边梯形在底边各点处的高 $f(x)$ 在区间 $[a,b]$ 上是连续变化的,在很小的区间内 $f(x)$ 的变化很小,近似于不变,因此将区间 $[a,b]$ 分成若干小区间,在每个小区间上用其中任一点处的函数值近似代替相应小曲边梯形的高,即用“以直代曲”的方法,这样小曲边梯形的面积就可以用同底的小矩形的面积近似代替,然后再将这些小矩形的面积求和,得到曲边梯形面积的近似值.如果将区间 $[a,b]$ 无限地细分下去,使得所有小区间的长度无限减小,直至趋于零,这时所有小矩形面积的和的极限即

为曲边梯形的面积,具体做法可以分为以下四步:

(1) 分割.在区间$[a,b]$内任意插入$n-1$个分点

$$a=x_0<x_1<x_2<\cdots<x_{n-1}<x_n=b$$

把区间$[a,b]$分成n个小区间

$$[x_0,x_1],\quad [x_1,x_2],\cdots,[x_{n-1},x_n]$$

记第i个小区间的长度为$\Delta x_i=x_i-x_{i-1}$,$(i=1,2,\cdots,n)$,过各分点作平行于Oy轴的直线,把曲边梯形相应分成n个小曲边梯形,这些小曲边梯形的面积分别记为

$$\Delta A_1,\Delta A_2,\cdots,\Delta A_n$$

(2) 近似代替,在第i个小区间$[x_{i-1},x_i]$$(i=1,2,\cdots,n)$上任取一点$\xi_i(x_{i-1}\leqslant\xi_i\leqslant x_i)$,对应小曲边梯形的面积$\Delta A_i$可以用以$\Delta x_i$为底,$f(\xi_i)$为高的小矩形面积来近似代替,即

$$\Delta A_i\approx f(\xi_i)\Delta x_i.\quad (i=1,2,\cdots,n)$$

(3) 求和,把n个小矩形的面积相加,就得到曲边梯形面积A的近似值

$$A=\sum_{i=1}^{n}\Delta A_i\approx\sum_{i=1}^{n}f(\xi_i)\Delta x_i$$

(4) 取极限,各小区间的长度越小,上面的近似值越精确,为此,要求小区间长度中的最大值趋于零,记$\lambda=\max\{\Delta x_1,\Delta x_2,\cdots,\Delta x_n\}$,当$\lambda\to 0$时,上述和式$\sum\limits_{i=1}^{n}f(\xi_i)\Delta x_i$的极限就是曲边梯形面积的精确值,即

$$A=\lim_{\lambda\to 0}\sum_{i=1}^{n}f(\xi_i)\Delta x_i.$$

5.1.2 定积分的定义

撇开上述问题的具体意义,抓住其在数量关系上共同的本质与特征加以概括,就可以抽象出下述定积分的定义.

定义 5.1 设函数$f(x)$在区间$[a,b]$中任意插入$n-1$个分点,使得

$$a=x_0<x_1<x_2<\cdots<x_{n-1}<x_n=b$$

把区间$[a,b]$分成n个小区间$[x_0,x_1],[x_1,x_2],\cdots,[x_{n-1},x_n]$,各小区间的长度依次为$\Delta x_1=x_1-x_0,\Delta x_2=x_2-x_1,\cdots,\Delta x_n=x_n-x_{n-1}$在每个小区间$[x_{i-1},x_i]$上任取一点$\xi_i(x_{i-1}\leqslant\xi_i\leqslant x_i)$,作出函数值$f(\xi_i)$与小区间长度$\Delta x_i$的乘积$f(\xi_i)\Delta x_i(i=1,2,\cdots,n)$,并作出和$S=\sum\limits_{i=1}^{n}f(\xi_i)\Delta x_i$,记$\lambda=\max\{\Delta x_1,\Delta x_2,\cdots,\Delta x_n\}$,如果不论对$[a,b]$怎样分法,也不论点$\xi_i$在小区间$[x_{i-1},x_i]$上取在哪里,只要当$\lambda\to 0$时其和$S$总趋于确定的极限$I$,称这个极限$I$为函数$f(x)$在区间$[a,b]$上的定积分(简称积分),记为$\int_a^b f(x)\mathrm{d}x$,即

$$\int_a^b f(x)\mathrm{d}x=\lim_{\lambda\to 0}\sum_{i=1}^{n}f(\xi_i)\Delta x_i=I \tag{5-1}$$

其中$f(x)$称为被积函数,$f(x)\mathrm{d}x$称为被积表达式,x称为积分变量,a称为积分下限,b称为积分上限,$[a,b]$称为积分区间,如果函数$f(x)$在区间$[a,b]$上的定积分存在,称函数$f(x)$在区间$[a,b]$上可积.

关于定积分的定义,作以下几点说明:

(1) 定积分 $I=\int_a^b f(x)\mathrm{d}x$ 是一个数，I 只是取决于被积函数和积分区间，而与表示积分变量所用的字母无关，即

$$\int_a^b f(x)\mathrm{d}x=\int_a^b f(t)\mathrm{d}t=\int_a^b f(u)\mathrm{d}u.$$

(2) 在定积分的定义中，假定 $a<b$，若 $a>b$，$a=b$ 时，补充如下规定：

① 当 $a>b$ 时，$\int_a^b f(x)\mathrm{d}x=-\int_b^a f(x)\mathrm{d}x$.

② 当 $a=b$ 时，$\int_a^b f(x)\mathrm{d}x=0$.

(3) 极限过程是 $\lambda\to 0$，而不仅仅只是 $n\to\infty$；前者是无限细分的过程，后者是分点无限增加的过程，无限细分，分点必然要求无限增加，但分点无限增加，并不能保证无限细分.

(4) 定义中区间的分法和 ξ_i 的取法是任意的，但如果已知 $f(x)$ 在 $[a,b]$ 上可积，则在利用 $\int_a^b f(x)\mathrm{d}x=\lim\limits_{\lambda\to 0}\sum\limits_{i=1}^{n}f(\xi_i)\Delta x$ 计算积分时，可以对 x_i，ξ_i 作特殊选择.

定积分中一个重要的问题是函数 $f(x)$ 在区间 $[a,b]$ 上满足怎样的条件一定可积？关于这个问题，不加证明地给出以下两个充分条件.

定理 5.1 设函数 $f(x)$ 在区间 $[a,b]$ 上连续，则函数 $f(x)$ 在区间 $[a,b]$ 上可积.

定理 5.2 设函数 $f(x)$ 在区间 $[a,b]$ 上有界，且只有有限个间断点，则函数 $f(x)$ 在区间 $[a,b]$ 上可积.

另外由定义容易知道可积的必要条件是：若函数 $f(x)$ 在区间 $[a,b]$ 上可积，则函数 $f(x)$ 在区间 $[a,b]$ 上有界.

由于初等函数在其定义区间内都是连续的，所以初等函数在其定义区间上都是可积的，闭区间上分段连续函数在该区间上也可积.

5.1.3 定积分的几何意义

根据定积分的定义，定积分 $\int_a^b f(x)\mathrm{d}x$ 表示有以下几何意义：

(1) 如果连续的被积函数 $f(x)\geqslant 0$，则 $\int_a^b f(x)\mathrm{d}x$ 表示由曲线 $y=f(x)$，Ox 轴及直线 $x=a$，$x=b$ 所围成曲边梯形的面积，如图 5-2 所示.

(2) 如果连续的被积函数 $f(x)\leqslant 0$，则 $\int_a^b f(x)\mathrm{d}x$ 表示由曲线 $y=f(x)$，Ox 轴及直线 $x=a$，$x=b$ 所围成曲边梯形面积的相反数，如图 5-3 所示.

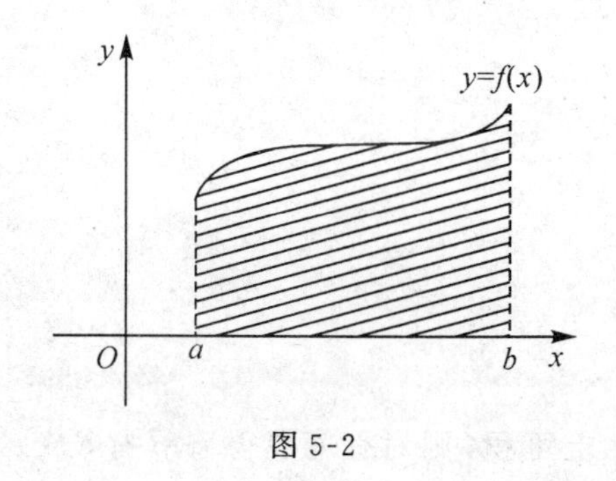

图 5-2

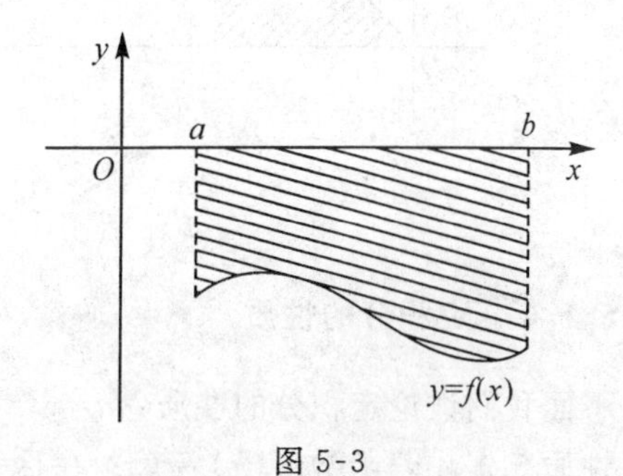

图 5-3

(3) 如果连续的被积函数 $f(x)$ 在 $[a,b]$ 上有正有负，则 $\int_a^b f(x)\mathrm{d}x$ 表示由曲线 $y = f(x)$, Ox 轴及直线 $x = a$, $x = b$ 所围成后一些小曲边梯形的面积的代数和，即上方的面积减去下方的面积，如图 5-4 所示.

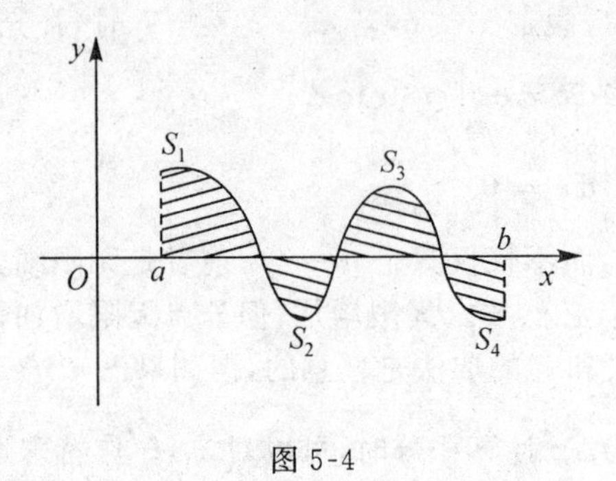

图 5-4

例 5.1 利用定积分的几何意义，确定下列积分的值：

(1) $\int_0^2 x\mathrm{d}x$； (2) $\int_{-2}^2 \sqrt{4-x^2}\mathrm{d}x$.

解 (1) 由定积分的几何意义可知，$\int_0^2 x\mathrm{d}x$ 表示由直线 $y = x$, $x = 2$ 及 Ox 轴所围成的三角形的面积，如图 5-5(a) 所示，由于所围成的图形是一个直角三角形，易知这个三角形的面积为 2，因此，$\int_0^2 x\mathrm{d}x = 2$.

(2) 由定积分的几何意义可知 $\int_{-2}^2 \sqrt{4-x^2}\mathrm{d}x$ 表示由曲线 $y = \sqrt{4-x^2}$ 与 Ox 轴所围成的图形面积，由图 5-5(b) 知，所围图形为半圆，易知其面积为 2π，因此

$$\int_{-2}^2 \sqrt{4-x^2}\mathrm{d}x = 2\pi.$$

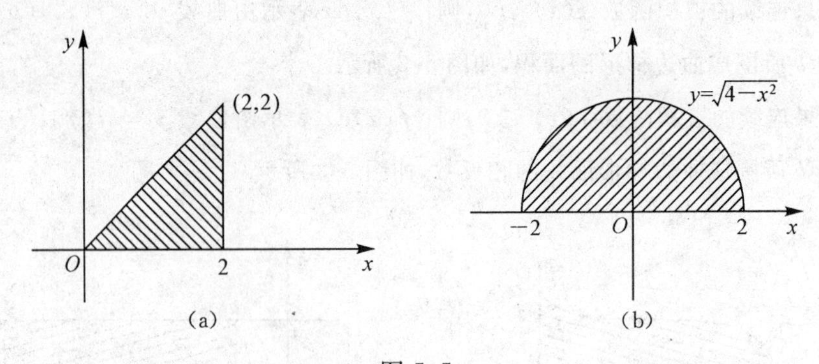

图 5-5

5.1.4 定积分的性质

下面我们讨论定积分的性质：

性质 5.1 若函数 $f(x)$, $g(x)$ 在区间 $[a,b]$ 上可积，则对任意常数 α, β 有 $\alpha f(x) +$

$\beta g(x)$ 在区间$[a,b]$上可积，且

$$\int_a^b (\alpha f(x)+\beta g(x))\mathrm{d}x=\alpha\int_a^b f(x)\mathrm{d}x+\beta\int_a^b g(x)\mathrm{d}x \tag{5-2}$$

证明 由于函数 $f(x),g(x)$ 在区间$[a,b]$上可积，故对区间$[a,b]$的任一分划

$$a=x_0<x_1<x_2<\cdots<x_{n-1}<x_n=b$$

记 $\Delta x_i=x_i-x_{i-1}(i=1,2,\cdots,n),\lambda=\max\limits_{1\leqslant i\leqslant n}\{\Delta x_i\},\forall\xi_i\in[x_{i-1},x_i]$，有

$$\lim_{\lambda\to 0}\sum_{i=1}^n(\alpha f(\xi_i)+\beta g(\xi_i))\Delta x_i=\alpha\lim\nolimits_{\lambda\to 0}\sum_{i=1}^n f(\xi i)\Delta x_i+\beta\lim_{\lambda\to 0}\sum_{x=i}^n g(\xi_i)\Delta x_i$$

$$=\alpha\int_a^b f(x)\mathrm{d}x+\mathrm{d}x+\beta\int_a^b g(x)\mathrm{d}x$$

所以 $\alpha f(x)+\beta g(x)$ 在区间$[a,b]$上可积，且

$$\int_a^b(\alpha f(x)+\beta g(x))\mathrm{d}x=\alpha\int_a^b f(x)\mathrm{d}x+\beta\int_a^b g(x)\mathrm{d}x.$$

性质 5.2 若 $a<c<b$，且函数 $f(x)$ 是区间$[a,b]$上的可积函数，则

$$\int_a^b f(x)\mathrm{d}x=\int_a^c f(x)\mathrm{d}x+\int_c^b f(x)\mathrm{d}x \tag{5-3}$$

证明 由于函数 $f(x)$ 在区间$[a,b]$上可积，所以无论把区间$[a,b]$怎样划分，积分和的极限总是存在而且不变的，因为 $a<c<b$，因此，在选取区间$[a,b]$的分划时，总使 c 成为分点，即

$$a=x_0<x_1<\cdots<x_{i_0}=c<x_{i0}+1<\cdots<x_n=b$$

于是
$$\sum_{i=1}^n f(\xi i)\Delta x_i=\sum_{i=1}^{i0}f(\xi i)\Delta x_i+\sum_{i=i0+1}^n f(\xi i)\Delta x_i$$

令 $\lambda\to 0$，得
$$\int_a^b f(x)\mathrm{d}x=\int_a^c f(x)\mathrm{d}x+\int_c^b f(x)\mathrm{d}x.$$

性质 5.2 称为定积分对积分区间的可加性，按照前面关于定积分的规定可以看出性质 5.2 中的条件“$a<c<b$”可以去掉，只要函数 $f(x)$ 在所给区间上是可积的即可.

性质 5.3 若函数 $f(x)$ 在区间$[a,b]$上可积，且对任意的 $x\in[a,b]$ 有 $f(x)\geqslant 0$，则 $\int_a^b f(x)\,\mathrm{d}x\geqslant 0$.

证明 由已知条件及极限性质，有$\int_a^b f(x)\mathrm{d}x=\lim\limits_{\lambda\to 0}\sum\limits_{i=1}^n f(\xi i)\Delta x_i\geqslant 0$.

推论 5.1 若函数 $f(x),g(x)$ 是区间$[a,b]$上的可积函数，且 $\forall x\in[a,b]$，有 $f(x)\geqslant g(x)$，则

$$\int_a^b f(x)\mathrm{d}x\geqslant\int_a^b g(x)\mathrm{d}x \tag{5-4}$$

证明 令 $F(x)=f(x)-g(x)$，则函数 $F(x)$ 在区间$[a,b]$上可积，且 $\forall x\in[a,b]$，有 $F(x)\geqslant 0$，由性质 5.3 即可得$\int_a^b F(x)\mathrm{d}x\geqslant 0$，再由性质 5.1 可得$\int_a^b f(x)\mathrm{d}x\geqslant\int_a^b g(x)\mathrm{d}x$

推论 5.2 若函数 $f(x)$ 在区间$[a,b]$上可积，则

$$\left|\int_a^b f(x)\mathrm{d}x\right|\leqslant\int_a^b|f(x)|\,\mathrm{d}x \tag{5-5}$$

证明 由于 $\forall x\in[a,b]$，有 $-|f(x)|\leqslant f(x)\leqslant|f(x)|$ 由推论 5.1，有

$$-\int_a^b |f(x)|\,\mathrm{d}x \leqslant \int_a^b f(x)\,\mathrm{d}x \leqslant \int_a^b |f(x)|\,\mathrm{d}x$$

即
$$\left|\int_a^b f(x)\,\mathrm{d}x\right| \leqslant \int_a^b |f(x)|\,\mathrm{d}x$$

推论 5.3 设函数 $f(x)$ 在区间 $[a,b]$ 上可积，m,M 为常数，若 $\forall x \in [a,b]$，有 $m \leqslant f(x) \leqslant M$，则

$$m(b-a) \leqslant \int_a^b f(x)\,\mathrm{d}x \leqslant M(b-a) \tag{5-6}$$

证明 由于 $m \leqslant f(x) \leqslant M$，根据推论 5.1 有

$$m(b-a) = \int_a^b m\,\mathrm{d}x \leqslant \int_a^b f(x)\,\mathrm{d}x \leqslant \int_a^b M\,\mathrm{d}x = M(b-a)$$

性质 5.4 (积分中值定理)设函数 $f(x)$ 在区间 $[a,b]$ 上连续，则至少存在一点 $\xi \in [a,b]$，使得

$$\int_a^b f(x)\,\mathrm{d}x = f(\xi)(b-a) \tag{5-7}$$

证明 因为函数 $f(x)$ 在区间 $[a,b]$ 上连续，故函数 $f(x)$ 在区间 $[a,b]$ 上有最大值 M 和最小值 m，由推论 5.3 可知

$$m(b-a) \leqslant \int_a^b f(x)\,\mathrm{d}x \leqslant M(b-a)$$

从而有
$$m \leqslant \frac{1}{b-a}\int_a^b f(x)\,\mathrm{d}x \leqslant M$$

这说明，$\frac{1}{b-a}\int_a^b f(x)\,\mathrm{d}x$ 是介于最大值 M 和最小值 m 之间的一个数值，由闭区间上连续函数的介值定理可知，至少存在一点 $\xi \in [a,b]$，使得

$$f(\xi) = \frac{1}{b-a}\int_a^b f(x)\,\mathrm{d}x$$

即
$$\int_a^b f(x)\,\mathrm{d}x = f(\xi)(b-a).$$

性质 5.4 的几何解释是：若函数 $f(x)$ 在闭区间 $[a,b]$ 上连续，且满足 $f(x) \geqslant 0$，对任意 $x \in [a,b]$ 成立，则由 $x=a,x=b,y=0$ 及曲线 $y=f(x)$ 所围成的曲边梯形的面积一定与一个矩形面积相等，通常称 $\frac{1}{b-a}\int_a^b f(x)\,\mathrm{d}x$ 为函数 $f(x)$ 在闭区间 $[a,b]$ 上的平均值，如图 5-6 所示.

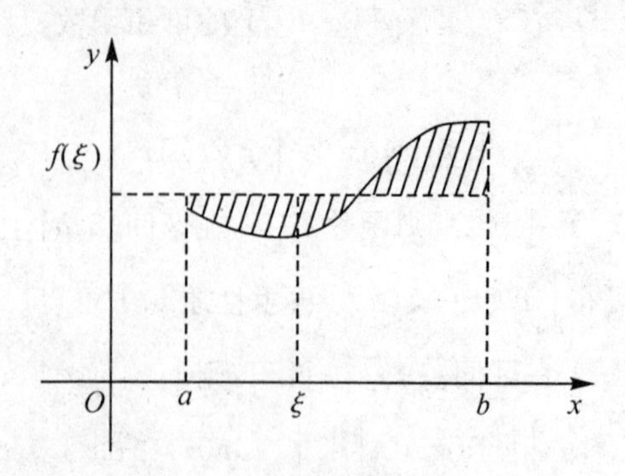

图 5-6

性质 5.5 设函数 $f(x)$ 在闭区间$[a,b]$上连续，$f(x)$ 在$[a,b]$上非负且不恒等于 0，则

$$\int_a^b f(x)\mathrm{d}x > 0.$$

证明 由于函数 $f(x)$ 在区间$[a,b]$上非负且不恒等于 0，故存在 $x_0 \in [a,b]$ 使得 $f(x_0) > 0$，不妨设 $x_0 \in (a,b)$，则由连续函数的保号性知，存在 x_0 的某邻域 $\mathrm{U}(x_0,\delta) \subset [a,b]$，使得 $\forall x \in \mathrm{U}(x_0,\delta)$ 均有 $f(x) > \frac{1}{2}f(x_0)$，从而由性质 5.2、性质 5.3 及推论 5.3 得

$$\begin{aligned}\int_a^b f(x)\mathrm{d}x &= \int_a^{x_0-\delta} f(x)\mathrm{d}x + \int_{x_0-\delta}^{x_0+\delta} f(x)\mathrm{d}x + \int_{x_0+\delta}^b f(x)\mathrm{d}x \geqslant \int_{x_0-\delta}^{x_0+\delta} f(x)\mathrm{d}x \\ &= \frac{1}{2}f(x_0)\cdot 2\delta = f(x_0)\delta\end{aligned}$$

至于 $x_0 = a$ 或 $x_0 = b$ 的情形，则取 a 的右邻域或 b 的左邻域可以完全类似地证明.

类似于推论 5.1 的证明可以得到如下推论.

推论 5.4 设函数 $f(x)$，$g(x)$ 在区间$[a,b]$上连续，且在$[a,b]$上有 $f(x) \geqslant g(x)$ 及 $f(x) \notin g(x)$，则

$$\int_a^b f(x)\mathrm{d}x > \int_a^b g(x)\mathrm{d}x \tag{5-8}$$

推论 5.5 设函数 $f(x)$ 在区间$[a,b]$上连续，且$\int_a^b |f(x)|\mathrm{d}x = 0$，则对任意 $x \in [a,b]$，有 $f(x) \equiv 0$.

证明 用反证法，如果 $\exists x_0 \in [a,b]$，使得 $f(x_0) \neq 0$，即 $|f(x_0)| > 0$，则由性质 5.5，有$\int_a^b |f(x)|\mathrm{d}x > 0$ 与题设矛盾，故 $\forall x \in [a,b]$，有 $f(x) \equiv 0$.

例 5.2 比较下列各组中积分值的大小

(1)$\int_0^{\frac{\pi}{4}} x\mathrm{d}x$，$\int_0^{\frac{\pi}{4}} \sin x\mathrm{d}x$，$\int_0^{\frac{\pi}{4}} \tan x\mathrm{d}x$；　　(2)$\int_0^1 \mathrm{e}^{-x}\mathrm{d}x$，$\int_0^1 \mathrm{e}^x\mathrm{d}x$，$\int_0^1 \mathrm{e}^{x^2}\mathrm{d}x$.

解 (1) 由于在 $0 \leqslant x \leqslant \frac{\pi}{4}$ 上，$\sin x \leqslant x \leqslant \tan x$，因此，由性质 5.3、推论 5.1 得到

$$\int_0^{\frac{\pi}{4}} \sin x\mathrm{d}x \leqslant \int_0^{\frac{\pi}{4}} x\mathrm{d}x \leqslant \int_0^{\frac{\pi}{4}} \tan x\mathrm{d}x.$$

(2) 因在区间$[0,1]$上，有 $\mathrm{e}^{-x} \leqslant \mathrm{e}^{x^2} \leqslant \mathrm{e}^x$，由性质 5.3、推论 5.1 知

$$\int_0^1 \mathrm{e}^{-x}\mathrm{d}x < \int_0^1 \mathrm{e}^{x^2}\mathrm{d}x < \int_0^1 \mathrm{e}^x\mathrm{d}x.$$

例 5.3 估计下列积分的大小

(1)$\int_0^2 x^3\mathrm{d}x$；　　(2)$\int_{\frac{\pi}{4}}^{\frac{3\pi}{4}} \sin x\mathrm{d}x$；　　(3)$\int_1^2 \frac{x}{x^2+1}\mathrm{d}x$.

解 (1) 在区间$[0,2]$上，x^3 的最大值与最小值分别为 8 和 0，故

$$\int_0^2 0\mathrm{d}x \leqslant \int_0^2 x^3\mathrm{d}x \leqslant \int_0^2 8\mathrm{d}x$$

即

$$0 \leqslant \int_0^2 x^3\mathrm{d}x \leqslant 16.$$

(2) 在区间$\left[\frac{\pi}{4},\frac{3\pi}{4}\right]$上,$\frac{\sqrt{2}}{2}\leqslant \sin x\leqslant 1$,因此有

$$\int_{\frac{\pi}{4}}^{\frac{3\pi}{4}}\frac{\sqrt{2}}{2}\mathrm{d}x\leqslant\int_{\frac{\pi}{4}}^{\frac{3\pi}{4}}\sin x\mathrm{d}x\leqslant\int_{\frac{\pi}{4}}^{\frac{3\pi}{4}}1\mathrm{d}x$$

即

$$\frac{\sqrt{2}\pi}{4}\leqslant\int_{\frac{\pi}{4}}^{\frac{3\pi}{4}}\sin x\mathrm{d}x\leqslant\frac{\pi}{2}$$

(3)$f(x)=\frac{x}{x^2+1}$在$[1,2]$上连续,故在$[1,2]$上可积,因

$$f'(x)=\frac{1-x^2}{(x^2+1)^2}\leqslant 0\quad(1\leqslant x\leqslant 2)$$

所以$f(x)$在$[1,2]$上单调减少,故有

$$\frac{2}{5}\leqslant f(x)\leqslant\frac{1}{2}$$

则

$$\int_1^2\frac{2}{5}\mathrm{d}x\leqslant\int_1^2\frac{x}{x^2+1}\mathrm{d}x\leqslant\int_1^2\frac{1}{2}\mathrm{d}x$$

即

$$\frac{2}{5}\leqslant\int_1^2\frac{x}{x^2+1}\mathrm{d}x\leqslant\frac{1}{2}.$$

例 5.4 证明不等式$\frac{2}{4\sqrt{\mathrm{e}}}\leqslant\int_0^2\mathrm{e}^{x^2-x}\mathrm{d}x\leqslant 2\mathrm{e}^2$.

证明 设$f(x)=\mathrm{e}^{x^2-x}$,则$f'(x)=(2x-1)\mathrm{e}^{x^2-x}$,令$f'(x)=0$,得$x=\frac{1}{2}\in[0,2]$,经计算知

$$f(0)=1,\quad f(2)=\mathrm{e}^2,\quad f\left(\frac{1}{2}\right)=\mathrm{e}^{-\frac{1}{4}}$$

故当$0\leqslant x\leqslant 2$时,$\mathrm{e}^{-\frac{1}{4}}\leqslant f(x)\mathrm{e}^2$,由估值定理有

$$\frac{2}{4\sqrt{\mathrm{e}}}\leqslant\int_0^2\mathrm{e}^{x2-x}\mathrm{d}x\leqslant 2\mathrm{e}^2.$$

练习题 5.1

1. 利用定积分的定义计算由抛物线$y=x^2+1$,两直线$x=a,x=b(b>a)$及Ox轴所围成的图形的面积.

2. 利用定积分的定义计算下列积分

(1)$\int_a^b x\mathrm{d}x(a<b)$; (2)$\int_0^1\mathrm{e}^x\mathrm{d}x$.

3. 利用定积分的几何意义证明下列等式

(1)$\int_0^1 2x\mathrm{d}x=1$; (2)$\int_0^1\sqrt{1-x^2}\mathrm{d}x=\frac{\pi}{4}$; (3)$\int_{-\pi}^{\pi}\sin x\mathrm{d}x=0$;

(4)$\int^{\frac{\pi}{2}-\frac{\pi}{2}}\cos x\mathrm{d}x=2\int_0^{\frac{\pi}{2}}\cos x\mathrm{d}x$.

4. 水利工程中要计算拦水闸门所受的水压力，已知闸门上水的压强 P(单位面积上的压力大小) 与水深 h 存在函数关系，且有 $P=9.8\mathrm{h}(\mathrm{kN/m^2})$，若闸门高 $H=3\mathrm{m}$，宽 $L=2\mathrm{m}$，试求水面与闸门顶相齐时闸门所受的水压力 P.

5. 证明下列定积分的性质

(1) $\int_a^b kf(x)\mathrm{d}x=k\int_a^b f(x)\mathrm{d}x$ (k 为常数)； (2) $\int_a^b \mathrm{d}x=b-a$.

6. 估计下列各积分的值

(1) $\int_1^4 (x^2+1)\mathrm{d}x$； (2) $\int_{\frac{\pi}{4}}^{\frac{5\pi}{4}}(1+\sin^2 x)\mathrm{d}x$； (3) $\int_{\frac{1}{\sqrt{3}}}^{\sqrt{3}} x\arctan x\mathrm{d}x$； (4) $\int_2^0 \mathrm{e}^{x^2-x}\mathrm{d}x$.

7. 设函数 $f(x)$ 及 $g(x)$ 在区间 $[a,b]$ 上连续，证明：

(1) 若在 $[a,b]$ 上，$f(x)\geqslant 0$，且 $\int_a^b f(x)\mathrm{d}x=0$ 则在 $[a,b]$ 上 $f(x)\equiv 0$；

(2) 若在 $[a,b]$ 上，$f(x)\geqslant 0$，且 $f(x)\neq 0$，则 $\int_a^b f(x)\mathrm{d}x>0$；

(3) 若在 $[a,b]$ 上，$f(x)\leqslant g(x)$，且 $\int_a^b f(x)\mathrm{d}x=\int_a^b g(x)\mathrm{d}x$，则在 $[a,b]$ 上 $f(x)\equiv g(x)$.

8. 根据定积分的性质及第 7 题的结论，说明下列积分哪一个的值较大：

(1) $\int_0^1 x^2\mathrm{d}x$ 与 $\int_0^1 x^3\mathrm{d}x$； (2) $\int_1^2 x^2\mathrm{d}x$ 与 $\int_1^2 x^3\mathrm{d}x$； (3) $\int_1^2 \ln x\mathrm{d}x$ 与 $\int_1^2 (\ln x)^2\mathrm{d}x$；

(4) $\int_0^1 x\mathrm{d}x$ 与 $\int_0^1 \ln(1+x)\mathrm{d}x$； (5) $\int_0^1 \mathrm{e}^x\mathrm{d}x$ 与 $\int_0^1 (1+x)\mathrm{d}x$.

5.2 微积分学基本定理

在本章 5.1 中我们介绍了定积分的定义和性质，但并未给出一个有效的计算方法，当被积函数较复杂时，难以利用定义直接计算，为此，自本节开始，我们将介绍一些求定积分的有效方法.

5.2.1 原函数与变限积分

由定积分的定义可知，$\int_a^b f(x)\mathrm{d}x$ 是一个数，这个定积分仅与 a,b 及 $f(x)$ 有关，当 $f(x)$ 给定并固定 a 时，$\int_a^x f(t)\mathrm{d}t$ 就是其上限的函数，类似地 $\int_x^b f(t)\mathrm{d}t$ 也是一个关于 x 的函数，对于这两个函数，我们给出以下定义.

定义 5.2 若函数 $f(x)$ 在区间 $[a,b]$ 上可积，则称积分 $\int_a^x f(t)\mathrm{d}t\ (x\in[a,b])$ 为 $f(x)$ 在 $[a,b]$ 上的积分上限函数；称 $\int_x^b f(t)\mathrm{d}t\ (x\in[a,b])$ 为 $f(x)$ 在 $[a,b]$ 上的积分下限函数.

积分上(下)限函数具有许多好的性质，这类函数是我们将微分与积分联系起来的纽带，由于

$$\int_x^b f(t)\mathrm{d}t=-\int_b^x f(t)\mathrm{d}t,\quad (x\in[a,b])$$

所以我们仅讨论积分上限函数的一些性质,对积分下限函数我们不难利用相关关系给出其相应性质.

我们将$\int_a^x f(t)\mathrm{d}t$,$\int_x^b f(t)\mathrm{d}t$分别称为变上限积分与变下限积分,变上限积分与变下限积分统称为变限积分.

定理 5.3 若函数 $f(x)$ 在区间$[a,b]$上可积,则 $\Phi(x)=\int_a^x f(t)\mathrm{d}t$ 在$[a,b]$上连续.

证明 由函数 $f(x)$ 在区间$[a,b]$上可积知 $\exists M>0$,使 $\forall x\in[a,b]$有 $|f(x)|\leqslant M$,有变量在 x 处获得增量 Δx,其绝对值足够小,使得 $x+\Delta x\in[a,b]$,有

$$\begin{aligned}|\Phi(x+\Delta x)-\Phi(x)| &= \left|\int_a^{x+\Delta x} f(t)\mathrm{d}t-\int_a^x f(t)\mathrm{d}t\right|\\ &= \left|\int_x^{x+\Delta x} f(t)\mathrm{d}t\right|\leqslant\int_x^{x+\Delta x}|f(t)|\mathrm{d}t\leqslant M|\Delta x|\to 0\quad(\Delta x\to 0)\end{aligned}$$

因此$\lim\limits_{\Delta x\to 0}(\Phi(x+\Delta x)-\Phi(x))=0$,即 $\Phi(x)$ 为$[a,b]$上的连续函数

定理 5.4 若函数 $f(x)$ 在区间$[a,b]$上可积,且在 $x_0\in[a,b]$处连续($x_0=a$ 和 $x_0=b$ 时分别为右连续和左连续),则 $\Phi(x)=\int_a^x f(t)\mathrm{d}t$ 在点 x_0 处可导,且 $\Phi'(x_0)=f(x_0)$ ($x_0=a$ 和 $x_0=b$ 时,分别为左导数和右导数).

证明 不妨设 $x_0\in(a,b)$,由函数 $f(x)$ 在点 x_0 处连续,有 $\forall\varepsilon>0,\exists\delta>0$,当 $x\in\mathrm{U}(x_0,\delta)\subset(a,b)$ 时,$|f(x)-f(x_0)|<\varepsilon$,于是当 $x\in\mathring{\mathrm{U}}(x_0,\delta)$ 时,有

$$\begin{aligned}&\left|\frac{\Phi(x)-\Phi(x_0)}{x-x_0}-f(x_0)\right|\\ &=\left|\frac{1}{x-x_0}\int_{x_0}^x f(t)\mathrm{d}t-f(x_0)\right|=\left|\frac{1}{x-x_0}\int_{x_0}^x[f(t)-f(x_0)]\mathrm{d}t\right|\\ &\leqslant\frac{1}{|x-x_0|}\cdot\left|\int_{x_0}^x|f(t)-f(x_0)|\mathrm{d}t\right|\leqslant\frac{1}{|x-x_0|}\cdot\varepsilon\cdot|x-x_0|=\varepsilon\end{aligned}$$

即
$$\Phi'(x_0)=\lim_{x\to x_0}\frac{\Phi(x)-\Phi(x_0)}{x-x_0}=f(x_0).$$

推论 5.6 若函数 $f(x)$ 在区间$[a,b]$上连续,则 $\Phi(x)=\int_a^x f(t)\mathrm{d}t$ 在$[a,b]$上可导,且

$$\Phi'(x)=\frac{\mathrm{d}}{\mathrm{d}x}\left(\int_a^x f(t)\mathrm{d}t\right)=f(x),\quad(a\leqslant x\leqslant b)\tag{5-9}$$

定理 5.3 与推论 5.6 揭示了导数与积分之间的联系,且由此可知,区间$[a,b]$上的任何连续函数 $f(x)$ 均存在原函数 $\Phi(x)=\int_a^x f(t)\mathrm{d}t$,因此进一步有以下推论.

推论 5.7 若函数 $f(x)$ 在区间$[a,b]$上连续,$F(x)$ 是 $f(x)$ 的任意一个原函数,则存在常数 C,使得 $\forall\in[a,b]$ 有

$$F(x)=\int_a^x f(t)\mathrm{d}t+C\tag{5-10}$$

变限积分除了$\int_a^x f(t)\mathrm{d}t$ 和$\int_b^x f(t)\mathrm{d}t$ 外,更一般地还有下面的变限复合函数,即

$$\int_a^{u(x)} f(t)\mathrm{d}t,\quad\int_{v(x)}^b f(t)\mathrm{d}t,\quad\int_{v(x)}^{u(x)} f(t)\mathrm{d}t.$$

若函数 $f(t)$ 在区间 $[a,b]$ 上连续，$u(x)$，$v(x)$ 在 $[\alpha,\beta]$ 上可导，且 $\forall x\in[\alpha,\beta]$ 有 $u(x)$，$v(x)\in[a,b]$，则由复合函数的求导法则可得

$$\frac{\mathrm{d}}{\mathrm{d}x}\int_a^{u(x)} f(t)\mathrm{d}t = f(u(x))u'(x) \tag{5-11}$$

$$\frac{\mathrm{d}}{\mathrm{d}x}\int_{v(x)}^{b} f(t)\mathrm{d}t = -f(v(x))v'(x) \tag{5-12}$$

$$\frac{\mathrm{d}}{\mathrm{d}x}\int_{v(x)}^{u(x)} f(t)\mathrm{d}t = f(u(x))u'(x) - f(v(x))v'(x) \tag{5-13}$$

例 5.5 设函数 $f(x)$ 在区间 $(-\infty,+\infty)$ 内连续，且满足方程

$$\int_0^x f(t)\mathrm{d}t = \int_x^1 t^2 f(t)\mathrm{d}t + \frac{x^{16}}{8} + \frac{x^{18}}{9}$$

试求 $f(x)$.

解 对已知方程两端关于 x 求导，得

$$f(x) = -x^2 f(x) + 2x^{15} + 2x^{17}$$

即

$$(1+x^2)f(x) = 2x^{15}(1+x^2)$$

故

$$f(x) = 2x^{15}.$$

例 5.6 计算下列导数

(1) $\dfrac{\mathrm{d}}{\mathrm{d}x}\displaystyle\int_0^{\sin x} f(t)\mathrm{d}t$； (2) $\dfrac{\mathrm{d}}{\mathrm{d}x}\displaystyle\int_{x^2}^{x^3} \mathrm{e}^{-t}\mathrm{d}t$.

解 (1) $\dfrac{\mathrm{d}}{\mathrm{d}x}\displaystyle\int_0^{\sin x} f(t)\mathrm{d}t = f(\sin x)\cdot(\sin x)' = f(\sin x)\cdot\cos x$.

(2) $\dfrac{\mathrm{d}}{\mathrm{d}x}\displaystyle\int_{x^2}^{x^3} \mathrm{e}^{-t}\mathrm{d}t = \mathrm{e}^{-x^3}(x^3)' - \mathrm{e}^{-x^2}\cdot(x^2)' = 3x^2\mathrm{e}^{-x^3} - 2x\mathrm{e}^{-x^2}$.

例 5.7 计算下列极限

(1) $\displaystyle\lim_{x\to 0}\frac{\int_0^x \sin t^2\mathrm{d}t}{x^3}$； (2) $\displaystyle\lim_{x\to\infty}\frac{\left(\int_0^x \mathrm{e}^{t^2}\mathrm{d}t\right)^2}{\int_0^x \mathrm{e}^{2t^2}\mathrm{d}t}$.

解 利用洛必达法则，有

(1) $\displaystyle\lim_{x\to 0}\frac{\int_0^x \sin t^2\mathrm{d}t}{x^3} = \lim_{x\to 0}\frac{\sin x^2}{3x^2} = \frac{1}{3}$.

(2) $\displaystyle\lim_{x\to\infty}\frac{\left(\int_0^x \mathrm{e}^{t^2}\mathrm{d}t\right)^2}{\int_0^x \mathrm{e}^{2t^2}\mathrm{d}t} = \lim_{x\to\infty}\frac{2\int_0^x \mathrm{e}^{t^2}\mathrm{d}t\cdot\mathrm{e}^{x^2}}{\mathrm{e}^{2x^2}} = \lim_{x\to\infty}\frac{2\int_0^x \mathrm{e}^{t^2}\mathrm{d}t\cdot\mathrm{e}^{x^2}}{\mathrm{e}^{x^2}} = \lim_{x\to\infty}\frac{2\mathrm{e}^{x^2}}{2x\mathrm{e}^{x^2}} = \lim_{x\to\infty}\frac{1}{x} = 0$.

5.2.2 微积分基本定理

定理 5.5 设 $F(x)$ 是连续函数 $f(x)$ 在区间 $[a,b]$ 上的一个原函数，则

$$\int_a^b f(x)\mathrm{d}x = F(b) - F(a) \tag{5-14}$$

为了计算时书写方便，常记 $F(b)-F(a) = F(x)\Big|_a^b$，即

$$\int_a^b f(x)\mathrm{d}x = F(x)\Big|_a^b = F(b) - F(a) \tag{5-15}$$

公式(5-15)称为牛顿—莱布尼兹公式.

证明 因为 $F(x)$ 与 $\int_a^x f(t)\mathrm{d}t$ 都是函数 $f(x)$ 在区间$[a,b]$上的原函数,因此它们只能相差常数 C,即

$$\int_a^x f(t)\mathrm{d}t = F(x) + C$$

令 $x = a$,可得 $C = -F(a)$,因此

$$\int_a^x f(t)\mathrm{d}t = F(x) - F(a), \quad x \in [a,b]$$

令 $x = b$,则$\int_a^b f(t)\mathrm{d}t = F(b) - F(a)$.又$\int_a^b f(t)\mathrm{d}t = \int_a^b f(x)\mathrm{d}x$,故

$$\int_a^b f(x)\mathrm{d}x = F(x)\Big|_a^b = F(b) - F(a).$$

公式(5-15)进一步揭示了定积分与被积函数的原函数或不定积分之间的联系,公式(5-15)表明:一个连续函数 $f(x)$ 在区间$[a,b]$上的定积分等于 $f(x)$ 的任一个原函数在区间$[a,b]$上的增量,这就给定积分提供了一个有效且简便的计算方法,大大简化了定积分的计算手续.

通常公式(5-13)也称为微积分基本公式

例 5.8 求下列定积分

(1)$\int_a^b x^4\mathrm{d}x$; (2)$\int_0^1 x\mathrm{e}^x\mathrm{d}x$; (3)$\int_{\frac{\pi}{4}}^{\frac{\pi}{3}} \frac{1}{\sin^2 x\cos^2 x}\mathrm{d}x$; (4)$\int_0^{\frac{\pi}{2}} \left|\frac{1}{2} - \sin x\right|\mathrm{d}x$.

解 (1) 由于$\int x^4\mathrm{d}x = \frac{x^5}{5} + C$,因此 $\int_a^b x^4\mathrm{d}x = \frac{x^5}{5}\Big|_a^b = \frac{1}{5}(b^5 - a^5)$.

(2) 由于$\int x\mathrm{e}^x\mathrm{d}x = (x-1)\mathrm{e}^x + C$,因此 $\int_0^1 x\mathrm{e}^x\mathrm{d}x = (x-1)\mathrm{e}^x\Big|_0^1 = 1$.

(3) $\int_{\frac{\pi}{4}}^{\frac{\pi}{3}} \frac{1}{\sin^2 x\cos^2 x}\mathrm{d}x = \int_{\frac{\pi}{4}}^{\frac{\pi}{3}} \frac{\sin^2 x + \cos^2 x}{\sin^2 x\cos^2 x}\mathrm{d}x = \int_{\frac{\pi}{4}}^{\frac{\pi}{3}} \sec^2 x\mathrm{d}x + \int_{\frac{\pi}{4}}^{\frac{\pi}{3}} \csc^2 x\mathrm{d}x$

$$= \tan x \times \Big|_{\frac{\pi}{4}}^{\frac{\pi}{3}} - \cot x\Big|_{\frac{\pi}{4}}^{\frac{\pi}{3}} = \frac{2\sqrt{3}}{3}.$$

(4) $\int_0^{\frac{\pi}{2}} \left|\frac{1}{2} - \sin x\right|\mathrm{d}x = \int_0^{\frac{\pi}{6}} \left(\frac{1}{2} - \sin x\right)\mathrm{d}x + \int_{\frac{\pi}{6}}^{\frac{\pi}{2}} \left(\sin x - \frac{1}{2}\right)\mathrm{d}x$

$$= \left(\frac{x}{2} + \cos x\right)\Big|_0^{\frac{\pi}{6}} + \left(-\cos x - \frac{x}{2}\right)\Big|_{\frac{\pi}{6}}^{\frac{\pi}{2}} = \sqrt{3} - 1 - \frac{\pi}{12}.$$

例 5.9 设函数 $f(x)$ 在区间$[0,1]$上连续,且满足 $f(x) = x\int_0^1 f(t)\mathrm{d}t - 1$ 求$\int_0^1 f(x)\mathrm{d}x$ 及 $f(x)$.

解 由于 $\int_0^1 f(x)\mathrm{d}x = \int_0^1 \left[x\int_0^1 f(t)\mathrm{d}t\right]\mathrm{d}x - 1 = \int_0^1 f(t)\mathrm{d}t\int_0^1 x\mathrm{d}x - 1$

$$= \frac{1}{2}\int_0^1 f(t)\mathrm{d}t - 1 = \frac{1}{2}\int_0^1 f(x)\mathrm{d}x - 1$$

因此 $$\int_0^1 f(x)\mathrm{d}x = -2, f(x) = -2x-1.$$

例 5.10 如图 5-7 所示，计算正弦曲线 $y=\sin x$ 在区间 $[0,\pi]$ 上与 Ox 轴所围成的平面图形的面积.

解 图 5-7 是曲边梯形的一个特例，所求面积 $A=\int_0^{\pi}\sin x\mathrm{d}x$. 由于 $-\cos x$ 是 $\sin x$ 的一个原函数，所以

$$A=\int_0^{\pi}\sin x\mathrm{d}x=(-\cos x)\Big|_0^{\pi}=-(-1)-(-1)=2.$$

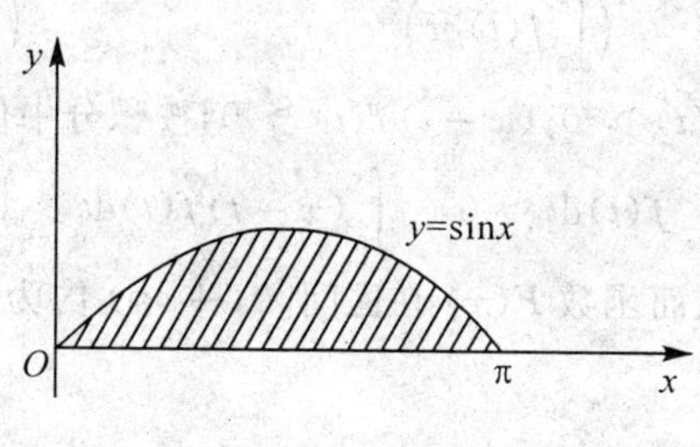

图 5-7

例 5.11 汽车以每小时 36km 速度行驶，到某处需要减速停车，设汽车以等加速度 $a=-5\mathrm{m/s^2}$ 刹车，试问从开始刹车到停车，汽车驶过了多少距离？

解 首先要计算出从开始刹车到停车经过的时间，设开始刹车的时刻为 $t=0$，此时汽车速度

$$V_0=36\mathrm{km/h}=\frac{36\times 1000}{3600}\mathrm{m/s}=10\mathrm{m/s}$$

刹车后汽车减速行驶，其速度为 $V(t)=V_0+at=10-5t$，当汽车停住时，速度 $Vt=0$，故从 $V(t)=10-5t=0$ 解得 $t=\frac{10}{5}=2(\mathrm{s})$. 于是在这段时间内，汽车所驶过的距离为

$$S=\int_0^2 V(t)\mathrm{d}t=\int_0^2(10-5t)\mathrm{d}t=\left[10t-5\times\frac{t^2}{2}\right]_0^2=10\mathrm{m}$$

即在刹车后，汽车需驶过 10m 才能停住.

例 5.12 设函数 $f(x)$ 在区间 $[a,b]$ 上连续，证明在 (a,b) 内至少存在一点 ξ，使

$$\int_a^b f(x)\mathrm{d}x=f(\xi)(b-a)\quad(a<\xi<b).$$

证明 因函数 $f(x)$ 连续，故 $f(x)$ 的原函数存在，设为 $F(x)$，即设在区间 $[a,b]$ 上，$F'(x)=f(x)$，根据牛顿—莱布尼兹公式，有 $\int_a^b f(x)\mathrm{d}x=F(b)-F(a)$.

显然函数 $F(x)$ 在区间 $[a,b]$ 上满足拉格朗日中值定理，因此在 (a,b) 内至少存在一点 ξ，使

$$F(b)-F(a)=F'(\xi)(b-a)\qquad \xi\in(a,b)$$

故 $$\int_a^b f(x)\mathrm{d}x=f(\xi)(b-a)\qquad \xi\in(a,b).$$

例 5.12 的结论是上一节所述积分中值定理的改进，从例 5.12 的证明中不难看出积分中值定理与微分中值定理的联系.

例 5.13 设函数 $f(x)$ 在区间 $[0,+\infty)$ 内连续,且 $f(x)>0$,证明函数

$$F(x)=\frac{\int_0^x tf(t)\mathrm{d}t}{\int_0^x f(t)\mathrm{d}t}$$

在 $[0,+\infty)$ 内为单调增加函数.

证明
$$\frac{\mathrm{d}}{\mathrm{d}x}\int_0^x tf(t)\mathrm{d}t=xf(x),\quad \frac{\mathrm{d}}{\mathrm{d}x}\int_0^x f(t)\mathrm{d}t=f(x)$$

故
$$F'(x)=\frac{xf(x)\int_0^x f(t)\mathrm{d}t-f(x)\int_0^x tf(t)\mathrm{d}t}{\left(\int_0^x f(t)\mathrm{d}t\right)^2}=\frac{f(x)\int_0^x (x-t)f(t)\mathrm{d}t}{\left(\int_0^x f(t)\mathrm{d}t\right)^2}$$

按假设,当 $0<t<x$ 时,$f(t)>0$,$(x-t)f(t)>0$,按积分中值定理可知

$$\int_0^x f(t)\mathrm{d}t>0,\quad \int_0^x (x-t)f(t)\mathrm{d}t>0$$

所以 $F'(x)>0(x>0)$,从而函数 $F(x)$ 在区间 $[0,+\infty)$ 内为单调增加函数.

练习题 5.2

1. 试求函数 $y=\int_0^x \sin t\mathrm{d}t$ 当 $x=0$ 及 $x=\frac{\pi}{4}$ 时的导数.

2. 求由参数表达式 $x=\int_0^t \sin u\mathrm{d}u$,$y=\int_0^t \cos u\mathrm{d}u$ 所确定的函数对 x 的导数.

3. 求由 $\int_0^y \mathrm{e}^t\mathrm{d}t+\int_0^x \cos t\mathrm{d}t=0$ 所确定的隐函数对 x 的导数 $\frac{\mathrm{d}y}{\mathrm{d}x}$.

4. 当 x 为何值时,函数 $I(x)=\int_0^x t\mathrm{e}^{-t^2}\mathrm{d}t$ 有极值?

5. 计算下列各导数

(1) $\frac{\mathrm{d}}{\mathrm{d}x}\int_0^{x^2}\sqrt{1+t^2}\mathrm{d}t$; (2) $\frac{\mathrm{d}}{\mathrm{d}x}\int_{x^2}^{x^3}\frac{\mathrm{d}t}{\sqrt{1+t^4}}$; (3) $\frac{\mathrm{d}}{\mathrm{d}x}\int_{\sin x}^{\cos x}\cos(\pi t^2)\mathrm{d}t$.

6. 计算下列各定积分

(1) $\int_0^a (3x^2-x+1)\mathrm{d}x$; (2) $\int_1^2\left(x^2+\frac{1}{x^4}\right)\mathrm{d}x$; (3) $\int_4^9\sqrt{x}(1+\sqrt{x})\mathrm{d}x$;

(4) $\int_{\frac{1}{\sqrt{3}}}^{\sqrt{3}}\frac{\mathrm{d}x}{1+x^2}$; (5) $\int_{-\frac{1}{2}}^{\frac{1}{2}}\frac{\mathrm{d}x}{\sqrt{1-x^2}}$; (6) $\int_0^{\sqrt{3}a}\frac{\mathrm{d}x}{a^2+x^2}$;

(7) $\int_0^1\frac{\mathrm{d}x}{\sqrt{4-x^2}}$; (8) $\int_{-1}^0\frac{3x^4+3x^2+1}{1^2+x^2}\mathrm{d}x$; (9) $\int_{-\mathrm{e}-1}^{-2}\frac{\mathrm{d}x}{1+x}$;

(10) $\int_0^{\frac{\pi}{4}}\tan^2\theta\mathrm{d}\theta$; (11) $\int_0^{2\pi}|\sin x|\mathrm{d}x$;

(12) $\int_0^2 f(x)\mathrm{d}x$,其中 $f(x)=\begin{cases}x+1, & x\leqslant 1\\ \frac{1}{2}x^2, & x>1\end{cases}$.

7. 设 k 为正整数,试证下列各题

(1) $\int_{-\pi}^{\pi}\cos kx\mathrm{d}x=0$; (2) $\int_{-\pi}^{\pi}\sin kx\mathrm{d}x=0$; (3) $\int_{-\pi}^{\pi}\cos^2 kx\mathrm{d}x=\pi$;

(4) $\int_{-\pi}^{\pi} \sin^2 kx \mathrm{d}x = \pi$.

8. 设 k 及 l 为正整数，且 $k \neq l$，证明

(1) $\int_{-\pi}^{\pi} \cos kx \sin lx \mathrm{d}x = 0$；　(2) $\int_{-\pi}^{\pi} \cos kx \cos lx \mathrm{d}x = 0$；(3) $\int_{-\pi}^{\pi} \sin kx \sin lx \mathrm{d}x = 0$.

9. 求下列极限

(1) $\lim\limits_{x \to 0} \dfrac{\int_0^x \cos t^2 \mathrm{d}t}{x}$；　(2) $\lim\limits_{x \to 0} \dfrac{\left(\int_0^x \mathrm{e}^{t^2} \mathrm{d}t\right)}{\int_0^x t\mathrm{e}^{2t^2} \mathrm{d}t}$.

10. 设 $f(x) = \begin{cases} x^2, & x \in [0,1] \\ x, & x \in [1,2] \end{cases}$，求 $\Phi(x) = \int_0^x f(t)\mathrm{d}t$ 在区间 $[0,2]$ 上的表达式，并讨论 $\Phi(x)$ 在区间 $(0,2)$ 内的连续性.

11. 设 $f(x) = \begin{cases} \dfrac{1}{2}\sin x, & 0 \leqslant x \leqslant \pi \\ 0, & x < 0 \text{ 或 } x > \pi \end{cases}$，求 $\Phi(x) = \int_0^x f(t)\mathrm{d}t$ 在区间 $(-\infty, +\infty)$ 内的表达式.

12. 设函数 $f(x)$ 在区间 $[a,b]$ 上连续，在 (a,b) 内可导，且 $f'(x) \leqslant 0$，$F(x) = \dfrac{1}{x-a}\int_a^x f(t)\mathrm{d}t$，证明在区间 (a,b) 内有 $F'(x) \leqslant 0$.

5.3　定积分的计算方法

由上一节知道，计算定积分 $\int_a^b f(x)\mathrm{d}x$ 的简便方法是把定积分转化为求 $f(x)$ 的原函数的增量，在第2章中，我们学习了用换元积分法以及可以求出一些函数的原函数，因此，在一定条件下，可以用换元积分法和分部积分法来计算定积分，下面就来讨论定积分的这两种计算方法.

5.3.1　定积分的换元法

为了说明如何用换元法来计算定积分，先证明下面的定理.

定理 5.6　假设函数 $f(x)$ 在区间 $[a,b]$ 上连续，函数 $x = \varphi(t)$ 满足条件：

(1) $\varphi(\alpha) = a, \varphi(\beta) = b$；

(2) $\varphi(t)$ 在 $[\alpha,\beta]$ 上具有连续导数，且其值域 $R_\varphi \subset [a,b]$.

则有

$$\int_a^b f(x)\mathrm{d}x = \int_\alpha^\beta f[\varphi(t)]\varphi'(t)\mathrm{d}t \tag{5-16}$$

公式(5-16)称为定积分的换元公式.

证明　由假设可以知道，上式两边的被积函数都是连续的，因此不仅上式两边的定积分都存在，而且由上一节知道，被积函数的原函数也都存在，所以，式(5-16)两边的定积分都可以应用牛顿—莱布尼兹公式，假设 $F(x)$ 是 $f(x)$ 的一个原函数，则

$$\int_a^b F(x)\mathrm{d}x = F(b) - F(a).$$

另一方面,$\Phi(t)=F[\varphi(t)]$ 可以看做是由 $F(x)$ 与 $x=\varphi(t)$ 复合而成的函数,因此,由复合函数求导法则,得

$$\Phi'(t)=\frac{dF}{\mathrm{d}x}\cdot\frac{\mathrm{d}x}{\mathrm{d}t}=f(x)\cdot\varphi'(t)=f[\varphi(t)]\varphi'(t)$$

这表明 $\Phi(t)$ 是 $f[\varphi(t)]\varphi'(t)$ 的一个原函数,因此有

$$\int_\alpha^\beta f[\varphi(t)]\varphi'(t)\mathrm{d}t=\Phi(\beta)-\Phi(\alpha)$$

又由 $\Phi(t)=F[\varphi(t)]$ 及 $\varphi(\alpha)=a,\Phi(\beta)=b$ 可知

$$\Phi(\beta)-\Phi(\alpha)=F[\varphi(\beta)]-F[\varphi(\alpha)]=F(b)-F(a).$$

所以 $$\int_a^b f(x)\mathrm{d}x=F(b)-F(a)=\Phi(\beta)-\Phi(\alpha)=\int_\alpha^\beta f[\varphi(t)]\varphi'(t)\mathrm{d}t.$$

这就证明了定积分的换元公式.

在定积分 $\int_a^b f(x)\mathrm{d}x$ 中的 $\mathrm{d}x$,本来是整个定积分记号中不可分割的一部分,但由上述定理可知,在一定条件下,$\mathrm{d}x$ 可以作为微分记号来对待,这就是说,应用定积分的换元公式时,如果把 $\int_a^b f(x)\mathrm{d}x$ 中的 x 换成 $\varphi(t)$,则 $\mathrm{d}x$ 就换成 $\varphi'(t)\mathrm{d}t$,这正好是 $x=\varphi(t)$ 的微分 $\mathrm{d}x$.

应用定积分的换元公式时有两点值得注意:

(1) 用 $x=\varphi(t)$ 把原来变量 x 代换成新变量 t 时,积分限也要换成相应于新变量 t 的积分限;

(2) 求出 $f[\varphi(t)]\varphi'(t)$ 的一个原函数 $\Phi(t)$ 后,不必像计算不定积分那样再把 $\Phi(t)$ 变换成原来变量 x 的函数,而只要把新变量 t 的上、下限分别代入 $\Phi(t)$ 中然后相减即可.

例 5.14 计算 $\int_0^a\sqrt{a^2-x^2}\mathrm{d}x\quad(a>0)$.

解 设 $x=a\sin t$,则 $\mathrm{d}x=a\cos t\mathrm{d}t$,且当 $x=0$ 时,$t=0$;当 $x=a$ 时,$t=\frac{\pi}{2}$,于是

$$\int_0^a\sqrt{a^2-x^2}\mathrm{d}x=a^2\int_0^{\frac{\pi}{2}}\cos^2t\mathrm{d}t=\frac{a^2}{2}\int_0^{\frac{\pi}{2}}(1+\cos2t)\mathrm{d}t=\frac{a^2}{2}\left[t+\frac{1}{2}\sin2t\right]_0^{\frac{\pi}{2}}=\frac{\pi a^2}{4}.$$

定积分的换元公式也可以反过来使用,为使用方便起见,把定积分的换元公式中左右两边对调位置,同时把 t 改记为 x,而 x 改记为 t,得

$$\int_a^b f[\varphi(x)]\varphi'(x)\mathrm{d}x=\int_\alpha^\beta f(t)\mathrm{d}t\tag{5-17}$$

这样,我们要用 $t=\varphi(x)$ 来引入新变量 t,而 $\alpha=\varphi(a),\beta=\varphi(b)$.

例 5.15 计算 $\int_0^{\frac{\pi}{2}}\cos^5x\sin x\mathrm{d}x$.

解 设 $t=\cos x$,则 $\mathrm{d}t=-\sin x\mathrm{d}x$,且当 $x=0$ 时,$t=1$;当 $x=\frac{\pi}{2}$ 时,$t=0$,于是

$$\int_0^{\frac{\pi}{2}}\cos^5x\sin x\mathrm{d}x=-\int_0^1t^5\mathrm{d}t=\int_0^1t^5\mathrm{d}t=\frac{t^6}{6}\bigg|_0^1=\frac{1}{6}.$$

例 5.15 中,如果我们不明显地写出新变量 t,那么定积分的上、下限就不要变更,现在用这种记法计算如下

$$\int_0^{\frac{\pi}{2}}\cos^5x\sin x\mathrm{d}x=-\int_0^{\frac{\pi}{2}}\cos^5x\mathrm{d}(\cos x)=-\left[\frac{\cos^6x}{6}\right]\bigg|_0^{\frac{\pi}{2}}=-\left(0-\frac{1}{6}\right)=\frac{1}{6}.$$

例 5.16 计算$\int_0^{\pi}\sqrt{\sin^3 x-\sin^5 x}\mathrm{d}x$.

解 由于$\sqrt{\sin^3 x-\sin^5 x}=\sqrt{\sin^3 x(1-\sin^2 x)}=\sin^{\frac{3}{2}}x\cdot|\cos x|$,在区间$\left[0,\frac{\pi}{2}\right]$上,$|\cos x|=\cos x$;在区间$\left[\frac{\pi}{2},\pi\right]$上,$|\cos x|=-\cos x$,所以

$$\begin{aligned}\int_0^{\pi}\sqrt{\sin^3 x-\sin^5 x}\mathrm{d}x&=\int_0^{\frac{\pi}{2}}\sin^{\frac{3}{2}}x\cos\times\mathrm{d}x+\int_{\frac{\pi}{2}}^{\pi}\sin^{\frac{3}{2}}\times(-\cos x)\mathrm{d}x\\&=\int_0^{\frac{\pi}{2}}\sin^{\frac{3}{2}}x\mathrm{d}(\sin x)-\int_{\frac{\pi}{2}}^{\pi}\sin^{\frac{3}{2}}x\mathrm{d}\sin x\\&=\left[\frac{2}{5}\sin^{\frac{5}{2}}x\right]_0^{\frac{\pi}{2}}-\left[\frac{2}{5}\sin^{\frac{5}{2}}x\right]_{\frac{\pi}{2}}^{\pi}=\frac{2}{5}-\left(-\frac{2}{5}\right)=\frac{4}{5}.\end{aligned}$$

注意,如果忽略$\cos x$在$\left[\frac{\pi}{2},\pi\right]$上非正,而按$\sqrt{\sin^3 x-\sin^5 x}=\sin^{\frac{3}{2}}x\cos x$计算,将导致错误.

例 5.17 计算$\int_0^4\frac{x+2}{\sqrt{2x+1}}\mathrm{d}x$.

解 设$\sqrt{2x+1}=t$,则$x=\frac{t^2-1}{2}$,$\mathrm{d}x=t\mathrm{d}t$,且当$x=0$时,$t=1$;当$x=4$时,$t=3$,于是

$$\int_0^4\frac{x+2}{\sqrt{2x+1}}\mathrm{d}x=\int_1^3\frac{\frac{t^2-1}{2}+2}{t}t\mathrm{d}t=\frac{1}{2}\int_1^3(t^2+3)\mathrm{d}t=\frac{1}{2}\left[\frac{t^3}{3}+3t\right]\Big|_1^3=\frac{22}{3}.$$

例 5.18 证明:

(1) 若函数$f(x)$在区间$[-a,a]$上连续且为偶函数,则$\int_{-a}^{a}f(x)\mathrm{d}x=2\int_0^a f(x)\mathrm{d}x$;

(2) 若函数$f(x)$在区间$[-a,a]$上连续且为奇函数,则$\int_{-a}^{a}f(x)\mathrm{d}x=0$.

证明 因为$\int_{-a}^{a}f(x)\mathrm{d}x=\int_{-a}^{0}f(x)\mathrm{d}x+\int_0^a f(x)\mathrm{d}x$

对积分$\int_{-a}^{0}f(x)\mathrm{d}x$作代换$x=-t$,则得

$$\int_{-a}^{0}f(x)\mathrm{d}x=-\int_a^0 f(-t)\mathrm{d}t=\int_0^a f(-t)\mathrm{d}t=\int_0^a f(-x)\mathrm{d}x$$

于是
$$\int_{-a}^{a}f(x)\mathrm{d}x=\int_0^a f(-x)\mathrm{d}x+\int_0^a f(x)\mathrm{d}x=\int_0^a[f(x)+f(-x)]\mathrm{d}x$$

(1) 若$f(x)$为偶函数,则$f(x)+f(-x)=2f(x)$,从而 $\int_{-a}^{a}f(x)\mathrm{d}x=2\int_0^a f(x)\mathrm{d}x$.

(2) 若$f(x)$为奇函数,则$f(x)+f(-x)=0$,从而$\int_{-a}^{a}f(x)\mathrm{d}x=0$

利用例5.18的结论,常可简化计算偶函数,奇函数在对称于原点的区间上的定积分.

例 5.19 若函数$f(x)$在区间$[0,1]$上连续,证明:

(1)$\int_0^{\frac{\pi}{2}}f(\sin x)\mathrm{d}x=\int_0^{\frac{\pi}{2}}f(\cos x)\mathrm{d}x$;

(2)$\int_0^\pi xf(\sin x)\mathrm{d}x = \frac{\pi}{2}\int_0^\pi f(\sin x)\mathrm{d}x$,由此计算$\int_0^\pi \frac{x\sin x}{1+\cos^2 x}\mathrm{d}x$.

证明 (1) 设 $x = \frac{\pi}{2} - t$,则 $\mathrm{d}x = -\mathrm{d}t$,且当 $x = 0$ 时,$t = \frac{\pi}{2}$;当 $x = \frac{\pi}{2}$ 时,$t = 0$,于是

$$\int_0^{\frac{\pi}{2}} f(\sin x)\mathrm{d}x = -\int_{\frac{\pi}{2}}^0 f\left[\sin\left(\frac{\pi}{2} - t\right)\right]\mathrm{d}t = \int_0^{\frac{\pi}{2}} f(\cos t)\mathrm{d}t = \int_0^{\frac{\pi}{2}} f(\cos x)\mathrm{d}x.$$

(2) 设 $x = \pi - t$,则 $\mathrm{d}x = -\mathrm{d}t$,且当 $x = 0$ 时,$t = \pi$;当 $x = \pi$ 时,$t = 0$,于是

$$\begin{aligned}\int_0^\pi xf(\sin x)\mathrm{d}x &= -\int_\pi^0 (\pi - t)f[\sin(\pi - t)]\mathrm{d}t = \int_0^\pi (\pi - t)f(\sin t)\mathrm{d}t \\ &= \pi\int_0^\pi f(\sin t)\mathrm{d}t - \int_0^\pi tf(\sin t)\mathrm{d}t = \pi\int_0^\pi f(\sin x)\mathrm{d}x - \int_0^\pi xf(\sin x)\mathrm{d}x\end{aligned}$$

所以
$$\int_0^\pi xf(\sin x)\mathrm{d}x = \frac{\pi}{2}\int_0^\pi f(\sin x)\mathrm{d}x.$$

利用上述结论,即得

$$\int_0^\pi \frac{x\sin x}{1+\cos^2 x}\mathrm{d}x = \frac{\pi}{2}\int_0^\pi \frac{\sin x}{1+\cos^2 x}\mathrm{d}x = -\frac{\pi}{2}\int_0^\pi \frac{\mathrm{d}(\cos x)}{1+\cos^2 x} = -\frac{\pi}{2}\left[\arctan(\cos x)\right]_0^\pi = \frac{\pi^2}{4}.$$

例 5.20 设函数 $f(x) = \begin{cases} xe^{-x^2}, & x \geqslant 0 \\ \frac{1}{1+\cos x}, & -1 < x < 0 \end{cases}$,计算$\int_1^4 f(x-2)\mathrm{d}x$.

解 设 $x - 2 = t$,则 $\mathrm{d}x = \mathrm{d}t$,且当 $x = 1$ 时,$t = -1$;当 $x = 4$ 时,$t = 2$,于是

$$\begin{aligned}\int_1^4 f(x-2)\mathrm{d}x &= \int_{-1}^2 f(t)\mathrm{d}t = \int_{-1}^0 \frac{\mathrm{d}t}{1+\cos t} + \int_0^2 te^{-t^2}\mathrm{d}t \\ &= \left[\tan\frac{t}{2}\right]_{-1}^0 - \left[\frac{1}{2}e^{-t^2}\right]_0^2 = \tan\frac{1}{2} - \frac{1}{2}e^{-4} + \frac{1}{2}.\end{aligned}$$

5.3.2 定积分的分部积分法

定理 5.7 若函数 $u(x)$,$v(x)$ 在区间$[a,b]$上具有连续导数,则有定积分分部积分公式

$$\int_a^b u(x)v'(x)\mathrm{d}x = u(x)v(x)\Big|_a^b - \int_a^b u'(x)v(x)\mathrm{d}x \tag{5-18}$$

证明 由于 $[u(x)v(x)]' = u'(x)v(x) + u(x)v'(x)$

故 $u(x)v(x)$ 是 $u'(x)v(x) + u(x)v'(x)$ 的一个原函数,于是将上式两边分别求定积分,得

$$\int_a^b u'(x)v(x)\mathrm{d}x + \int_a^b u(x)v'(x)\mathrm{d}x = \int_a^b [u(x)v(x)]'\mathrm{d}x = u(x)v(x)\Big|_a^b$$

即
$$\int_a^b u(x)v'(x)\mathrm{d}x = u(x)v(x)\Big|_a^b - \int_a^b u'(x)v(x)\mathrm{d}x.$$

定积分的分部积分公式常写成

$$\int_a^b u(x)\mathrm{d}v(x) = u(x)v(x)\Big|_a^b - \int_a^b v(x)\mathrm{d}u(x) \tag{5-19}$$

例 5.21 求$\int_1^e \cos(\ln x)\mathrm{d}x$.

解 $\int_1^e \cos(\ln x)\mathrm{d}x = x\cos(\ln x)\Big|_1^e - \int_1^e x\mathrm{d}\cos(\ln x)$

$$= e\cos 1-1-\int_1^e x[-\sin(\ln x)]\cdot\frac{1}{x}dx$$

$$= e\cos 1-1+\int_1^e \sin(\ln x)dx$$

$$= e\cos 1-1+x\sin(\ln x)\Big|_1^e-\int_1^e xd[\sin(\ln x)]$$

$$= e\cos 1-1+e\sin 1-\int_1^e x\cdot\cos(\ln x)\cdot\frac{1}{x}dx$$

$$= e(\cos 1+\sin 1)-1-\int_1^e \cos(\ln x)dx$$

移项并整理,得 $$\int_1^e \cos(\ln x)dx=\frac{e}{2}(\cos 1+\sin 1)-\frac{1}{2}.$$

例 5.22 求$\int_0^{\frac{1}{2}}\arcsin x dx$.

解 $$\int_0^{\frac{1}{2}}\arcsin x dx = x\arcsin x\Big|_0^{\frac{1}{2}}-\int_0^1 x d\arcsin x$$

$$=\frac{1}{2}\cdot\frac{\pi}{6}-\int_0^{\frac{1}{2}}x\cdot\frac{1}{\sqrt{1-x^2}}dx=\frac{\pi}{12}+\frac{1}{2}\int_0^{\frac{1}{2}}(1-x^2)^{-\frac{1}{2}}d(1-x^2)$$

$$=\frac{\pi}{12}+\frac{1}{2}\cdot 2\cdot(1-x^2)^{\frac{1}{2}}\Big|_0^{\frac{1}{2}}=\frac{\pi}{12}+\frac{\sqrt{3}}{2}-1.$$

例 5.23 求$\int_{-2}^2\frac{x+1\times 1}{1+x^2}dx$.

解 $$\int_{-2}^2\frac{x+1\times 1}{1+x^2}dx=\int_{-2}^2\frac{x}{1+x^2}dx+\int_{-2}^2\frac{1\times 1}{1+x^2}dx$$

$$=2\int_0^2\frac{x}{1+x^2}dx=\int_0^2\frac{d(1+x^2)}{1+x^2}=\ln(1+x^2)\Big|_0^2=\ln 5.$$

例 5.24 设 $f(x)=\begin{cases}xe^{x^2}, & -\frac{1}{2}\leqslant x\leqslant\frac{1}{2}\\ -1, & x\geqslant\frac{1}{2}\end{cases}$, 求$\int_{\frac{1}{2}}^2 f(x-1)dx$.

解 令 $x-1=t$,则 $dx=dt$,于是

$$\int_{\frac{1}{2}}^2 f(x-1)dx=\int_{-\frac{1}{2}}^1 f(t)dt=\int_{-\frac{1}{2}}^{\frac{1}{2}}f(t)dt+\int_{\frac{1}{2}}^1 f(t)dt=\int_{-\frac{1}{2}}^{\frac{1}{2}}xe^{x^2}dx+\int_{\frac{1}{2}}^1(-1)dt=-\frac{1}{2}.$$

例 5.25 设 $f(x)$ 有一个原函数$\frac{\sin x}{x}$,求$\int_{\frac{\pi}{2}}^{\pi}xf'(x)dx$.

解 由假设,有 $f(x)=\left(\frac{\sin x}{x}\right)'=\frac{x\cos x-\sin x}{x^2}$,于是

$$\int_{\frac{\pi}{2}}^{\pi}xf'(x)dx=\int_{\frac{\pi}{2}}^{\pi}xdf(x)=xf(x)\Big|_{\frac{\pi}{2}}^{\pi}-\int_{\frac{\pi}{2}}^{\pi}f(x)dx=\frac{x\cos x-\sin x}{x}\Big|_{\frac{\pi}{2}}^{\pi}-\frac{\sin x}{x}\Big|_{\frac{\pi}{2}}^{\pi}=\frac{4}{\pi}-1.$$

练习题 5.3

1.计算下列定积分

(1)$\int_{\frac{\pi}{3}}^{\pi}\sin\left(x+\frac{\pi}{3}\right)dx$; (2)$\int_{-2}^1\frac{dx}{(11+5x)^3}$; (3)$\int_0^{\frac{\pi}{2}}\sin\varphi\cos^3\varphi d\varphi$;

(4)$\int_0^{\pi}(1-\sin^3\theta)\mathrm{d}\theta$;　(5)$\int_{\frac{\pi}{6}}^{\frac{\pi}{2}}\cos^2 u\mathrm{d}u$;　(6)$\int_0^{\sqrt{2}}\sqrt{2-x^2}\mathrm{d}x$;

(7)$\int_{-\sqrt{2}}^{\sqrt{2}}\sqrt{8-2y^2}\mathrm{d}y$;　(8)$\int_{\frac{1}{\sqrt{2}}}^{1}\frac{\sqrt{1-x^2}}{x^2}\mathrm{d}x$;　(9)$\int_0^a x^2\sqrt{a^2-x^2}\mathrm{d}x$;

(10)$\int_1^{\sqrt{3}}\frac{\mathrm{d}x}{x^2\sqrt{1+x^2}}$;　(11)$\int_{-1}^{1}\frac{x\mathrm{d}x}{\sqrt{5-4x}}$;　(12)$\int_1^4\frac{\mathrm{d}x}{1+\sqrt{x}}$;

(13)$\int_{\frac{3}{4}}^{1}\frac{\mathrm{d}x}{\sqrt{1-x}-1}$;　(14)$\int_0^{\sqrt{2}a}\frac{x\mathrm{d}x}{\sqrt{3a^2-x^2}}$;　(15)$\int_0^1 t\mathrm{e}^{-\frac{t^2}{2}}\mathrm{d}t$;

(16)$\int_1^{\mathrm{e}^2}\frac{\mathrm{d}x}{x\sqrt{1+\ln x}}$;　(17)$\int_{-2}^{0}\frac{\mathrm{d}x}{x^2+2x+2}$;　(18)$\int_{-\frac{\pi}{2}}^{\frac{\pi}{2}}\cos x\cos 2x\mathrm{d}x$;

(19)$\int_{-\frac{\pi}{2}}^{\frac{\pi}{2}}\sqrt{\cos x-\cos^3 x}\mathrm{d}x$;　(20)$\int_0^{\pi}\sqrt{1+\cos 2x}\mathrm{d}x$.

2. 利用函数的奇偶性计算下列积分

(1)$\int_{-\pi}^{\pi}x^4\sin x\mathrm{d}x$;　(2)$\int_{-\frac{\pi}{2}}^{\frac{\pi}{2}}4\cos^4\theta\mathrm{d}\theta$;　(3)$\int_{-\frac{1}{2}}^{\frac{1}{2}}\frac{(\arcsin x)^2}{\sqrt{1-x^2}}\mathrm{d}x$;

(4)$\int_{-5}^{5}\frac{x^3\sin^2 x}{x^4+2x^2+1}\mathrm{d}x$.

3. 证明:$\int_{-a}^{a}\varphi(x^2)\mathrm{d}x=2\int_0^a\varphi(x^2)\mathrm{d}x$,其中 $\varphi(u)$ 为连续函数.

4. 设函数 $f(x)$ 在区间$[-b,b]$上连续,证明$\int_{-b}^{b}f(x)\mathrm{d}x=\int_{-b}^{b}f(-x)\mathrm{d}x$.

5. 设函数 $f(x)$ 在区间$[a,b]$上连续,证明$\int_a^b f(x)\mathrm{d}x=\int_a^b f(a+b-x)\mathrm{d}x$.

6. 证明:$\int_x^1\frac{\mathrm{d}x}{1+x^2}=\int_1^{\frac{1}{x}}\frac{\mathrm{d}x}{1+x^2}\quad(x>0)$.

7. 证明:$\int_0^1 x^m(1-x)^n\mathrm{d}x=\int_0^1 x^n(1-x)^m\mathrm{d}x$.

8. 证明:$\int_0^{\pi}\sin^n x\mathrm{d}x=2\int_0^{\frac{\pi}{2}}\sin^n x\mathrm{d}x$.

9. 设 $f(x)$ 是以 T 为周期的连续函数,证明$\int_a^{a+T}f(x)\mathrm{d}x$ 的值与 a 无关.

10. 若 $f(t)$ 是连续函数且为奇函数,证明$\int_0^x f(t)\mathrm{d}t$是偶函数;若 $f(t)$ 是连续函数且为偶函数,证明$\int_0^x f(t)\mathrm{d}t$是奇函数.

11. 计算下列定积分

(1)$\int_0^1 x\mathrm{e}^{-x}\mathrm{d}x$;　(2)$\int_1^{\mathrm{e}}x\ln x\mathrm{d}x$;　(3)$\int_0^{\frac{2\pi}{\omega}}t\sin\omega t\,\mathrm{d}t$　(ω 为常数);

(4)$\int_{\frac{\pi}{4}}^{\frac{\pi}{3}}\frac{x}{\sin^2 x}\mathrm{d}x$;　(5)$\int_1^4\frac{\ln x}{\sqrt{x}}\mathrm{d}x$;　(6)$\int_0^1 x\arctan x\mathrm{d}x$;

(7)$\int_0^{\frac{\pi}{2}}\mathrm{e}^{2x}\cos x\mathrm{d}x$;　(8)$\int_1^2 x\log_2 x\mathrm{d}x$;　(9)$\int_0^{\pi}(\sin x)^2\mathrm{d}x$;

(10) $\int_{1}^{e}\sin(\ln x)\mathrm{d}x$； (11) $\int_{\frac{1}{e}}^{e}|\ln x|\mathrm{d}x$； (12) $\int_{0}^{1}(1-x^2)^m 2\mathrm{d}x$ (m 为自然数)；

(13) $\int_{0}^{\pi}x\sin^m x\mathrm{d}x$ (m 为自然数).

5.4 反常积分

在一些实际问题中，我们常遇到积分区间为无穷区间，或被积函数为无界函数的积分，这类积分已经不属于前面所说的定积分了，因此，我们对定积分作如下两种推广，从而形成反常积分的概念.

5.4.1 无穷限的反常积分

定义 5.3 设 $f(x)$ 在 $[a,+\infty)$ 上连续，取 $t>a$，如果 $\lim\limits_{t\to+\infty}\int_{a}^{t}f(x)\mathrm{d}x$ 存在，则称该极限为 $f(x)$ 在 $[a,+\infty)$ 上的反常积分，记为 $\int_{a}^{+\infty}f(x)\mathrm{d}x$，即

$$\int_{a}^{+\infty}f(x)\mathrm{d}x=\lim_{t\to+\infty}\int_{a}^{t}f(x)\mathrm{d}x \tag{5-20}$$

这时也称反常积分 $\int_{a}^{+\infty}f(x)\mathrm{d}x$ 收敛；如果上述极限不存在，函数 $f(x)$ 在无穷区间 $[a,+\infty)$ 上的反常积分 $\int_{a}^{+\infty}f(x)\mathrm{d}x$ 就没有意义，习惯上称为反常积分 $\int_{a}^{+\infty}f(x)\mathrm{d}x$ 发散.

设函数 $f(x)$ 在区间 $(-\infty,+\infty)$ 内连续，如果反常积分 $\int_{-\infty}^{0}f(x)\mathrm{d}x$ 和 $\int_{0}^{+\infty}f(x)\mathrm{d}x$ 都收敛，则称上述两反常积分之和为函数 $f(x)$ 在无穷区间 $(-\infty,+\infty)$ 内的反常积分，记为 $\int_{-\infty}^{+\infty}f(x)\mathrm{d}x$，即

$$\int_{-\infty}^{+\infty}f(x)\mathrm{d}x=\int_{-\infty}^{0}f(x)\mathrm{d}x+\int_{0}^{+\infty}f(x)\mathrm{d}x=\lim_{t\to-\infty}\int_{t}^{0}f(x)\mathrm{d}x+\lim_{t\to-\infty}\int_{0}^{t}f(x)\mathrm{d}x \tag{5-21}$$

这时也称反常积分 $\int_{-\infty}^{+\infty}f(x)\mathrm{d}x$ 收敛；否则就称反常积分 $\int_{-\infty}^{+\infty}f(x)\mathrm{d}x$ 发散.

上述反常积分统称为无穷限的反常积分. 由上述定义及牛顿—莱布尼兹公式，可得如下结果：

设函数 $F(x)$ 为 $f(x)$ 在区间 $[a,+\infty)$ 内的一个原函数，若 $\lim\limits_{x\to+\infty}F(x)$ 存在，则反常积分

$$\int_{a}^{+\infty}f(x)\mathrm{d}x=\lim_{x\to+\infty}F(x)-F(a) \tag{5-22}$$

若 $\lim\limits_{x\to+\infty}F(x)$ 不存在，则反常积分 $\int_{a}^{+\infty}f(x)\mathrm{d}x$ 发散

如果记

$$F(+\infty)=\lim_{x\to+\infty}F(x),\quad [F(x)]\Big|_{a}^{+\infty}=F(+\infty)-F(a)$$

则当 $F(+\infty)$ 存在时，$\int_{a}^{+\infty}f(x)\mathrm{d}x=[F(x)]\Big|_{a}^{+\infty}$；当 $F(+\infty)$ 不存在时，反常积分

$\int_a^{+\infty} f(x)\mathrm{d}x$ 发散.

类似地,若在区间$(-\infty,b]$内$F'(x)=f(x)$,则当$F(-\infty)$存在时,$\int_{-\infty}^{b} f(x)\mathrm{d}x=[F(x)]\Big|_{-\infty}^{b}$;当$F(-\infty)$不存在时,反常积分$\int_{-\infty}^{b} f(x)\mathrm{d}x$发散.

若在区间$(-\infty,+\infty)$内,$F'(x)=f(x)$,则当$F(-\infty)$与$F(+\infty)$都存在时,$\int_{-\infty}^{+\infty} f(x)\mathrm{d}x=[F(x)]\Big|_{-\infty}^{+\infty}$;当$F(-\infty)$与$F(+\infty)$有一个不存在时,反常积分$\int_{-\infty}^{+\infty} f(x)\mathrm{d}x$发散.

例 5.26 计算反常积分$\int_{-\infty}^{+\infty}\frac{\mathrm{d}x}{1+x^2}$.

解 $\int_{-\infty}^{+\infty}\frac{\mathrm{d}x}{1+x^2}=[\arctan x]_{-\infty}^{+\infty}=\lim\limits_{x\to+\infty}\arctan x-\lim\limits_{x\to-\infty}\arctan x=\frac{\pi}{2}-\left(-\frac{\pi}{2}\right)=\pi.$

这个反常积分值的几何意义是:当$a\to-\infty$、$b\to+\infty$时,虽然图中阴影部分向左,右无限延伸,但其面积却有极限值π,简单地说,这个反常积分是位于曲线$y=\frac{1}{1+x^2}$的下方,Ox轴上方的图形面积,如图 5-8 所示.

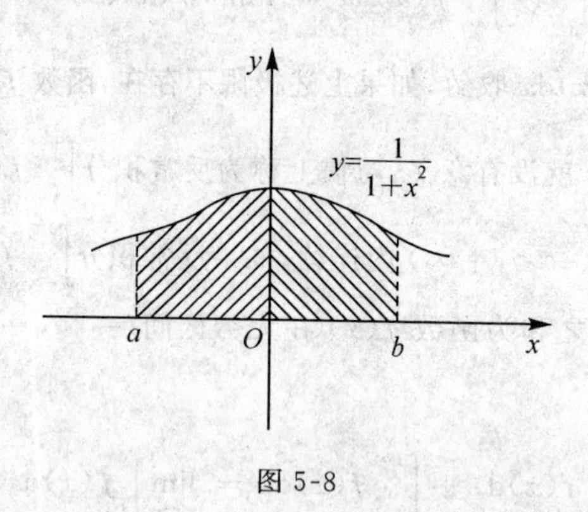

图 5-8

例 5.27 计算反常积分$\int_0^{+\infty} te^{-pt}\mathrm{d}t$ (p是常数,且$p>0$).

解 $\int_0^{+\infty} te^{-pt}\mathrm{d}t=\left[\int te^{-pt}\mathrm{d}t\right]_0^{+\infty}=\left[-\frac{1}{p}\int t\mathrm{d}e^{-pt}\right]_0^{+\infty}=\left[-\frac{t}{p}e^{-pt}+\frac{1}{p}\int e^{-pt}\mathrm{d}t\right]_0^{+\infty}$

$$=\left[-\frac{t}{p}e^{-pt}\right]_0^{+\infty}-\left[\frac{1}{p^2}e^{-pt}\right]_0^{+\infty}=-\frac{1}{p}\lim_{t\to+\infty}te^{-pt}-0-\frac{1}{p^2}(0-1)=\frac{1}{p^2}.$$

注意,式中的极限$\lim\limits_{t\to+\infty}te^{-pt}$是不定式,可以经变形后,采用洛必达法则确定.

例 5.28 证明反常积分$\int_a^{+\infty}\frac{1}{xp}\mathrm{d}x$ ($a>0$)当$p>1$时收敛,当$p\leqslant1$时发散.

证明 当$p=1$时 $\int_a^{+\infty}\frac{\mathrm{d}x}{xp}=\int_a^{+\infty}\frac{\mathrm{d}x}{x}=[\ln^x]\Big|_o^{+\infty}=+\infty$

当$p\neq1$时 $\int_a^{+\infty}\frac{\mathrm{d}x}{xp}=\left[\frac{x^{1-p}}{1-p}\right]_a^{+\infty}=\begin{cases}+\infty, & p<1\\ \frac{a^{1-p}}{p-1}, & p>1\end{cases}$

因此,当 $p>1$ 时,该反常积分收敛,其值为 $\dfrac{a^{1-p}}{p-1}$,当 $p\leqslant 1$ 时,该反常积分发散.

5.4.2　无界函数的反常积分

现在我们把定积分推广到被积函数为无界函数的情形.

如果函数 $f(x)$ 在点 a 的任一邻域内都无界,那么点 a 称为函数 $f(x)$ 的瑕点(也称为无界间断点)无界函数的反常积分又称为瑕积分.

定义 5.4　设函数 $f(x)$ 在区间 $(a,b]$ 上连续,点 a 为 $f(x)$ 的瑕点,取 $t>a$,如果极限 $\lim\limits_{t\to a^+}\int_t^b f(x)\mathrm{d}x$ 存在,则称该极限为函数 $f(x)$ 在区间 $(a,b]$ 上的反常积分,仍然记为 $\int_a^b f(x)\mathrm{d}x$,即

$$\int_a^b f(x)\mathrm{d}x=\lim_{t\to a^+}\int_t^b f(x)\mathrm{d}x \tag{5-23}$$

这时也称反常积分 $\int_a^b f(x)\mathrm{d}x$ 收敛,如果上述极限不存在,则称反常积分 $\int_a^b f(x)\mathrm{d}x$ 发散.

类似地,设函数 $f(x)$ 在区间 $[a,b)$ 上连续,点 b 为 $f(x)$ 的瑕点,取 $t<b$,如果极限 $\lim\limits_{t\to b^-}\int_t^b f(x)\mathrm{d}x$ 存在,则定义

$$\int_a^b f(x)\mathrm{d}x=\lim_{t\to b^-}\int_a^t f(x)\mathrm{d}x \tag{5-24}$$

否则,称反常数积分 $\int_a^b f(x)\mathrm{d}x$ 发散.

设函数 $f(x)$ 在区间 $[a,b]$ 上除点 $c(a<c<b)$ 外连续,点 c 为 $f(x)$ 的瑕点,如果两个反常积分 $\int_a^c f(x)\mathrm{d}x$ 与 $\int_c^b f(x)\mathrm{d}x$ 都收敛,则定义

$$\int_a^b f(x)\mathrm{d}x=\int_a^c f(x)\mathrm{d}x+\int_c^b f(x)\mathrm{d}x=\lim_{t\to c^-}\int_a^t f(x)\mathrm{d}x+\lim_{t\to c^+}\int_t^b f(x)\mathrm{d}x \tag{5-25}$$

否则,称反常积分 $\int_a^b f(x)\mathrm{d}x$ 发散.

计算无界函数的反常积分,也可借助牛顿—莱布尼兹公式,设 $x=a$ 为 $f(x)$ 的瑕点,在区间 $(a,b]$ 上 $F'(x)=f(x)$,如果 $\lim\limits_{x\to a^+}F(x)$ 存在,则反常积分

$$\int_a^b f(x)\mathrm{d}x=F(b)-\lim_{x\to a^+}F(x)-F(b)-F(a^+) \tag{5-26}$$

如果 $\lim\limits_{x\to a^+}F(x)$ 不存在,则称反常积分 $\int_a^b f(x)\mathrm{d}x$ 发散.

我们仍用记号 $[F(x)]\Big|_a^b$ 来表示 $F(b)-F(a^+)$,从而形式上仍有 $\int_a^b f(x)\mathrm{d}x=[F(x)]\Big|_a^b$.

对于函数 $f(x)$ 在区间 $[a,b)$ 上连续,b 为瑕点的反常积分,也有类似的计算公式,这里不再详述.

例 5.29　计算反常积分 $\int_0^a\dfrac{\mathrm{d}x}{\sqrt{a^2-x^2}}\quad(a>0)$.

解　因为 $\lim\limits_{x\to a^-}\dfrac{1}{\sqrt{a^2-x^2}}=+\infty$,所以点 a 是瑕点,于是

$$\int_0^a \frac{\mathrm{d}x}{\sqrt{a^2-x^2}} = \left[\arcsin\frac{x}{a}\right]_0^a = \lim_{x\to a^-}\arcsin\frac{x}{a} - 0 = \frac{\pi}{2}.$$

这个反常积分值的几何意义:位于曲线 $y=\dfrac{1}{\sqrt{a^2-x^2}}$ 之下,Ox 轴之上,直线 $x=0$ 与 $x=a$ 之间的图形,如图 5-9 所示.

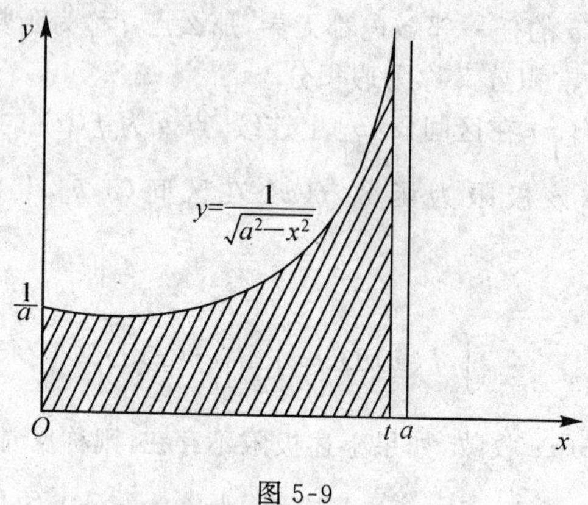

图 5-9

例 5.30 讨论反常积分 $\int_{-1}^{1}\dfrac{\mathrm{d}x}{x^2}$ 的收敛性.

解 被积函数 $f(x)=\dfrac{1}{x^2}$ 在积分区间 $[-1,1]$ 上除 $x=0$ 外连续;且 $\lim\limits_{x\to 0}\dfrac{1}{x^2}=\infty$. 由于

$$\int_{-1}^{0}\frac{\mathrm{d}x}{x^2} = \left[-\frac{1}{x}\right]_{-1}^{0} = \lim_{x\to 0^-}\left(-\frac{1}{x}\right) - 1 = +\infty$$

即反常积分 $\int_{-1}^{0}\dfrac{\mathrm{d}x}{x^2}$ 发散,所以反常积分 $\int_{-1}^{1}\dfrac{\mathrm{d}x}{x^2}$ 发散.

注意,如果疏忽了 $x=0$ 是被积函数的瑕点,就会得到以下的错误结果

$$\int_{-1}^{1}\frac{\mathrm{d}x}{x^2} = \left[-\frac{1}{x}\right]_{-1}^{1} = -1-1 = -2.$$

例 5.31 证明反常积分 $\int_a^b \dfrac{\mathrm{d}x}{(x-a)^g}$ 当 $g<1$ 时收敛,当 $g\geqslant 1$ 时发散.

证明 当 $g=1$ 时

$$\int_a^b \frac{\mathrm{d}x}{(x-a)^g} = \int_a^b \frac{\mathrm{d}x}{x-a} = [2n(x-a)]_a^b = 2n(b-a) - \lim_{x\to a^+} 2n(x-a) = +\infty$$

当 $g\neq 1$ 时 $\displaystyle\int_a^b \frac{\mathrm{d}x}{(x-a)^g} = \left[\frac{(x-a)^{1-g}}{1-g}\right]_a^b = \begin{cases}\dfrac{(b-a)^{1-g}}{1-g}, & g<1\\ +\infty, & g>1\end{cases}.$

因此,当 $g<1$ 时,该反常积分收敛,其值为 $\dfrac{(b-a)^{1-g}}{1-g}$;当 $g\geqslant 1$ 时,该反常积分发散.

设有反常积分 $\int_a^b f(x)\mathrm{d}x$,其中 $f(x)$ 在开区间 (a,b) 内连续,a 可以是 $-\infty$,b 可以是 $+\infty$,a,b 也可以是 $f(x)$ 的瑕点,对这样的反常积分,在另加换元函数单调的假定下,可以如同定积分一样作换元.

例 5.32 求反常积分$\int_0^{+\infty}\frac{\mathrm{d}x}{\sqrt{x(x+1)^3}}$.

解 这里,积分上限为$+\infty$,且下限$x=0$为被积函数的瑕点.令$\sqrt{x}=t$,则$x=t^2$,当$x\to0^+$时,$t\to0$,$x\to+\infty$,于是

$$\int_0^{+\infty}\frac{\mathrm{d}x}{\sqrt{x(x+1)^3}}=\int_0^{+\infty}\frac{2t\mathrm{d}t}{t(t^2+1)^{\frac{3}{2}}}=2\int_0^{+\infty}\frac{\mathrm{d}t}{(t^2+1)^{\frac{3}{2}}}$$

再令$t=\tan u$,取$u=\arctan t$,当$t=0$时,$u=0$;当$t\to+\infty$时,$u\to\frac{\pi}{2}$,则

$$\int_0^{+8}\frac{\mathrm{d}x}{\sqrt{x(x+1)^3}}=2\int_0^{\frac{\pi}{2}}\frac{\sec^2u\mathrm{d}u}{\sec^3u}=2\int_0^{\frac{\pi}{2}}\cos u\mathrm{d}u=2.$$

例 5.32 若用变换$\frac{1}{x}=t$或$\frac{1}{x+1}=t$,计算会更简单一些,读者可以自行求解.

练习题 5.4

1. 判定下列各反常积分的收敛性,如果收敛,计算反常积分的值.

(1)$\int_1^{+\infty}\frac{\mathrm{d}x}{x^4}$; (2)$\int_1^{+\infty}\frac{\mathrm{d}x}{\sqrt{x}}$; (3)$\int_0^{+\infty}\mathrm{e}^{-ax}\mathrm{d}x\quad(a>0)$; (4)$\int_0^{+\infty}\mathrm{e}^{-\rho t}\mathrm{ch}t\mathrm{d}t\quad(\rho>1)$;

(5)$\int_0^{+\infty}\mathrm{e}^{-\rho t}\sin\omega t\mathrm{d}t(\rho>0,\omega>0)$; (6)$\int_{-\infty}^{+\infty}\frac{\mathrm{d}x}{x^2+2x+2}$; (7)$\int_0^1\frac{x\mathrm{d}x}{\sqrt{1-x^2}}$;

(8)$\int_0^2\frac{\mathrm{d}x}{(1-x)^2}$; (9)$\int_1^2\frac{x\mathrm{d}x}{\sqrt{x-1}}$; (10)$\int_1^{\mathrm{e}}\frac{\mathrm{d}x}{x\sqrt{1-(\ln x)^2}}$.

2. 当k为何值时,反常积分$\int_2^{+\infty}\frac{\mathrm{d}x}{x(\ln x)^k}$收敛?当$k$为何值时,该反常积分发散?又当$k$为何值时,该反常积分取得最小值?

3. 利用递推公式计算反常积分$I_n=\int_0^{+\infty}x^n\mathrm{e}^{-x}\mathrm{d}x$.

总复习题 5

1. 根据定积分的几何意义,说明下列各式的正确性:

(1)$\int_0^{2\pi}\sin x\mathrm{d}x=0$; (2)$\int_{-2}^2(x^2+1)\mathrm{d}x=2\int_0^2(x^2+1)\mathrm{d}x$; (3)$\int_{-1}^1x^3\mathrm{d}x=0$;

(4)$\int_{-1}^1|2x|\mathrm{d}x=4\int_0^1x\mathrm{d}x$.

2. 不计算积分,比较下列各积分值的大小:

(1)$\int_0^1x^2\mathrm{d}x$与$\int_0^1x^3\mathrm{d}x$; (2)$\int_1^2x^2\mathrm{d}x$与$\int_1^2x^3\mathrm{d}x$; (3)$\int_3^4\ln x\mathrm{d}x$与$\int_3^4(\ln x)^3\mathrm{d}x$;

(4)$\int_0^1\mathrm{e}^x\mathrm{d}x$与$\int_0^1\mathrm{e}^{x^2}\mathrm{d}x$; (5)$\int_0^{\frac{\pi}{2}}\sin x\mathrm{d}x$与$\int_0^{\frac{\pi}{2}}x\mathrm{d}x$; (6)$\int_{-\frac{\pi}{2}}^0\cos x\mathrm{d}x$与$\int_0^{\frac{\pi}{2}}\cos x\mathrm{d}x$.

3. 利用定积分的性质,估计下列积分值:

(1)$I=\int_0^2\mathrm{e}^{x^2-x}\mathrm{d}x$; (2)$I=\int_{\frac{\pi}{4}}^{\frac{5\pi}{4}}(1+\sin^2x)\mathrm{d}x$; (3)$I=\int_{\frac{\sqrt{3}}{3}}^{\sqrt{3}}x\arctan x\mathrm{d}x$;

(4) $I=\int_0^1 \frac{x^5}{\sqrt{1+x}}dx$； (5) $I=\int_0^2 \frac{5-x}{9-x^2}dx$； (6) $\int_0^{\frac{\pi}{2}} \frac{\sin x}{x}dx$.

4. 求下列极限

(1) $\lim\limits_{x\to\infty}\frac{1}{x^2}\int_0^x \arctan t\,dt$； (2) $\lim\limits_{x\to+\infty}\frac{1}{x^2}\frac{\int_1^x \frac{\ln t}{t+1}dt}{(x-1)^2}$； (3) $\lim\limits_{x\to 0}\frac{1}{x}\int_0^x (1+\sin 2t)^{\frac{1}{t}}dt$；

(4) $\lim\limits_{x\to+\infty}\left(\int_0^x e^{t^2}dt\right)^{\frac{1}{x^2}}$； (5) $\lim\limits_{x\to+\infty}\frac{1}{x}\int_0^x (t+t^2)e^{t^2-x^2}dt$； (6) $\lim\limits_{x\to 0}\frac{x-\int_0^x e^{-t^2}dt}{\arctan x\cdot\sin x}$.

5. 求下列导数

(1) $\frac{d}{dx}\int_{\sqrt{x}}^{x^3} e^{-t^2}dt$； (2) $\frac{d}{dx}\int_0^x (t^3-x^3)\sin t\,dt$.

6. 设函数 $f(x)$ 在区间 $[a,b]$ 上连续，在 (a,b) 内可导，且 $\frac{2}{b-a}\int_a^{\frac{a+b}{2}} f(x)dx=f(b)$，求证在 (a,b) 内至少存在一点 ζ，使 $f'(\zeta)=0$.

7. 求证方程 $\ln x=\frac{x}{e}-\int_0^{\pi}\sqrt{1-\cos 2x}\,dx$ 在 $(0,+\infty)$ 内有且仅有两个不同的实根.

8. 设函数 $f(x)$ 在区间 $[a,b]$ 上连续，且 $f(x)>0$，令 $F(x)=\int_a^x f(t)dt+\int_b^x \frac{1}{f(t)}dt$，求证：

(1) $F'(x)\geqslant 2$； (2) $F(x)$ 在 (a,b) 内有且仅有一个零点.

9. 设 $f(x)$ 为连续函数，且存在常数 a，满足 (1) $x^5+1=\int_a^{x^3} f(t)dt$；(2) $e^{x-1}-x=\int_x^a f(t)dt$. 试求 $f(x)$ 及常数 a.

10. 设 $f(x)=\int_0^x t(1-t)e^{-2t}dt$，试问当 x 为何值时，$f(x)$ 取得极大值或极小值.

11. 用牛顿—莱布尼兹公式计算下列定积分

(1) $\int_{-1}^1 \frac{dx}{\sqrt{4-x^2}}$； (2) $\int_{\frac{\pi}{6}}^{\frac{\pi}{3}} \tan x\,dx$； (3) $\int_0^2 \frac{1}{4+x^2}dx$；

(4) $\int_{\frac{\pi}{4}}^{\frac{\pi}{3}} \frac{1}{\sin x\cos x}dx$； (5) $\int_{\frac{\pi}{6}}^{\frac{\pi}{3}} \tan^2 x\,dx$； (6) $\int_0^{\pi}\sqrt{1-\sin 2x}\,dx$；

(7) $\int_2^3 \frac{dx}{x^4-x^2}$； (8) $\int_1^e \frac{x^2+\ln x^2}{x}dx$； (9) $\int_{\frac{\pi}{4}}^{\frac{\pi}{2}} \frac{x\cos x+\sin x}{(x\sin x)^2}dx$；

(10) $\int_{-2}^3 \max\{1,x^4\}dx$； (11) $\int_a^b |x|\,dx\quad(a<b)$； (12) $\int_0^1 |x-t|\,x\,dx$.

12. 用换元积分法计算下列各题

(1) $\int_0^{\frac{\pi}{2}} \cos\frac{x}{2}\cos\frac{3x}{2}dx$； (2) $\int_1^2 \frac{1}{(3x-1)^2}dx$； (3) $\int_0^{\frac{\sqrt{2}}{3}}\sqrt{2-9x^2}\,dx$；

(4) $\int_{e-1}^{e^2-1} \frac{1+\ln(1+x)}{1+x}dx$； (5) $\int_4^9 \frac{\sqrt{x}}{\sqrt{x}-1}dx$； (6) $\int_1^{\sqrt{3}} \frac{1}{x\sqrt{1+x^2}}dx$；

(7) $\int_1^2 \frac{\sqrt{x^2-1}}{x}dx$； (8) $\int_0^a \frac{1}{(x^2+a^2)^{\frac{3}{2}}}dx\quad(a>0)$； (9) $\int_1^{e^2} \frac{1}{x\sqrt{1+\ln x}}dx$；

(10) $\int_0^1 \frac{\sqrt{e^x}}{\sqrt{e^x+e^{-x}}}dx$；(11) $\int_0^{\pi}\sqrt{\sin x-\sin^3 x}dx$；(12) $\int_0^{\frac{\pi}{4}}\tan x\ln\cos x dx$；

(13) $\int_e^{e^6}\frac{\sqrt{3\ln x-2}}{x}dx$；(14) $\int_0^{2\pi}\sin^7 x dx$；(15) $\int_1^e\frac{1}{x\sqrt{4-3\ln^2 x}}dx$；

(16) $\int_{\sqrt{e}}^e\frac{1}{x\sqrt{(1+\ln x)\ln x}}dx$；(17) $\int_{\sqrt{3}}^{\sqrt{8}}\frac{1}{\sqrt{1+x^2}}\left(x+\frac{1}{x}\right)dx$；(18) $\int_0^{\frac{\pi}{4}}\frac{\sin^2\theta\cos^2\theta}{(\cos^3\theta+\sin^3\theta)}d\theta$；

(19) $\int_5^8\frac{x+2}{\sqrt{x-4}}dx$；(20) $\int_{\sqrt{2}}^2\frac{1}{x^2\sqrt{x^2-1}}dx$；(21) $\int_{-1}^1\frac{x+3}{x^2+2x+5}dx$；

(22) $\int_0^3\sqrt{\frac{x}{1+x}}dx$；(23) $\int_0^{\frac{1}{2}}\sqrt{\frac{x}{1-x}}dx$；(24) $\int_{\frac{1}{2}}^1\frac{1}{x^2}\sqrt{\frac{1-x}{1+x}}dx$；

(25) $\int_0^{\frac{1}{2}}\sqrt{2x-x^2}dx$.

13. 设函数 $f'(x)$ 在区间$[0,1]$上连续，求$\int_0^1[1+xf'(x)]e^{f(x)}dx$.

14. 用分部积分法计算下列各题

(1) $\int_0^{\frac{\pi}{2}}e^{-x}\sin 2x dx$；(2) $\int_0^1 t^2e^t dt$；(3) $\int_0^1 x\arctan x dx$；

(4) $\int_0^{\frac{\pi}{4}}x\cos 2x dx$；(5) $\int_e^{e^2}\frac{\ln x}{(x-1)^2}dx$；(6) $\int_1^2\ln(\sqrt{x+1}+\sqrt{x-1})dx$；

(7) $\int_1^{e^{\frac{\pi}{2}}}\frac{\sin(\ln x)}{x^2}dx$；(8) $\int_0^{e-1}(1+x)\ln^2(1+x)dx$；(9) $\int_0^{\sqrt{\ln 2}}x^3e^{-x^2}dx$；

(10) $\int_0^{2\pi}|x\sin x|dx$；(11) $\int_1^{16}\arctan\sqrt{\sqrt{x}-1}dx$；(12) $\int_0^1 2x\sqrt{1-x^2}\arcsin x dx$.

15. 证明$\int_0^{2\pi}\sin^n x dx=\begin{cases}4\int_0^{\frac{\pi}{2}}\sin^n x dx, & n\text{为偶数}\\ 0, & n\text{为奇数}\end{cases}$.

16. 当 $x>0$ 时，$f(x)$ 可导，且满足方程 $f(x)=1+\int_1^x\frac{1}{x}f(t)dt$，求 $f(x)$.

17. 设 $f(x)=\frac{1}{1+x^2}+\sqrt{1-x^2}\int_0^1 f(x)dx$，求$\int_0^1 f(x)dx$.

18. 设连续函数 $f(x)$ 满足$\int_0^x f(x-t)dt=e^{-2x}-1$，求定积分$\int_0^1 f(x)dx$.

19. 设 $f(x)$ 是连续函数，证明$\int_0^{\pi}xf(\sin x)dx=\frac{\pi}{2}\int_0^{\pi}f(\sin x)dx$.

20. 设函数 $f(x)$ 在$(-\infty,+\infty)$内连续，并满足条件，$\int_0^x f(x-u)e^u du=\sin x$，求 $f(x)$.

21. 利用函数的奇偶性计算下列积分

(1) $\int_{-\frac{\pi}{2}}^{\frac{\pi}{2}}\sin^2 x\ln(x+\sqrt{1+x^2})dx$；(2) $\int_{-\frac{\pi}{2}}^{\frac{\pi}{2}}\sin^2 x\ln(x+\sqrt{4+x^2})dx$；

(3) $\int_{-1}^1\frac{1}{\sqrt{4-x^2}}\left(\frac{1}{1+e^x}-\frac{1}{2}\right)dx$；(4) $\int_{-1}^1\cos x\arccos dx$.

22. 计算下列反常积分

(1) $\int_{-\infty}^{+\infty}\frac{1}{4x^2+4x+5}dx$； (2) $\int_{0}^{+\infty}e^{-\sqrt{x}}dx$； (3) $\int_{1}^{+\infty}\frac{1}{x(1+x^2)}dx$；

(4) $\int_{0}^{+\infty}\frac{x}{(1+x)^3}dx$； (5) $\int_{0}^{+\infty}\frac{1}{1+x^3}dx$； (6) $\int_{1}^{+\infty}\frac{\arctan x}{x^2}dx$；

(7) $\int_{0}^{+\infty}e^{-2x}\sin x dx$； (8) $\int_{0}^{1}\frac{dx}{(2-x)\sqrt{1-x}}$； (9) $\int_{1}^{5}\frac{x dx}{\sqrt{5-x}}$；

(10) $\int_{1}^{2}\frac{1}{\sqrt[x]{x-1}}dx$.

23. 判断下列反常积分的敛散性

(1) $\int_{1}^{+\infty}\frac{\ln x}{x^2}\sin x dx$； (2) $\int_{0}^{+\infty}\frac{x^2}{x^4-x^2+1}dx$； (3) $\int_{2}^{+\infty}\frac{1+\sin x}{x\sqrt{x^2-1}}dx$；

(4) $\int_{3}^{+\infty}\frac{dx}{x(x-1)(x-2)}$； (5) $\int_{1}^{+\infty}\frac{1}{x}\ln(1+x^2)dx$； (6) $\int_{1}^{+\infty}x^2\ln x dx$；

(7) $\int_{0}^{+\infty}x^n e^{-x^2}dx \quad (n>0)$； (8) $\int_{1}^{+\infty}\frac{2x}{\sqrt{1+x}}\arctan x dx$； (9) $\int_{\frac{1}{e}}^{e}\frac{\ln x}{(1-x)^2}dx$；

(10) $\int_{-1}^{2}\frac{2x}{x^2-4}dx$.

24. 已知 $\int_{0}^{+\infty}\frac{\sin x}{x}dx=\frac{\pi}{2}$，求(1) $\int_{0}^{+\infty}\frac{\sin x\cos x}{x}dx$； (2) $\int_{0}^{+\infty}\frac{\sin^2 x}{x^2}dx$.

25. 求 c 的值，使 $\lim\limits_{x\to+\infty}\left(\frac{x+c}{x-c}\right)^x=\int_{-\infty}^{c}te^{2t}dt$.

第 6 章　定积分的应用

本章，我们将用微元法的思想讨论定积分在几何学、物理学及经济学中的应用.

6.1　元　素　法

定积分是求非均匀分布的总量的数学模型. 定积分在几何学、物理学、经济学乃至社会学等方面都有着广泛的应用，显示出了巨大的魅力；也正是这些广泛的应用，推动着积分学的不断进步与完善. 因此，在学习的过程中，我们不仅要掌握计算某些实际问题的公式，更重要的还在于深刻领会用定积分解决实际问题的基本思想和方法 —— 微元法，不断培养和提高数学应用的能力.

定积分的所有应用问题，一般总可以按“分割、近似、求和、取极限”四个步骤把所求量表示为定积分的形式，为了更好地说明这种方法，我们先来回顾前面讨论过的求曲边梯形面积的问题.

假设一曲边梯形由连续曲线 $y=f(x)(f(x)\geqslant 0)$，Ox 轴与两条直线 $x=a$，$x=b$ 围成，试求其面积 A.

(1) 分割，用任意一组分点把区间 $[a,b]$ 分成长度为 $\Delta x_i\ (i=1,2,\cdots,n)$ 的 n 个小区间，相应地把曲边梯形分成 n 个小曲边梯形，记第 i 个小曲边梯形的面积为 ΔA_i，则有

$$A=\sum_{i=1}^{n}\Delta A_i;$$

(2) 近似，用小矩形近似代替小曲边梯形，小矩形与小曲边梯形同底，小矩形的高是其底边上某点对应的函数值，即

$$\Delta A_i\approx f(\xi_i)\Delta x_i\,(x_{i-1}\leqslant \xi_i\leqslant x_i)\,(i=1,2,\cdots,n);$$

(3) 求和，面积 A 的近似值为

$$A=\sum_{i=1}^{n}\Delta A_i\approx\sum_{i=1}^{n}f(\xi_i)\Delta x_i;$$

(4) 取极限，面积 A 的精确值为

$$A=\lim_{\lambda\to 0}\sum_{i=l}^{n}f(\xi_i)\Delta x_i=\int_a^b f(x)\mathrm{d}x$$

其中

$$\lambda=\max\{\Delta x_1,\Delta x_2,\cdots,\Delta x_n\}.$$

由上述过程可见，首先所求总量 A 与一个变量 x 的变化区间 $[a,b]$ 以及定义在该区间上的一个函数 $f(x)$ 有关，而且所求总量 A 等于各部分量之和，即 $A=\sum\limits_{i=l}^{n}\Delta A_i$，这一性质称为

所求总量对于区间$[a,b]$其有可加性;此外,以 $f(\xi_i)\Delta x_i$ 近似代替部分量 ΔA_i 时,要求其误差是一个比 Δx_i 更高阶的无穷小(这一点由 $f(x)$ 的连续性可以保证),那么求和、取极限后就能得到所求总量的精确值.

一般地,如果某一问题中的所求量 A 具有如下两个特征:(1)A 是某区间$[a,b]$上的非均匀连续分布的量;(2)A 对区间具有可加性.则可以考虑用定积分解决.

在解决具体问题时,可以将上述"分割、近似、求和、取极限"的过程简化为以下步骤:

(1) 选取一个积分变量 x 及其变化区间$[a,b]$;

(2) 在区间$[a,b]$上选取代表性的小区间$[x,x+\mathrm{d}x]$,表示出与之相对应的部分量 ΔA 的近似值,即求出所求总量 A 的微元(如图 6-1 阴影部分所示),即

$$\Delta A \approx \mathrm{d}A = f(x)\mathrm{d}x.$$

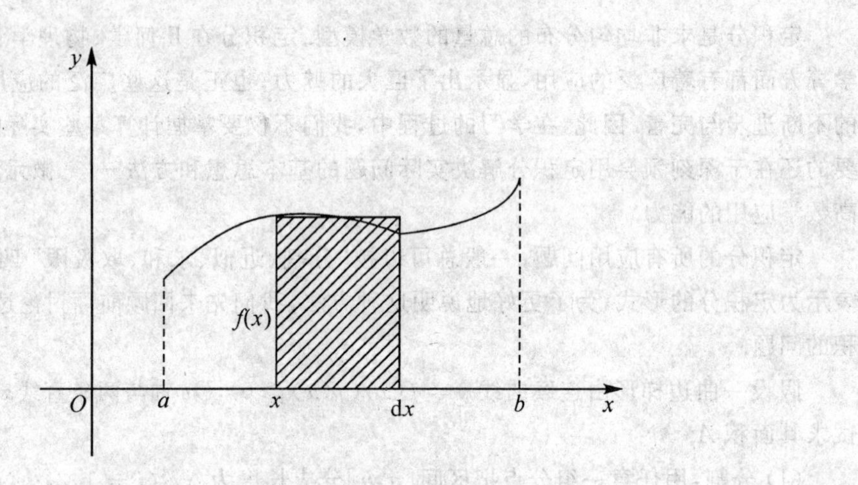

图 6-1

(3) 根据 $\mathrm{d}A = f(x)\mathrm{d}x$ 写出表示总量 A 的定积分

$$A = \int_a^b \mathrm{d}A = \int_a^b f(x)\mathrm{d}x.$$

这一方法称为微元法.微元法在几何学、物理学、经济学、社会学等应用领域中具有广泛的应用.

6.2 定积分在几何学中的应用

6.2.1 平面图形的面积

1. 直角坐标情形

利用微元法易将下列图形面积表示为定积分:

(1) 由曲线 $y = f(x)$,$x = a$,$x = b$ 及 Ox 轴所围成的图形,如图 6-2 所示,其面积微元为 $\mathrm{d}A = |f(x)|\mathrm{d}x$,面积

$$A=\int_a^b |f(x)|\,\mathrm{d}x \tag{6-1}$$

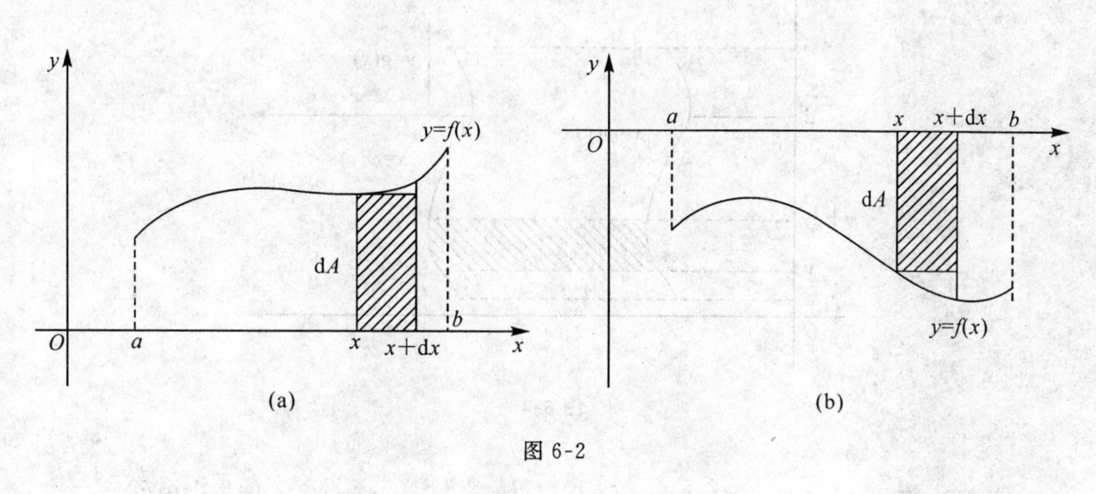

图 6-2

(2) 由上、下两条曲线 $y=f(x)$ 和 $y=g(x)$，以及两直线 $x=a,x=b$ 所围成的图形，如图 6-3 所示，其面积微元 $\mathrm{d}A=|f(x)-g(x)|\mathrm{d}x$，面积

$$A=\int_a^b |f(x)-g(x)|\,\mathrm{d}x \tag{6-2}$$

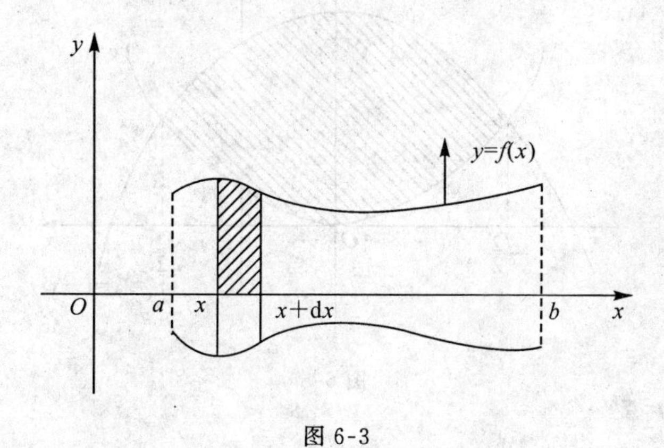

图 6-3

(3) 由左、右两条曲线 $x=\varphi(y)$ 和 $x=\psi(y)$ 以及两直线 $y=c,y=d$ 所围成的图形，如图 6-4 所示，其面积微元 $\mathrm{d}A=|\varphi(y)-\psi(y)|\mathrm{d}y$，面积

$$A=\int_c^d |\varphi(y)-\psi(y)|\,\mathrm{d}y \tag{6-3}$$

下面来看一些具体的例子.

例 6.1　计算由抛物线 $y=-x^2+1$ 与 $y=x^2$ 所围图形的面积 A.

解　解方程组 $\begin{cases} y=-x^2+1 \\ y=x^2 \end{cases}$，得两抛物线的交点为 $\left(-\frac{\sqrt{2}}{2},\frac{1}{2}\right)$ 和 $\left(\frac{\sqrt{2}}{2},\frac{1}{2}\right)$，于是图形位于 $x=-\frac{\sqrt{2}}{2}$ 与 $x=\frac{\sqrt{2}}{2}$ 之间，如图 6-5 所示，取 x 为积分变量，由积分公式(6-2) 得

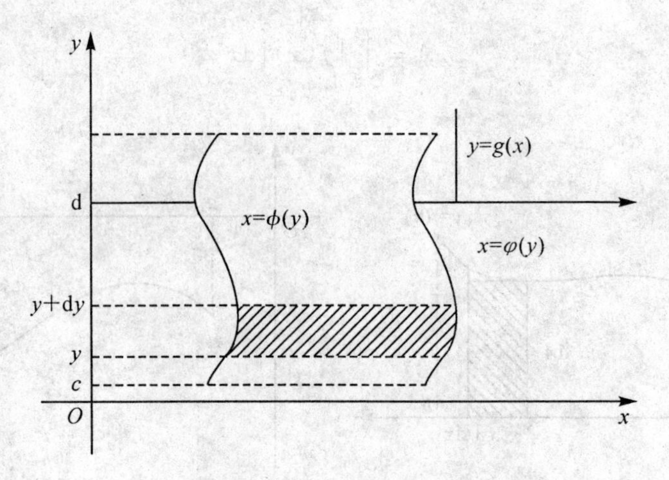

图 6-4

$$A=\int_{-\frac{\sqrt{2}}{2}}^{\frac{\sqrt{2}}{2}}(1-x^2-x^2)\,dx=2\int_0^{\frac{\sqrt{2}}{2}}(1-2x^2)\,dx=2\left(x-\frac{2}{3}x^3\right)\Big|_0^{\frac{\sqrt{2}}{2}}=\frac{2\sqrt{2}}{3}.$$

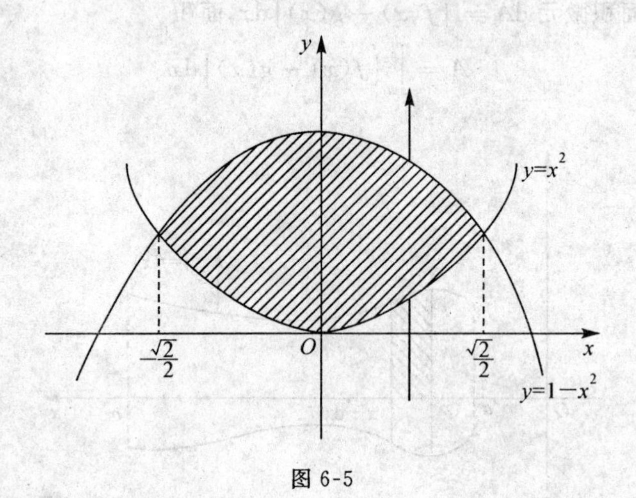

图 6-5

例 6.2 计算由直线 $y=x-4$ 和抛物线 $y^2=2x$ 所围平面图形的面积 A.

解 解方程组 $\begin{cases} y^2=2x \\ y=x-4 \end{cases}$，得直线与抛物线的交点为(2,−2)和(8,4)，平面图形如图 6-6 所示，位于直线 $y=-2$ 和 $y=4$ 之间，于是取 y 为积分变量，由积分公式(6-3)得

$$A=\int_{-2}^{4}\left(y+4-\frac{y^2}{2}\right)dy=\left[\frac{y^2}{2}+4y-\frac{y^3}{6}\right]_{-2}^{4}=18.$$

注意，如果在例 6.1 中取 y 为积分变量，在例 6.2 中取 x 为积分变量，则所求面积的计算会较为复杂. 例如在例 6.2 中，若选 x 为积分变量，则积分区间是[0,8]，当 $x\in(0,2)$ 时，代表性小区间 $[x,x+dx]$ 所对应的面积微元是 $dA=\left[\sqrt{2x}-(-\sqrt{2x})\right]dx$，而当 $x\in(2,8)$ 时，代表性小区间所对应的面积微元是 $dA=\left[\sqrt{2x}-(x-4)\right]dx$，于是所求面积为

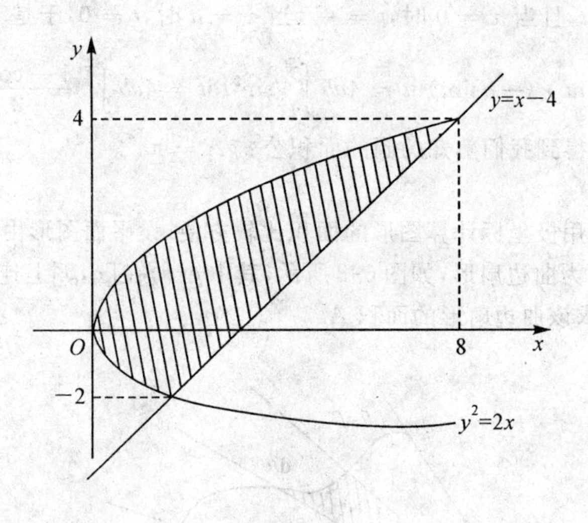

图 6-6

$$A=\int_0^2\left[\sqrt{2x}-(-\sqrt{2x})\right]\mathrm{d}x+\int_2^8\left[\sqrt{2x}-(x-4)\right]\mathrm{d}x.$$

显然，上述做法较例 6.2 中的做法要复杂. 因此，在求平面图形的面积时，恰当地选择积分变量可以使计算简便.

例 6.3　设椭圆方程为$\frac{x^2}{a^2}+\frac{y^2}{b^2}=1\quad(a,b>0)$，试求其面积 A.

解　如图 6-7 所示，首先由椭圆的对称性有 $A=4A_1$，其中 A_1 表示椭圆位于第一象限部分的面积，则

$$A=4A_1=\int_0^a y\mathrm{d}x$$

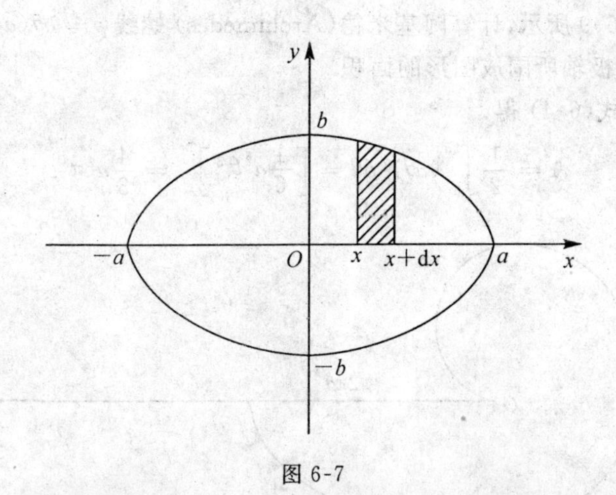

图 6-7

利用椭圆的参数方程为$\begin{cases}x=a\cos t\\ y=b\sin t\end{cases}(0\leqslant t\leqslant 2\pi)$作变量代换，令 $x=a\cos t$，则 $y=$

$b\sin t$, $dx = -a\sin t dt$，且当 $x=0$ 时，$t=\frac{\pi}{2}$，当 $x=a$ 时，$t=0$，于是

$$A = 4\int_{\frac{\pi}{2}}^{0} b\sin t\cdot(-a\sin t)dt = 4ab\int_{0}^{\frac{\pi}{2}}\sin^2 t dt = 4ab\int_{0}^{\frac{\pi}{2}}\frac{1-\cos 2t}{2}dt = \pi ab.$$

当 $a=b$ 时，就得到我们熟知的圆的面积公式 $A=\pi a^2$.

2.极坐标情形

有些平面图形，用极坐标计算图形的面积比较方便.设平面图形由曲线 $\rho=\rho(\theta)$ 及射线 $\theta=\alpha$，$\theta=\beta$ 围成，称为曲边扇形，如图 6-8 所示，其中 $\rho(\theta)$ 在 $[\alpha,\beta]$ 上连线，且 $\rho(\theta)\geqslant 0$，下面我们应用微元法来求该曲边扇形的面积 A.

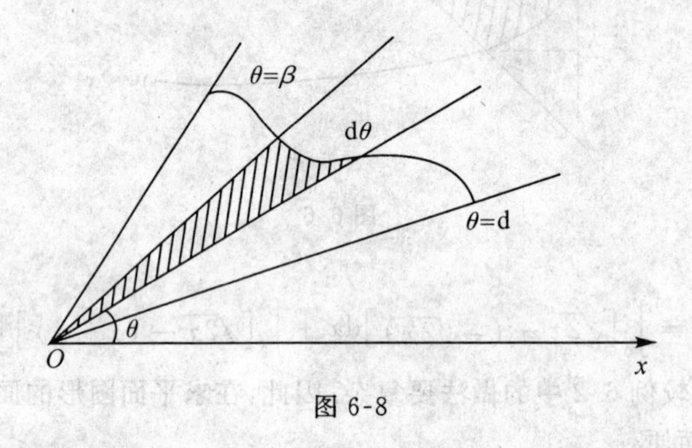

图 6-8

取 θ 为积分变量，其变化区间为 $[\alpha,\beta]$，在 $[\alpha,\beta]$ 上任取代表性小区间 $[\theta,\theta+d\theta]$，其上相应小曲边扇形的面积用以 θ 处的极径 $\rho(\theta)$ 为半径，$d\theta$ 为圆心角的圆扇形的面积来近似代替，即得面积微元 $dA=\frac{1}{2}\rho^2(\theta)d\theta$，从而

$$A = \frac{1}{2}\int_{\alpha}^{\beta}\rho^2(\theta)d\theta \tag{6-4}$$

例 6.4 如图 6-9 所示，计算阿基米德(Archimedes)螺线 $\rho=a\theta(a>0)$ 上相应于 θ 从 0 到 2π 的一段弧与极轴所围成图形的面积.

解 由积分公式(6-4)得

$$A = \frac{1}{2}\int_{0}^{2\pi}(a\theta)^2 d\theta = \left[\frac{1}{6}a^2\theta^3\right]_{0}^{2\pi} = \frac{4}{3}a^2\pi^3.$$

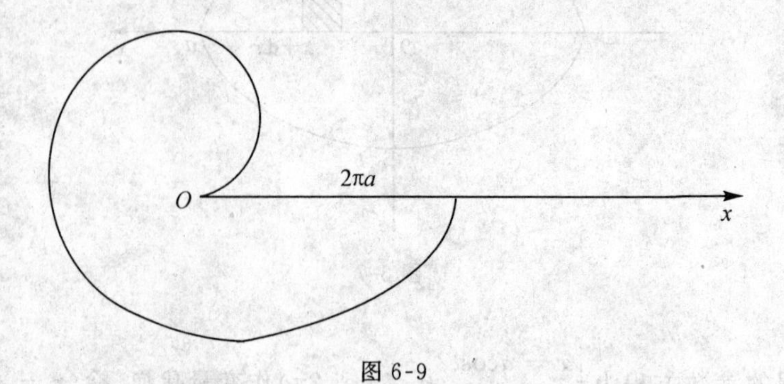

图 6-9

例 6.5　如图 6-10 所示，求心形线 $\rho=1+\cos\theta$ 与圆 $\rho=3\cos\theta$ 所围的公共部分的面积.

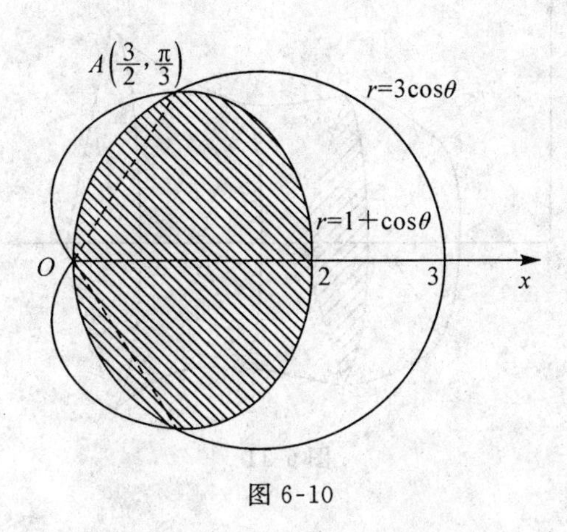

图 6-10

解　首先由 $\rho=3\cos\theta\geqslant 0$ 可知，两曲线的公共部分夹在两射线 $\theta=-\frac{\pi}{2}$ 和 $\theta=\frac{\pi}{2}$ 之间，且该图形关于极轴对称，故只需求极轴上方部分面积 A_1，便可得所求面积 $A=2A_1$.

联立 $\begin{cases}\rho=1+\cos\theta\\ \rho=3\cos\theta\end{cases}$ 解得两条曲线的交点为 $A\left(\frac{3}{2},\frac{\pi}{3}\right)$，$B\left(\frac{3}{2},-\frac{\pi}{3}\right)$，则

$$A=2A_1=2\cdot\left[\frac{1}{2}\int_0^{\frac{\pi}{3}}(1+\cos\theta)^2\mathrm{d}\theta+\frac{1}{2}\int_{\frac{\pi}{3}}^{\frac{\pi}{2}}(3\cos\theta)^2\mathrm{d}\theta\right]$$

$$=\left[\frac{3}{2}\theta+2\sin\theta+\frac{1}{4}\sin 2\theta\right]_0^{\frac{\pi}{3}}+\frac{9}{2}\left[\theta+\frac{1}{2}\sin 2\theta\right]_{\frac{\pi}{3}}^{\frac{\pi}{2}}=\frac{5}{4}\pi.$$

6.2.2　几何体的体积

用定积分计算立体的体积，我们只考虑下面两种简单情形，对一般的立体体积的计算，将在下册的重积分中讨论.

1. 已知平行截面面积求立体的体积

设空间某立体由曲面和垂直于 Ox 轴的两平面 $x=a$，$x=b$ 围成，如图 6-11 所示，如果用过任意点 $x(a\leqslant x\leqslant b)$ 且垂直于 Ox 轴的平面截该立体所得的截面面积 $S(x)$ 是已知的连续函数，则可以用微元法计算其体积. 取 x 为积分变量，则积分区间为 $[a,b]$，在 $[a,b]$ 上取代表性小区间 $[x,x+\mathrm{d}x]$，相应的小薄片可以近似看做底面积为 $S(x)$，高为 $\mathrm{d}x$ 的柱体，由柱体的体积公式可知体积微元为 $\mathrm{d}V=S(x)\mathrm{d}x$，从而所求立体的体积为

$$V=\int_a^b S(x)\mathrm{d}x \tag{6-5}$$

例 6.6　求椭球体 $\frac{x^2}{a^2}+\frac{y^2}{b^2}+\frac{z^2}{c^2}\leqslant 1\quad(a,b,c>0)$ 的体积

解　取 x 为积分变量，则 $x\in[-a,a]$；与 Ox 轴垂直的平面截得椭球截面为椭圆(在 x 处)

$$\frac{y^2}{b^2\left(1-\frac{x^2}{a^2}\right)}+\frac{z^2}{c^2\left(1-\frac{x^2}{a^2}\right)}\leqslant 1$$

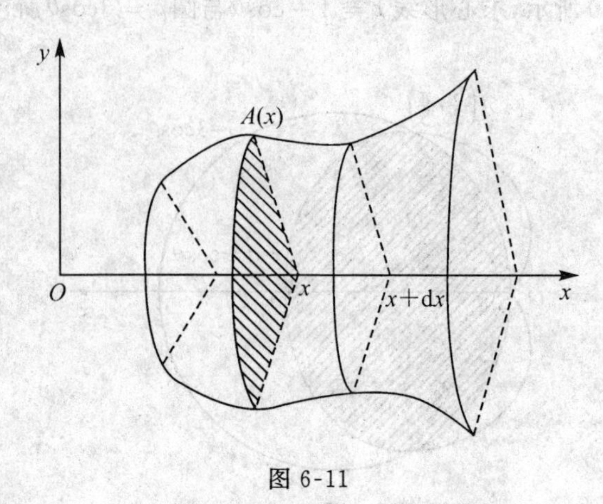

图 6-11

该椭圆的面积为

$$S(x)=\pi bc\left(1-\frac{x^2}{a^2}\right)$$

则所求体积为

$$V=\int_{-a}^{a}S(x)\mathrm{d}x=\int_{-a}^{a}\pi bc\left(1-\frac{x^2}{a^2}\right)\mathrm{d}x=2\pi bc\int_{0}^{a}\left(1-\frac{x^2}{a^2}\right)\mathrm{d}x=\frac{4}{3}\pi abc.$$

当 $a=b=c$ 时便得到球体的体积 $V=\frac{4}{3}\pi a^3$.

例 6.7 一平面经过半径为 R 的圆柱体的底圆中心,并与底面交成角 α,计算该平面截圆柱体所得楔形体的体积 V.

解法 1 建立坐标系如图 6-12(a) 所示,则平面圆的方程为 $x^2+y^2=R^2$,对任意的 $x\in[-R,R]$,过点 x 且垂直于 Ox 轴的截面是一个直角三角形,两直角边的长度分别为 $y=\sqrt{R^2-x^2}$ 和 $y=\tan\alpha\sqrt{R^2-x^2}$,故截面面积为 $A(x)=\frac{1}{2}(R^2-x^2)\tan\alpha$,从而立体体积为

$$V=\int_{-R}^{R}\frac{1}{2}(R^2-x^2)\tan\alpha\mathrm{d}x=\tan\alpha\int_{0}^{R}(R^2-x^2)\mathrm{d}x=\frac{2}{3}R^3\tan\alpha.$$

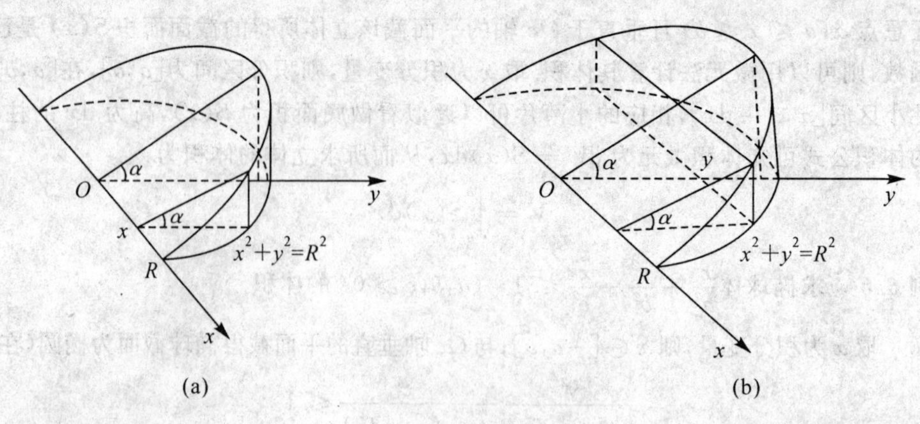

图 6-12

解法 2　在楔形体中，过点 y 且垂直于 Oy 轴的截面是一个矩形，如图 6-12(b) 所示，其长为 $2x = 2\sqrt{R^2 - y^2}$，高为 $y\tan\alpha$，故面积为 $A(y) = 2y\sqrt{R^2 - y^2}\tan\alpha$，故楔形体的体积为

$$V = \int_0^R 2y\sqrt{R^2 - y^2}\tan\alpha \mathrm{d}y = \frac{2}{3}R^3\tan\alpha.$$

2. 旋转体的体积

如图 6-13 所示，由 $x = a, x = b, Ox$ 轴及连续曲线 $y = f(x)$ 所围成的平面图形绕 Ox 轴旋转一周，就得到一个旋转体. 旋转体是一类特殊的平行截面面积已知的立体，下面我们讨论几种旋转体的体积计算公式.

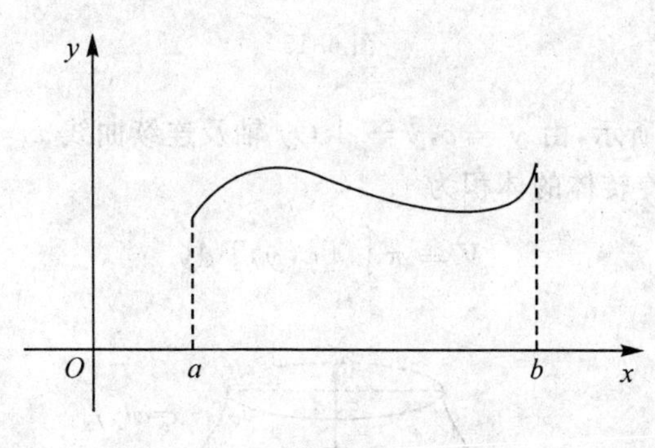

图 6-13

设 $x \in [a,b]$，在 x 处用垂直于 Ox 轴的平面截得该旋转体的截面是一个以 $|f(x)|$ 为半径的圆，如图 6-14 所示. 则该截面面积为 $S(x) = \pi[f(x)]^2$，从而该旋转体的体积为

$$V = \int_a^b S(x)\mathrm{d}x = \pi\int_a^b [f(x)]^2\mathrm{d}x \tag{6-6}$$

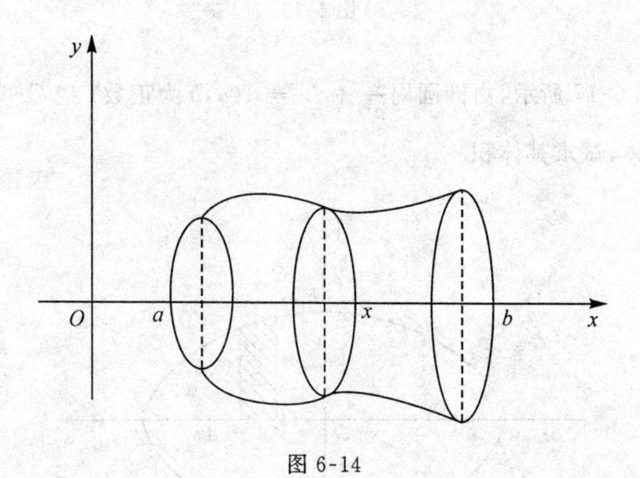

图 6-14

更一般地，如图 6-15 所示，由 $x = a, x = b, y = f(x), y = g(x)$（其中 $f(x), g(x)$ 在区间 $[a,b]$ 上连续，且 $f(x) \geqslant g(x) \geqslant 0$ 所围的平面图形绕 Ox 轴旋转一周所得旋转体的体积为

$$V = \pi\int_a^b ([f(x)]^2 - [g(x)]^2)\mathrm{d}x \tag{6-7}$$

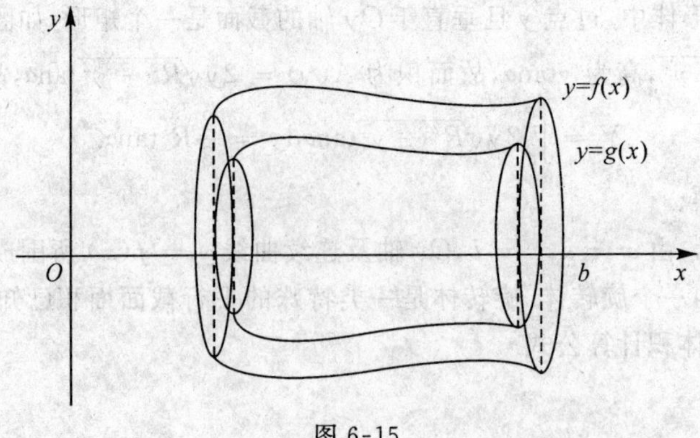

图 6-15

类似地,如图 6-16 所示,由 $y=c, y=\mathrm{d}, Oy$ 轴及连续曲线 $x=\varphi(y)$ 所围成的平面图形绕 Oy 轴旋转一周得旋转体的体积为

$$V=\pi\int_{c}^{\mathrm{d}}[\varphi(y)]^{2}\mathrm{d}y \tag{6-8}$$

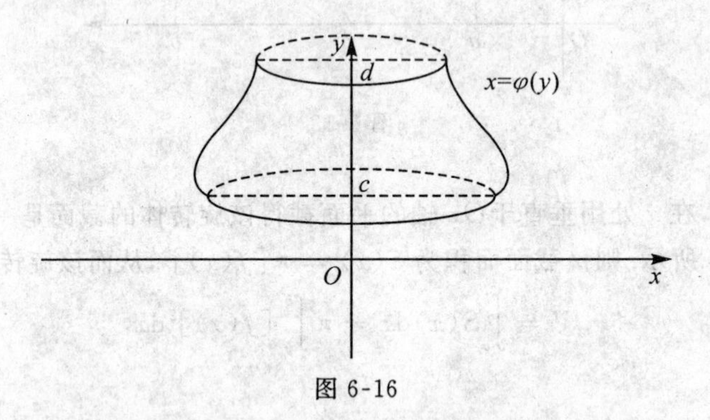

图 6-16

例 6.8 如图 6-17 所示,由椭圆周 $\frac{x^{2}}{a^{2}}+\frac{y^{2}}{b^{2}}=1$($a,b$ 为正数) 绕 Ox 轴旋转而成的旋转体,称为旋转椭球体,试求其体积.

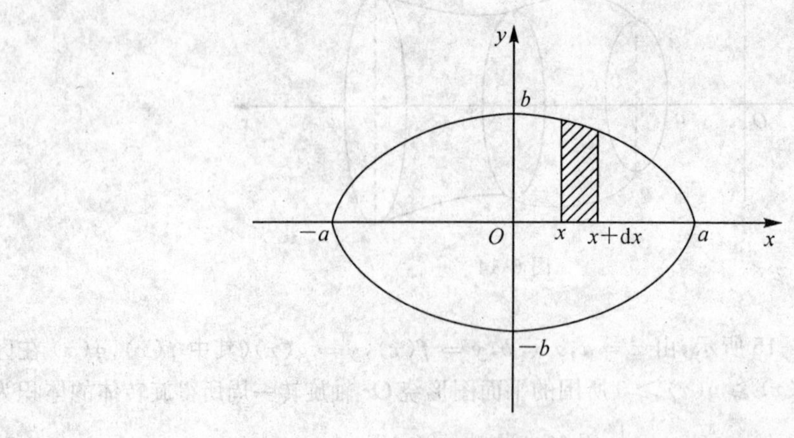

图 6-17

解　该旋转体可以看做是由上半椭圆 $y=\frac{b}{a}\sqrt{a^2-x^2}$ 及 Ox 轴所围的曲边梯形绕 Ox 轴旋转一周而成的立体，则

$$V=\pi\int_{-a}^{a}\frac{b^2}{a^2}(a^2-x^2)\mathrm{d}x=2\pi\frac{b^2}{a^2}\int_0^a(a^2-x^2)\mathrm{d}x=\frac{4}{3}\pi ab^2.$$

特别地，当 $a=b$ 时，得到球体的体积为 $\frac{4}{3}\pi a^3$.

例 6.9　计算由摆线 $x=a(t-\sin t)$，$y=a(1-\cos t)$ 的一拱及直线 $y=0$ 所围成的平面图形分别绕 Ox 轴，Oy 轴旋转而成的旋转体的体积.

解　按旋转体的体积公式，所述图形绕 Ox 轴旋转而成的旋转体的体积为

$$V_x=\int_0^{2\pi a}\pi y^2\mathrm{d}x=\pi\int_0^{2\pi}a^2(1-\cos t)^2\cdot a(1-\cos t)\mathrm{d}t=5\pi^2a^3.$$

如图 6-18 所示，所述图形绕 Oy 轴旋转而成的旋转体的体积可看成平面图形 $OABC$ 与 OBC 分别绕 Oy 轴旋转而成的旋转体的体积之差，因此所求的体积为

$$\begin{aligned}V_y&=\int_0^{2a}\pi x_2{}^2(y)\mathrm{d}y-\int_0^{2a}\pi x_1^2(y)\mathrm{d}y\\&=\pi\int_{2\pi}^{\pi}a^2(t-\sin t)^2\cdot a\sin t\mathrm{d}t-\pi\int_0^{\pi}a^2(t-\sin t)^2\cdot a\sin t\mathrm{d}t\\&=-\pi a^3\int_0^{2\pi}a^2(t-\sin t)^2\cdot\sin t\mathrm{d}t=6\pi a^3.\end{aligned}$$

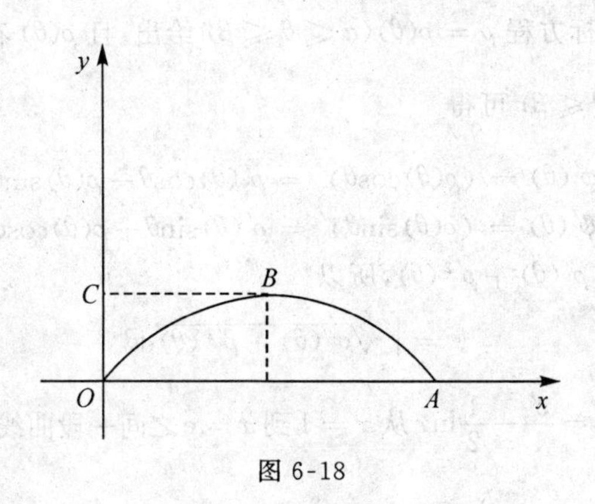

图 6-18

6.2.3　平面曲线的弧长

设平面曲线 $y=f(x)$ 在区间 $[a,b]$ 上有一阶连续导数，下面用微元法来求曲线在 $[a,b]$ 上的弧长 s. 如图 6-19 所示，取 x 为积分变量，则 $[a,b]$ 为积分区间，在 $[a,b]$ 上任取代表性小区间 $[x,x+\mathrm{d}x]$，对应于区间 $[x,x+\mathrm{d}x]$ 的小弧段的弧长 MN 近似等于该曲线在点 $M(x,f(x))$ 处的切线上相应的一小段的长度 MT（“以直代曲”），从而推得弧长微元为

$$\mathrm{d}s=MT=\sqrt{MP^2+PT^2}=\sqrt{(\mathrm{d}x)^2+(\mathrm{d}y)^2}=\sqrt{1+y'^2}\mathrm{d}x$$

于是得所求弧长为

$$s=\int_a^b\sqrt{1+y'^2}\mathrm{d}x\tag{6-9}$$

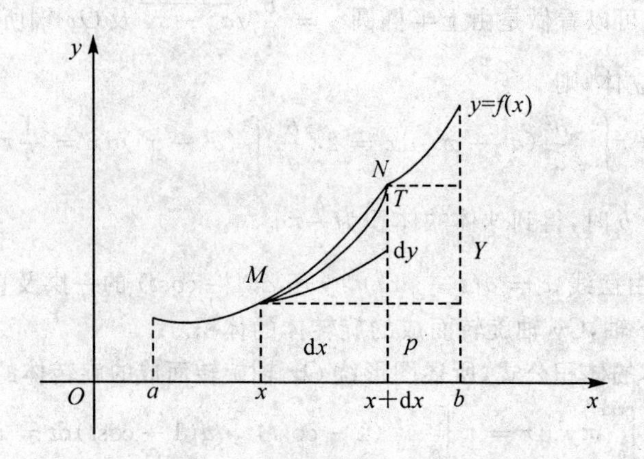

图 6-19

若曲线由参数方程$\begin{cases} x = \varphi(t) \\ y = \psi(t) \end{cases}$,$(\alpha \leqslant t \leqslant \beta)$ 给出,则弧长微元为

$$\mathrm{d}s = \sqrt{(\mathrm{d}x)^2 + (\mathrm{d}y)^2} = \sqrt{[\varphi'(t)\mathrm{d}t]^2 + [\psi'(t)\mathrm{d}t]^2} = \sqrt{[\varphi'(t)]^2 + [\psi'(t)]^2}\mathrm{d}x$$

于是所求弧长为

$$s = \int_{\alpha}^{\beta} \sqrt{[\varphi'(t)]^2 + [\psi'(t)]^2}\mathrm{d}t \quad (\alpha < \beta) \tag{6-10}$$

若曲线方程由极坐标方程 $\rho = \rho(\theta)(\alpha \leqslant \theta \leqslant \beta)$ 给出,且 $\rho(\theta)$ 存在一阶连续导数,则由 $\begin{cases} x = \rho(\theta)\cos\theta \\ y = \rho(\theta)\sin\theta \end{cases}$ $(\alpha \leqslant \theta \leqslant \beta)$ 可得

$$\varphi'(\theta) = (\rho(\theta)\cos\theta)' = \rho'(\theta)\cos\theta - \rho(\theta)\sin\theta$$
$$\psi'(\theta) = (\rho(\theta)\sin\theta)' = \rho'(\theta)\sin\theta + \rho(\theta)\cos\theta$$

从而 $\varphi'^2(\theta) + \psi'^2(\theta) = \rho^2(\theta) + \rho'^2(\theta)$,所以

$$s = \int_{\alpha}^{\beta} \sqrt{\rho^2(\theta) + \rho'^2(\theta)}\mathrm{d}\theta \tag{6-11}$$

例 6.10 求曲线 $y = \dfrac{x^2}{4} - \dfrac{1}{2}\ln x$ 从 $x = 1$ 到 $x = \mathrm{e}$ 之间一段曲线的弧长,如图 6-20 所示.

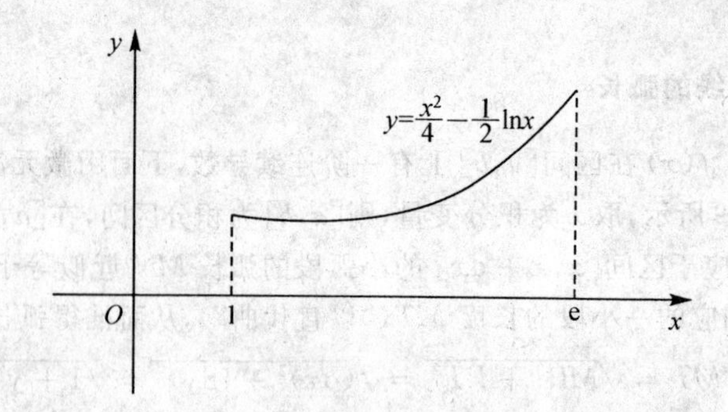

图 6-20

解　$y' = \dfrac{x}{2} - \dfrac{1}{2x}$，于是弧长微元为

$$\mathrm{d}s = \sqrt{1+y'^2}\,\mathrm{d}x = \sqrt{1+\left(\frac{x}{2}-\frac{1}{2x}\right)^2}\,\mathrm{d}x = \frac{1}{2}\left(x+\frac{1}{x}\right)\mathrm{d}x$$

故所求弧长为

$$s = \int_1^{\mathrm{e}} \frac{1}{2}\left(x+\frac{1}{x}\right)\mathrm{d}x = \frac{1}{2}\left[\frac{x^2}{2}+\ln x\right]_1^{\mathrm{e}} = \frac{1}{4}(\mathrm{e}^2+1).$$

例 6.11　求摆线 $\begin{cases} x = a(t-\sin t) \\ y = a(1-\cos t) \end{cases}$ 的一拱$(0 \leqslant t \leqslant 2\pi)$的长度.

解　弧长微元为

$$\mathrm{d}s = \sqrt{[x'(t)]^2+[y'(t)]^2}\,\mathrm{d}t = \sqrt{a^2(1-\cos t)^2+a^2\sin^2 t}\,\mathrm{d}t = 2a\left|\sin\frac{t}{2}\right|\mathrm{d}t$$

故所求弧长为

$$s = \int_0^{2\pi} 2a\sin\frac{t}{2}\,\mathrm{d}t = 2a\left(-2a\cos\frac{t}{2}\right)\Bigg|_0^{2\pi} = 8a.$$

例 6.12　求心形线 $r = a(1+\cos\theta)(a>0)$ 的弧长，如图 6-21 所示.

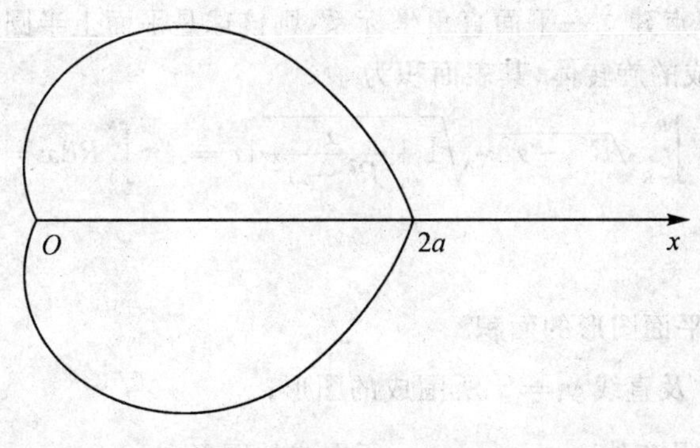

图 6-21

解　由公式有

$$\mathrm{d}s = \sqrt{\rho^2+\rho'^2(\theta)}\,\mathrm{d}\theta = \sqrt{a^2(1+\cos\theta)^2+a^2\sin^2\theta}\,\mathrm{d}\theta = a\sqrt{2(1+\cos\theta)}\,\mathrm{d}\theta$$

由对称性知

$$s = 2\int_0^{\pi} a\sqrt{2(1+\cos\theta)}\,\mathrm{d}\theta = 2a\int_0^{\pi}\left(2\cos\frac{\theta}{2}\right)\mathrm{d}\theta = 8a\sin\frac{\theta}{2}\Bigg|_0^{\pi} = 8a.$$

6.2.4　旋转体的侧面积

如图 6-22 所示，设一旋转体的侧面由一段曲线 $y = f(x)(a \leqslant x \leqslant b)$ 绕 Ox 轴旋转一周而得，为求其面积 A，我们在区间$[a,b]$上取代表性小区间$[x,x+\mathrm{d}x]$，相应于该区间的窄带形侧面(如图 6-22 中阴影部分)可以近似地看成弧微分 $\mathrm{d}s$ 绕 Ox 轴旋转一周而成，于是这一窄带形侧面可以用一个半径为$|f(x)|$，高为 $\mathrm{d}s$ 的圆柱面来近似代替，从而得侧面积的微分元素

$$\mathrm{d}A = 2\pi|f(x)|\,\mathrm{d}s = 2\pi|f(x)|\sqrt{1+f'^2(x)}\,\mathrm{d}x$$

所以

$$A = 2\pi \int_a^b |f(x)| \sqrt{1 + f'^2(x)} \mathrm{d}x \tag{6-12}$$

此处假设函数 $f(x)$ 在区间$[a,b]$上可导.

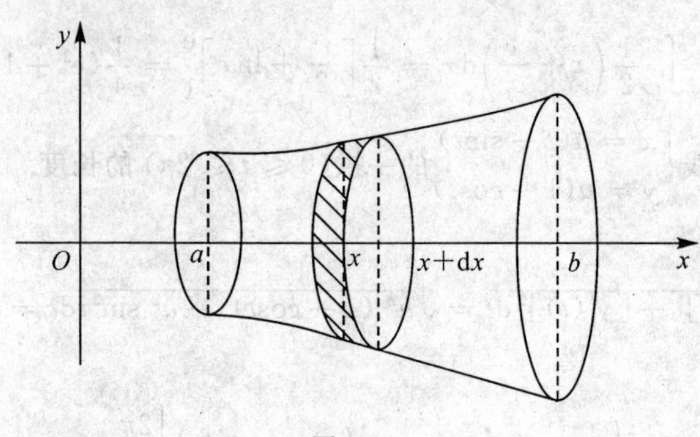

图 6-22

例 6.13 求半径为 R 的球表面积.

解 以球心为原点建立一平面直角坐标系,则该球是平面上半圆盘 $0 \leqslant y \leqslant \sqrt{R^2 - x^2}$ 绕 Ox 轴旋转一周而成的旋转体,其表面积为

$$A = 2\pi \int_{-R}^{R} \sqrt{R^2 - x^2} \cdot \sqrt{1 + \frac{x^2}{R^2 - x^2}} \mathrm{d}x = 4\pi \int_0^R R \mathrm{d}x = 4\pi R^2.$$

练习题 6.2

1. 求下列各题中平面图形的面积.

(1) 曲线 $y = \sqrt{x}$ 及直线 $y = x$ 所围成的图形;

(2) 曲线 $y = \dfrac{1}{x}$ 及直线 $y = x, x = \mathrm{e}$ 所围成的图形;

(3) 曲线 $y^2 = x$ 及直线 $y = x - 2$ 所围成的图形;

(4) 曲线 $y = \ln x$, Oy 轴与直线 $y = \ln a, y = \ln b (b > a > 0)$ 所围成的图形.

2. 求下列各题中平面图形的面积.

(1) 抛物线 $y = -x^2 + 4x - 3$ 及其在点$(0, -3)$ 和$(3, 0)$ 处的切线所围成的图形;

(2) 曲线 $y^2 = 4x$ 及其在点$(1, 2)$ 处的法线所围成的图形;

(3) 曲线 $y = x^3 - 3x + 2$ 在 Ox 轴上介于两极值点之间的曲边梯形;

(4) 摆线 $x = a(t - \sin t), Oy = a(1 - \cos t)$ 的一拱$(0 \leqslant t \leqslant 2\pi)$ 与 Ox 轴所围成的图形.

3. 求由下列各曲线所围成的图形的面积

(1)$\rho = 2a\cos\theta$; (2)$x = a\cos^3 t, y = a\sin^3 t$.

4. 求对数螺线 $\rho = a\mathrm{e}^{\theta} (-\pi \leqslant \theta \leqslant \pi)$ 及射线 $\theta = \pi$ 所围成的图形面积.

5. 求下列各曲线所围成图形的公共部分的面积

(1)$\rho = 3\cos\theta$ 及 $\rho = 1 + \cos\theta$; (2)$\rho = \sqrt{2}\sin\theta$ 及 $\rho^2 = \cos 2\theta$.

6. 求由抛物线 $y^2 = 4ax$ 与过焦点的弦所围成的图形面积的最小值.

7. 把抛物线 $y^2 = 4ax$ 及直线 $x = x_0(x_0 > 0)$ 所围成的图形绕 Ox 轴旋转，计算所得旋转体的体积.

8. 由 $y = x^3, x = 2, y = 0$ 所围成的图形，分别绕 Ox 轴及 Oy 轴旋转，计算所得两个旋转体的体积.

9. 如图 6-23 所示，把星形线 $x^{\frac{2}{3}} + y^{\frac{2}{3}} = a^{\frac{2}{3}}$ 所围成的图形绕 Ox 轴旋转，计算所得旋转体的体积.

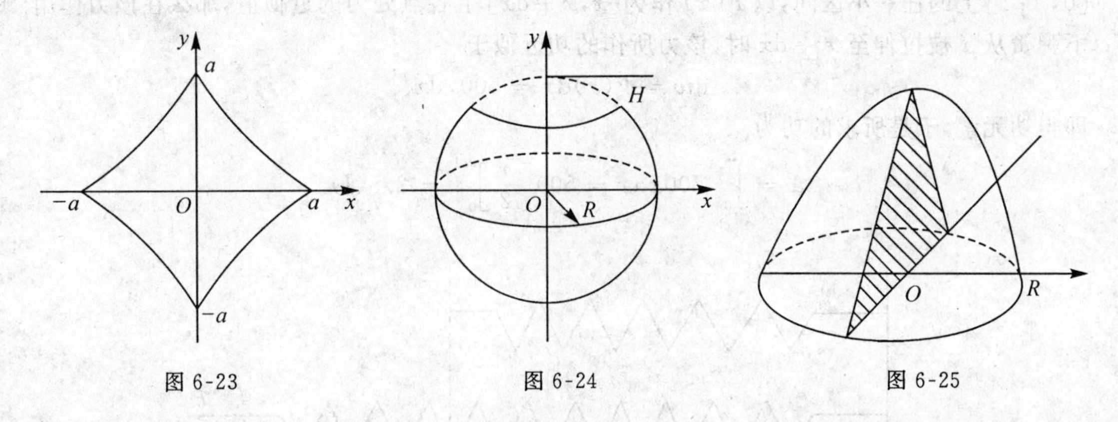

图 6-23　图 6-24　图 6-25

10. 如图 6-24 所示，用积分方法证明球缺的体积为 $V = \pi H^2\left(R - \frac{H}{3}\right)$.

11. 如图 6-25 所示，计算底面是半径为 R 的圆，而垂直于底面上一条固定直径的所有截面都是等边三角形的立体体积.

12. 计算曲线 $y = \frac{\sqrt{x}}{3}(3 - x)$ 上相应于 $1 \leqslant x \leqslant 3$ 的一段弧的长度.

13. 计算抛物线 $y^2 = 2px$ 从顶点到该曲线上的一点 $M(x, y)$ 的弧长.

14. 在摆线 $x = a(t - \sin t), y = a(1 - \cos t)$ 上求分摆线条一拱成 1:3 的点的坐标.

15. 求对数螺线 $\rho = e^{a\theta}$ 相应于自 $\theta = 0$ 到 $\theta = 4$ 的一段弧长.

16. 求心形线 $\rho = a(1t\cos\theta)$ 的全长.

6.3　定积分在物理学中的应用

6.3.1　变力沿直线所作的功

设物体沿直线运动，在运动的过程中，物体受到一个变力的作用，力的方向与物体运动的方向相同或相反，求变力所作的功.

从物理学中知道，如果物体在作直线运动的过程中，有一个不变的力 $\boldsymbol{F}$ 作用在这个物体上，且力 $\boldsymbol{F}$ 的方向与物体运动的方向一致（或相反），那么在物体移动了距离 S 时，力 $\boldsymbol{F}$ 对物体所作的功为 $W = \boldsymbol{F}S$（或 $W = -\boldsymbol{F}S$）.

如果物体在运动过程中所受的力是变化的，我们可以用定积分的方法来求出变力所作的功，下面通过具体例子来加以说明.

例 6.14　有一弹簧，用 5N 的力可以把弹簧拉长 0.01m，试求：把弹簧拉长 0.1m 时，外力所作的功.

解 由物理学知识知道,在弹性限度范围内,使弹簧产生伸缩变形的力,其大小与伸缩量成正比.因此,当弹簧伸缩了 xm 时,力的大小为 $F(x)=kx(k>0)$.

先确定上述比例系数 k,由假设条件,当 $x=0.01(\text{m})$ 时,$F=5(\text{N})$,所以有 $5=0.01k$,即得 $k=500(\text{N/M})$,从而 $f(x)=500x$.

现在以 x 为积分变量,$f(x)$ 的变化区间为 $[0,\ 0.1]$,如图 6-26 所示,设 $[x,x+\mathrm{d}x]$ 为 $[0,\ 0.1]$ 上的任一小区间,以 $F(x)$ 作为 $[x,x+\mathrm{d}x]$ 上各点处力的近似值,那么在该力作用下弹簧从 x 被拉伸至 $x+\mathrm{d}x$ 时,该力所作的功近似于

$$\mathrm{d}w=F(x)\mathrm{d}x=500x\mathrm{d}x$$

即得功元素,于是所求的功为

$$w=\int_0^{0.1}500x\mathrm{d}x=500\left[\frac{x}{2}\right]_0^{0.1}=2.5(\text{J}).$$

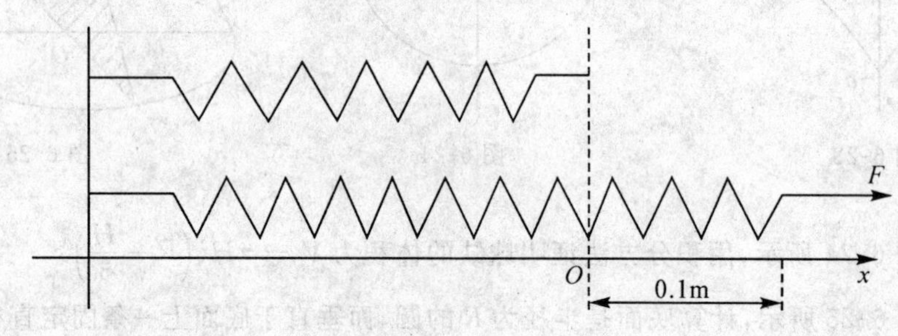

图 6-26

例 6.15 一圆柱形的贮水桶高为 5m,底圆半径为 3m,桶内盛满了水,试问要把桶内的水全部吸出需要多少功?

解 选取坐标系如图 6-27 所示,取深度 $x(\text{m})$ 为积分变量,x 的变化区间为 $[0,5]$,对应于 $[0,5]$ 上任一小区间 $[x,x+\mathrm{d}x]$ 的一薄层水的高度为 $\mathrm{d}x(\text{m})$,体积为 $\mathrm{d}V=9\pi\mathrm{d}x(\text{m}^3)$,设水的密度为 $1\ \text{t/m}^3$,重力加速度 $g=9.8\ \text{m/s}^2$,则这一薄层水的重力为

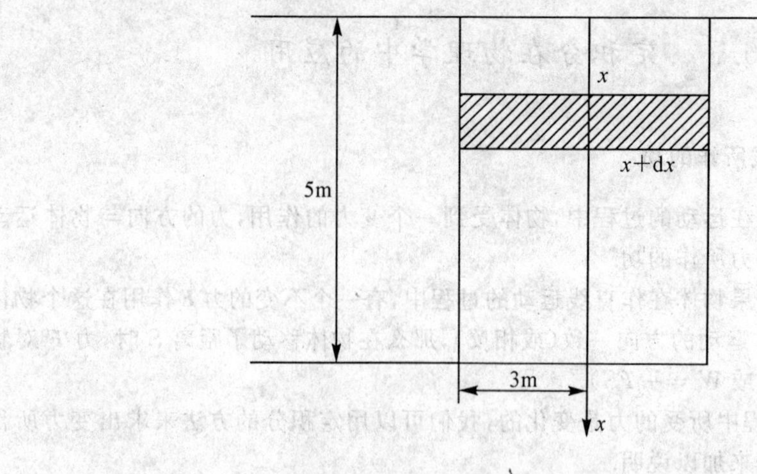

图 6-27

$$\rho g\,\mathrm{d}v = 9.8\times 9\pi\mathrm{d}x = 88.2\pi x\mathrm{d}x$$

故把这一薄层水吸出桶外需作的功近似为 $\mathrm{d}w = 88.2\pi x\mathrm{d}x$，此即功微元，于是所求的功为

$$W = \int_0^5 88.2\pi x\mathrm{d}x = 88.2\pi\left[\frac{x^2}{2}\right]_0^5 \approx 3462(\mathrm{kJ}).$$

6.3.2　水压力

我们知道，均质液体距液面深为 h 处的液体压强为 $p=\rho gh$，其中 ρ 为液体的密度，g 为重力加速度，在实际问题中，有时需要计算与液面垂直的平板（如水闸门）一侧所受的压力，由于在水深不同的点处压强 p 不相等，所以用初等数学的方法就无法计算闸门所受的压力，下面我们将用定积分的元素法来解答这种问题.

例 6.16　有一等腰梯形状的闸门，其两条底边边长各为 10m 与 6m，高为 20m，较长的底边与水面相齐，试计算该闸门一侧所受水的压力.

解　建立直角坐标系，使长底边位于 Oy 轴上，Ox 轴是闸门的对称轴，如图 6-28 所示，过 A,B 两点的直线方程为 $y=5-\frac{x}{10}$. 取 x 为积分变量，$x\in[0,20]$，在区间 $[0,20]$ 上任取一小区间 $[x,x+\mathrm{d}x]$，闸门上相应于该小区间的窄条各点处所受到的压强近似于 $xg(\mathrm{kN/m^2})$，窄矩形的长近似于 $2y=2\left(5-\frac{x}{10}\right)=10-\frac{x}{5}$，高度为 $\mathrm{d}x$，因而窄条一侧所受的水压力近似于

$$\mathrm{d}F = gx\left(10-\frac{x}{5}\right)\mathrm{d}x(\mathrm{kN})$$

此即压力元素，于是所求的压力为

$$F=\int_0^{20} gx\left(10-\frac{x}{5}\right)\mathrm{d}x = g\left[5x^2-\frac{x^3}{15}\right]_0^{20} = g\left[2\,000-\frac{1\,600}{3}\right]\approx 14\,373(\mathrm{kN}).$$

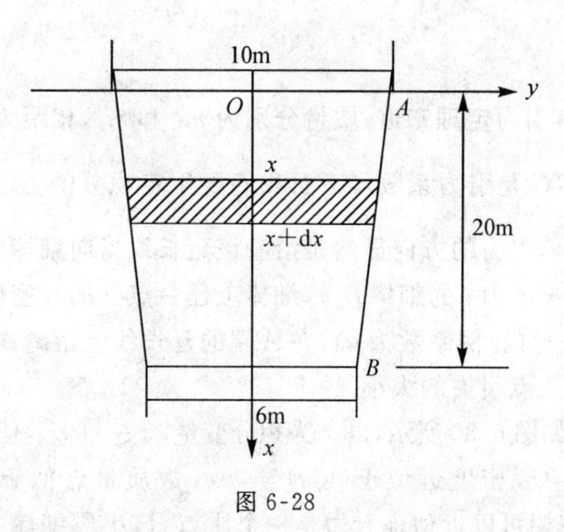

图 6-28

例 6.17　有一水平放置的排水管，其直径为 4m，在排水管的一端有一道闸门，当水半满时，试求闸门一侧所受的水压力.

解　建立如图 6-29 所示的坐标系，则 Oy 轴恰好位于水面上，闸门所在的圆的方程为

$x^2+y^2=4$，以 x 为积分变量，$x\in[0,2]$，对于$[0,2]$上的任一小区间$[x,x+\mathrm{d}x]$，相应地有一近似于小矩形的窄条与之对应，该窄条的长度近似于 $2y=2\sqrt{4-x^2}$，其宽为 $\mathrm{d}x$，因此，窄条的面积近似于

$$\mathrm{d}S=2\sqrt{4-x^2}\,\mathrm{d}x$$

由于该窄条位于近似于 xm 的深度处，该深度的水压强为 $\rho g x(\rho=1000\ \mathrm{kg/m^3})$，因此，该窄条所受水的压力近似于

$$\mathrm{d}F=\rho g x\,\mathrm{d}S=2\rho g x\sqrt{4-x^2}\,\mathrm{d}x$$

这就是该窄条所受的压力微元，因此闸门所受的压力为

$$F=\int_0^2 2g\,10^3 x\sqrt{4-x^2}\,\mathrm{d}x=10^3 g\left[-\frac{2}{3}(4-x^2)^{\frac{3}{2}}\right]_0^2=5.23\times10^3(\mathrm{N}).$$

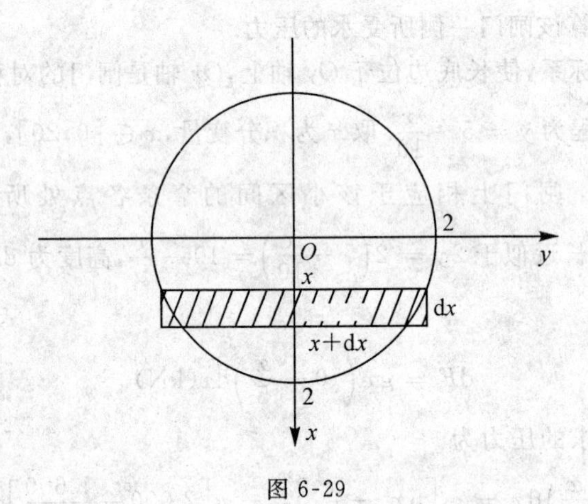

图 6-29

6.3.3 引力

由物理学中的万有引力定理知道：质量分别为 m_1 和 m_2，相距为 r 的两个质点之间的引力大小为$F=G\frac{m_1m_2}{r^2}$(G 是引力系数)，下面我们要用定积分的方法，计算细棒对其端点延长线上质点的引力大小，引力的方向显然是沿着该延长线指向细棒的.

例 6.18 设有一长度为 l 的细棒 L_{AB}，细棒上任一点处的线密度与该点到细棒一端(假设为 A 端)的距离成正比(比例系数为 μ)，在 A 端的延长线上距离 A 端 a 处有一质量为 m 的质点，试计算该细棒对质点引力的大小.

解 选取坐标系如图 6-30 所示，以 x 为积分变量，$x\in[0,l]$，任取一小区间$[x,x+\mathrm{d}x]$，对应的细棒的长度为 $\mathrm{d}x$，密度近似于 $\rho(x)=\mu x$，故质量近似于 $\rho(x)\mathrm{d}x=\mu x\,\mathrm{d}x$，由于$|\mathrm{d}x|$很小，这一小段细棒可以近似地看做是一个质点，该小段细棒与质点 m 之间的距离为 $x+a$，根据万有引力定律，这一小段细棒对质点的引力的近似值，即引力元素为

$$\mathrm{d}F=G\frac{mux\,\mathrm{d}x}{(x+a)^2}$$

于是，细棒对质点的引力的大小为

$$F=\int_0^l Gm\mu\frac{x}{(x+a)^2}\mathrm{d}x=Gm\mu\int_0^l\frac{x+a-a}{(x+a)^2}\mathrm{d}x=Gm\mu\left[\ln(x+a)+\frac{a}{x+a}\right]_0^l$$

$$=Gm\mu\left[\ln\frac{l+a}{a}+a\left(\frac{1}{a+l}-\frac{1}{a}\right)\right]=Gmu\left(\ln\frac{l+a}{a}-\frac{l}{a+l}\right).$$

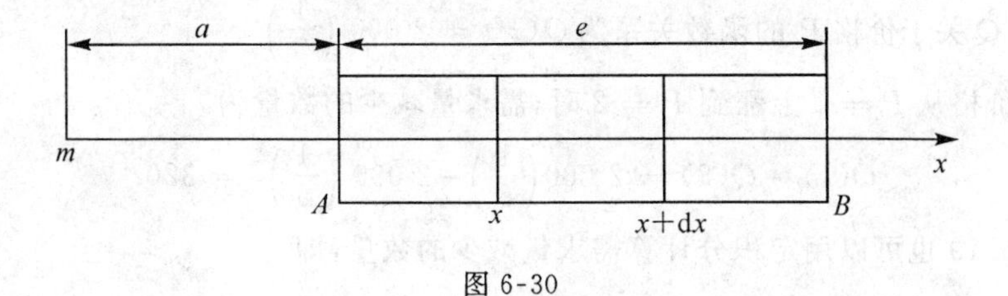

图 6-30

练习题 6.3

1. 一物体按规律 $x=ct^3$ 作直线运动，阻力与速度的平方成正比. 试计算物体由 $x=0$ 移至 $x=a$ 时克服阻力所作的功.

2. 有一弹簧，用 5N 的力可以把弹簧拉长 0.01m，要把弹簧拉长 0.4m，试求拉力所作的功.

3. 设一锥形贮水池，深 15m，口径 20m，盛满水，今以吸筒将水吸尽，试问要作多少功？

4. 有一梯形闸门直立在水中，闸门的顶宽为 40m，底宽为 15m，高为 8m，水面与闸门顶平齐，试求闸门所受的力 P.

5. 一底为 8cm，高为 6cm 的等腰三角形钢片，铅直地沉没在水中，顶在上，底在下且与水面平行，而顶离水面 3cm，试求该钢片每面所受的压力.

6. 设有一长度为 l、线密度为 μ 的均匀细直棒，在与棒的一端垂直距离为 a 单位处有一质量为 m 的质点 M，试求该细棒对质点 M 的引力.

7. 设有一半径为 R，中心角为 φ 的圆弧细棒，其线密度为常数 μ，在圆心处有一质量为 m 的质点 M，试求该细棒对质点 M 的引力.

6.4　定积分在经济学中的应用

定积分在经济学中的应用非常广泛，本节我们介绍几种最常见的应用：已知边际函数求总量，投资问题等.

6.4.1　已知边际函数求总量

已知边际函数求总量是定积分在经济学中最典型、最常见的应用. 例如由边际需求求总需求，由边际成本求总成本，由边际收益求总收益，由边际利润求总利润，等等.

例 6.19　某种商品的需求量 Q 是价格 P 的函数，该商品的最大需求量为 2 000，且需求量关于价格的变化率（即边际需求）为 $Q'(P)=-2\,000\ln5\left(\frac{1}{5}\right)^p$.

(1) 试求需求量 Q 关于价格 P 的函数关系；

(2) 当价格从 $P=1$ 上涨到 $P=2$ 时，需求量减少了多少？

解 (1) 由于需求量 $Q(P)$ 是 $Q'(P)$ 的原函数,所以 $Q(P)-Q(0)$ 等于 $Q'(P)$ 从 0 到 P 的定积分,即

$$Q(p)=Q(0)+\int_0^P\left[-2\,000\ln5\left(\frac{1}{5}\right)^t\right]\mathrm{d}t=2\,000+2\,000\times5^{-t}\Big|_0^P=2\,000\left(\frac{1}{5}\right)^P$$

因此需求量 Q 关于价格 P 的函数关系为 $Q(P)=2\,000\left(\frac{1}{5}\right)^P$.

(2) 当价格从 $P=1$ 上涨到 $P=2$ 时,需求量减少的数量为

$$Q(1)-Q(2)=2\,000\left(\frac{1}{5}\right)-2\,000\left(\frac{1}{5}\right)^2=320.$$

注:例 6.19 也可以用定积分计算需求量减少的数量,即

$$-\int_1^2\left[-2\,000\ln5\left(\frac{1}{5}\right)^t\right]\mathrm{d}t=-2\,000\times5^{-t}\Big|_1^2=320.$$

例 6.20 设某产品的边际成本为 $C'(x)=4+\frac{x}{4}$(万元/百台),边际收入 $R'(x)=8-x$(万元/百台),试求:

(1) 产量由 1 百台增到 5 百台的总成本与总收入的增量

(2) 产量为多少时,总利润最大?

(3) 已知不变成本 $C(0)=1$(万元),试求总成本,总利润与产量 x 的函数关系式.

(4) 试求利润最大时的总成本与总收入

解 (1) 产量由 1 百台增到 5 百台的总成本的增量为

$$\int_1^5 C'(x)\mathrm{d}x=\int_1^5\left(4+\frac{x}{4}\right)\mathrm{d}x=16+\frac{x^2}{8}\Big|_1^5=19(\text{万元}).$$

产量由 1 百台增至 5 百台的总收入的增量为

$$\int_1^5 R'(x)\mathrm{d}x=\int_1^5(8-x)\mathrm{d}x=32-\frac{x^2}{2}\Big|_1^5=20(\text{万元}).$$

(2) 由 $R'(x)=C'(x)$,即 $8-x=4+\frac{x}{4}$ 得 $x=3.2$(百台),且 $x=3.2$ 是 $L(x)$ 的唯一驻点,因此由实际意义知,当 $x=3.2$(百台)时,总利润达到最大.

(3) $$C(x)=\int_0^x C'(t)\mathrm{d}t+C(0)=\int_0^x\left(4+\frac{t}{4}\right)\mathrm{d}t+1=4x+\frac{x^2}{8}+1$$

$$L(x)=\int_0^x R'(t)\mathrm{d}t-\int_0^x C'(t)\mathrm{d}t-C(0)=-\frac{5}{8}x^2+4x-1.$$

(4) 利润最大时的总成本为

$$C(3.2)=4\times3.2+\frac{1}{8}\times(3.2)^2+1=15.08(\text{万元})$$

因 $L(3.2)=5.4$(万元),所以利润最大时的总收入为

$$R(3.2)=5.4+15.08=20.48(\text{万元}).$$

6.4.2 投资问题

1. 连续复利

设有一笔数量为 A_0 元的资金存入银行,若年利率为 r,按复利方式每年计算一次,则这

笔资金 t 年后的本利和为 $At = A_0(1+r)^t(t=1,2,\cdots)$，如果每年分 n 次计息，每期利率为 $\frac{r}{n}$，则 t 年后的本利和为 $A_t^* = A_0\left(1+\frac{r}{n}\right)^{nt}$，$(t=1,2,\cdots)$，当 n 无限增大时，由于 $\lim\limits_{n\to\infty}\left(1+\frac{r}{n}\right)^n = e^r$，故

$$\lim_{n\to\infty}A_t^* = \lim_{n\to\infty}A_0\left(1+\frac{r}{n}\right)^{nt} = A_0e^{rt} \tag{6-13}$$

称公式 $A_t = A_0e^{rt}$ 为 A_0 元的现值在连续复利方式下折算为 t 年后的终值的计算公式，其可变形为 $A_0 = A_te^{-rt}$，称为 t 年末的 A_t 元的资金在连续复利方式下折算为现值的计算公式.

2. 投资问题

首先介绍几个相关概念.

资金的终值与现值：如果资金额为 A 元，若按年利率 r 作连续复利计算，则 t 年末的本利之和为 Ae^{rt}，称 Ae^{rt} 为 A 元资金在 t 年末的终值；反之，如果 t 年末想得到 A 元资金，按同样的方式计算连续复利，则现要多少资金投入？

设现在投入的资金为 x 元，则 $xe^{rt} = A$，故 $x = Ae^{-rt}$，称 Ae^{-rt} 为 t 年末资金 A 的现值.

资金的终值与现值是经济管理中的两个重要概念，因为资金的终值与现值可以将不同时期的资金转化为同一时期的资金进行比较、分析和决策.

下面考虑这样的投资问题，对于一个正常运营的企业而言，其资金的收入与支出往往是分散地在一定时期发生的，比如购买一批原料后支出费用，售出产品后得到货款等，但这种资金的流转在企业经营过程中经常发生，特别是对大型企业，其收入和支出更是频繁地进行着，在实际分析过程中为了计算的方便，我们对企业资金的收入与支出近似地看做是连续发生的，并称之为收入流（或支出流）. 若已知在 t 时刻收入流的变化率为 $f(t)$（单位：元 / 年，元 / 月等），那么如何计算收入流的的终值和现值呢？

企业在 $[0,T]$ 这一段时间内的收入流的变化率为 $f(t)$，年利率为 r，为了能够用计算单笔款项现值的方法计算收入流的现值，将收入流分成许多小收入段，相应地将区间 $[0,T]$ 平均分割成长度为 Δt 的小区间，当 Δt 很小时，$f(t)$ 在每一个小区间内的变化很小，可以看做常数，在 t 与 $t+\Delta t$ 之间收入的近似值为 $f(t)\Delta t$，相应收入的现值为 $f(t)e^{-rt}\Delta t$，再将各小时间段内收入的现值相加并取其极限，可以求得总收入的现值为

$$\text{现值} = \int_0^T f(t)e^{-rt}\,dt \tag{6-14}$$

类似地可以求得总收入的终值为

$$\text{终值} = \int_0^T f(t)e^{(T-t)r}\,dt \tag{6-15}$$

例 6.21　某企业将投资 800 万元生产一种产品，如果按年利率 5% 的连续复利计算，试计算该项投资收入的现值及投资回收期，假设在投资的前 20 年该企业以 200 万元 / 年的速度均匀地收回资金.

解　依题意知 $f(t) = 200$，由公式(6-14) 知投资总收入的现值为

$$\text{现值} = \int_0^{20} 200e^{-0.05t}dt = -\frac{200}{0.05}e^{-0.05t}\Big|_0^{20} = 4\,000(1-e^{-1}) = 2\,528.4.$$

假设回收期为 T 年,由现值公式知 $\int_0^T 200\mathrm{e}^{-0.05t}\mathrm{d}t = 800$,由此可以解出

$$T = -20\ln 0.8 = 4.46(\text{年}).$$

所以投资回收期约为 4.46 年.

例 6.22 假设某工厂准备采购一台机器,其使用寿命为 10 年,购置该机器需资金 8.5 万元,而如果租用该机器每月需付租金为 1 000 元,若资金的年利率为 6%,按连续复利计算,试为该工厂作决策:购进机器与租用机器哪种方式更合算?

解 将10年租金总值的现值与购进费用相比较,即可作出选择.因为每月租金为1 000 元,所以每年租金为12 000元,故 $f(t) = 12\,000\mathrm{e}^{-0.06t}$,于是由现值公式知租金流总量的现值为

$$\text{租金流总量的现值} = \int_0^{10} 12\,000\mathrm{e}^{-0.06t}\mathrm{d}t = -\frac{12\,000}{0.06}\mathrm{e}^{-0.06t}\Big|_0^{10} = 200\,000(1-\mathrm{e}^{-0.6}) = 90\,238\ \text{元}.$$

因此与购进费用 8.5 万元相比较,购进机器合算.

本题也可以将购进机器的费用折算成按每年租用付款,然后再与实际租金相比较.

练习题 6.4

1. 设某产品的边际收益是 $M_R = 75(20-\sqrt{x})$,试求当该产品的生产从 225 个单位上升到 400 个单位时增加的利益.

2. 某公司投资 2 000 万元建成一条生产线,投产后,在时刻 t 的追加成本和追加收益分别为 $G(t) = 5 + 2t^{\frac{2}{3}}$(百万元 / 年),$\Phi(t) = 17 - t^{\frac{2}{3}}$(百万元 / 年),试确定该生产线在何时停产可以获得最大利润?最大利润是多少?

3. 设某企业固定成本为 50,边际成本和边际收入分别为

$$C'(x) = x^2 - 14x + 111, \quad R'(x) = 100 - 2x.$$

试求最大利润.

4. 设某工厂生产某种产品的固定成本为零,生产 x(百台) 的边际成本为 $C'(x) = 2$(万元 / 百台),边际收入 $R'(x) = T - 2x$(万元 / 百台).试问:

(1) 生产量为多少时总利润最大?

(2) 在总利润最大的基础上再生产 100 台,总利润减少多少?

5. 某企业投资 800 万元,年利润为 5%,按连续复利计算,试求投资后 20 年中企业均匀收入率为 200 万元 / 年的投入总现值及该投资的投资回收期.

6. 某父母打算连续存钱为孩子攒学费,设银行连续复利为 5%(每年),若打算10年后攒够 5 万元,试问每年应以均匀流方式存入多少钱?

总复习题 6

1. 计算下列曲线所围成的平面图形的面积:

(1) $y = \mathrm{e}^x, y = \mathrm{e}^{-x}, x = 1$;　　(2) $y = x^3 - 4x, y = 0$;

(3) $y^2 = 2x + 1, y = x - 1$;　　(4) $y = x^2, y = x, y = 2x$.

2. 设平面图形由 $y = x^2$ 和 $y = 2x$ 所围成,试求:

(1) 该平面图形的面积 S.

(2) 该图形分别绕 Ox 轴和 Oy 轴旋转一周所成的立体的体积.

3. 考虑函数 $y=\sin x, 0\leqslant x\leqslant \frac{\pi}{2}$,试问:

(1)x 取何值时,图形阴影部分的面积 S_1 与 S_2 之和 $S=S_1+S_2$ 最小?

(2)x 取何值时,面积 $S=S_1+S_2$ 最大?

4. 假设由曲线 $y=1-x^2(0\leqslant x\leqslant 1)$,$Ox$ 轴,Oy 轴所围成的区域被曲线 $y=ax^2(a>0)$ 分成面积相等的两部分,试确定常数 a 的值.

5. 设直线 $y=ax$ 与抛物线 $y=x^2$ 所围成图形的面积为 S_1,它们与直线 $x=1$ 所围成图形的面积为 S_2,且 $a<1$.

(1) 试确定 a 的值,使 S_1+S_2 达到最小,并求出最小值.

(2) 求该最小值所对应的平面图形绕 Ox 轴旋转一周所得旋转体的体积.

6. 曲线 $xy=a, x=a, x=2a, y=0$ 所围的平面图形绕 Ox 轴和 Oy 轴旋转所得到的旋转体体积分别记为 V_x 和 V_y,试问 a 取何值时,$V_x=V_y$.

7. 设曲线方程为 $y=\mathrm{e}^{-x}(x\geqslant 0)$.

(1) 把曲线 $y=\mathrm{e}^{-x}$,Ox 轴,Oy 轴和直线 $x=\xi(\xi>0)$ 所围成的平面图形绕 Ox 轴旋转一周,得一旋转体,试求该旋转体的体积 $V(\xi)$,试求满足 $V(a)=\frac{1}{2}\lim\limits_{\xi\to+\infty}V(\xi)$ 的 a.

(2) 试在该曲线上找一点,使过该点的切线与两个坐标轴所围成的平面图形的面积最大,并求出该面积.

8. 过点 $P(1,0)$ 作抛物线 $y=\sqrt{x-2}$ 的切线,该切线与上述抛物线及 Ox 轴围成一平面图形,试求该图形绕 Ox 轴旋转一周所成旋转体的体积.

9. 已知某产品的边际收益函数为 $R'(q)=10(10-q)\mathrm{e}^{-\frac{q}{10}}$,其中 q 为销售量,$R=R(q)$ 为总收益,试求该产品的总收益函数 $R(q)$.

10. 已知某产品的边际成本函数和边际收益函数分别为 $C'(q)=q^2-4q+6, R'(q)=105-2q$,固定成本为 100,其中 q 为销售量,$C(q)$ 为总成本,$R(q)$ 为总收益,试求最大利润.

11. 由实验知道,弹簧在拉伸过程中,需要的力 F(单位:N) 与伸长量 S(单位:cm) 成正比,即 $F=kS$(k 是比例常数),如果把弹簧由原长拉伸 6cm,试计算力 F 所作的功.

12. 有一等腰梯形闸门,其两条底边各长 10m 和 6m,高为 20m,较长的底边与水面相齐,试计算闸门的一侧所受的水压力.

13. 设星形线 $x=a\cos^3 t, y=a\sin^3 t$ 上每一点处的线密度的大小等于该点到原点距离的立方,在原点 O 处有一单位质点,试求星形线在第一象限的弧段对该质点的引力.

第7章　常微分方程

函数是客观事物的内部联系在数量方面的反映，利用函数关系可以对客观事物的规律进行研究. 寻求函数关系，在实践中具有重要意义. 在许多实际问题中，往往很难直接找到所需要的函数关系，但根据问题所提供的条件，有时可以列出含有所要找的函数及其导数所满足的关系式. 这样的关系式就是所谓的微分方程. 微分方程建立之后，对微分方程进行研究，找到未知函数，这就是求解微分方程. 本章主要介绍微分方程的基本概念和几种常见的微分方程的解法.

7.1　微分方程的基本概念

我们先观察两个实际问题.

例 7.1　已知一曲线通过点(1,2)，且在该曲线上任一点 $M(x,y)$ 处的切线的斜率为 $2x$，试求该曲线方程.

解　设所求曲线的方程为 $y=f(x)$，根据导数的几何意义，可知未知函数 $y=f(x)$ 应满足关系

$$\frac{\mathrm{d}y}{\mathrm{d}x}=2x \tag{7-1}$$

将上式的两端积分，得 $y=\int 2x\mathrm{d}x$ 即

$$y=x^2+C \tag{7-2}$$

其中 C 是任意常数. 此外，未知函数还满足

$$x=1,\quad y=2 \tag{7-3}$$

将式(7-3)代入式(7-2)得 $C=1$，将 $C=1$ 代入式(7-2)，即所求曲线方程为

$$y=x^2+1 \tag{7-4}$$

例 7.2　(自由落体运动)一质量为 m 的质点，在重力作用下，从高处由静止开始下落，试求质点在时刻 t 的位移 $s(t)$.

解　根据牛顿第二定律，未知函数 $s(t)$ 应满足关系式

$$m\frac{\mathrm{d}^2s}{\mathrm{d}t^2}=mg$$

即

$$\frac{\mathrm{d}^2s}{\mathrm{d}t^2}=g \tag{7-5}$$

同时，$s(t)$ 还满足下列条件

$$\begin{cases}s(0)=0\\ s'(0)=0\end{cases} \tag{7-6}$$

将式(7-5)两端积分一次,得

$$\frac{\mathrm{d}s}{\mathrm{d}t}=gt+C_1 \tag{7-7}$$

将式(7-7)两端再积分一次,得

$$s=\frac{1}{2}gt^2+C_1t+C_2 \tag{7-8}$$

其中 C_1,C_2 为任意常数.

将条件式(7-6)分别代入式(7-7)及式(7-8);得　$C_1=0,C_2=0$　于是所求位移为

$$s(t)=\frac{1}{2}gt^2 \tag{7-9}$$

上述两例中的关系式(7-1)和式(7-5)都含有未知函数的导数,这两式都是微分方程.下面我们介绍有关微分方程的基本概念.

定义 7.1　凡含有未知函数导数(或微分)的方程,称为微分方程.如果微分方程中的未知函数只有一个自变量,则称为常微分方程;如果自变量多于一个,则称为偏微分方程.

定义 7.2　微分方程中的未知函数的导数(或微分)最高阶的阶数称为微分方程的阶.

例7.1和例7.2中得到的方程都是常微分方程,其中,例7.1是一阶常微分方程,例7.2是二阶常微分方程.又如

$$(t^2+x)\mathrm{d}t+x\mathrm{d}x=0$$

为一阶常微分方程.

$$y^{(3)}+2y'-3y^2=\mathrm{e}^2$$

为三阶常微分方程.

$$\frac{\partial z}{\partial x}=x+y$$

为一阶偏微分方程.

一般地,n 阶微分方程具有形式

$$F(x,y,y',\cdots,y^{(n)})=0$$

其中 $F(x,y,y',\cdots,y^{(n)})$ 是 $x,y,y',\cdots,y^{(n)}$ 的已知函数,而且 $y^{(n)}$ 必须出现,而 $x,y,y',\cdots,y^{(n-1)}$ 等变量可以不出现.

定义 7.3　如果一个函数代入微分方程后能使方程成为恒等式,这个函数称为该微分方程的解.

定义 7.4　如果微分方程的解中含有任意常数,且独立的任意常数的个数与微分方程的阶数相同,这样的解称为微分方程的通解.如果微分方程的通解中的任意常数被确定,这种不含任意常数的解称为微分方程的特解,用来确定微分方程通解中任意常数的条件称为初始条件.

例如例7.1中式(7-2)、式(7-4)是微分方程(7-1)的解,其中式(7-2)是微分方程(7-1)的通解,式(7-4)是微分方程(7-1)的特解,式(7-3)是微分方程(7-1)的初始条件.通常,一阶微分方程 $F(x,y,y')=0$ 的初始条件为 $y(x_0)=y_0$ 或写成 $y|_{x=x_0}=y_0$,其中 x_0,y_0 为已知数;二阶微分方程 $F(x,y,y',y'')=0$ 的初始条件为

$$\begin{cases}y(x_0)=y_0\\y'(x_0)=y'\end{cases}$$

或写成

$$\begin{cases} y\Big|_{x=x_0}=y_0 \\ \dfrac{\mathrm{d}y}{\mathrm{d}x}\Big|_{x=x_0}=y' \end{cases}$$

其中 x_0, y_0, y' 为已知数.

求微分方程满足初始条件的特解的问题,称为初值问题.

例 7.3 验证函数 $y=(x^2+C)\sin x$(C 为常数)是微分方程

$$\frac{\mathrm{d}y}{\mathrm{d}x}=y\cot x+2x\sin x$$

的通解,并求满足初始条件 $y\left(\frac{\pi}{2}\right)=0$ 的特解.

解 要验证一个函数是否为一微分方程的解,只需将函数代入微分方程,看是否恒等,而

$$y=(x^2+C)\sin x,\quad \frac{\mathrm{d}y}{\mathrm{d}x}=2x\sin x+(x^2+C)\cos x$$

把 y 和 $\frac{\mathrm{d}y}{\mathrm{d}x}$ 代入方程左边,得

$$\frac{\mathrm{d}y}{\mathrm{d}x}=y\cot x+2x\sin x=(x^2+C)\sin x\cot x+2x\sin x=2x\sin x+(x^2+C)\cos x=\text{右边}$$

所以 $y=(x^2+C)\sin x$ 是题设微分方程的解,又因为,这个解中含有一个任意常数 C,任意常数的个数与微分方程的阶相同,故该函数是题设方程的通解.

将初始条件 $y\left(\frac{\pi}{2}\right)=0$ 代入通解得 $0=\frac{\pi^2}{4}+C, C=-\frac{\pi^2}{4}$,从而求得题设微分方程的特解为

$$y=\left(x^2-\frac{\pi^2}{4}\right)\sin x.$$

练习题 7.1

1. 指出下列各微分方程的阶数.

(1) $x(y')^2-2yy'+x=0$;

(2) $x^2y'''-xy'+y=0$;

(3) $(7x-6y)\mathrm{d}x+(x+y)\mathrm{d}y=0$;

(4) $L\frac{\mathrm{d}^2Q}{\mathrm{d}t^2}+R\frac{\mathrm{d}Q}{\mathrm{d}t}+\frac{Q}{C}=0$.

2. 判断下列各题中的函数是否为所给微分方程的解.

(1) $xy'=2y, y=5x^2$;

(2) $y''-2y'+y=0, y=x^2\mathrm{e}^x$;

(3) $y''-(\lambda_1+\lambda_2)y'+\lambda_1\lambda_2y=0, y=C_1\mathrm{e}^{\lambda_1x}+C_2\mathrm{e}^{\lambda_2x}$.

3. 在下列各题中所给出的曲线族里,找到满足所给初始条件的曲线.

(1) $x^2-y^2=C, y_{x=0}=5$;

(2) $y=(C_1+C_2x)\mathrm{e}^{2x}, y\Big|_{x=0}=0, y'\Big|_{x=0}=1$.

7.2　一阶微分方程及其解法

一阶微分方程的一般形式是 $F(x,y,y')=0$ 或 $y'=f(x,y)$，有时也写成如下微分形式

$$P(x,y)\mathrm{d}x+Q(x,y)\mathrm{d}y=0 \tag{7-10}$$

本节我们仅讨论几种特殊类型的一阶微分方程及其解法.

7.2.1　可分离变量的微分方程

定义 7.5　形如

$$\frac{\mathrm{d}y}{\mathrm{d}x}=f(x)g(y) \tag{7-11}$$

的一阶微分方程，称为可分离变量的微分方程，其中 $f(x)$，$g(y)$ 分别为 x 与 y 的连续函数.

我们可以将方程(7-11)变形为

$$\frac{1}{g(y)}\mathrm{d}y=f(x)\mathrm{d}x$$

其中 $g(y)\neq 0$，从而上式左端只含变量 y，右端只含变量 x，然后两边积分，得

$$\int\frac{1}{g(y)}\mathrm{d}y=f(x)\mathrm{d}x$$

设 $G(y)$ 和 $F(x)$ 分别为 $\dfrac{1}{g(y)}$ 和 $f(x)$ 的原函数，则

$$G(y)=F(x)+C$$

就是方程(7-11)的解.

例 7.4　求解微分方程 $\dfrac{\mathrm{d}y}{\mathrm{d}x}=2xy$.

解　分离变量，得

$$\frac{\mathrm{d}y}{y}=2x\mathrm{d}x$$

两边积分

$$\int\frac{\mathrm{d}y}{y}=\int 2x\mathrm{d}x$$

得

$$\ln|y|=x^2+C_1 \text{ 或 } y=C\mathrm{e}^{x^2}$$

其中 $C=\pm\mathrm{e}^{C_1}$ 是非零的任意常数. 显然 $y=0$ 也是原方程的解，只要允许 $C=0$，那么 $y=0$ 就可以包含在 $y=C\mathrm{e}^{x^2}$ 中，因此原方程的通解为 $y=C\mathrm{e}^{x^2}$（C 为任意常数）.

由例 7.4 可以看出，在积分过程中，原函数出现对数函数时，真数一般可以不加绝对值，任意常数也可以写成 $\ln C$，这样可以使运算方便，也可以简化计算结果.

例 7.5　求方程 $x(y^2-1)\mathrm{d}x+y(x^2-1)\mathrm{d}y=0$ 的通解.

解　分离变量

$$\frac{x}{x^2-1}\mathrm{d}x=-\frac{y}{y^2-1}\mathrm{d}y$$

两边积分

$$\int\frac{x}{x^2-1}\mathrm{d}x=-\int\frac{y}{y^2-1}\mathrm{d}y$$

得

$$\ln(x^2-1)=-\ln(y^2+1)+C_1$$

即

$$(x^2-1)(y^2+1)=C.$$

注意,这里 y 与 x 的关系隐含在式子 $(x^2-1)(y^2+1)=C$ 中,所以这类通解称为原方程的隐式通解.

7.2.2 齐次微分方程

形如

$$\frac{\mathrm{d}y}{\mathrm{d}x}=f\left(\frac{y}{x}\right) \tag{7-12}$$

的微分方程称为齐次微分方程,其中 $f\left(\frac{y}{x}\right)$ 是关于 $\frac{y}{x}$ 这个整体变量的一元连续函数.例如方程

$$y^2+x^2\frac{\mathrm{d}y}{\mathrm{d}x}=xy\frac{\mathrm{d}y}{\mathrm{d}x}$$

可以变形为

$$\frac{\mathrm{d}y}{\mathrm{d}x}=\frac{y^2}{xy-x^2}=\frac{\left(\frac{y}{x}\right)^2}{\frac{y}{x}-1}$$

所以,该方程为齐次微分方程.

齐次方程 $\frac{\mathrm{d}y}{\mathrm{d}x}=f\left(\frac{y}{x}\right)$ 的解法如下:

作变量代换 $u=\frac{y}{x}$,即 $y=xu$,从而

$$\frac{\mathrm{d}y}{\mathrm{d}x}=u+x\frac{\mathrm{d}u}{\mathrm{d}x}$$

代入原方程,得

$$u+x\frac{\mathrm{d}u}{\mathrm{d}x}=f(u)$$

即当 $f(u)-u\neq 0$ 时

$$\frac{\mathrm{d}u}{f(u)-u}=\frac{\mathrm{d}x}{x}$$

这是一个可分离变量的微分方程,积分得

$$\int\frac{\mathrm{d}u}{f(u)-u}=\ln x+C_1$$

$$\varphi(u)=\ln x+C_1$$

$$x=C\mathrm{e}^{\varphi(u)}$$

其中,$\varphi(u)=\int\frac{\mathrm{d}u}{f(u)-u}$,将 $u=\frac{y}{x}$ 代入,得通解

$$x=C\mathrm{e}^{\varphi\left(\frac{y}{x}\right)} \tag{7-13}$$

例 7.6 求微分方程 $\frac{\mathrm{d}y}{\mathrm{d}x}=\frac{y}{x}+\tan\frac{y}{x}$ 的通解.

解 方程为齐次微分方程,令 $u=\frac{y}{x}$,则 $y=ux$,$\frac{\mathrm{d}y}{\mathrm{d}x}=u+x\frac{\mathrm{d}u}{\mathrm{d}x}$,代入原方程,得

$$u+x\frac{\mathrm{d}u}{\mathrm{d}x}=u+\tan u$$

分离变量得

$$\cot u\mathrm{d}u=\frac{1}{x}\mathrm{d}x$$

两边积分，得
$$\ln\sin u = \ln x + C_1$$
即
$$\sin u = Cx.$$
将 $u = \dfrac{y}{x}$ 代回，便得原方程的通解 $\sin\dfrac{y}{x} = Cx$.

例 7.7　求微分方程 $(x^2 - y^2)\dfrac{dy}{dx} = xy$ 的通解.

解　原方程变形为
$$\frac{dy}{dx} = \frac{xy}{x^2 - y^2} = \frac{\frac{y}{x}}{1 - \left(\frac{y}{x}\right)^2} \tag{7-14}$$
因此原方程是齐次微分方程，令 $\dfrac{y}{x} = u$，则 $y = ux$，$\dfrac{dy}{dx} = u + x\dfrac{du}{dx}$，代入方程(7-14)，得
$$u + x\frac{du}{dx} = \frac{u}{1 - u^2}$$
$$x\frac{du}{dx} = \frac{u^3}{1 - u^2}$$
分离变量得
$$\left(\frac{1 - u^2}{u^3}\right)du = \frac{1}{x}dx$$
两边积分得
$$\int\left(\frac{1 - u^2}{u^3}\right)du = \int\frac{1}{x}dx$$
即
$$-\frac{1}{2u^2} - \ln u = \ln x + C$$
将 $u = \dfrac{y}{x}$ 代入上式化简后，得方程的通解为
$$x^2 + 2y^2\ln y + 2y^2C = 0.$$

7.2.3　可化为齐次方程的微分方程

形如
$$\frac{dy}{dx} = f\left(\frac{ax + by}{a_1x + b_1y}\right) \tag{7-15}$$
的方程是齐次微分方程，下面考虑稍微广泛一些的方程
$$\frac{dy}{dx} = f\left(\frac{ax + by + c}{a_1x + b_1y + c_1}\right) \tag{7-16}$$
我们可以通过变量替换，把 c 及 c_1 消去. 令 $x = \xi + \alpha$，$y = \eta + \beta$，(α，β 为待定系数)，代入方程(7-16)，得
$$\frac{d\eta}{d\xi} = f\left(\frac{a\xi + b\eta + a\alpha + b\beta + c}{a_1\xi + b_1\eta + a_1\alpha + b\beta + c_1}\right)$$
将 α 与 β 如此选取，使得
$$\begin{cases} a\alpha + b\beta + c = 0 \\ a_1\alpha + b_1\beta + c_1 = 0 \end{cases} \tag{7-17}$$
α 与 β 的值，即线性方程组(7-17) 的解和 α 与 β 的系数行列式有关，如果

$$\Delta = \begin{vmatrix} a & b \\ a_1 & b_1 \end{vmatrix} \neq 0$$

则线性方程组(7-17)有唯一一组解.把α,β就取为这一组解.于是式(7-16)就化为齐次微分方程

$$\frac{\mathrm{d}\eta}{\mathrm{d}\xi} = f\left(\frac{a\xi + b\eta}{a_1\xi + b_1\eta_1}\right) \tag{7-18}$$

将方程(7-18)解出,并将$\xi = x-\alpha, \eta = y-\beta$代回.即得方程(7-16)的解.

如果$\Delta = 0$,则线性方程组(7-17)未必有解,该方法不行.这时,可讨论如下:

当$b_1 = 0$时,a_1与b中至少有一个为零,若$b=0$,则原方程(7-16)是可分离变量的;若$b \neq 0$,则$a_1 = 0$.这时方程(7-16)为

$$\frac{\mathrm{d}y}{\mathrm{d}x} = f\left(\frac{ax+by+c}{c_1}\right) \tag{7-19}$$

可令

$$z = ax + by, \frac{\mathrm{d}y}{\mathrm{d}x} = \frac{1}{b}\left(\frac{\mathrm{d}z}{\mathrm{d}x} - a\right)$$

方程(7-19)化为

$$\frac{1}{b}\left(\frac{\mathrm{d}z}{\mathrm{d}x} - a\right) = f\left(\frac{z+c}{c_1}\right) \tag{7-20}$$

式(7-20)仍为可分离变量的微分方程,从而可以求解.

当$b_1 \neq 0$时,有关系$\dfrac{a}{a_1} = \dfrac{b}{b_1} = k$原方程化为

$$\frac{\mathrm{d}y}{\mathrm{d}x} = f\left(\frac{k(ax+by)+c}{a_1x+b_1y+c_1}\right) \tag{7-21}$$

令$z = a_1x + b_1y$,则$y = \dfrac{1}{b_1}(z - a_1x)$代入方程(7-21),即得关于$z$的新的微分方程

$$\frac{1}{b_1}\left(\frac{\mathrm{d}z}{\mathrm{d}x} - a_1\right) = f\left(\frac{kz+c}{z+c_1}\right) \tag{7-22}$$

方程(7-22)是一个可分离变量的微分方程,从而可以求解.

例 7.8 求微分方程$\dfrac{\mathrm{d}y}{\mathrm{d}x} = \dfrac{x-y+1}{x+y-3}$的通解.

解 因为

$$\Delta = \begin{vmatrix} 1 & -1 \\ 1 & 1 \end{vmatrix} = 2 \neq 0$$

方程组$\begin{cases} \alpha-\beta+1=0 \\ \alpha+\beta-3=0 \end{cases}$有解:$\alpha=1,\beta=2$,令$x=\xi+1, y=\eta+2$.代入原方程,得新的微分方程

$$\frac{\mathrm{d}\eta}{\mathrm{d}\xi} = \frac{\xi-\eta}{\xi+\eta}$$

即

$$\frac{\mathrm{d}\eta}{\mathrm{d}\xi} = \frac{1-\dfrac{\eta}{\xi}}{1+\dfrac{\eta}{\xi}}$$

令$u = \dfrac{\eta}{\xi}$,代入上式,又得到新的微分方程

$$u+\xi\frac{\mathrm{d}u}{\mathrm{d}\xi}=\frac{1-u}{1+u}$$

整理后得
$$\frac{(1+u)\mathrm{d}u}{u^2+2u-1}=-\frac{\mathrm{d}\xi}{\xi}$$

积分得
$$\frac{1}{2}\ln(u^2+2u-1)=-\ln\xi+C_1$$

即
$$\xi^2(u^2+2u-1)=-\ln\xi+C$$

将 $u=\frac{\eta}{\xi}$ 代回，得 $\eta^2+2\eta\xi-\xi^2=C$. 以 $\xi=x-1,\eta=y-2$ 代回，得原方程的通解

$$(y-2)^2+2(x-1)(y-2)-(x-1)^2=C.$$

可以看出，上述解法的基本思想是利用变量替换，把方程化为齐次微分方程，再将齐次微分方程化为可分离变量的微分方程. 这种方法在求解常微分方程时经常用到.

7.2.4　一阶线性微分方程

形如

$$\frac{\mathrm{d}y}{\mathrm{d}x}+p(x)y=Q(x) \tag{7-23}$$

的方程，称为一阶线性微分方程(因为方程中未知函数及其导数都是一次的).

当 $Q(x)=0$ 时，方程(7-23) 成为

$$\frac{\mathrm{d}y}{\mathrm{d}x}+p(x)y=0 \tag{7-24}$$

称方程(7-24) 为方程(7-23) 对应的一阶线性齐次微分方程；当 $Q(x)\neq 0$ 时，称方程(7-23) 为一阶线性非齐次微分方程.

我们先求出一阶线性齐次微分方程(7-24) 的解，将式(7-24) 分离变量得

$$\frac{\mathrm{d}y}{y}=-p(x)\mathrm{d}x$$

两边积分得　$\ln y=-\int p(x)\mathrm{d}x+C_1$，即

$$y=C\mathrm{e}^{-\int p(x)\mathrm{d}x} \tag{7-25}$$

式(7-25) 就是方程(7-24) 的通解.

显然，当式(7-25) 中 C 为任意常数时，式(7-25) 不是方程(7-23) 的通解，由于非齐次微分方程(7-23) 的右端是关于 x 的函数 $Q(x)$，因此，联想到乘积函数的导数公式，需将式(7-25) 中常数 C 换成待定函数 $C(x)$. 设

$$y=C(x)\mathrm{e}^{-\int p(x)\mathrm{d}x} \tag{7-26}$$

为非齐次微分方程(7-23) 的解. 于是

$$\frac{\mathrm{d}y}{\mathrm{d}x}=C'(x)\mathrm{e}^{-\int p(x)\mathrm{d}x}-C(x)\mathrm{e}^{-\int p(x)\mathrm{d}x}\cdot p(x) \tag{7-27}$$

将式(7-26) 和式(7-27) 代入方程(7-23) 得

$$C'(x)\mathrm{e}^{-\int p(x)\mathrm{d}x}-C(x)\cdot p(x)\mathrm{e}^{-\int p(x)\mathrm{d}x}+p(x)\cdot C(x)\mathrm{e}^{-\int p(x)\mathrm{d}x}=Q(x)$$

从而 $C'(x)\mathrm{e}^{-\int p(x)\mathrm{d}x}=Q(x)$ 或 $C'(x)=Q(x)\mathrm{e}^{\int p(x)\mathrm{d}x}$. 两边积分，得

$$C(x)=\int Q(x)\mathrm{e}^{\int p(x)\mathrm{d}x}\mathrm{d}x+C$$

把上式代入式(7-26),得非齐次微分方程(7-23)的通解公式

$$y=\left(\int Q(x)\mathrm{e}^{\int p(x)\mathrm{d}x}+C\right)\mathrm{e}^{-\int p(x)\mathrm{d}x} \tag{7-28}$$

上述求解方法称为常数变易法.用常数变易法求一阶线性非齐次微分方程的通解步骤为:

(1) 先求出非齐次微分方程对应的齐次微分方程的通解,即 $y=C\mathrm{e}^{-\int p(x)\mathrm{d}x}$.

(2) 将所求通解 $y=C\mathrm{e}^{-\int p(x)\mathrm{d}x}$ 的任意常数 C 改为待定函数 $C(x)$,即

$$y=C(x)\mathrm{e}^{-\int p(x)\mathrm{d}x}$$

将其设为是非齐次微分方程的通解.

(3) 将 $y=C(x)\mathrm{e}^{-\int p(x)\mathrm{d}x}$ 代入非齐次微分方程,解出 $C(x)$,从而得到一阶线性非齐次微分方程的通解.

例 7.9 求微分方程 $\dfrac{\mathrm{d}y}{\mathrm{d}x}+\dfrac{y}{x}=\dfrac{\mathrm{e}^x}{x}$ 的通解.

解法 1 这是一阶线性非齐次微分方程,用常数变易法求解.先求出其对应的齐次微分方程的通解

$$\frac{\mathrm{d}y}{\mathrm{d}x}+\frac{y}{x}=0$$

分离变量,得
$$\frac{\mathrm{d}y}{y}=-\frac{\mathrm{d}x}{x}$$

两边积分,得
$$\ln y=-\ln x+C_1$$

即
$$y=\frac{C}{x}$$

利用常数变易法,令 $y=\dfrac{C(x)}{x}$ 为原微分方程的通解.于是

$$\frac{\mathrm{d}y}{\mathrm{d}x}=\frac{xC'(x)-C(x)}{x^2}$$

代入原方程,得

$$\frac{xC'(x)-C(x)}{x^2}+\frac{C(x)}{x^2}=\frac{\mathrm{e}^x}{x}$$

即 $C'(x)=\mathrm{e}^x$,积分得 $C(x)=\mathrm{e}^x+C$,故原微分方程的通解为

$$y=\frac{1}{x}(\mathrm{e}^x+C).$$

解法 2 直接利用公式(7-26)求解,此时 $p(x)=\dfrac{1}{x}$,$Q(x)=\dfrac{\mathrm{e}^x}{x}$,代入通解公式(7-26),得

$$y=\left(\int\frac{\mathrm{e}^x}{x}\mathrm{e}^{\int\frac{1}{x}\mathrm{d}x}\mathrm{d}x+C\right)\mathrm{e}^{-\int x\mathrm{d}x}=\left(\int\frac{\mathrm{e}^x}{x}\cdot x\mathrm{d}x+C\right)\mathrm{e}^{-\ln x}=\frac{1}{x}(\mathrm{e}^x+C).$$

例 7.10 求微分方程 $(y^2-6x)\dfrac{\mathrm{d}y}{\mathrm{d}x}+2y=0$ 满足初始条件 $y(1)=1$ 的特解.

解 方程可以写成
$$\frac{\mathrm{d}y}{\mathrm{d}x}=\frac{2y}{6x-y^2}$$

不属于前面讲过的可分离变量的微分方程、齐次方程、一阶线性微分方程中的任何一种. 但如果把 y 看成自变量,把 $x=x(y)$ 看成未知函数,那么原微分方程可以写成

$$\frac{dx}{dy}-\frac{3}{y}x=-\frac{y}{2}$$

该方程是未知函数为 $x=x(y)$ 的一阶线性微分方程,利用相应的通解公式,得 $p(y)=-\frac{3}{y}$,$Q(y)=-\frac{y}{2}$,则

$$x=\left(\int Q(y)e^{\int p(y)dy}dy+C\right)e^{-\int p(y)dy}=\left(\int -\frac{y}{2}e^{-\int\frac{3}{y}dy}dy+C\right)e^{\int\frac{3}{y}dy}$$
$$=\left(\int -\frac{y}{2}\cdot y^{-3}dy+C\right)y^3=Cy^3+\frac{1}{2}y^2.$$

将初始条件 $y(1)=1$ 代入上式得 $C=\frac{1}{2}$,于是所求微分方程的特解为

$$x=\frac{1}{2}y^3+\frac{1}{2}y^2.$$

例 7.11　求微分方程 $xy'-y\ln y=x^2y$ 的通解.

解　将方程变形,得　$$\frac{1}{y}y'-\frac{1}{x}\ln y=x$$

因为方程中含 $\ln y$ 及其 $\ln y$ 的导数,于是作变换 $u=\ln y$,则原微分方程可以化为

$$u'-\frac{1}{x}u=x$$

这是一个一阶线性微分方程,所以

$$u=\left(\int xe^{-\int\frac{1}{x}dx}dx+C\right)e^{\int\frac{1}{x}dx}=x(x+C)$$

将 $u=\ln y$ 代回,得原方程的通解为 $\ln y=x(x+C)$.

7.2.5　伯努利微分方程

形如

$$\frac{dy}{dx}+p(x)y=Q(x)y^n,n\neq 0,1 \tag{7-29}$$

的方程称为伯努利(Bernoulli)微分方程. 当 $n=0$ 或 $n=1$ 时,方程(7-29)为线性微分方程;当 $n\neq 0$ 或 $n\neq 1$ 时,方程(7-29)不是线性的,但通过变量替换,可以把方程(7-29)化为线性的,事实上,以 y^n 除方程(7-29)的两端,得

$$y^{-n}\frac{dy}{dx}+p(x)y^{1-n}=Q(x) \tag{7-30}$$

容易看出,上式左端第一项与 $\frac{d}{dx}(y^{1-n})$ 只差一个常数因子 $1-n$,因此我们引入新的未知函数,令 $z=y^{1-n}$,对 x 求导,得

$$\frac{dz}{dx}=(1-n)y^{-n}\frac{dy}{dx} \tag{7-31}$$

将式(7-30)两端同乘$(1-n)$,再将式(7-31)代入式(7-30)得

$$\frac{dz}{dx}+(1-n)p(x)z=(1-n)Q(x) \tag{7-32}$$

容易看出,式(7-32)为一阶线性微分方程.求其通解后,以 y^{1-n} 代 z 便得伯努利微分方程(7-29)的通解.

例 7.12 求微分方程 $\dfrac{dy}{dx}-\dfrac{4}{x}y=x^2\sqrt{y}$ 的通解.

解 两端除以 $y^{\frac{1}{2}}$,得 $\dfrac{1}{\sqrt{y}}\dfrac{dy}{dx}-\dfrac{4}{x}\sqrt{y}=x^2$,令 $z=y^{\frac{1}{2}}$,则 $\dfrac{dz}{dx}=\dfrac{1}{2}\dfrac{1}{\sqrt{y}}\dfrac{dy}{dx}$,代入方程得

$$\frac{dz}{dx}-\frac{2}{x}z=\frac{x^2}{2}$$

该方程为一阶线性微分方程,由公式(7-29),得该方程的通解为

$$z=\left(\int\frac{x^2}{2}e^{-\int\frac{2}{x}dx}dx+C\right)e^{\int\frac{2}{x}dx}=x^2\left(\frac{x}{2}+C\right)$$

所以,原微分方程的通解为 $y=x^4\left(\dfrac{x}{2}+C\right)^2$.

练习题 7.2

1. 求下列各微分方程的通解

(1) $xy'-y\ln y=0$;

(2) $\sqrt{1-x^2}y'=\sqrt{1-y^2}$;

(3) $\sec^2 x\tan y dx+\sec^2 y\tan x dy=0$;

(4) $(e^{x+y}-e^x)dx+(e^{x+y}+e^y)dy=0$;

(5) $4x^3+2x-3y^2y'=0$;

(6) $y'=e^{x+y}$.

2. 求下列齐次微分方程的通解或满足初始条件的特解

(1) $x\dfrac{dy}{dx}=y\ln\dfrac{y}{x}$; (2) $(x^2+y^2)dx-xydy=0$;

(3) $xy'-y-\sqrt{y^2-x^2}=0$; (4) $\dfrac{dy}{dx}=\dfrac{x+y}{x-y}$;

(5) $(y^2-3x^2)dy+2xydx=0, y\big|_{x=0}=1$;

(6) $y'=\dfrac{x}{y}+\dfrac{y}{x}, y\big|_{x=1}=2$.

3. 求下列一阶线性微分方程的通解和满足初始条件下的特解

(1) $\dfrac{dy}{dx}+3y=2$; (2) $y'-\dfrac{2}{x}y=\dfrac{1}{2}x$;

(3) $x\dfrac{dy}{dx}=xe^{\frac{y}{x}}+y$; (4) $(x+y)dx+xdy=0$;

(5) $y'+y\cos x=xe^{-\sin x}$; (6) $y'=\dfrac{x^3+y^3}{3xy^2}$;

(7) $\dfrac{dy}{dx}+\dfrac{1}{x}y=\dfrac{1}{x}\sin x, y\big|_{x=\pi}=1$;

(8) $\dfrac{dy}{dx}+y\cot x=5e^{\cos x}, y\big|_{x=\frac{\pi}{2}}=-4$.

4. 求下列伯努利方程的通解

(1) $\frac{dy}{dx}-3xy=xy^2$；　　(2) $\frac{dy}{dx}+y=y^2(\cos x-\sin x)$.

7.3 微分方程的降阶法

从本节起，我们将讨论二阶及二阶以上的微分方程.即高阶微分方程.对于有些高阶微分方程，我们可以通过代换将其化为较低阶的微分方程来求解.

下面介绍三种容易降阶的高阶微分方程的求解方法.

7.3.1 $y^{(n)}=f(x)$ 型微分方程

形如

$$y^{(n)}=f(x) \tag{7-33}$$

的微分方程右端仅含自变量 x，对这类微分方程只需通过 n 次积分便可以得到方程的通解.

例 7.13 求微分方程 $y'''=e^{2x}-\cos x$ 的通解.

解 对所给方程连续积分三次，得

$$y''=\int(e^{2x}-\cos x)dx=\frac{1}{2}e^{2x}-\sin x+C$$

$$y'=\int\left(\frac{1}{2}e^{2x}-\sin x+C\right)dx=\frac{1}{4}e^{2x}+\cos x+Cx+C_2$$

$$y=\int\left(\frac{1}{4}e^{2x}+\cos x+Cx+C_2\right)dx=\frac{1}{8}e^{2x}+\sin x+C_1x^2+C_2x+C_3$$

其中

$$C_1=\frac{C}{2}.$$

上式就是原方程的通解.

7.3.2 不显含未知函数的微分方程

形如

$$y''=f(x,y') \tag{7-34}$$

的微分方程不显含未知函数 y，此时，如果令 $y'=p(x)$，则 $y''=p'(x)=\frac{dp}{dx}$，而方程(7-34)就成为

$$\frac{dp}{dx}=f(x,p)$$

这是一个关于变量 x,p 的一阶微分方程，设其通解为 $p=\varphi(x,C_1)$，而 $p=y'=\frac{dy}{dx}$，因此又是一个一阶微分方程

$$\frac{dy}{dx}=\varphi(x,C_1)$$

对上式进行积分，便得方程(7-34)的通解为

$$y=\int\varphi(x,C_1)dx+C_2 \tag{7-35}$$

例 7.14 求微分方程 $xy''+y'=4x$ 满足初始条件 $y\big|_{x=1}=2, y'\big|_{x=1}=0$ 的特解.

解 原方程可以写为 $$y''=4-\frac{y'}{x}$$

属于 $y''=f(x,y')$ 型,即不含未知函数 y,令 $y'=p(x)$,则

$$y''=p(x)=\frac{\mathrm{d}p}{\mathrm{d}x}$$

代入上述方程,得 $\frac{\mathrm{d}p}{\mathrm{d}x}=4-\frac{p}{x}$ 即 $\frac{\mathrm{d}p}{\mathrm{d}x}+\frac{p}{x}=4$

上式是一个一阶线性非齐次微分方程,利用其通解公式,得

$$p=\left(C_1+\int 4\mathrm{e}^{\int\frac{1}{x}\mathrm{d}x}\mathrm{d}x\right)\mathrm{e}^{-\int\frac{1}{x}\mathrm{d}x}=\frac{1}{x}\left(C_1+\int 4x\mathrm{d}x\right)=\frac{C_1}{x}+2x$$

将 $p=y'$ 代入上式,得 $y'=\frac{C_1}{x}+2x$. 由 $y'\big|_{x=1}=0$ 代入上式,得 $C_1=-2$,即

$$y'=-\frac{2}{x}+2x$$

又对上式进行积分得 $y=-2\ln|x|+x^2+C_2$,以 $y\big|_{x=1}=2$ 代入上式,得 $C_2=1$

所以原微分方程的特解为 $$y=-2\ln|x|+x^2+1.$$

例 7.15 求微分方程 $\frac{\mathrm{d}^{(4)}y}{\mathrm{d}x^4}-\frac{1}{x}\frac{\mathrm{d}^{(3)}y}{\mathrm{d}x^3}=0$ 的通解.

解 这是一个四阶微分方程,但该方程仍是一个不显含未知函数的微分方程.

令 $P=\frac{\mathrm{d}^3y}{\mathrm{d}x^3}$,则原微分方程化为一阶微分方程

$$P'-\frac{1}{x}P=0$$

从而 $P=Cx$,即 $y''=Cx$,逐次积分,得通解

$$y=C_1x^3+C_2x^2+C_3x+C_4.$$

7.3.3 不显含自变量的微分方程

形如

$$y''=f(y,y') \tag{7-36}$$

的微分方程不显含自变量 x. 为了求出微分方程的解,令 $y'=P(x)$,并利用复合函数的求导法则把 y'' 化为对 y 的倒数,即

$$y''=\frac{\mathrm{d}P}{\mathrm{d}x}=\frac{\mathrm{d}P}{\mathrm{d}y}\frac{\mathrm{d}y}{\mathrm{d}x}=P\frac{\mathrm{d}P}{\mathrm{d}y}$$

这样,方程(7-36)就化为 $$P\frac{\mathrm{d}P}{\mathrm{d}y}=f(y,P)$$

这是一个关于变量 y,P 的一阶微分方程,设其通解为

$$P=\varphi(y,C_1)$$

而 $P=y'=\frac{\mathrm{d}y}{\mathrm{d}x}$,因此得到一个一阶微分方程

$$\frac{\mathrm{d}y}{\mathrm{d}x}=\varphi(y,C_1)$$

对上式分离变量并积分,得方程(7-36)的通解

$$\int \frac{\mathrm{d}y}{\varphi(y,C_1)} = x + C_2 \tag{7-37}$$

例 7.16　求微分方程 $yy'' + 2(y')^2 = 0$ 的通解.

解　这个方程不显含 x,令 $y' = P(x)$,则 $y'' = P\dfrac{\mathrm{d}P}{\mathrm{d}y}$,代入原方程得

$$yP\frac{\mathrm{d}P}{\mathrm{d}y} + 2P^2 = 0$$

分离变量得

$$\frac{\mathrm{d}P}{P} = -\frac{2}{y}\mathrm{d}y$$

两边积分,得 $\ln P = -2\ln y + C_1$ 即 $P = \dfrac{C_1}{y^2}$. 又 $y' = P$,则得一阶微分方程 $y' = \dfrac{C_1}{y^2}$,分离变量,两边积分得原微分方程的通解为

$$\frac{1}{3}y^3 = C_1x + C_2.$$

例 7.17　求微分方程 $yy' - (y')^2 + (y')^3 = 0$ 的通解.

解　这个方程不显含自变量 x,令 $y' = P(x)$,则 $y'' = P\dfrac{\mathrm{d}P}{\mathrm{d}y}$,代入原方程,得

$$yP\frac{\mathrm{d}P}{\mathrm{d}y} - P^2 + P^3 = P\left(y\frac{\mathrm{d}P}{\mathrm{d}y} - P + P^2\right) = 0$$

从而 $P = 0$ 或

$$y\frac{\mathrm{d}P}{\mathrm{d}x} - P + P^2 = 0$$

前者对应解 $y = C$,后者对应方程

$$\frac{\mathrm{d}P}{P(1-P)} = \frac{\mathrm{d}y}{y}$$

积分得 $\dfrac{\mathrm{d}P}{P(1-P)} = Cy$,即 $\dfrac{\mathrm{d}y}{\mathrm{d}x} = P = \dfrac{Cy}{1+Cy}$

再分离变量后积分,得 $y + C_1\ln|y| = x + C_2\left(\text{其中 } C_1 = \dfrac{1}{C}\right)$.

因此原方程的通解为 $y + C_1\ln|y| = x + C_2$ 及 $y = C$.

练习题 7.3

1. 求下列各微分方程的通解

(1) $y''' = xe^x$;　(2) $y'' = \dfrac{1}{x}$;

(3) $y'' = (y')^3 + y'$;　(4) $y'' - (y')^2 = 0$;

(5) $xy'' + y' = 0$;　(6) $(1+x^2)y'' = 2xy'$.

2. 求下列微分方程满足初始条件的特解

(1) $y''' = \ln x$, $y(1) = 0$, $y'(1) = -\dfrac{3}{4}$, $y''(1) = -1$;

(2) $y'' - ay'^2 = 0$ ($a > 0$ 为常数), $y(0) = 0$, $y'(0) = -1$.

7.4 二阶常系数线性微分方程

前面我们讨论了一阶线性微分方程,现在我们来研究更高阶的线性微分方程.本节将会讨论高阶线性微分方程解的结构,着重介绍如何求解二阶常系数线性微分方程的解.

7.4.1 线性微分方程的结构

形如

$$y''+P(x)y'+Q(x)y=f(x) \tag{7-38}$$

的微分方程称为二阶线性微分方程,当 $f(x)=0$ 时,称方程是齐次的;当 $f(x)\neq 0$ 时,称方程为非齐次的.

首先讨论二阶线性齐次微分方程

$$y''+P(x)y'+Q(x)y=0 \tag{7-39}$$

定理 7.1 如果函数 $y_1(x)$ 与 $y_2(x)$ 是微分方程(7-38) 的两个解,那么它们的线性组合 $y=C_1y_1(x)+C_2y_2(x)$ 也是微分方程(7-39) 的解,其中 C_1,C_2 是任意常数.

证明 将 $y=C_1y_1(x)+C_2y_2(x)$ 代入微分方程式(7-39) 左端,得

$$\begin{aligned}&[C_1y''_1+C_2y''_2]+P(x)[C_1y'_1+C_2y''_2]+Q(x)[C_1y_1+C_2y_2]\\&=C_1[y''_1+P(x)y'_1+Q(x)y_1]+C_2[y''_2+P(x)y'_2+Q(x)y_2]\end{aligned}$$

由于 y_1 与 y_2 是微分方程(7-38) 的解,则易知上式右端括号中的表达式都恒为零,从而整个式子恒等于零.即证.

齐次线性微分方程的这个性质表明齐次线性微分方程的解符合叠加原理.

叠加起来的解 $C_1y_1+C_2y_2$,从形式上看含有两个任意常数,但 $y=C_1y_1+C_2y_2$ 不一定是微分方程(7-39) 的通解.例如 $y_1=\mathrm{e}^x$,$y_2=\mathrm{e}^{x+1}$ 都为方程 $y''-y=0$ 的解,由定理 7.1 知 $y=C_1\mathrm{e}^x+C_2\mathrm{e}^{x+1}$ 也是该方程的解.但是

$$y=C_1\mathrm{e}^x+C_2\mathrm{e}^{x+1}=(C_1+\mathrm{e}C_2)\mathrm{e}^x=C\mathrm{e}^x$$

其中 $C=C_1+eC_2$.然而,这个解中只含一个任意常数,因而这个解不是方程 $y''-y=0$ 的通解.

那么,在什么情况下,$y=C_1y_1+C_2y_2$ 才是微分方程(7-39) 的通解呢?

为了解决这个问题,我们先引进如下定义:

定义 7.6 设 $y_1(x),y_2(x),\cdots,y_n(x)$ 为定义在区间 I 上的 n 个函数.如果存在 n 个不全为零的常数 $k_1,k_2,\cdots,k_n$,使得当 $x\in I$ 时有恒等式 $k_1y_1+k_2y_2+\cdots+k_ny_n\equiv 0$ 成立,则称这 n 个函数在区间 I 上线性相关;否则称这 n 个函数线性无关.

由上述定义可知,对于两个函数 $y_1(x)$ 与 $y_2(x)$,如果它们线性相关,即存在两个不全为 0 的数 k_1,k_2,使得 $k_1y_1+k_2y_2=0$,即这两个函数相互成比例,否则,线性无关.

有了线性无关的概念后,我们有如下二阶线性齐次微分方程(7-39) 的通解结构的定理.

定理 7.2 如果函数 $y_1(x)$ 与 $y_2(x)$ 是微分方程(7-38) 的两个线性无关的特解,那么 $y=C_1y_1+C_2y_2$ 是微分方程(7-39) 的通解,其中 C_1,C_2 为任意常数.

例如,方程 $y''+y=0$ 是二阶线性齐次微分方程,容易验证,$y_1=\cos x$ 与 $y_2=\sin x$ 是

所给方程的两个解，且$\frac{y_1}{y_2}=\frac{\cos x}{\sin x}\neq$常数，即$y_1,y_2$是线性无关的. 因此微分方程$y''+y=0$的通解为 $y=C_1\cos x+C_2\sin x$.

推论 7.1 如果$y_1(x),y_2(x),\cdots,y_n(x)$是$n$阶线性齐次微分方程

$$y^{(n)}+P_{n-1}(x)y^{(n-1)}+P_{n-2}(x)y^{(n-2)}+\cdots+P_0(x)y=0 \tag{7-40}$$

的n个线性无关的特解，则

$$y=C_1y_1+C_2y_2+\cdots+C_ny_n$$

是微分方程(7-40)的通解，其中$C_1,C_2,\cdots,C_n$为任意常数.

其次，我们讨论二阶线性非齐次微分方程解的结构. 由一阶线性微分方程的求解公式知，其通解可以表示成一阶线性非齐次微分方程某一特解与该方程对应的一阶线性齐次微分方程的通解之和. 事实上，不仅一阶线性微分方程的通解具有这样的结构，而且二阶或更高阶的线性微分方程的通解都有类似的结构.

定理 7.3 设$y*$是二阶线性非齐次微分方程

$$y''+P(x)y'+Q(x)y=f(x) \tag{7-41}$$

的一个特解，Y是与微分方程(7-41)对应的齐次微分方程(7-39)的通解，那么

$$y=Y+y* \tag{7-42}$$

就是二阶线性非齐次微分方程(7-41)的通解.

证明 把$y=Y+y*$代入微分方程(7-41)的左端，得

$$[Y''+(y*)'']+P(x)[Y'+(y*)']+Q(x)(Y+y*)$$
$$=[Y''+P(x)Y'+Q(x)Y]+[(y*)''++P(x)(y*)'+Q(x)y*]$$

因为Y是齐次微分方程(7-39)的通解，所以

$$Y''+P(x)Y'+Q(x)Y=0$$

因为$y*$是非齐次微分方程(7-41)的特解，所以

$$(y*)''+P(x)(y*)'+Q(x)y*=f(x) \tag{7-43}$$

因此$y=Y+y*$使微分方程(7-43)的两端恒等，即$y=Y+y*$是微分方程(7-43)的解. 又因为Y是方程(7-43)对应的齐次方程的通解，Y含有两个任意常数，所以$y=Y+y*$中也含有两个任意常数，故$y=Y+y*$是线性非齐次微分方程(7-43)的通解.

例如，方程$y''+y=x^2$是二阶线性非齐次微分方程. 已知$Y=C_1\cos x+C_2\sin x$是对应的二阶线性齐次微分方程$y''+y=0$的通解，容易验证$y*=x^2-2$是所给微分方程的一个特解. 因此

$$y=C_1\cos x+C_2\sin x+x^2-2$$

是所给微分方程的通解.

线性非齐次微分方程(7-43)的特解有时需要下述定理来帮助求出：

定理 7.4 设线性非齐次微分方程(7-43)的右端$f(x)$是几个函数之和，如

$$y''+P(x)y'+Q(x)y=f_1(x)+f_2(x) \tag{7-44}$$

而$y_1*(x)$与$y_2*(x)$分别是线性微分方程

$$y''+P(x)y'+Q(x)y=f_1(x) \tag{7-45}$$

$$y''+P(x)y'+Q(x)y=f_2(x) \tag{7-46}$$

的特解，则$y_1*(x)+y_2*(x)$是原微分方程的特解.

证明(略).

定理 7.4 通常称为线性非齐次微分方程解的叠加原理.

定理 7.5 如果函数 $y=y_1(x)+\mathrm{i}y_2(x)$ 是二阶线性非齐次微分方程

$$y''+P(x)y'+Q(x)y=f_1(x)+\mathrm{i}f_2(x) \tag{7-47}$$

的解,则 $y_1(x)$ 与 $y_2(x)$ 分别是方程

$$y''+P(x)y'+Q(x)y=f_1(x) \tag{7-48}$$

$$y''+P(x)y'+Q(x)y=f_2(x) \tag{7-49}$$

的解,这里 i 是虚数单位,$P(x),Q(x),f_k(x),y_k(x)(k=1,2)$ 均为实值函数.

定理 7.5 的证明只需将 $y=y_1(x)+\mathrm{i}y_2(x)$ 代入方程后,利用复数相等的概念即可.

上述五个定理是求解二阶线性微分方程通解的理论基础.

7.4.2 二阶常系数线性齐次微分方程

二阶常系数线性齐次微分方程

$$y''+py'+qy=0 \quad (\text{其中 } p,q \text{ 为常数}) \tag{7-50}$$

是二阶线性齐次微分方程

$$y''+p(x)y'+qy(x)=0 \tag{7-51}$$

的特例,因此我们可以用定理 7.2 求出微分方程(7-50) 的通解,即寻找微分方程(7-39) 的两个线性无关的特解 $y_1(x),y_2(x)$,便可得其通解

$$y=C_1y_1(x)+C_2y_2(x).$$

由于指数函数 e^{rx} 的各阶导数都还是指数函数,它们只相差一个常数因子,利用这个性质,可以假设微分方程(7-50) 具有形如 $y=\mathrm{e}^{rx}$ 的解,将 y,y',y'' 代入方程(7-50),使得

$$(r^2+pr+q)\mathrm{e}^{rx}=0 \tag{7-52}$$

由于 $\mathrm{e}^{rx}\neq 0$,因此式(7-39) 成立,当且仅当

$$r^2+pr+q=0 \tag{7-53}$$

即当 r 是上述一元二次方程的根时,$y=\mathrm{e}^{rx}$ 就是齐次微分方程的(7-50) 的解.我们称方程(7-53) 为二阶常系数齐次线性微分方程(7-50) 的特征方程,特征方程的根称为特征根.

根据方程(7-53) 的根的不同情形,我们分三种情形来考虑:

(1) 当 $p^2-4q>0$ 时,特征方程(7-53) 具有两个相异实根 r_1,r_2,此时 $y_1=\mathrm{e}^{r_1x}$ 与 $y_2=\mathrm{e}^{r_2x}$ 是微分方程(7-50) 的两个特解,由于 $\dfrac{y_2}{y_1}=\mathrm{e}^{(r_2-r_1)x}\neq$ 常数,知 $y_1=\mathrm{e}^{r_1x}$ 与 $y_2=\mathrm{e}^{r_2x}$ 线性无关,此时微分方程(7-50) 的通解为

$$y=C_1\mathrm{e}^{r_1x}+C_2\mathrm{e}^{r_2x} \tag{7-54}$$

(2) 当 $p^2-4q=0$ 时,特征方程(7-53) 有重根 $r_1=r_2=r=-\dfrac{p}{2}$,这时可得微分方程(7-50) 的一个特解 $y_1=\mathrm{e}^{rx}$,为了得出微分方程(7-50) 的通解,还需求出另一个解 y_2,并且要求 $\dfrac{y_2}{y_1}$ 不是常数.设 $\dfrac{y_2}{y_1}=u(x)$,即 $y_2=\mathrm{e}^{rx}u(x)$,下面来求 $u(x)$,将 y_2 求导,得

$$y'_2=\mathrm{e}^{rx}(u'+ru)$$

$$y''_2=\mathrm{e}^{rx}(u''+2ru'+r^2u)$$

将 y_2、y'_2 和 y''_2 代入微分方程(7-50)，得

$$\mathrm{e}^{rx}[(u''+2ru'+r^2u)+p(u'+ru)+qu]=0$$

略去 e^{rx}，并以 u''，u'，u 为准合并同类项，得

$$u''+(2r+p)u'+(r^2+pr+q)u=0$$

由于 r 是特征方程(7-53) 的重根，因此 $r^2+pr+q=0$，且 $2r+p=0$，于是得 $u''=0$. 所以我们不妨选取 $u=x$，由此得到微分方程(7-50) 的另一个特解 $y_2=x\mathrm{e}^{rx}$ 从而得微分方程(7-50) 的通解为

$$y=C_1\mathrm{e}^{rx}+C_2x\mathrm{e}^{rx}=(C_1+C_2x)\mathrm{e}^{rx} \tag{7-55}$$

(3) 当 $p^2-4q<0$ 时，特征方程(7-53) 具有一对共轭复根，即 $r_{1,2}=\alpha\pm\mathrm{i}\beta$($\alpha$，$\beta$ 为实数，$\beta\neq0$)，这时，微分方程(7-50) 有两个线性无关的复根特解 $y_1=\mathrm{e}^{(\alpha+\mathrm{i}\beta)x}$ 与 $y_2=\mathrm{e}^{(\alpha-\mathrm{i}\beta)x}$，这种复根形式的解使用时不方便，由欧拉公式

$$\mathrm{e}^{\mathrm{i}x}=\cos x+\mathrm{i}\sin x$$

将 y_1，y_2 分别写成

$$y_1=\mathrm{e}^{\alpha x}(C_1\cos\beta x+C_2\sin\beta x)$$

$$y_2=\mathrm{e}^{\alpha x}(C_1\cos\beta x-C_2\sin\beta x)$$

由线性齐次微分方程解的叠加原理，知

$$y_1*=\frac{1}{2}(y_1+y_2)=\mathrm{e}^{\alpha x}\cos\beta x$$

$$y_2*=\frac{1}{2i}(y_1-y_2)=\mathrm{e}^{\alpha x}\sin\beta x$$

这是微分方程(7-50) 的解，显然它们线性无关，于是微分方程(7-50) 的通解为

$$y=\mathrm{e}^{\alpha x}(C_1\cos\beta x+C_2\sin\beta x) \tag{7-56}$$

综上所述，求二阶常系数线性齐次微分方程 $y''+py'+q=0$ 的通解的步骤如下：

第一步，写出对应的特征方程 $r^2+pr+q=0$.

第二步，求出特征根 r_1，r_2.

第三步，根据特征根 r_1，r_2 的三种不同情形，按照表 7-1 写出微分方程(7-50) 的通解.

表 7-1

特征方程	微分方程
$r^2+pr+q=0$ 的两个根 r_1，r_2	$y''+py'+q=0$ 的通解
特征根是两个互异实根　r_1，r_2	$y=C_1\mathrm{e}^{r_1x}+C_2\mathrm{e}^{r_2x}$
特征根具有相等实根　$r_1=r_2=r$	$y=(C_1+C_2x)\mathrm{e}^{rx}$
特征根是一对共轭复根　$r_{1,2}=\alpha\pm i\beta$	$y=\mathrm{e}^{\alpha x}(C_1\cos\beta x+C_2\sin\beta x)$

例 7.18　求微分方程 $y''+5y'+4y=0$ 的通解.

解　特征方程为 $r^2+5r+4=0$，解方程，得特征根 $r_1=-4$，$r_2=-1$，因此，微分方程的通解为

$$y = C_1 e^{-4x} + C_2 e^{-x}.$$

例 7.19 求微分方程 $y'' - 4y' + 4y = 0$ 满足初始条件 $y(0) = 1, y'(0) = 4$ 的特解.

解 特征方程为 $r^2 - 4r + 4 = 0$,解方程,得重根 $r = 2$,因此,微分方程的通解为

$$y = (C_1 + C_2 x) e^{2x}$$

求导得

$$y' = C_1 e^{2x} + 2(C_1 + C_2 x) e^{2x}$$

将 $y(0) = 1, y'(0) = 4$ 代入上述两式,得 $C_1 = 1, C_2 = 2$,因此,所求微分方程在题设初始条件下的特解为

$$y = (1 + 2x) e^{2x}.$$

例 7.20 求微分方程 $4y'' + 4y' + 5y = 0$ 的通解.

解 特征方程为 $4r^2 + 4r + 5 = 0$,解方程,得共轭复根

$$r_1 = -\frac{1}{2} + i, \quad r_2 = -\frac{1}{2} - i$$

因此微分方程的通解为 $y = e^{-\frac{1}{2}x}(C_1 \cos x + C_2 \sin x).$

7.4.3 二阶常系数线性非齐次微分方程

二阶常系数线性非齐次微分方程的一般形式为

$$y'' + py' + qy = f(x) \tag{7-57}$$

其中,p, q 为常数,微分方程(7-57)是二阶线性非齐次微分方程

$$y'' + p(x)y' + q(x)y = f(x)$$

的特例,因此,由上一节定理 7.3 我们可以求出其通解,即求出微分方程(7-57)对应的齐次微分方程的通解 $y = Y(x)$ 与微分方程(7-57)本身的一个特解 $y = y*(x)$,从而得到微分方程(7-57)的通解为

$$y = Y(x) + y*(x) \tag{7-58}$$

微分方程(7-57)对应的齐次微分方程 $y'' + py' + qy = 0$ 的通解在前面已经解决了.因此,求微分方程(7-57)的通解的关键在于求出该微分方程的一个特解 $y*$.

下面介绍微分方程(7-57)中 $f(x)$ 具有几种特殊形式时,求 $y*$ 的方法.

类型 Ⅰ $f(x) = e^{\lambda x} P_m(x)$ 型,其中 λ 为常数,$P_m(x)$ 是关于 x 的 m 次多项式.此时微分方程(7-57)为

$$y'' + py' + qy = e^{\lambda x} P_m(x) \tag{7-59}$$

由于指数函数与多项式之积的导数仍是同类型的函数,而现在微分方程右端正好是这种类型的函数,因此,我们不妨假设方程(7-59)的特解为

$$y* = Q(x) e^{\lambda x} \quad (\text{其中 } Q(x) \text{ 为 } x \text{ 的多项式})$$

将 $y*$ 代入微分方程(7-59),并消去 $e^{\lambda x}$,得

$$Q''(x) + (2\lambda + p)Q'(x) + (\lambda^2 + p\lambda + q)Q = P_m(x) \tag{7-60}$$

以下分三种情况讨论:

(1) 若 λ 不是特征方程 $r^2 + pr + q = 0$ 的根,则 $\lambda^2 + p\lambda + q \neq 0$,由待定系数法知,要使式(7-60)成立,$Q(x)$ 应与 $P_m(x)$ 同次,于是可以设

$$Q(x) = Q_m(x) = a_m x^m + a_{m-1} x^{m-1} + \cdots + a_1 x + a_0$$

将 $Q(x)$ 代入式(7-60)，比较式(7-60)两端 x 同次幂的系数，可以确定出 $a_0,a_1,\cdots,a_m$，从而求得特解.

(2) 若 λ 是特征方程 $r^2+pr+q=0$ 的单根，则 $\lambda^2+p\lambda+q=0$ 且 $2\lambda+p\neq 0$. 这时 $Q'(x)$ 应是关于 x 的 m 次多项式，故可以设

$$Q(x)=xQ_m(x).$$

(3) 若 λ 是特征方程 $r^2+pr+q=0$ 的重根，则有 $\lambda^2+p\lambda+q=0$ 且 $2\lambda+p=0$. 这时 $Q''(x)$ 应是关于 x 的 m 次多项式，故可以设

$$Q(x)=x^2Q_m(x).$$

综上所述，有如下结论：如果 $f(x)=e^{\lambda x}P_m(x)$，则微分方程(7-59)有形如 $y*=x^kQ_m(x)$ 的特解，其中 $Q_m(x)$ 是与 $P_m(x)$ 同次的待定多项式，而 k 按 λ 不是特征方程的根，是特征方程的单根或是特征方程的重根依次取 0，1，2，如表 7-2 所示.

表 7-2

$f(x)$ 的类型	特解 $y*$ 的形式
$f(x)=P_m(x)e^{\lambda x}$	(1) 当 λ 不是特征根时，$y*=Q_m(x)e^{\lambda x}$ (2) 当 λ 是特征方程的单根时，$y*=xQ_m(x)e^{\lambda x}$ (3) 当 λ 是特征方程的重根时，$y*=x^2Q_m(x)e^{\lambda x}$

例 7.21　求微分方程 $y''-2y'=3x+1$ 的通解.

解　原方程对应的齐次微分方程为　$y''-2y'=0$

其特征方程为　$r^2-2r=0$

特征根为　$r_1=0,\quad r_2=2$

所以，原方程对应的齐次微分方程的通解为

$$Y(x)=C_1+C_2e^{2x}$$

因为 $\lambda=0$ 是特征方程的单根，设所求微分方程的特解为

$$y*=x(a_1x+a_0)$$

则　$y*'=2a_1x+a_0,\quad y*''=2a_1$

将 $y*,y*',y*''$ 代入原方程，得

$$-4a_1x+(2a_1-2a_0)=3x+1$$

比较上式两端同次幂的系数，得

$$\begin{cases}-4a_1=3\\2a_1-2a_0=1\end{cases}$$

解得 $a_1=-\dfrac{3}{4},a_0=-\dfrac{5}{4}$，故原微分方程的特解为

$$y*=x\left(-\frac{3}{4}x-\frac{5}{4}\right)=-\frac{3}{4}x^2-\frac{5}{4}x$$

所以，原微分方程的通解为

$$y=Y+y*=C_1+C_2e^{2x}-\frac{3}{4}x^2-\frac{5}{4}x.$$

例 7.22 求微分方程 $y''-2y'+y=xe^x$ 的通解.

解 原方程对应的齐次微分方程的特征方程为

$$r^2-2r+1=0$$

特征根为重根 $r_1=r_2=1$,故齐次微分方程的通解为

$$Y=(C_1+C_2x)e^x$$

因为 $\lambda=1$ 是特征方程 $r^2-2r+1=0$ 的二重根,又 $P_m(x)=x$,即 $m=1$,故可以设原方程的特解为

$$y*=x^2(a_1x+a_0)e^x$$

则
$$y*'=[a_1x^3+(3a_1+a_0)x^2+2a_0x]e^x$$

$$y*''=[a_1x^3+(6a_1+a_0)x^2+(6a_1+4a_0)x+2a_0]e^x$$

将 $y*,y*',y*''$ 代入原方程消去 e^x 得

$$6a_1x+2a_0=x$$

比较上式两端同次幂系数得 $\begin{cases}6a_1=1\\2a_0=0\end{cases}$

解得 $a_1=\frac{1}{6},a_0=0$,故原方程的特解为

$$y*=x^2\cdot\frac{1}{6}x\cdot e^x=\frac{1}{6}x^3e^x$$

所以,原方程的通解为

$$y=(C_1+C_2x)e^x+\frac{1}{6}x^3e^x.$$

类型 Ⅱ $f(x)=e^{\alpha x}P_m(x)\cos\beta x$ 型或 $f(x)=e^{\alpha x}P_m(x)\sin\beta x$ 型,其中 α,β 为常数,$P_m(x)$ 为 m 次实系数多项式.

此时,我们可以先求得微分方程

$$y''+py'+qy=e^{(\alpha+i\beta)}P_m(x)$$

的特解 $y*=y_1*+iy_2*$,再由上一节定理 7.5 便知 $y*$ 的实部 y_1* 与虚部 y_2* 分别是方程

$$y''+py'+qy=e^{\alpha x}P_m(x)\cos\beta x$$

和

$$y''+py'+qy=e^{\alpha x}P_m(x)\sin\beta x$$

的解.

例 7.23 求微分方程 $y''+y'=x\cos2x$ 的一个特解.

解 此时 $m=1,\alpha=0,\beta=2$,我们先求微分方程 $y''+y'=xe^{2ix}$ 的一个特解为 $\bar{y}*$. 由于 2i 不是特征方程 $r^2+1=0$ 的根,故可以设上述方程的特解 $\bar{y}*$为

$$\bar{y}*=(ax+b)e^{2ix}$$

将 $\bar{y}*$ 代入方程,得$[-3(ax+b)+4ai]e^{2ix}=xe^{2ix}$

从而
$$\begin{cases}-3a=1\\-3b+4ai=0\end{cases}\Rightarrow\begin{cases}a=-\frac{1}{3}\\b=-\frac{4}{9}i\end{cases}$$

即 $$\bar{y}* = \left(-\frac{1}{3}x - \frac{4}{9}\mathrm{i}\right)\mathrm{e}^{2\mathrm{i}x}$$

$$= -\frac{1}{3}x\cos 2x + \frac{4}{9}\sin 2x - \mathrm{i}\left(\frac{1}{3}x\sin 2x + \frac{4}{9}\cos 2x\right)$$

则 $\bar{y}*$ 的实部为原方程的一个特解,即

$$\bar{y}* = -\frac{1}{3}x\cos 2x + \frac{4}{9}\sin 2x.$$

类型 Ⅲ $f(x) = \mathrm{e}^{\alpha x}[P_n(x)\cos\beta x + P_m(x)\sin\beta x]$ 型,其中 α,β 为实常数,$P_n(x),P_m(x)$ 分别是 n 次,m 次实系数多项式.

这种类型可以将 $f(x)$ 看成

$$f_1(x) = \mathrm{e}^{\alpha x}P_n(x)\cos\beta x$$

与

$$f_2(x) = \mathrm{e}^{\alpha x}P_m(x)\sin\beta x$$

的和,从而用类型 Ⅱ 中方法分别求出方程

$$y'' + py' + q = f_1(x)$$

与

$$y'' + py' + q = f_2(x)$$

的特解 y_1* 与 y_2*,然后根据上一节定理 7.4 可得所求方程的特解为 $y* = y_1* + y_2*$,也可以直接用待定系数法求其特解 $y*$,这时可以设方程的特解为

$$y* = x^k\mathrm{e}^{\alpha x}[R_l(x)\cos\beta x + S_l(x)\sin\beta x] \tag{7-61}$$

其中 $R_l(x),S_l(x)$ 都是 l 次待定多项式,$l = \max\{m,n\}$,且当 $\alpha \pm \mathrm{i}\beta$ 不是特征方程的根时,$k = 0$;当 $\alpha \pm \mathrm{i}\beta$ 是特征方程的根时,$k = 1$. 式(7-61) 的推导比较复杂,这里从略.

例 7.24 求微分方程 $y'' + y = \cos x + x\sin x$ 的一个特解.

解法 1 可以先求微分方程

$$y'' + y = \cos x \tag{7-62}$$

和

$$y'' + y = x\sin x \tag{7-63}$$

的特解 y_1*,y_2*. 对于方程 $y'' + y = \cos x$ 为类型 Ⅱ,此时 $\alpha = 0,\beta = 1,m = 0$. 为求出 y_1*,要先求出方程

$$y'' + y = \mathrm{e}^{\mathrm{i}x} \tag{7-64}$$

的特解 $\bar{y}_1*$. 由于 i 是特征方程 $r^2 + 1 = 0$ 的单根,故可设 $\bar{y}_1* = ax\mathrm{e}^{\mathrm{i}x}$,将 $\bar{y}_1*$ 代入式(7-64) 得 $2a\mathrm{i}\mathrm{e}^{\mathrm{i}x} = \mathrm{e}^{\mathrm{i}x}$. 从而 $a = -\frac{\mathrm{i}}{2}$ 即

$$\bar{y}_1* = -\frac{\mathrm{i}}{2}x\mathrm{e}^{\mathrm{i}x} = \frac{1}{2}x\sin x - \frac{\mathrm{i}}{2}x\cos x.$$

所以 $$y_1* = \frac{1}{2}x\sin x \quad (\bar{y}_1* \text{ 的实部})$$

同理,可以求得微分方程(7-63) 的一个特解为

$$\bar{y}_2* = -\frac{1}{4}x^2\cos x + \frac{3}{4}x\sin x$$

又根据上一节定理 7.4 知原方程的一个特解为

$$y* = y_1* + y_2* = -\frac{1}{4}x^2\cos x + \frac{3}{4}x\sin x.$$

解法 2 此时 $\alpha=0,\beta=1,\alpha\pm i\beta=\pm i$ 是特征方程 $r^2+1=0$ 的根,因此由式(7-61)可以设原方程的特解为

$$y* = x[(ax+b)\cos x + (cx+d)\sin x]$$

代入原方程,比较两端同类项系数,得

$$\begin{cases}4c = 0\\2a+2d=1\\-4a=1\\2c-2b=0\end{cases}$$

解上述方程组,得 $a=-\frac{1}{4},\quad b=0,\quad c=0,\quad d=\frac{3}{4}$

所以 $y* = -\frac{1}{4}x^2\cos x + \frac{3}{4}x\sin x.$

练习题 7.4

1. 求下列微分方程的通解和满足初始条件下的特解.

(1) $y''+y'-2y=0$; (2) $y''-4y'=0$;

(3) $y''-4y'+5y=0$; (4) $y^{(4)}-2y'''+y''=0$;

(5) $4y''+4y'+y=0, y\big|_{x=0}=2, y'\big|_{x=0}=0$;

(6) $y''+25y=0, y\big|_{x=0}=2, y'\big|_{x=0}=5$.

2. 求下列微分方程的通解和满足初始条件下的特解.

(1) $2y''+y'-y=2e^x$; (2) $y''-2y'+5y=e^x\sin 2x$;

(3) $y''+5y'+4y=3-2x$; (4) $y''+4y=x\cos x$;

(5) $y''+3y'+2y=3xe^{-x}$; (6) $y''+y=e^x+\cos x$;

(7) $y''-3y'+2y=5,\ y\big|_{x=0}=1, y'\big|_{x=0}=2$;

(8) $y''+y'+\sin 2x=0, y\big|_{x=\pi}=1, y'\big|_{x=\pi}=1$.

*7.5 欧拉方程

变系数的线性微分方程,一般说来都是不容易求解的,但是有些特殊的变系数线性微分方程容易求解,欧拉(Euler,L)方程就是其中的一种.

形如

$$x^n y^{(n)} + P_1 x^{n-1} y^{(n-1)} + \cdots + P_{n-1} x y' + P_n y = f(x) \tag{7-65}$$

的方程(其中 $P_1,P_2,\cdots,P_n$ 为常数),称为欧拉方程.

做变换 $x=e^t$ 或 $t=\ln x$,将自变量 x 换成 t,我们有

$$\frac{dy}{dx}=\frac{dy}{dt}\cdot\frac{dt}{dx}=\frac{1}{x}\frac{dy}{dt}$$

$$\frac{\mathrm{d}^2 y}{\mathrm{d}x^2} = 3^3\ \frac{1}{x^2}\left(\frac{\mathrm{d}^2 y}{\mathrm{d}t^2} - \frac{\mathrm{d}y}{\mathrm{d}t}\right)$$

$$\frac{\mathrm{d}^3 y}{\mathrm{d}x^3} = \frac{1}{x^3}\left(\frac{\mathrm{d}^3 y}{\mathrm{d}t^3} - 3\frac{\mathrm{d}^2 y}{\mathrm{d}t^2} + 2\frac{\mathrm{d}y}{\mathrm{d}t}\right)$$

如果采用记号 D 表示对 t 求导的运算$\frac{\mathrm{d}}{\mathrm{d}t}$，那么上述计算结果可以写成

$$xy' = \mathrm{D}y$$

$$x^2 y'' = \frac{\mathrm{d}^2 y}{\mathrm{d}t^2} - \frac{\mathrm{d}y}{\mathrm{d}t} = \left(\frac{\mathrm{d}^2}{\mathrm{d}t^2} - \frac{\mathrm{d}}{\mathrm{d}t}\right)y = \mathrm{D}(\mathrm{D}-1)y = (\mathrm{D}^2 - \mathrm{D})y$$

$$x^3 y''' = \frac{\mathrm{d}^3 y}{\mathrm{d}t^3} - 3\frac{\mathrm{d}^2 y}{\mathrm{d}t^2} + 2\frac{\mathrm{d}y}{\mathrm{d}t} = (\mathrm{D}^3 - 3\mathrm{D}^2 + 2\mathrm{D})y = \mathrm{D}(\mathrm{D}-1)(\mathrm{D}-2)y$$

一般地，有

$$x^k y^{(k)} = \mathrm{D}(\mathrm{D}-1)\cdots(\mathrm{D}-k+1)y \tag{7-66}$$

将式(7-66) 代入欧拉方程(7-65)，便得一个以 t 为自变量的常系数线性微分方程. 在求出这个方程的解后，把 t 换成 $\ln x$，即得原方程的解.

例 7.25　求欧拉方程 $x^3 y''' + x^2 y'' - 4xy' = 3x^2$ 的通解.

解　作变换 $x = \mathrm{e}^t$ 或 $t = \ln x$，原方程化为

$$\mathrm{D}(\mathrm{D}-1)(\mathrm{D}-2)y + \mathrm{D}(\mathrm{D}-1)y - 4\mathrm{D}y = 3\mathrm{e}^{2t}$$

即

$$\mathrm{D}^3 y - 2\mathrm{D}^2 y - 3\mathrm{D}y = 3\mathrm{e}^{2t}$$

或

$$\frac{\mathrm{d}^3 y}{\mathrm{d}t^3} - 2\frac{\mathrm{d}^2 y}{\mathrm{d}t^2} - 3\frac{\mathrm{d}y}{\mathrm{d}t} = 3\mathrm{e}^{2t} \tag{7-67}$$

方程(7-67) 所对应的齐次微分方程为

$$\frac{\mathrm{d}^3 y}{\mathrm{d}t^3} - 2\frac{\mathrm{d}^2 y}{\mathrm{d}t^2} - 3\frac{\mathrm{d}y}{\mathrm{d}t} = 0 \tag{7-68}$$

其特征方程为 $r^3 - 2r^2 - 3r = 0$，特征根为 $r_1 = 0, r_2 = -1, r_3 = 3$. 于是微分方程(7-68) 的通解为

$$Y = C_1 + C_2\mathrm{e}^{-t} + C_3\mathrm{e}^{3t} = C_1 + \frac{C_2}{x} + C_3 x^3$$

再设微分方程(7-67) 的特解为 $y* = b\mathrm{e}^{2t} = bx^2$ 代入原方程，求得 $b = -\frac{1}{2}$，即

$$y* = -\frac{1}{2}x^2$$

于是，所给欧拉方程的通解为

$$y = C_1 + \frac{C_2}{x} + C_3 x^3 - \frac{1}{2}x^2.$$

* 练习题 7.5

1. 一曲线通过点(1,2)，该曲线在两坐标轴之间的任意切线线段均被切点所平分，试求该曲线的方程.

2. 设曲线 $y = y(x)$，其中 $f(x)$ 是可导函数，且 $f(x) > 0$. 已知曲线 $y = y(x)$ 与直线 $y = 0, x = 1$ 及 $x = t$ 所围成的曲边梯形绕 Ox 轴旋转一周所得的立体体积值是该曲边梯形面积值的 πt 倍，试求该曲线的方程.

3. 设质量为的物体在一冲击力作用下获得初速度,使物体在一水平面上滑动. 已知物体所受的摩擦力大小为常数,试求该物体的运动规律. 并问物体能滑多远?

7.6 微分方程的简单应用

本节介绍常微分方程在几何学、力学、电学方面的简单应用,从而帮助读者掌握用常微分方程来解决实际问题的方法. 一般地,可以分为如下三个步骤:

(1) 根据所给条件列出微分方程和相应的初始条件;

(2) 求解微分方程;

(3) 通过解的性质来研究所提出的问题.

7.6.1 微分方程在几何学中的简单应用

在几何学中一般利用导数与积分的几何意义建立微分方程,并根据实际问题提出相应的初始条件. 具体表现在:在解决实际问题的过程中,常常用到切线斜率、面积、体积、弧长等计算公式. 以下我们看几个具体的例子.

例 7.26 如图 7-1 所示,求过定点 $A(0,a)$ 的曲线,使该曲线的切线 MT 与 Ox 轴的交点 T 到切点 M 的距离等于切线在 Ox 轴上的截距 OT 的长.

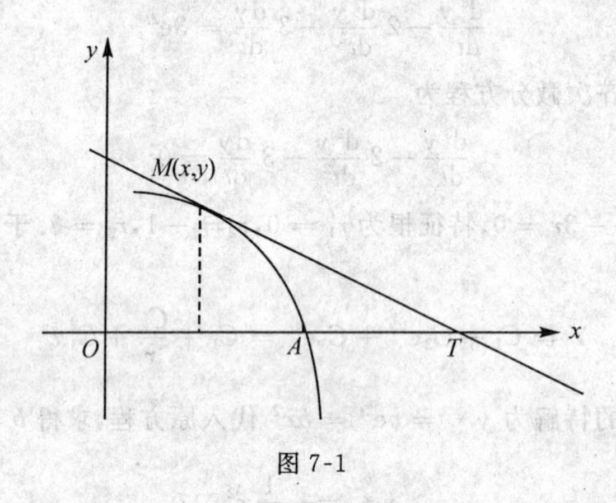

图 7-1

解 设所求曲线为 $y=f(x)$,在曲线上任取一点 $M(x,y)$,作切线

$$Y-y=y'(X-x)$$

令 $Y=0$,得 $X=x-\frac{y}{y}$,故得点 $T\left(x-\frac{y}{y},0\right)$. 由题意,$|MT|=|OT|$,得

$$\sqrt{\left(\frac{y}{y'}\right)^2+y^2}=\left|x-\frac{y}{y}\right|$$

化简得

$$\frac{\mathrm{d}y}{\mathrm{d}x}=\frac{2xy}{x^2-y^2}$$

上式是一个齐次微分方程,令 $u=\frac{y}{x}$,则 $y=ux$,$\frac{\mathrm{d}y}{\mathrm{d}x}=u+x\frac{\mathrm{d}u}{\mathrm{d}x}$. 从而原方程化为

$$\frac{1-u^2}{u(1+u^2)}\mathrm{d}u=\frac{\mathrm{d}x}{x}$$

两边积分得
$$\ln u-\ln(1+u^2)=\ln x-\ln C$$

即 $x(1+u^2)=Cu$，将 $u=\dfrac{y}{x}$ 代回，得 $x^2+y^2=Cy$，再由 $y(0)=a$，得 $C=a$，故所求曲线方程为

$$x^2+y^2=ay.$$

例 7.27 如图 7-2 所示，试在第一象限中求一光滑曲线，使其经过点 $A(0,1)$，并且过曲线上任意一点处作 Ox 轴的垂线，与两坐标轴以及曲线本身所围图形的面积等于这段曲线的弧长.

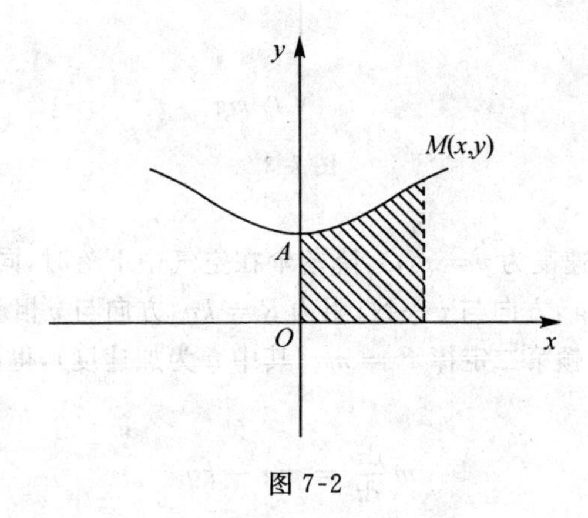

图 7-2

解 设 $M(x,y)$ 为曲线上任意一点. 依题意有

$$\int_0^x f(t)\mathrm{d}t=\int_0^x\sqrt{1+[f'(t)]^2}\mathrm{d}t$$

对上式两边关于 x 求导，得

$$f(x)=\sqrt{1+[f'(x)]^2}$$

即
$$f'(x)=\pm\sqrt{f^2(x)-1}$$

或
$$\frac{\mathrm{d}y}{\mathrm{d}x}=\pm\sqrt{y^2-1}$$

上式是一个可分离变量的微分方程，分离变量解得

$$\ln\left|C(y+\sqrt{y^2-1})\right|=\pm x$$

即
$$C(y+\sqrt{y^2-1})=\mathrm{e}^{\pm x}$$

再由 $y\Big|_{x=1}=1$，得 $C=1$ 故所求曲线为

$$y=\frac{\mathrm{e}^x+\mathrm{e}^{-x}}{2}=\mathrm{ch}x.$$

7.6.2 微分方程在力学中的简单应用

在力学中一般会借助于牛顿第二定律等建立微分方程.

例 7.28 如图 7-3 所示,设降落伞从跳伞塔上下落后,所受空气阻力与速度成正比,并设降落伞离开跳伞塔时($t=0$) 速度为零. 试求降落伞下落速度与时间的函数关系.

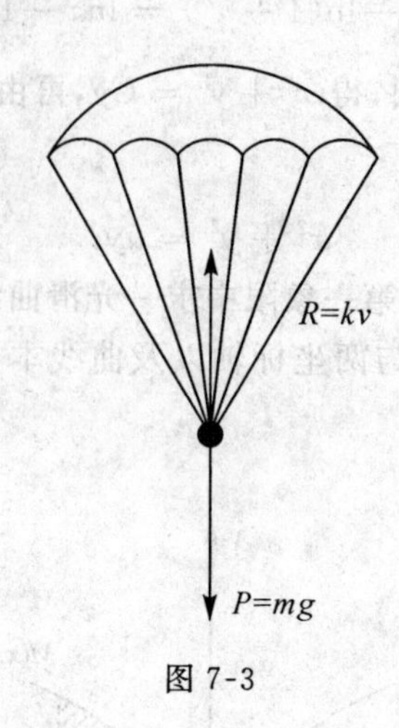

图 7-3

解 设降落伞下落速度为 $v=v(t)$,降落伞在空气中下落时,同时受到重力 P 与阻力 R 的作用,其中重力 $P=mg$,方向与 v 一致;阻力 $R=kv$,方向与 v 相反,从而降落伞所受外力为 $F=mg-kv$. 根据牛顿第二定律 $F=ma$(其中 a 为加速度),得函数 $v=v(t)$ 的微分方程

$$m\frac{\mathrm{d}v}{\mathrm{d}t}=mg-kv$$

由题意,初始条件为 $v\Big|_{t=0}=0$,上式为一个可分离变量的微分方程,分离变量得

$$\frac{\mathrm{d}v}{mg-ku}=\frac{\mathrm{d}t}{m}$$

两边积分得

$$-\frac{1}{k}\ln(mg-kv)=\frac{t}{m}+C_1$$

即

$$v=\frac{mg}{k}+C\mathrm{e}^{-\frac{k}{m}t}\left(C=-\frac{\mathrm{e}^{-kC_1}}{k}\right)$$

又由 $v\Big|_{t=0}=0$,得 $C=-\dfrac{mg}{k}$. 于是降落伞下落速度与时间的函数关系为

$$v=\frac{mg}{k}(1-\mathrm{e}^{-\frac{k}{m}t}).$$

由上式可以看出,随着时间的增长,速度逐渐接近于常数 $\dfrac{mg}{k}$,但不会超过 $\dfrac{mg}{k}$,也就是说,跳伞后开始阶段是加速运动,但以后逐渐接近于等速(匀速) 运动.

例 7.29 某种飞机在机场降落时,为了减少滑行距离,在触地的瞬间,飞机尾部张开减速伞,以增大阻力,使飞机迅速减速并停下. 现有一质量为 9 000kg 的飞机,着落时的水平速度为 700km/h. 经测试,减速伞打开后,飞机所受阻力与飞机的速度成正比(比例系数为 $k=6.0\times10^6$). 试问从着落点算起,飞机滑行距离是多少?

解 从飞机接触跑道开始,设 t 时刻飞机滑行距离为 $x(t)$,速度为 $v(t)$. 由牛顿第二定律,得

$$m\frac{\mathrm{d}v}{\mathrm{d}t}=-kv$$

又
$$\frac{\mathrm{d}v}{\mathrm{d}t}=\frac{\mathrm{d}v}{\mathrm{d}x}\cdot\frac{\mathrm{d}x}{\mathrm{d}t}=v\frac{\mathrm{d}v}{\mathrm{d}x}$$

由以上两式得
$$\mathrm{d}x=-\frac{m}{k}\mathrm{d}v$$

积分得
$$x(t)=-\frac{m}{k}v+C$$

由于 $v(0)=v_0, x(0)=0$，故得 $C=\frac{m}{k}v_0$，从而

$$x(t)=\frac{m}{k}(v_0-v(t))$$

当 $v(t)\to 0$ 时
$$x(t)\to\frac{mv_0}{k}=\frac{9\ 000\times 700}{6.0\times 10^6}=1.05\mathrm{km}$$

所以，飞机滑行的最大距离为 1.05km.

7.6.3　微分方程在电学中的简单应用

我们从以下两个例子来看微分方程在电学中的简单应用.

例 7.30　有一电路如图 7-4 所示，其中电源电动势为 $E=E_m\sin wt$（E_m，w 为常量）. 电阻 R 和电感 L 都是常量. 试求电流 $i(t)$.

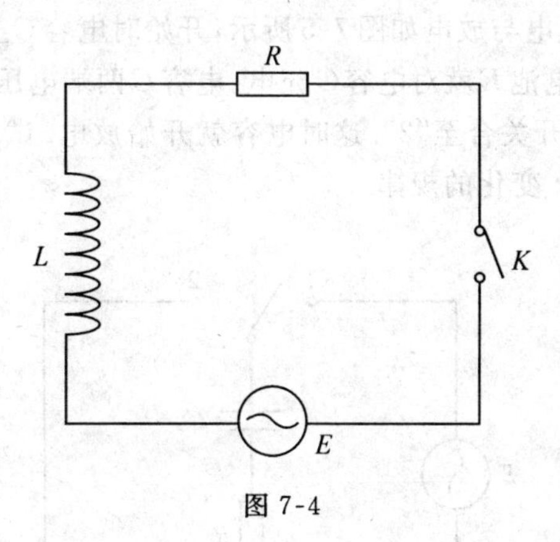

图 7-4

解　由电学知识知道，当电流变化时，L 上有感应电动势 $-L\frac{\mathrm{d}i}{\mathrm{d}t}$，由回路电压定律得

$$E=L\frac{\mathrm{d}i}{\mathrm{d}t}+iR$$

即

$$\frac{\mathrm{d}i}{\mathrm{d}t}+\frac{R}{L}i=\frac{E}{L}$$

此外，设开关 K 闭合时 $t=0$，此时 $i(t)$ 满足初始条件 $i\big|_{t=0}=0$，上述方程为一阶线性非齐次微分方程，可以直接用其通解公式求解，这里

$$P(t)=\frac{R}{L},\quad Q(t)=\frac{E}{L}=\frac{E_m}{L}\sin wt$$

得
$$i(t)=\mathrm{e}^{-\frac{R}{L}t}\left[\int\frac{E_m}{L}\mathrm{e}^{\frac{R}{L}t}\sin wt\,\mathrm{d}t+C\right]$$
$$=\frac{E_m}{R^2+w^2L^2}(R\sin wt-wL\cos wt)+C\mathrm{e}^{-\frac{R}{L}t}\quad (C\text{ 为任意常数})$$

又由 $i\Big|t=0=0$,得 $C=\dfrac{wLE_m}{R^2+w^2L^2}$,于是电流 $i(t)$ 为

$$i(t)=\frac{wLE_m}{R^2+w^2L^2}\mathrm{e}^{-\frac{R}{L}t}+\frac{E_m}{R^2+w^2L^2}(R\sin wt-wL\cos wt).$$

为了说明上述结果所反映的物理现象,现把 $i(t)$ 中第二项的形式稍加改变.令

$$\cos\varphi=\frac{R}{\sqrt{R^2+w^2L^2}},\quad \sin\varphi=\frac{wL}{\sqrt{R^2+w^2L^2}}$$

于是 $i(t)$ 可以写成

$$i(t)=\frac{wLE_m}{R^2+w^2L^2}\mathrm{e}^{-\frac{R}{L}t}+\frac{E_m}{\sqrt{R^2+w^2L^2}}\sin(wt-\varphi)$$

其中
$$\varphi=\arctan\frac{wL}{R}.$$

当 t 增加时,上式右端第一项(称为暂态电流)逐渐衰减而趋于零;第二项(称为稳态电流)是正弦函数,其周期与电动势的周期相同,而相角落后 φ.

例 7.31 电容器的充电与放电如图 7-5 所示,开始时电容 C 上没有电荷,电容两端电压为零.把开关"1"合上后,电池 E 就对电容 C 充电,电容 C 两端电压 U_C 逐渐升高,经过适当时间后,电容充电完毕.再把开关合至"2".这时电容就开始放电.试求解充电和放电过程中电容 C 两端电压 U_C 随时间 t 变化的规律.

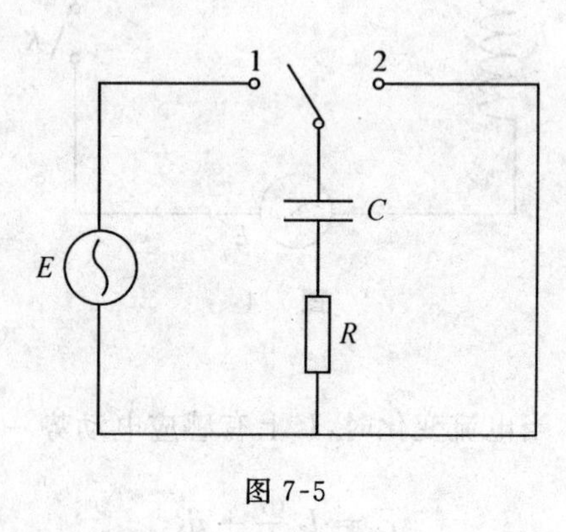

图 7-5

解 由回路电压定律得

$$E=U_C+RI \tag{7-69}$$

其中 $I=I(t)$ 为回路中的电流.又设电容上的电量为 $Q(t)$,则

$$I=I(t)=\frac{\mathrm{d}Q(t)}{\mathrm{d}t}=C\frac{\mathrm{d}U_C}{\mathrm{d}t}$$

将 I 代入式(7-69)得微分方程

$$RC\frac{dU_C}{dt}+U_C=E$$

此外，设将开关合至“1”时 $t=0$，此时 U_C 满足初始条件 $U_C(0)=0$，用一阶线性微分方程通解公式求解得

$$U_C=E+Ae^{-\frac{t}{RC}}\quad (A\text{ 为任意常数})$$

又有 $U_C\Big|_{t=0}=0$，得 $A=-E$，从而得电容 C 两端的电压 U_C 为

$$U_C=E(1-e^{-\frac{t}{kC}})$$

在充电过程中，当 t 增大时，U_C 逐渐增大，逐渐接近 E. 电工学中，称 $\tau=kC$ 为时间常数，当 $t=3\tau$ 时，$U_C=0.95E$，亦即，经过时间 3τ 后，电容 C 上的电压已达到外加电压的 95%. 事实上，通常认为这时电容 C 的充电过程基本结束，充电完时 $U_C=E$.

对于放电过程，可以类似地讨论. 此时方程为

$$U_C+RC\frac{dU_C}{dt}=0$$

其中初始条件为 $U_C(0)=E$. 该方程的解为 $U_C=Ee^{-\frac{t}{kC}}$.

可见电容 C 两端的电压从开关 K 刚触至“2”时，其值开始逐渐减少直至零.

总复习题 7

1. 指出下列各微分方程的阶数

(1) $x(y')^2-2yy'+x=0$；

(2) $x^2y'''-xy'+y=0$；

(3) $(7x-6y)dx+(x+y)dy=0$；

(4) $L\frac{d^2Q}{dt^2}+R\frac{dQ}{dt}+\frac{Q}{C}=0$.

2. 指出下列各题中的函数是否为所给微分方程的解

(1) $xy'=2y, y=5x^2$；

(2) $y''-2y'+y=0, y=x^2e^x$；

(3) $y''-(\lambda_1+\lambda_2)y'+\lambda_1\lambda_2y=0, y=C_1e^{\lambda_1x}+C_2e^{\lambda_2x}$.

3. 在下列各题中的曲线族里，找到满足所给初始条件的曲线

(1) $x^2-y^2=C, y\Big|_{x=1}=5$；

(2) $y=(C_1+C_2x)e^{2x}, y\Big|_{x=1}=0, y'\Big|_{x=1}=1$.

4. 求下列各微分方程的通解

(1) $xy'-y\ln y=0$；

(2) $\sqrt{1-x^2}\,y'=\sqrt{1-y^2}$；

(3) $\sec^2x\tan y\,dx+\sec^2y\tan x\,dy=0$；

(4) $(e^{x+y}-e^x)dx+(e^{x+y}+e^y)dy=0$；

(5) $4x^3+2x-3y^2y'=0$；

(6) $y'=e^{x+y}$.

附录

积分表

一、含有 $ax+b$ 的积分

1. $\int \frac{1}{ax+b}dx = \frac{1}{a}\ln|ax+b|+C$

2. $\int (ax+b)^{\mu}dx = \frac{1}{a(\mu+1)}(ax+b)^{\mu+1}+C(\mu\neq -1)$

3. $\int \frac{x}{ax+b}dx = \frac{1}{a^2}(ax+b-b\ln|ax+b|)+C$

4. $\int \frac{x}{(ax+b)^2}dx = \frac{1}{a^2}\ln|ax+b|+\frac{b}{ax+b}+C$

5. $\int \frac{x}{(ax+b)^n}dx = \frac{1}{a^2}\left[\frac{-1}{(n-2)(ax+b)^{n-2}}+\frac{b}{(n-1)(ax+b)^{n-1}}\right]+C,\ n\neq 1,2$

6. $\int \frac{1}{x(ax+b)}dx = -\frac{1}{b}\ln\left|\frac{ax+b}{x}\right|+C$

7. $\int \frac{1}{x(ax+b)^2}dx = \frac{1}{b}\left(\frac{1}{ax+b}-\frac{1}{b}\ln\left|\frac{ax+b}{x}\right|\right)+C$

8. $\int \frac{1}{x^2(ax+b)}dx = -\frac{1}{bx}+\frac{a}{b^2}\ln\left|\frac{ax+b}{x}\right|+C$

9. $\int \frac{1}{x^2(ax+b)^2}dx = -\frac{1}{b^2}\left[\frac{2ax+b}{x(ax+b)}-\frac{2a}{b}\ln\left|\frac{ax+b}{x}\right|\right]+C$

10. $\int \frac{x^2}{ax+b}dx = \frac{1}{a^3}\left[\frac{1}{2}(ax+b)^2-2b(ax+b)+b^2\ln|ax+b|\right]+C$

11. $\int \frac{x^2}{(ax+b)^2}dx = \frac{1}{a^3}\left[ax+b-2b\ln|ax+b|-\frac{b^2}{ax+b}\right]+C$

12. $\int \frac{x^2}{(ax+b)^3}dx = \frac{1}{a^3}\left[\frac{2b}{ax+b}-\frac{b^2}{2(ax+b)^2}+\ln|ax+b|\right]+C$

13. $\int \frac{x^2}{(ax+b)^n}dx = \frac{1}{a^3}\left[\frac{-1}{(n-3)(ax+b)^{n-3}}+\frac{2b}{(n-2)(ax+b)^{n-2}}\right.$
$\left.-\frac{b^2}{(n-1)(ax+b)^{n-1}}\right]+C,\ n\neq 1,2,3$

二、含有 $\sqrt{ax+b}$ 的积分

14. $\int \sqrt{ax+b}\,dx = \frac{2}{3a}\sqrt{(ax+b)^3}+C$

15. $\int x\sqrt{ax+b}\,dx = \frac{2}{15a^2}(3ax-2b)\sqrt{(ax+b)^3}+C$

16. $\int x^n \sqrt{ax+b}\,dx = \frac{2}{a(2n+3)} \cdot \left[x^n (ax+b)^{\frac{3}{2}} - nb\int x^{n-1}\sqrt{ax+b}\,dx\right]$

17. $\int \frac{x}{\sqrt{ax+b}}\,dx = \frac{2}{3a^2}(ax-2b)\sqrt{ax+b} + C$

18. $\int \frac{x^n}{\sqrt{ax+b}}\,dx = \frac{2}{(2n+1)a}\left(x^n\sqrt{ax+b} - nb\int \frac{x^{n-1}}{\sqrt{ax+b}}\,dx\right)$

19. $\int \frac{1}{x\sqrt{ax+b}}\,dx = \begin{cases} \frac{1}{\sqrt{b}}\ln\left|\frac{\sqrt{ax+b}-\sqrt{b}}{\sqrt{ax+b}+\sqrt{b}}\right| + C\ (b>0) \\ \frac{2}{\sqrt{-b}}\arctan\sqrt{\frac{ax+b}{-b}} + C\ (b<0) \end{cases}$

20. $\int \frac{1}{x^n\sqrt{ax+b}}\,dx = \frac{-1}{b(n-1)}\left[\frac{\sqrt{ax+b}}{x^{n-1}} + \frac{a(2n-3)}{2}\int \frac{1}{x^{n-1}\sqrt{ax+b}}\,dx\right]\ (n\neq 1)$

21. $\int \frac{\sqrt{ax+b}}{x}\,dx = 2\sqrt{ax+b} + b\int \frac{1}{x\sqrt{ax+b}}\,dx$

22. $\int \frac{\sqrt{ax+b}}{x^n}\,dx = \frac{-1}{b(n-1)}\left[\frac{(ax+b)^{\frac{3}{2}}}{x^{n-1}} + \frac{(2n-5)a}{2}\int \frac{\sqrt{ax+b}}{x^{n-1}}\,dx\right]\ (n\neq 1)$

三、含有 $a^2 \pm x^2 (a>0)$ 的积分

23. $\int \frac{1}{x^2+a^2}\,dx = \frac{1}{a}\arctan\frac{x}{a} + C$

24. $\int \frac{1}{x^2-a^2}\,dx = -\int \frac{1}{a^2-x^2}\,dx = \frac{1}{2a}\ln\left|\frac{x-a}{x+a}\right| + C$

25. $\int \frac{1}{(a^2\pm x^2)^n}\,dx = \frac{1}{2a^2(n-1)}\left[\frac{x}{(a^2\pm x^2)^{n-1}} + (2n-3)\int \frac{1}{(a^2\pm x^2)^{n-1}}\,dx\right]\ (n\neq 1)$

四、含有 $ax^2+b (a>0)$ 的积分

26. $\int \frac{1}{ax^2+b}\,dx = \begin{cases} \frac{1}{\sqrt{ab}}\arctan\sqrt{\frac{a}{b}}x + C\ (b>0) \\ \frac{1}{2\sqrt{-ab}}\ln\left|\frac{\sqrt{a}x-\sqrt{-b}}{\sqrt{a}x+\sqrt{-b}}\right| + C\ (b<0) \end{cases}$

27. $\int \frac{x}{ax^2+b}\,dx = \frac{1}{2a}\ln|ax^2+b| + C$

28. $\int \frac{x^2}{ax^2+b}\,dx = \frac{x}{a} - \frac{b}{a}\int \frac{dx}{ax^2+b}$

29. $\int \frac{1}{x(ax^2+b)}\,dx = \frac{1}{2b}\ln\left|\frac{x^2}{ax^2+b}\right| + C$

30. $\int \frac{1}{x^2(ax^2+b)}\,dx = -\frac{1}{bx} - \frac{a}{b}\int \frac{dx}{ax^2+b}$

31. $\int \frac{1}{x^3(ax^2+b)}\,dx = \frac{a}{2b^2}\ln\left|\frac{ax^2+b}{x^2}\right| - \frac{1}{2bx^2} + C$

32. $\int \frac{1}{(ax^2+b)^2}\,dx = \frac{x}{2b(ax^2+b)} + \frac{1}{2b}\int \frac{dx}{ax^2+b}$

五、含有 $ax^2+bx+c (a>0, b^2\neq 4ac)$ 的积分

33. $\int \frac{1}{ax^2+bx+c}\,dx = \begin{cases} \frac{2}{\sqrt{4ac-b^2}}\arctan\frac{2ax+b}{\sqrt{4ac-b^2}}+C & (b^2<4ac) \\ \frac{1}{\sqrt{b^2-4ac}}\ln\left|\frac{2ax+b-\sqrt{b^2-4ac}}{2ax+b+\sqrt{b^2-4ac}}\right|+C & (b^2>4ac) \end{cases}$

34. $\int \frac{x}{ax^2+bx+c}\,dx = \frac{1}{2a}\ln|ax^2+bx+c| - \frac{b}{2a}\int\frac{1}{ax^2+bx+c}\,dx$

六、含有$\sqrt{x^2 \pm a^2}\,(a>0)$的积分

35. $\int\sqrt{x^2\pm a^2}\,dx = \frac{1}{2}\left(x\sqrt{x^2\pm a^2} \pm a^2\ln\left|x+\sqrt{x^2\pm a^2}\right|\right)+C$

36. $\int x\sqrt{x^2\pm a^2}\,dx = \frac{1}{3}\sqrt{(x^2\pm a^2)^3}+C$

37. $\int x^2\sqrt{x^2\pm a^2}\,dx = \frac{1}{8}\left[x(2x^2\pm a^2)\sqrt{x^2\pm a^2} - a^4\ln\left|x+\sqrt{x^2\pm a^2}\right|\right]+C$

38. $\int\frac{\sqrt{x^2+a^2}}{x}\,dx = \sqrt{x^2+a^2}+a\ln\frac{\sqrt{x^2+a^2}-a}{|x|}+C$

39. $\int\frac{\sqrt{x^2-a^2}}{x}\,dx = \sqrt{x^2-a^2}-a\arccos\frac{a}{|x|}+C$

40. $\int\frac{\sqrt{x^2\pm a^2}}{x^2}\,dx = -\frac{1}{x}\sqrt{x^2\pm a^2}+\ln\left|x+\sqrt{x^2\pm a^2}\right|+C$

41. $\int\frac{1}{\sqrt{x^2\pm a^2}}\,dx = \ln\left|x+\sqrt{x^2\pm a^2}\right|+C$

42. $\int\frac{x^2}{\sqrt{x^2\pm a^2}}\,dx = \frac{1}{2}\left(x\sqrt{x^2\pm a^2}\mp a^2\ln\left|x+\sqrt{x^2\pm a^2}\right|\right)+C$

43. $\int\frac{1}{x\sqrt{x^2+a^2}}\,dx = -\frac{1}{a}\ln\left|\frac{a+\sqrt{x^2+a^2}}{x}\right|+C$

44. $\int\frac{1}{x\sqrt{x^2-a^2}}\,dx = \frac{1}{a}\arccos\frac{a}{|x|}+C$

45. $\int\frac{1}{x^2\sqrt{x^2\pm a^2}}\,dx = \mp\frac{\sqrt{x^2\pm a^2}}{a^2x}+C$

46. $\int\frac{1}{\sqrt{(x^2\pm a^2)^3}}\,dx = \frac{\pm x}{a^2\sqrt{x^2\pm a^2}}+C$

47. $\int\frac{x}{\sqrt{(x^2\pm a^2)^3}}\,dx = -\frac{1}{\sqrt{x^2\pm a^2}}+C$

48. $\int\frac{x^2}{\sqrt{(x^2\pm a^2)^3}}\,dx = -\frac{x}{\sqrt{x^2\pm a^2}}+\ln\left|x+\sqrt{x^2\pm a^2}\right|+C$

七、含有$\sqrt{a^2-x^2}\,(a>0)$的积分

49. $\int\sqrt{a^2-x^2}\,dx = \frac{x}{2}\sqrt{a^2-x^2}+\frac{a^2}{2}\arcsin\frac{x}{a}+C$

50. $\int x\sqrt{a^2-x^2}\,dx = -\frac{1}{3}\sqrt{(a^2-x^2)^3}+C$

51. $\int x^2\sqrt{a^2-x^2}\,dx=\frac{x}{8}(2x^2-a^2)\sqrt{a^2-x^2}+\frac{a^4}{8}\arcsin\frac{x}{a}+C$

52. $\int\frac{\sqrt{a^2-x^2}}{x}\,dx=\sqrt{a^2-x^2}+a\ln\left|\frac{a-\sqrt{a^2-x^2}}{x}\right|+C$

53. $\int\frac{\sqrt{a^2-x^2}}{x^2}\,dx=-\frac{\sqrt{a^2-x^2}}{x}-\arcsin\frac{x}{a}+C$

54. $\int\sqrt{(a^2-x^2)^3}\,dx=\frac{x}{8}(5a^2-2x^2)\sqrt{a^2-x^2}+\frac{3}{8}a^4\arcsin\frac{x}{a}+C$

55. $\int\frac{1}{\sqrt{a^2-x^2}}dx=\arcsin\frac{x}{a}+C$

56. $\int\frac{x}{\sqrt{a^2-x^2}}\,dx=-\sqrt{a^2-x^2}+C$

57. $\int\frac{x^2}{\sqrt{a^2-x^2}}\,dx=-\frac{x}{2}\sqrt{a^2-x^2}+\frac{a^2}{2}\arcsin\frac{x}{a}+C$

58. $\int\frac{1}{\sqrt{(a^2-x^2)^3}}dx=\frac{x}{a^2\sqrt{a^2-x^2}}+C$

59. $\int\frac{x}{\sqrt{(a^2-x^2)^3}}dx=\frac{1}{\sqrt{a^2-x^2}}+C$

60. $\int\frac{x^2}{\sqrt{(a^2-x^2)^3}}\,dx=\frac{x}{\sqrt{a^2-x^2}}-\arcsin\frac{x}{a}+C$

八、含有$\sqrt{\pm ax^2+bx+c}(a>0)$的积分

61. $\int\sqrt{ax^2+bx+c}\,dx=\frac{2ax+b}{4a}\sqrt{ax^2+bx+c}+$

$\frac{4ac-b^2}{8\sqrt{a^3}}\ln\left|2ax+b+2\sqrt{a}\sqrt{ax^2+bx+c}\right|+C$

62. $\int\frac{1}{\sqrt{ax^2+bx+c}}\,dx=\frac{1}{\sqrt{a}}\ln\left|2ax+b+2\sqrt{a}\sqrt{ax^2+bx+c}\right|+C$62.

63. $\int\frac{x}{\sqrt{ax^2+bx+c}}\,dx=\frac{1}{a}\sqrt{ax^2+bx+c}-\frac{b}{2\sqrt{a^3}}\ln\left|2ax+b+2\sqrt{a}\sqrt{ax^2+bx+c}\right|+C$

64. $\int\sqrt{-ax^2+bx+c}\,dx=\frac{2ax-b}{4a}\sqrt{-ax^2+bx+c}+$

$\frac{4ac+b^2}{8\sqrt{a^3}}\arcsin\frac{2ax-b}{\sqrt{4ac+b^2}}+C$

65. $\int\frac{1}{\sqrt{-ax^2+bx+c}}\,dx=\frac{1}{-\sqrt{a}}\arcsin\frac{2ax-b}{\sqrt{4ac+b^2}}+C$

66. $\int\frac{x}{\sqrt{-ax^2+bx+c}}\,dx=-\frac{1}{a}\sqrt{-ax^2+bx+c}+\frac{b}{2\sqrt{a^3}}\arcsin\frac{2ax-b}{\sqrt{4ac+b^2}}+C$

九、含有$\sqrt{\pm\frac{x-a}{x-b}}$或$\sqrt{(x-a)(b-x)}$的积分

67. $\int\sqrt{\frac{x-a}{x-b}}dx=(x-b)\sqrt{\frac{x-a}{x-b}}+(b-a)\ln(\sqrt{|x-a|}+\sqrt{|x-b|})+C$

68. $\int\sqrt{\frac{x-a}{b-x}}\mathrm{d}x=(x-b)\sqrt{\frac{x-a}{b-x}}+(b-a)\arcsin\sqrt{\frac{x-a}{b-a}}+C$

69. $\int\frac{1}{\sqrt{(x-a)(b-x)}}\mathrm{d}x=2\arcsin\sqrt{\frac{x-a}{b-a}}+C\ (a<b)$

70. $\int\sqrt{(x-a)(b-x)}\mathrm{d}x=\frac{2x-a-b}{4}\sqrt{(x-a)(b-x)}+\frac{(b-a)^2}{4}\arcsin\sqrt{\frac{x-a}{b-a}}+C$

十、含有三角函数的积分

71. $\int\sin x\mathrm{d}x=-\cos x+C$

72. $\int\cos x\mathrm{d}x=\sin x+C$

73. $\int\tan x\mathrm{d}x=-\ln|\cos x|+C$

74. $\int\cot x\mathrm{d}x=\ln|\sin x|+C$

75. $\int\sec x\mathrm{d}x=\ln\left|\tan\left(\frac{\pi}{4}+\frac{x}{2}\right)\right|+C=\ln|\sec x+\tan x|+C$

76. $\int\csc x\mathrm{d}x=\ln\left|\tan\frac{x}{2}\right|+C=\ln|\csc x-\cot x|+C$

77. $\int\sin^2x\mathrm{d}x=\frac{x}{2}-\frac{1}{4}\sin2x+C$

78. $\int\cos^2x\mathrm{d}x=\frac{x}{2}+\frac{1}{4}\sin2x+C$

79. $\int\tan^2x\mathrm{d}x=-x+\tan x+C$

80. $\int\cot^2x\mathrm{d}x=-x-\cot x+C$

81. $\int\sec^2x\mathrm{d}x=\tan x+C$

82. $\int\csc^2x\mathrm{d}x=-\cot x+C$

83. $\int\sec x\tan x\mathrm{d}x=\sec x+C$

84. $\int\sec x\tan x\mathrm{d}x=-\csc x+C$

85. $\int\sin^nx\mathrm{d}x=-\frac{1}{n}\sin^{n-1}x\cos x+\frac{n-1}{n}\int\sin^{n-2}x\mathrm{d}x$

86. $\int\cos^nx\mathrm{d}x=\frac{1}{n}\cos^{n-1}x\sin x+\frac{n-1}{n}\int\cos^{n-2}x\mathrm{d}x$

87. $\int\tan^nx\mathrm{d}x=\frac{1}{n-1}\tan^{n-1}x-\int\tan^{n-2}x\mathrm{d}x\ n\neq1$

88. $\int\cot^nx\mathrm{d}x=-\frac{1}{n-1}\cot^{n-1}x-\int\cot^{n-2}x\mathrm{d}x\ n\neq1$

89. $\int\sec^nx\mathrm{d}x=\frac{1}{n-1}\sec^{n-2}x\tan x+\frac{n-2}{n-1}\int\sec^{n-2}x\mathrm{d}x\ n\neq1$

90. $\int \csc^n x\,dx = -\frac{1}{n-1}\csc^{n-2}x\cot x + \frac{n-2}{n-1}\int \csc^{n-2}x\,dx \quad n \neq 1$

91. $\int x^n \sin x\,dx = -x^n \cos x + n\int x^{n-1}\cos x\,dx$

92. $\int x^n \cos x\,dx = x^n \sin - n\int x^{n-1}\sin x\,dx$

93. $\int \frac{1}{\sin^n x}dx = -\frac{1}{n-1}\frac{\cos x}{\sin^{n-1}x} + \frac{n-2}{n-1}\int \frac{1}{\sin^{n-2}x}dx$

94. $\int \frac{1}{\cos^n x}dx = \frac{1}{n-1}\frac{\sin x}{\cos^{n-1}x} + \frac{n-2}{n-1}\int \frac{1}{\cos^{n-2}x}dx$

95. $\int \cos^m x\,\sin^n x\,dx = \frac{1}{m+n}\cos^{m-1}x\,\sin^{n+1}x + \frac{m-1}{m+n}\int \cos^{m-2}x\,\sin^n x\,dx$

$= -\frac{1}{m+n}\cos^{m+1}x\,\sin^{n-1}x + \frac{n-1}{m+n}\int \cos^m x\,\sin^{n-2}x\,dx$

96. $\int \sin ax\cos bx\,dx = -\frac{1}{2(a+b)}\cos(a+b)x - \frac{1}{2(a-b)}\cos(a-b)x + C$

97. $\int \sin ax\sin bx\,dx = -\frac{1}{2(a+b)}\sin(a+b)x + \frac{1}{2(a-b)}\sin(a-b)x + C$

98. $\int \cos ax\cos bx\,dx = \frac{1}{2(a+b)}\sin(a+b)x + \frac{1}{2(a-b)}\sin(a-b)x + C$

99. $\int \frac{1}{1\pm\sin x}dx = \tan x \mp \sec x + C$

100. $\int \frac{1}{1\pm\cos x}dx = -\cot x \pm \csc x + C$

101. $\int \frac{1}{1\pm\tan x}dx = \frac{1}{2}(x \pm \ln|\cos x \pm \sin x|) + C$

102. $\int \frac{1}{1\pm\cot x}dx = \frac{1}{2}(x \mp \ln|\sin x \pm \cos x|) + C$

103. $\int \frac{1}{1\pm\sec x}dx = x + \cot x \mp \csc x + C$

104. $\int \frac{1}{1\pm\csc x}dx = x - \tan x \pm \sec x + C$

105. $\int \frac{1}{\sin x\cos x}dx = \ln|\tan x| + C$

106. $\int \frac{1}{a+b\sin x}dx = \frac{2}{\sqrt{a^2-b^2}}\arctan\frac{a\tan\frac{x}{2}+b}{\sqrt{a^2-b^2}} + C \ (a^2 > b^2)$

107. $\int \frac{1}{a+b\sin x}dx = \frac{1}{\sqrt{b^2-a^2}}\ln\left|\frac{a\tan\frac{x}{2}+b-\sqrt{b^2-a^2}}{a\tan\frac{x}{2}+b+\sqrt{b^2-a^2}}\right| + C \ (a^2 < b^2)$

108. $\int \frac{1}{a+b\cos x}dx = \frac{2}{a+b}\sqrt{\frac{a+b}{a-b}}\arctan\left(\sqrt{\frac{a-b}{a+b}}\tan\frac{x}{2}\right) + C \ (a^2 > b^2)$

109. $\int \frac{1}{a+b\cos x}dx = \frac{1}{a+b}\sqrt{\frac{a+b}{b-a}}\ln\left|\frac{\tan\frac{x}{2}+\sqrt{\frac{a+b}{b-a}}}{\tan\frac{x}{2}-\sqrt{\frac{a+b}{b-a}}}\right|+C\ (a^2<b^2)$

110. $\int \frac{1}{a^2\cos^2 x+b^2\sin^2 x}dx = \frac{1}{ab}\arctan\left(\frac{b}{a}\tan x\right)+C$

111. $\int \frac{1}{a^2\cos^2 x-b^2\sin^2 x}dx = \frac{1}{2ab}\ln\left|\frac{b\tan x+a}{b\tan x-a}\right|+C$

112. $\int x\sin ax\,dx = \frac{1}{a^2}\sin ax-\frac{1}{a}x\cos ax+C$

113. $\int x^2\sin ax\,dx = -\frac{1}{a}x^2\cos ax+\frac{2}{a^2}x\sin ax+\frac{2}{a^3}\cos ax+C$

114. $\int x\cos ax\,dx = \frac{1}{a^2}\cos ax+\frac{1}{a}x\sin ax+C$

115. $\int x^2\cos ax\,dx = \frac{1}{a}x^2\sin ax+\frac{2}{a^2}x\cos ax-\frac{2}{a^3}\sin ax+C$

十一、含有反三角函数的积分(其中 $a>0$)

116. $\int \arcsin\frac{x}{a}dx = x\arcsin\frac{x}{a}+\sqrt{a^2-x^2}+C$

117. $\int x\arcsin\frac{x}{a}dx = \left(\frac{x^2}{2}-\frac{a^2}{4}\right)\arcsin\frac{x}{a}+\frac{x}{4}\sqrt{a^2-x^2}+C$

118. $\int x^2\arcsin\frac{x}{a}dx = \frac{x^3}{3}\arcsin\frac{x}{a}+\frac{1}{9}(x^2+2a^2)\sqrt{a^2-x^2}+C$

119. $\int \arccos\frac{x}{a}dx = x\arccos\frac{x}{a}-\sqrt{a^2-x^2}+C$

120. $\int x\arccos\frac{x}{a}dx = \left(\frac{x^2}{2}-\frac{a^2}{4}\right)\arccos\frac{x}{a}-\frac{x}{4}\sqrt{a^2-x^2}+C$

121. $\int x^2\arccos\frac{x}{a}dx = \frac{x^3}{3}\arccos\frac{x}{a}-\frac{1}{9}(x^2+2a^2)\sqrt{a^2-x^2}+C$

122. $\int \arctan\frac{x}{a}dx = x\arctan\frac{x}{a}-\frac{a}{2}\ln(a^2+x^2)+C$

123. $\int x\arctan\frac{x}{a}dx = \frac{1}{2}(a^2+x^2)\arctan\frac{x}{a}-\frac{a}{2}x+C$

124. $\int x^2\arctan\frac{x}{a}dx = \frac{x^3}{3}\arctan\frac{x}{a}-\frac{a}{6}x^2+\frac{a^3}{6}\ln(a^2+x^2)+C$

十二、含有指数函数的积分

125. $\int a^x dx = \frac{1}{\ln a}a^x+C$

126. $\int e^{ax}dx = \frac{1}{a}e^{ax}+C$

127. $\int xe^{ax}dx = \frac{1}{a^2}(ax-1)e^{ax}+C$

128. $\int x^n e^{ax}dx = \frac{1}{a}x^n e^{ax}-\frac{n}{a}\int x^{n-1}e^{ax}dx$

129. $\int xa^x \mathrm{d}x = \frac{x}{\ln a}a^x - \frac{1}{(\ln a)^2}a^x + C$

130. $\int x^n a^x \mathrm{d}x = \frac{1}{\ln a}x^n a^x - \frac{n}{\ln a}\int x^{n-1} a^x \mathrm{d}x$

131. $\int \mathrm{e}^{ax} \sin bx \mathrm{d}x = \frac{1}{a^2+b^2}\mathrm{e}^{ax}(a\sin bx - b\cos bx) + C$

132. $\int \mathrm{e}^{ax} \cos bx \mathrm{d}x = \frac{1}{a^2+b^2}\mathrm{e}^{ax}(b\sin bx + a\cos bx) + C$

133. $\int \mathrm{e}^{ax} \sin^n bx \mathrm{d}x = \frac{1}{a^2+b^2n^2}\mathrm{e}^{ax}\sin^{n-1} bx(a\sin bx - nb\cos bx) + \frac{n(n-1)b^2}{a^2+b^2n^2}\int \mathrm{e}^{ax} \sin^{n-2} bx \mathrm{d}x$

134. $\int \mathrm{e}^{ax} \cos^n bx \mathrm{d}x = \frac{1}{a^2+b^2n^2}\mathrm{e}^{ax}\cos^{n-1} bx(a\cos bx + nb\sin bx) + \frac{n(n-1)b^2}{a^2+b^2n^2}\int \mathrm{e}^{ax} \cos^{n-2} bx \mathrm{d}x$

十三、含有对数函数的积分

135. $\int \ln x \mathrm{d}x = x\ln x - x + C$

136. $\int (\ln x)^n \mathrm{d}x = x(\ln x)^n - n\int (\ln x)^{n-1} \mathrm{d}x$

137. $\int \frac{1}{x\ln x}\mathrm{d}x = \ln|\ln x| + C$

138. $\int x^n \ln x \mathrm{d}x = \frac{1}{n+1}x^{n+1}\left(\ln x - \frac{1}{n+1}\right) + C \quad n \neq -1$

139. $\int \frac{\ln x}{\sqrt{x}}\mathrm{d}x = 4\sqrt{x}(\ln\sqrt{x} - 1) + C$

140. $\int x^m (\ln x)^n \mathrm{d}x = \frac{1}{m+1}x^{m+1}(\ln x)^n - \frac{n}{m+1}\int x^m (\ln x)^{n-1} \mathrm{d}x$

141. $\int \sin(\ln x)\mathrm{d}x = \frac{x}{2}[\sin(\ln x) - \cos(\ln x)] + C$

142. $\int \cos(\ln x)\mathrm{d}x = \frac{x}{2}[\sin(\ln x) + \cos(\ln x)] + C$

143. $\int \ln(x + \sqrt{1+x^2})\mathrm{d}x = x\ln(x + \sqrt{1+x^2}) - \sqrt{1+x^2} + C$

十四、含有双曲函数的积分

144. $\int \mathrm{sh}\, x \mathrm{d}x = \mathrm{ch}\, x + C$

145. $\int \mathrm{ch}\, x \mathrm{d}x = \mathrm{sh}\, x + C$

146. $\int \mathrm{th}\, x \mathrm{d}x = \ln \mathrm{ch}\, x + C$

147. $\int \mathrm{sh}^2 x \mathrm{d}x = -\frac{x}{2} + \frac{1}{4}\mathrm{sh}\, 2x + C$

148. $\int \operatorname{ch}^2 x\mathrm{d}x = \frac{x}{2} + \frac{1}{4}\operatorname{sh} 2x + C$

十五、定积分

149. $\int_{-\pi}^{\pi} \cos nx\,\mathrm{d}x = \int_{-\pi}^{\pi} \sin nx\,\mathrm{d}x = 0$

150. $\int_{-\pi}^{\pi} \cos mx \sin nx\,\mathrm{d}x = 0$

151. $\int_{-\pi}^{\pi} \cos mx \cos nx\,\mathrm{d}x = \begin{cases} 0, m \neq n \\ \pi, m = n \end{cases}$

152. $\int_{-\pi}^{\pi} \sin mx \sin nx\,\mathrm{d}x = \begin{cases} 0, m \neq n \\ \pi, m = n \end{cases}$

153. $\int_{0}^{\pi} \sin mx \sin nx\,\mathrm{d}x = \int_{0}^{\pi} \cos mx \cos nx\,\mathrm{d}x = \begin{cases} 0, m \neq n \\ \frac{\pi}{2}, m = n \end{cases}$

154. $I_n = \int_0^{\frac{\pi}{2}} \sin^n x\,\mathrm{d}x = \int_0^{\frac{\pi}{2}} \cos^n x\,\mathrm{d}x = \frac{n-1}{n} I_{n-1}$

$$= \begin{cases} \frac{n-1}{n} \cdot \frac{n-3}{n-2} \cdot \cdots \cdot \frac{4}{5} \cdot \frac{2}{3} I_1,\ I_1 = 1\ (n\text{ 为奇数}) \\ \frac{n-1}{n} \cdot \frac{n-3}{n-2} \cdot \cdots \cdot \frac{3}{4} \cdot \frac{1}{2} I_0,\ I_0 = \frac{\pi}{2}\ (n\text{ 为偶数}) \end{cases}$$

参考文献

[1] 华东师范大学数学系. 数学分析. 北京:高等教育出版社,1991.
[2] 同济大学数学系. 高等数学(第六版). 北京:高等教育出版社,2007.
[3] 赵树嫄主编. 微积分. 北京:中国人民大学出版社,1987.
[4] 教育部高等教育司组编. 高等数学. 北京:高等教育出版社,2003.
[5] 黄立宏主编.高等数学(第三版,上册). 上海:复旦大学出版社,2010.
[6] 黄立宏主编.高等数学(第三版,下册). 上海:复旦大学出版社,2011.
[7] 吴纪桃,漆毅主编. 高等数学(工专). 北京:北京大学出版社,2006.
[8] 陈兆斗,高瑞主编. 高等数学(工本). 北京:北京大学出版社,2006.
[9] 华中师范大学数学系编.数学分析(下册).武汉:华中师范大学出版社,2001.